计算机视觉与深度学习实战

以MATLAB、Python为工具

主　编：刘衍琦　詹福宇　王德建
副主编：陈峰蔚　蒋献文　周华英

电子工业出版社
Publishing House of Electronics Industry
北京·BEIJING

内 容 简 介

本书详细讲解了 36 个计算机视觉与深度学习实战案例（含可运行程序），涉及雾霾去噪、答题卡自动阅卷、肺部图像分割、小波数字水印、图像检索、人脸二维码识别、车牌定位及识别、霍夫曼图像压缩、手写数字识别、英文字符文本识别、眼前节组织提取、全景图像拼接、小波图像融合、基于语音识别的音频信号模拟灯控、路面裂缝检测识别、视频运动估计追踪、Simulink 图像处理、胸片及肝脏分割、基于深度学习的汽车目标检测和视觉场景识别、基于计算机视觉的自动驾驶应用、基于 YOLO 的车辆及交通标志检测，以及基于 CNN 的手写字符识别、普适物体识别、图像倾斜矫正、以图搜画，还讲解了深度神经网络的拆分、编辑、重构等多项重要技术及应用，涵盖了数字图像处理中几乎所有的基本模块，并延伸到了深度学习的理论及其应用方面。

工欲善其事，必先利其器，本书对每个数字图像处理的知识点都提供了丰富、生动的案例素材，并以 MATLAB、Python 为工具详细讲解了实验的核心程序，涉及 DeepLearning Toolbox、TensorFlow、Keras、Java Zxing 等工具环境。通过对这些程序的阅读、理解和仿真运行，读者可以更加深刻地理解图像处理的内容，并且更加熟练地掌握计算机视觉及深度学习在不同实际领域中的用法。

本书以案例为基础，结构布局紧凑，内容深入浅出，实验简捷高效，适合计算机、信号通信和自动化等相关专业的教师、本科生、研究生，以及从事数字图像处理的广大工程研发人员阅读和参考。

未经许可，不得以任何方式复制或抄袭本书之部分或全部内容。
版权所有，侵权必究。

图书在版编目（CIP）数据

计算机视觉与深度学习实战：以 MATLAB、Python 为工具 / 刘衍琦，詹福宇，王德建主编. —北京：电子工业出版社，2019.11
ISBN 978-7-121-37483-8

Ⅰ. ①计… Ⅱ. ①刘… ②詹… ③王… Ⅲ. ①计算机视觉②机器学习 Ⅳ. ①TP302.7②TP181

中国版本图书馆 CIP 数据核字（2019）第 212641 号

责任编辑：张国霞
印　　刷：三河市良远印务有限公司
装　　订：三河市良远印务有限公司
出版发行：电子工业出版社
　　　　　北京市海淀区万寿路 173 信箱　邮编 100036
开　　本：787×980　1/16　印张：31　字数：750 千字
版　　次：2019 年 11 月第 1 版
印　　次：2019 年 11 月第 1 次印刷
印　　数：4000 册　定价：109.00 元

凡所购买电子工业出版社图书有缺损问题，请向购买书店调换。若书店售缺，请与本社发行部联系，联系及邮购电话：（010）88254888，88258888。
质量投诉请发邮件至 zlts@phei.com.cn，盗版侵权举报请发邮件至 dbqq@phei.com.cn。
本书咨询联系方式：010-51260888-819，faq@phei.com.cn。

前　言

　　计算机视觉（Computer Vision，CV）主要研究如何用图像采集设备和计算机软件代替人眼对物体进行分类识别、目标跟踪和视觉分析等应用。深度学习则源自经典的神经网络架构，属于机器学习领域，它通过不同形式的神经网络，结合视觉大数据的大规模存量与不断产生的增量进行训练，自动提取细粒度的特征并组合粗粒度的特征，形成抽象化的视觉描述，在视觉分析方面取得很大的进步，是当前人工智能爆发性发展的内核驱动。随着大数据及人工智能技术的不断发展，计算机视觉以其可视性、规模性、普适性逐步成为 AI 落地应用的关键领域之一，在理论研究和工程应用上均迅猛发展。

　　MATLAB 是 MathWorks 公司推出的一款用于科学计算和工程仿真的交互式编程软件，近几年已经发展成为集数值分析、数学建模、图像处理、控制系统、信号处理、经济金融、计算生物学、动态仿真等于一体的科学工程软件。Python 是一种解释型、面向对象、动态数据类型的高级程序设计语言，具有易学习、易拓展、跨平台等优点，被广泛应用于 Web 开发、网络爬虫、数据分析、人工智能等领域，是当前主流的编程语言之一。

　　自电子计算机诞生以来，通过计算机仿真来模拟人类的视觉便成为非常热门且颇具挑战性的研究课题。随着数码相机、智能手机等硬件设备的普及，图像以其易于采集、信息相关性多、抗干扰能力强的特点得到越来越广泛的应用。信息化和数字化时代已经来临，随着国家对人工智能领域的投入力度加大，计算机视觉处理的需求量也会越来越大，应用也将越来越广泛。

　　通过计算机视觉处理工具箱可为用户提供诸如图像变换、图像增强、图像特征检测、图像复原、图像分割、图像去噪、图像配准、视频处理、深度学习等功能研发的技术支撑。同时，借助 MATLAB、Python 方便的编程及调试技巧，用户可根据需要进一步拓展计算机视觉处理工具箱，实现定制的业务需求。

本书目的

　　本书以案例的形式展现，力求为读者提供更便捷、直接的技术支持，解决读者在研发过程中遇到的实际技术难点,并力求全面讲解广大读者在研发过程中所涉及的功能模块及成熟的系统框架,为读者进行科学实验、项目开发提供一定的技术支持。

通过对书中案例的阅读、理解、运行和仿真,读者可以有针对性地进行算法调试,这样可以更加深刻地理解计算机视觉与深度学习应用的含义,并且更加熟练地掌握 MATLAB、Python 进行算法设计与工程研发。

本书特点

◎ 作者阵容强大,经验相当丰富

本书其中一位主编刘衍琦(ID:lyqmath)是机器学习算法专家及视觉 AI 课程讲师,擅长视觉智能分析、多源异构数据采集和挖掘等工程应用,并长期从事视觉大数据工程相关工作,涉及互联网海量图像、声纹、视频检索,以及 OCR 图文检索、手绘草图智能识别、特殊通道数据分析等应用的算法架构与研发,对图文识别、大规模以图搜图、数据感知和采集等进行过深入研究,并结合行业背景推动了一系列的工程化应用。

本书另外两位主编中,詹福宇(ID:dynamic)擅长模型设计与分析,在计算机视觉处理方面积累了丰富的工程经验;王德建在档案数字化、智能化分类、OCR 图文检索、图像智能识别方面积累了丰富的项目实战经验。

◎ 案例丰富、实用、拓展性强

本书以案例的形式进行编写,充分强调案例的实用性及程序的可拓展性,所选案例均来自作者的日常研究及业务需求,每个案例都与实际课题相结合。另外,书中的每个案例都经过作者的程序调试,作者也为此编写了大量的测试代码。

◎ 点面完美结合,兼顾中高级用户

本书点面兼顾,涵盖了数字图像处理中几乎所有的基本模块,并涉及视频处理、配准拼接、数字水印、生物识别等高级图像处理方面的内容,全面讲解了基于 MATLAB、Python 进行计算机视觉及深度学习应用的原理及方法。

内容架构

本书讲解了 36 个 MATLAB、Python 计算机视觉与深度学习实战案例,并提供配套程序下载,其内容架构如下所述。

第 1 章:讲解基于直方图优化的图像去雾技术,通过对直方图增强技术的相关讲解,引入对雾霾图像进行优化的应用。

第 2 章：讲解基于形态学的权重自适应图像去噪，通过形态学的图像去噪效果，引入加权形态学去噪的应用。

第 3 章：讲解基于多尺度形态学提取眼前节组织，通过形态学的图像边缘提取效果，引入多尺度形态学的应用。

第 4 章：讲解基于 Hough 变化的答题卡识别，通过对答题卡自动阅卷的研究，引入图像分割、目标定位等领域的应用。

第 5 章：讲解基于阈值分割的车牌定位识别，通过对车牌定位、分割、识别的研究，引入图像处理在车牌识别领域的应用。

第 6 章：讲解基于分水岭分割进行肺癌诊断，通过对分水岭算法在肺部图像分割中的研究，引入分水岭及医学图像处理的应用。

第 7 章：讲解基于主成分分析的人脸二维码识别，通过对主成分分析、人脸识别、QR 二维码的研究，引入 QR 人脸识别的应用。

第 8 章：讲解基于知识库的手写体数字识别，通过对手写数字特征的提取，引入模式识别在手写数字方面的应用。

第 9 章：讲解基于特征匹配的英文印刷字符识别，通过对英文片段图像的分割、识别，引入在 MATLAB 中生成自定义标准字符库、GUI 交互等领域的应用。

第 10 章：讲解基于不变矩的数字验证码识别，通过对验证码生成的特点、分割定位、检测识别的研究，引入对某特定类型验证码从获取到识别的应用。

第 11 章：讲解基于小波技术进行图像融合，通过对图像融合的研究，引入小波分解、图像多分辨率处理的应用。

第 12 章：讲解基于块匹配的全景图像拼接，通过对全景图像生成方法的研究，引入块匹配、加权融合等的应用。

第 13 章：讲解基于霍夫曼图像编码的图像压缩和重建，通过对霍夫曼编码的研究，引入图像压缩重建的应用。

第 14 章：讲解基于主成分分析的图像压缩和重建，通过对主成分分析的研究，引入不同压缩参数下重建效果调优的应用。

第 15 章：讲解基于小波的图像压缩技术，通过对小波图像处理的研究，引入多分辨率图像压缩重建的应用。

第 16 章：讲解基于融合特征的以图搜图技术，通过对图像库 Hu 矩特征及颜色特征提取的研究，引入图像检索的应用。

第 17 章：讲解基于 Harris 的角点特征检测，通过对 Harris 检测算法的研究，引入图像角点检测的应用。

第 18 章：讲解基于 GUI 搭建通用视频处理工具，通过对 GUI、视频图像处理工具箱的应用，引入搭建 MATLAB 图像视频处理框架的应用。

第 19 章：讲解基于语音识别的信号灯图像模拟控制技术，通过对语音特征及建库的研究，引入语音控制光信号的应用。

第 20 章：讲解基于帧间差法进行视频目标检测，通过对视频跟踪的研究，引入视频中多目标跟踪的应用。

第 21 章：讲解路面裂缝检测系统设计，通过对裂缝图像特征、识别的研究，引入路面裂缝检测和提取的应用。

第 22 章：讲解基于 K-means 聚类算法的图像分割，通过对 K-means 聚类算法的研究，引入其在图像分割方面的应用。

第 23 章：讲解基于光流场的车流量计数应用，通过对汽车视频跟踪的研究，引入光流场在跟踪和检测方面的应用。

第 24 章：讲解基于 Simulink 进行图像和视频处理，通过对 Simulink 模块的介绍，引入其在图像视频处理领域的应用。

第 25 章：讲解基于小波变换的数字水印技术，通过对图像水印的相关研究，引入图像水印嵌入、提取等的应用。

第 26 章：讲解基于最小误差法的胸片分割技术，通过对肺部影像的分割算法进行对比，介绍最小误差分割算法及其应用。

第 27 章：讲解基于区域生长的肝脏影像分割系统，通过对区域生长的相关研究，介绍如何自动定义种子点并将其应用到肝脏影像的分割方面。

第 28 章：讲解基于计算机视觉的自动驾驶应用，介绍自动驾驶的相关技术，从计算机视觉的角度分析相关应用。

第 29 章：讲解基于深度学习的汽车目标检测，介绍深度学习的相关知识，基于 MATLAB 的 CNN 工具箱实现汽车目标检测的应用。

第 30 章：讲解基于深度学习的视觉场景识别，对深度学习进行深入研究，基于经典的 MatConvNet 工具箱讲解如何进行图像分类识别应用。

第 31 章：讲解深度学习综合应用方面的内容，涉及 6 个相关实战案例：基于 CNN 的字符识别、基于 CNN 的物体识别、基于 CNN 的图像矫正、基于 LSTM 的时间序列分析、基于深度学习的以图搜图技术、基于 YOLO 的智能交通目标检测，讲解了经典的 AlexNet、VggNet、ResNet、GoogleNet 等知识，还通过网络编辑、拆分、中间层激活、多算法集成等方式进行了拓展，既实现了图像分类识别、以图搜图、交通目标检测等方面的应用，也对时间序列分析、图像倾斜角度分析等进行了探索。

特别致谢

本书由刘衍琦、詹福宇、王德建、陈峰蔚、蒋献文、周华英编著，本书的编写也得到了电子工业出版社博文视点编辑张国霞的大力支持，在此对其表示衷心的感谢。在本书深度学习部分的实验设计及研发过程中，Windoer-AI 实验室提供了很多帮助，在此感谢他们的信任与鼓励。感谢各位读者朋友对本书作者给予的启发和帮助，感谢家人的默默支持！感谢女儿刘沛萌每天带给我欢乐，她给予我无限的动力进行计算机视觉及人工智能探索及应用，也祝天下的小朋友们都能健康快乐地成长！

由于时间仓促，加之作者水平和经验有限，书中难免存在疏漏及错误之处，希望广大读者批评指正。

刘衍琦

2019 年 10 月

目 录

第 1 章 基于直方图优化的图像去雾技术....1
- 1.1 案例背景 1
- 1.2 理论基础 1
  - 1.2.1 空域图像增强 1
  - 1.2.2 直方图均衡化 2
- 1.3 程序实现 3
  - 1.3.1 设计 GUI 界面 4
  - 1.3.2 全局直方图处理 4
  - 1.3.3 局部直方图处理 6
  - 1.3.4 Retinex 增强处理 8
- 1.4 延伸阅读 12

第 2 章 基于形态学的权重自适应图像去噪 13
- 2.1 案例背景 13
- 2.2 理论基础 14
  - 2.2.1 图像去噪的方法 14
  - 2.2.2 数学形态学的原理 15
  - 2.2.3 权重自适应的多结构形态学去噪 15
- 2.3 程序实现 16
- 2.4 延伸阅读 22

第 3 章 基于多尺度形态学提取眼前节组织 24
- 3.1 案例背景 24
- 3.2 理论基础 25
- 3.3 程序实现 28
  - 3.3.1 多尺度结构设计 28
  - 3.3.2 多尺度边缘提取 29
  - 3.3.3 多尺度边缘融合 31
- 3.4 延伸阅读 33

第 4 章 基于 Hough 变化的答题卡识别 ... 34
- 4.1 案例背景 34
- 4.2 理论基础 34
  - 4.2.1 图像二值化 35
  - 4.2.2 倾斜校正 35
  - 4.2.3 图像分割 38
- 4.3 程序实现 40
  - 4.3.1 图像灰度化 40
  - 4.3.2 灰度图像二值化 41
  - 4.3.3 图像平滑滤波 41
  - 4.3.4 图像矫正 41
  - 4.3.5 完整性核查 42
- 4.4 延伸阅读 51

目 录

第 5 章 基于阈值分割的车牌定位识别 53
- 5.1 案例背景 53
- 5.2 理论基础 53
  - 5.2.1 车牌图像处理 54
  - 5.2.2 车牌定位原理 58
  - 5.2.3 车牌字符处理 58
  - 5.2.4 车牌字符识别 60
- 5.3 程序实现 62
- 5.4 延伸阅读 69

第 6 章 基于分水岭分割进行肺癌诊断 71
- 6.1 案例背景 71
- 6.2 理论基础 71
  - 6.2.1 模拟浸水的过程 72
  - 6.2.2 模拟降水的过程 72
  - 6.2.3 过度分割问题 72
  - 6.2.4 标记分水岭分割算法 72
- 6.3 程序实现 73
- 6.4 延伸阅读 77

第 7 章 基于主成分分析的人脸二维码识别 79
- 7.1 案例背景 79
- 7.2 理论基础 79
  - 7.2.1 QR 二维码简介 80
  - 7.2.2 QR 二维码的编码和译码流程 82
  - 7.2.3 主成分分析方法 84
- 7.3 程序实现 85
  - 7.3.1 人脸建库 85
  - 7.3.2 人脸识别 87
  - 7.3.3 人脸二维码 87
- 7.4 延伸阅读 92

第 8 章 基于知识库的手写体数字识别 94
- 8.1 案例背景 94
- 8.2 理论基础 94
  - 8.2.1 算法流程 94
  - 8.2.2 特征提取 95
  - 8.2.3 模式识别 96
- 8.3 程序实现 97
  - 8.3.1 图像处理 97
  - 8.3.2 特征提取 98
  - 8.3.3 模式识别 101
- 8.4 延伸阅读 102
  - 8.4.1 识别器选择 102
  - 8.4.2 特征库改善 102

第 9 章 基于特征匹配的英文印刷字符识别 103
- 9.1 案例背景 103
- 9.2 理论基础 104
  - 9.2.1 图像预处理 104
  - 9.2.2 图像识别技术 105
- 9.3 程序实现 106
  - 9.3.1 界面设计 106
  - 9.3.2 回调识别 111
- 9.4 延伸阅读 112

第 10 章 基于不变矩的数字验证码识别 113
- 10.1 案例背景 113
- 10.2 理论基础 114
- 10.3 程序实现 114
  - 10.3.1 设计 GUI 界面 114
  - 10.3.2 载入验证码图像 115
  - 10.3.3 验证码图像去噪 116
  - 10.3.4 验证码数字定位 118
  - 10.3.5 验证码归一化 120
  - 10.3.6 验证码数字识别 121
  - 10.3.7 手动确认并入库 124
  - 10.3.8 重新生成模板库 125
- 10.4 延伸阅读 128

第 11 章　基于小波技术进行图像融合 129
- 11.1　案例背景 129
- 11.2　理论基础 130
- 11.3　程序实现 132
  - 11.3.1　设计 GUI 界面 132
  - 11.3.2　图像载入 133
  - 11.3.3　小波融合 135
- 11.4　延伸阅读 137

第 12 章　基于块匹配的全景图像拼接 138
- 12.1　案例背景 138
- 12.2　理论基础 138
  - 12.2.1　图像匹配 139
  - 12.2.2　图像融合 141
- 12.3　程序实现 142
  - 12.3.1　设计 GUI 界面 142
  - 12.3.2　载入图片 143
  - 12.3.3　图像匹配 144
  - 12.3.4　图像拼接 148
- 12.4　延伸阅读 153

第 13 章　基于霍夫曼图像编码的图像压缩和重建 155
- 13.1　案例背景 155
- 13.2　理论基础 155
  - 13.2.1　霍夫曼编码的步骤 156
  - 13.2.2　霍夫曼编码的特点 157
- 13.3　程序实现 158
  - 13.3.1　设计 GUI 界面 158
  - 13.3.2　压缩和重建 159
  - 13.3.3　效果对比 164
- 13.4　延伸阅读 167

第 14 章　基于主成分分析的图像压缩和重建 168
- 14.1　案例背景 168
- 14.2　理论基础 168
  - 14.2.1　主成分降维分析原理 ... 168
  - 14.2.2　由得分矩阵重建样本 ... 169
  - 14.2.3　主成分分析数据压缩比 ... 170
  - 14.2.4　基于主成分分析的图像压缩 170
- 14.3　程序实现 171
  - 14.3.1　主成分分析的源代码 ... 171
  - 14.3.2　图像数组和样本矩阵之间的转换 172
  - 14.3.3　基于主成分分析的图像压缩 173
- 14.4　延伸阅读 176

第 15 章　基于小波的图像压缩技术 177
- 15.1　案例背景 177
- 15.2　理论基础 178
- 15.3　程序实现 180
- 15.4　延伸阅读 188

第 16 章　基于融合特征的以图搜图技术 189
- 16.1　案例背景 189
- 16.2　理论基础 189
- 16.3　程序实现 191
  - 16.3.1　图像预处理 191
  - 16.3.2　计算特征 191
  - 16.3.3　图像检索 194
  - 16.3.4　结果分析 194
- 16.4　延伸阅读 196

第 17 章　基于 Harris 的角点特征检测 198
- 17.1　案例背景 198
- 17.2　理论基础 199
  - 17.2.1　Harris 的基本原理 199
  - 17.2.2　Harris 算法的流程 201
  - 17.2.3　Harris 角点的性质 201

17.3 程序实现 202
 17.3.1 Harris 算法的代码 202
 17.3.2 角点检测实例 204
17.4 延伸阅读 205

第 18 章 基于 GUI 搭建通用视频处理工具 206

18.1 案例背景 206
18.2 理论基础 206
18.3 程序实现 208
 18.3.1 设计 GUI 界面 208
 18.3.2 实现 GUI 界面 209
18.4 延伸阅读 220

第 19 章 基于语音识别的信号灯图像模拟控制技术 221

19.1 案例背景 221
19.2 理论基础 221
19.3 程序实现 223
19.4 延伸阅读 232

第 20 章 基于帧间差法进行视频目标检测 234

20.1 案例背景 234
20.2 理论基础 234
 20.2.1 帧间差分法 235
 20.2.2 背景差分法 236
 20.2.3 光流法 236
20.3 程序实现 237
20.4 延伸阅读 246

第 21 章 路面裂缝检测系统设计 247

21.1 案例背景 247
21.2 理论基础 247
 21.2.1 图像灰度化 248
 21.2.2 图像滤波 250
 21.2.3 图像增强 252
 21.2.4 图像二值化 253
21.3 程序实现 255
21.4 延伸阅读 267

第 22 章 基于 K-means 聚类算法的图像分割 268

22.1 案例背景 268
22.2 理论基础 268
 22.2.1 K-means 聚类算法的原理 268
 22.2.2 K-means 聚类算法的要点 269
 22.2.3 K-means 聚类算法的缺点 270
 22.2.4 基于 K-means 聚类算法进行图像分割 270
22.3 程序实现 271
 22.3.1 样本间的距离 271
 22.3.2 提取特征向量 272
 22.3.3 图像聚类分割 273
22.4 延伸阅读 275

第 23 章 基于光流场的车流量计数应用 276

23.1 案例背景 276
23.2 理论基础 276
 23.2.1 基于光流法检测运动的原理 276
 23.2.2 光流场的主要计算方法 277
 23.2.3 梯度光流场约束方程 278
 23.2.4 Horn-Schunck 光流算法 280
23.3 程序实现 281
 23.3.1 计算视觉系统工具箱简介 281
 23.3.2 基于光流法检测汽车运动 282
23.4 延伸阅读 287

第 24 章 基于 Simulink 进行图像和视频处理 289

24.1 案例背景 289
24.2 模块介绍 289
  24.2.1 分析和增强模块库（Analysis 和 Enhancement） 290
  24.2.2 转化模块库（Conversions）. 291
  24.2.3 滤波模块库（Filtering）........ 292
  24.2.4 几何变换模块库（Geometric Transformations） 292
  24.2.5 形态学操作模块库（Morphological Operations） .. 292
  24.2.6 输入模块库（Sources）........ 293
  24.2.7 输出模块库（Sinks）............ 293
  24.2.8 统计模块库（Statistics）..... 294
  24.2.9 文本和图形模块库（Text 和 Graphic） 295
  24.2.10 变换模块库（Transforms） ... 295
  24.2.11 其他工具模块库（Utilities） 295
24.3 仿真案例 296
  24.3.1 搭建组织模型 296
  24.3.2 仿真执行模型 298
  24.3.3 自动生成报告 299
24.4 延伸阅读 302

第 25 章 基于小波变换的数字水印技术 304

25.1 案例背景 304
25.2 理论基础 304
  25.2.1 数字水印技术的原理 305
  25.2.2 典型的数字水印算法 307
  25.2.3 数字水印攻击和评价 309
  25.2.4 基于小波的水印技术 310
25.3 程序实现 312
  25.3.1 准备载体和水印图像 312
  25.3.2 小波数字水印的嵌入 313
  25.3.3 小波数字水印的提取 317
  25.3.4 小波水印的攻击试验........... 319
25.4 延伸阅读 323

第 26 章 基于最小误差法的胸片分割技术 325

26.1 案例背景 325
26.2 理论基础 325
  26.2.1 图像增强 326
  26.2.2 区域选择 326
  26.2.3 形态学滤波 327
  26.2.4 基于最小误差法进行胸片分割 328
26.3 程序实现 329
  26.3.1 设计 GUI 界面 329
  26.3.2 图像预处理 330
  26.3.3 基于最小误差法进行图像分割 333
  26.3.4 形态学后处理 335
26.4 延伸阅读 338

第 27 章 基于区域生长的肝脏影像分割系统 339

27.1 案例背景 339
27.2 理论基础 340
  27.2.1 阈值分割 340
  27.2.2 区域生长 340
  27.2.3 基于阈值预分割的区域生长... 341
27.3 程序实现 342
27.4 延伸阅读 346

第 28 章 基于计算机视觉的自动驾驶应用 347

28.1 案例背景 347
28.2 理论基础 348
  28.2.1 环境感知 348
  28.2.2 行为决策 348

        28.2.3 路径规划 ... 349
        28.2.4 运动控制 ... 349
    28.3 程序实现 ... 349
        28.3.1 传感器数据载入 ... 349
        28.3.2 追踪器创建 ... 351
        28.3.3 碰撞预警 ... 353
    28.4 延伸阅读 ... 358

第 29 章 基于深度学习的汽车目标检测 ... 359
    29.1 案例背景 ... 359
    29.2 理论基础 ... 360
        29.2.1 基本架构 ... 360
        29.2.2 卷积层 ... 360
        29.2.3 池化层 ... 362
    29.3 程序实现 ... 362
        29.3.1 加载数据 ... 362
        29.3.2 构建 CNN ... 364
        29.3.3 训练 CNN ... 365
        29.3.4 评估训练效果 ... 367
    29.4 延伸阅读 ... 368

第 30 章 基于深度学习的视觉场景识别 ... 370
    30.1 案例背景 ... 370
    30.2 理论基础 ... 371
    30.3 程序实现 ... 371
        30.3.1 环境配置 ... 372
        30.3.2 数据集制作 ... 373
        30.3.3 网络训练 ... 375
        30.3.4 网络测试 ... 381
    30.4 延伸阅读 ... 383

第 31 章 深度学习综合应用 ... 385
    31.1 应用背景 ... 385
    31.2 理论基础 ... 387
        31.2.1 分类识别 ... 387
        31.2.2 目标检测 ... 391
    31.3 案例实现 1：基于 CNN 的数字识别 ... 395
        31.3.1 自定义 CNN ... 397
        31.3.2 AlexNet ... 399
        31.3.3 基于 MATLAB 进行实验设计 ... 405
        31.3.4 基于 TensorFlow 进行实验设计 ... 413
        31.3.5 实验小结 ... 418
    31.4 案例实现 2：基于 CNN 的物体识别 ... 418
        31.4.1 CIFAR-10 数据集 ... 418
        31.4.2 VggNet ... 421
        31.4.3 ResNet ... 422
        31.4.4 实验设计 ... 424
        31.4.5 实验小结 ... 432
    31.5 案例实现 3：基于 CNN 的图像矫正 ... 432
        31.5.1 倾斜数据集 ... 432
        31.5.2 自定义 CNN 回归网络 ... 434
        31.5.3 AlexNet 回归网络 ... 436
        31.5.4 实验设计 ... 437
        31.5.5 实验小结 ... 445
    31.6 案例实现 4：基于 LSTM 的时间序列分析 ... 445
        31.6.1 厄尔尼诺南方涛动指数数据 ... 446
        31.6.2 样条拟合分析 ... 446
        31.6.3 基于 MATLAB 进行 LSTM 分析 ... 448
        31.6.4 基于 Keras 进行 LSTM 分析 ... 451
        31.6.5 实验小结 ... 455
    31.7 案例实现 5：基于深度学习的以图搜图技术 ... 455
        31.7.1 人脸的深度特征 ... 455
        31.7.2 AlexNet 的特征 ... 460

- 31.7.3 GoogleNet 的特征 461
- 31.7.4 深度特征融合计算 462
- 31.7.5 实验设计 462
- 31.7.6 实验小结 467
- 31.8 案例实现 6：基于 YOLO 的交通目标检测应用 467
  - 31.8.1 车辆目标的 YOLO 检测 468
  - 31.8.2 交通标志的 YOLO 检测 475
- 31.9 延伸阅读 481

第1章
基于直方图优化的图像去雾技术

1.1 案例背景

雾霾天气往往会给人类的生产和生活带来极大不便,也大大增加了交通事故的发生概率。一般而言,在恶劣天气(如雾天、雨天等)条件下,户外景物图像的对比度和颜色会被改变或退化,图像中蕴含的许多特征也会被覆盖或模糊,这会导致某些视觉系统(如电子卡口、门禁监控等)无法正常工作。因此,从在雾霾天气下采集的退化图像中复原和增强景物的细节信息具有重要的现实意义。数字图像处理技术已被广泛应用于科学和工程领域,如地形分类系统、户外监控系统、自动导航系统等。为了保证视觉系统全天候正常工作,就必须使视觉系统适应各种天气状况。

本案例将展开对雾霾天气下的图像清晰化技术的讨论,雾天天气下的图像清晰化技术也有可能对其他恶劣天气下的图像清晰化技术的发展起到促进作用。

1.2 理论基础

1.2.1 空域图像增强

图像增强是指按特定的需要突出一幅图像中的某些信息,并同时削弱或去除某些不需要的信息的处理技术。图像增强的主要作用是相对于原来的图像,处理后的图像能更加有效地满足某些特定应用的要求。根据图像处理空间的不同,图像增强方法基本上可分为两大类:频域处理法、空域处理法。频域处理法的基础是卷积定理,它通过进行某种图像变换(如傅里叶变换、小波变换等）得到频域结果并修改的方法来实现对图像的增强处理。空域处理法是直接对图像中的像素进行处理，一般以图像灰度的映射变换为基础并且根据图像增强的目标来采用所需的映射变换，常见的图像对比度增强、图像灰度层次优化等均属于空域处理法。本案例主要介绍空域的直方图增强算法。

1.2.2 直方图均衡化

直方图是图像的一种统计表达形式。对于一幅灰度图像来说，其灰度统计直方图可以反映该图像中不同灰度级出现的统计情况。一般而言，图像的视觉效果和其直方图有对应关系，通过调整或变换其直方图的形状会对图像的显示效果有很大影响。

直方图均衡化主要用于增强灰度值动态范围偏小的图像的对比度，它的基本思想是把原始图像的灰度统计直方图变换为均匀分布形式，这样就增加了像素灰度值的动态范围，从而达到增强图像整体对比度的效果。

数字图像是离散化的数值矩阵，其直方图可以被视为一个离散函数，表示数字图像中每个灰度级与其出现概率间的统计关系。假设一幅数字图像 $f(x, y)$ 的像素总数为 N，r_k 表示第 k 个灰度级对应的灰度，n_k 表示灰度为 r_k 的像素个数即频数，若用横坐标表示灰度级，用纵坐标表示频数，则直方图可被定义为 $P(r_k) = \dfrac{n_k}{N}$，其中，$P(r_k)$ 表示灰度 r_k 出现的相对频数即概率。直方图在一定程度上能够反映数字图像的概貌性描述，包括图像的灰度范围、灰度分布、整幅图像的亮度均值和阴暗对比度等，并可以此为基础进行分析来得出对图像进一步处理的重要依据。直方图均衡化也叫作直方图均匀化，就是把给定图像的直方图变换成均匀分布的直方图，是一种较为常用的灰度增强算法。直方图均衡化通常包括以下三个主要步骤。

（1）预处理。输入图像，计算该图像的直方图。

（2）灰度变换表。根据输入图像的直方图计算灰度值变换表。

（3）查表变换。执行变换 $x'=H(x)$，表示对在步骤 1 中得到的直方图使用步骤 2 得到的灰度值变换表进行查表变换操作，通过遍历整幅图像的每一个像元，将原始图像灰度值 x 放入变换表 $H(x)$ 中，可得到变换后的新灰度值 x'。

根据信息论的相关理论，我们可以知道图像在经直方图均衡化后，将会包含更多的信息量，进而能突出某些图像特征。假设图像具有 n 级灰度，其第 i 级灰度出现的概率为 p_i，则该级灰度所含的信息量为：

$$I(i) = p_i \log \frac{1}{p_i} = -p_i \log p_i \tag{1.1}$$

整幅图像的信息量为：

$$H = \sum_{i=0}^{n-1} I(i) = -\sum_{i=0}^{n-1} p_i \log p_i \qquad (1.2)$$

信息论已经证明，具有均匀分布直方图的图像，其信息量 H 最大。即当 $p_0 = p_1 = \cdots = p_{n-1} = \dfrac{1}{n}$ 时，（1.2）式有最大值。

以车胎图像为例进行直方图均衡化实验，其实现效果如图 1-1～图 1-4 所示。

图 1-1　原图

图 1-2　原图均衡化后的图像

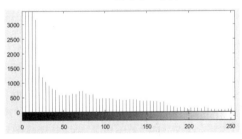

图 1-3　原图的直方图

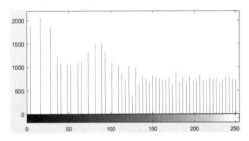

图 1-4　均衡化后的直方图

从图 1-1、图 1-3 可以看出，原图的像素分布大多集中在 0～25 区间，在直观上偏黑色区域占比较多，难以区分轮胎区域的细节；从图 1-2、图 1-4 可以看出，原图在均衡化后，图像的像素均匀分布在 0～255 区间，在直观上呈现亮度均匀的效果，能较好地看出轮胎区域的细节。因此，直方图均衡化在一定程度上可以提升亮度分布不均、曝光过度等情况的图像可视化效果，是一种较为通用的图像增强方法。

1.3　程序实现

为进行图像去雾实验，本案例采用全局直方图均衡化、局部直方图均衡化算法进行图像去雾实验，并选择 Retinex 增强算法作为直方图去雾算法的延伸。在本案例中采用 GUI 设计软件并通过菜单关联不同的去雾算法，通过显示处理前后的图像直方图进行去雾效果的对比。

1.3.1 设计 GUI 界面

为增加软件交互的易用性，这里调用 MATLAB 的 GUI（Graphical User Interface，图形用户接口）来生成软件框架，演示去雾图像载入、处理和对比的过程。GUI 界面设计如图 1-5 所示。

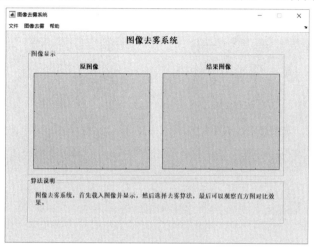

图 1-5　GUI 界面设计

该软件通过菜单关联的方式进行功能设计并实现模块化编程。其中，文件菜单主要用于载入待处理图像等基本操作，图像去雾菜单用于关联不同的去雾算法并显示结果，帮助菜单则弹出独立窗口用于介绍软件操作流程。GUI 主窗口加入坐标轴控件用于图像显示，通过原图像与结果图像的显示可以简捷地演示算法的去雾效果。

1.3.2 全局直方图处理

MATLAB 通过函数 imread 读取 RGB 图像，并通过维数为 $m \times n \times 3$ 的矩阵来表示。其中，维数 $m \times n$ 表示图像的行数、列数信息，维数 3 表示图像的 R、G、B 三层通道数据。因此，全局直方图处理通过对 RGB 图像的 R、G、B 三层通道分别进行直方图均衡化，再整合到新的图像的方式进行。核心代码如下：

```
function In = RemoveFogByGlobalHisteq(I, flag)
% 对于 RGB 图像，分别对 R、G、B 进行均衡，再得到新的 RGB 图像
% 输入参数：
%   I——图像矩阵
%   flag——显示标记
```

```
% 输出参数:
%   In——结果图像

if nargin < 2
    flag = 1;
end
% 提取图像的 R、G、B 分量
R = I(:,:,1);
G = I(:,:,2);
B = I(:,:,3);
% 分别对图像的 R、G、B 分量进行全局直方图均衡化
M = histeq(R);
N = histeq(G);
L = histeq(B);
% 通过集成全局直方图均衡化后的分量来得到结果图像
In = cat(3, M, N, L);
% 结果显示
if flag
    figure;
    subplot(2, 2, 1); imshow(I); title('原图像', 'FontWeight', 'Bold');
    subplot(2, 2, 2); imshow(In); title('处理后的图像', 'FontWeight', 'Bold');
% 灰度化,用于计算直方图
    Q = rgb2gray(I);
    W = rgb2gray(In);
    subplot(2, 2, 3); imhist(Q, 64); title('原灰度直方图', 'FontWeight', 'Bold');
    subplot(2, 2, 4); imhist(W, 64); title('处理后的灰度直方图', 'FontWeight',
'Bold');
end
```

关联到菜单"图像去雾/全局直方图算法",执行图像的全局直方图处理并进行显示,效果如图 1-6~图 1-7 所示。

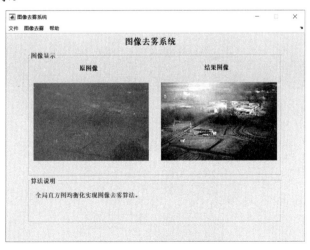

图 1-6　全局直方图处理截图

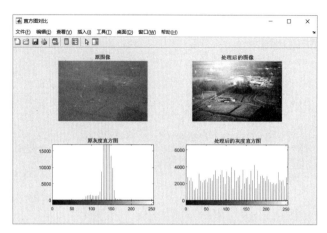

图 1-7 直方图对比

运行结果表明,全局直方图去雾算法可以实现含雾图像的增强效果,处理前后的直方图在分布上具有明显变化,但在图像整体上容易出现某些色彩失真的现象。

1.3.3 局部直方图处理

全局直方图均衡化增强只是将原图像的直方图进行了均衡化,未能有效保持原始图像的局部特征,容易出现色彩失真问题。通过选择固定大小的滑动窗口作用于原始图像进行局部直方图处理,可以在一定程度上保持原始图像的局部特征,提高图像增强的效果。因此,局部直方图处理通过对 RGB 图像的 R、G、B 三层通道分别进行局部直方图均衡化,再整合到新的图像的方式进行。核心代码如下:

```
function In = RemoveFogByLocalHisteq(I, flag)
% 对 RGB 图像,分别对 R、G、B 进行均衡,再得到新 RGB 图像
% 输入参数:
%   I——图像矩阵
%   flag——显示标记
% 输出参数:
%   In——结果图像
% 分别对 R、G、B 三层分量进行局部直方图均衡化处理
g1 = GetLocalHisteq(I(:, :, 1));
g2 = GetLocalHisteq(I(:, :, 2));
g3 = GetLocalHisteq(I(:, :, 3));
% 通过集成局部直方图均衡化后的分量得到结果图像
In = cat(3, g1, g2, g3);
% 结果显示
if flag
    figure;
```

```
    subplot(2, 2, 1); imshow(I); title('原图像', 'FontWeight', 'Bold');
    subplot(2, 2, 2); imshow(In); title('处理后的图像', 'FontWeight', 'Bold');
% 灰度化,用于计算直方图
    Q = rgb2gray(I);
    W = rgb2gray(In);
    subplot(2, 2, 3); imhist(Q, 64); title('原灰度直方图', 'FontWeight', 'Bold');
    subplot(2, 2, 4); imhist(W, 64); title('处理后的灰度直方图', 'FontWeight',
'Bold');
    end

    function g = GetLocalHisteq(I)
    % 对灰度图像进行局部直方图均衡化
    % 输入参数:
    %    I——图像矩阵
    % 输出参数:
    %    g——结果图像
    % 调用库函数 adapthisteq,执行局部均衡化增强
    g = adapthisteq(I,'clipLimit',0.02,'Distribution','rayleigh');
```

关联到菜单"图像去雾/局部直方图算法",执行图像的局部直方图处理并进行显示,效果如图 1-8~图 1-9 所示。

图 1-8 局部直方图处理

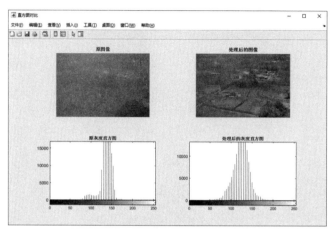

图 1-9 直方图对比

局部直方图的处理结果表明该算法能有效保持原始图像的局部特征,未出现明显的色彩失真现象,同时得到了去雾增强的效果。但是,该算法的处理结果在整体亮度上偏暗,依然存在某些模糊区域。

1.3.4　Retinex 增强处理

基于全局直方图、局部直方图的图像去雾算法在理论及实现上比较简单,能起到一定的去雾处理效果。为了进行对比,本次实验采用了 Retinex 图像增强算法进行对比,该算法可以平衡图像灰度动态范围压缩、图像增强和图像颜色恒常三个指标,能够实现对含雾图像的自适应性增强。因此,Retinex 增强处理通过对 RGB 图像的 R、G、B 三层通道分别应用 Retinex 算法进行处理,再整合到新的图像的方式进行。为了提高程序的普适性,我们对部分参数的赋值方式进行了改进,采用随机数取值的方式来生成参数。核心代码如下:

```
function In = RemoveFogByRetinex(f, flag)
% Retinex 实现图像去雾
% 输入参数:
%    f——图像矩阵
%    flag——显示标记
% 输出参数:
%    In——结果图像

if nargin < 2
    flag = 1;
end
%提取图像的 R、G、B 分量
fr = f(:, :, 1);
```

```matlab
fg = f(:, :, 2);
fb = f(:, :, 3);
%数据类型归一化
mr = mat2gray(im2double(fr));
mg = mat2gray(im2double(fg));
mb = mat2gray(im2double(fb));
%定义alpha参数
alpha = randi([80 100], 1)*20;
%定义模板大小
n = floor(min([size(f, 1) size(f, 2)])*0.5);
%计算中心
n1 = floor((n+1)/2);
for i = 1:n
    for j = 1:n
        %高斯函数
        b(i,j) = exp(-((i-n1)^2+(j-n1)^2)/(4*alpha))/(pi*alpha);
    end
end
%卷积滤波
nr1 = imfilter(mr,b,'conv', 'replicate');
ng1 = imfilter(mg,b,'conv', 'replicate');
nb1 = imfilter(mb,b,'conv', 'replicate');
ur1 = log(nr1);
ug1 = log(ng1);
ub1 = log(nb1);
tr1 = log(mr);
tg1 = log(mg);
tb1 = log(mb);
yr1 = (tr1-ur1)/3;
yg1 = (tg1-ug1)/3;
yb1 = (tb1-ub1)/3;
%定义beta参数
beta = randi([80 100], 1)*1;
%定义模板的大小
x = 32;
for i = 1:n
    for j = 1:n
        %高斯函数
        a(i,j) = exp(-((i-n1)^2+(j-n1)^2)/(4*beta))/(6*pi*beta);
    end
end
%卷积滤波
nr2 = imfilter(mr,a,'conv', 'replicate');
ng2 = imfilter(mg,a,'conv', 'replicate');
nb2 = imfilter(mb,a,'conv', 'replicate');
ur2 = log(nr2);
ug2 = log(ng2);
```

```matlab
    ub2 = log(nb2);
    tr2 = log(mr);
    tg2 = log(mg);
    tb2 = log(mb);
    yr2 = (tr2-ur2)/3;
    yg2 = (tg2-ug2)/3;
    yb2 = (tb2-ub2)/3;
%定义eta参数
eta = randi([80 100], 1)*200;
for i = 1:n
    for j = 1:n
        %高斯函数
        e(i,j) = exp(-((i-n1)^2+(j-n1)^2)/(4*eta))/(4*pi*eta);
    end
end
%卷积滤波
nr3 = imfilter(mr,e,'conv', 'replicate');
ng3 = imfilter(mg,e,'conv', 'replicate');
nb3 = imfilter(mb,e,'conv', 'replicate');
ur3 = log(nr3);
ug3 = log(ng3);
ub3 = log(nb3);
tr3 = log(mr);
tg3 = log(mg);
tb3 = log(mb);
yr3 = (tr3-ur3)/3;
yg3 = (tg3-ug3)/3;
yb3 = (tb3-ub3)/3;
dr = yr1+yr2+yr3;
dg = yg1+yg2+yg3;
db = yb1+yb2+yb3;
cr = im2uint8(dr);
cg = im2uint8(dg);
cb = im2uint8(db);
% 通过集成处理后的分量得到结果图像
In = cat(3, cr, cg, cb);
%结果显示
if flag
    figure;
    subplot(2, 2, 1); imshow(f); title('原图像', 'FontWeight', 'Bold');
    subplot(2, 2, 2); imshow(In); title('处理后的图像', 'FontWeight', 'Bold');
    % 灰度化,用于计算直方图
    Q = rgb2gray(f);
    M = rgb2gray(In);
    subplot(2, 2, 3); imhist(Q, 64); title('原灰度直方图', 'FontWeight', 'Bold');
    subplot(2, 2, 4); imhist(M, 64); title('处理后的灰度直方图', 'FontWeight', 'Bold');
```

end

关联到菜单"图像去雾/Retinex 算法去雾",执行图像的 Retinex 算法进行去雾处理并显示,效果如图 1-10～图 1-11 所示。

图 1-10　Retinex 算法去雾截图

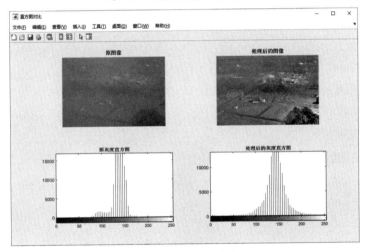

图 1-11　直方图对比

去雾处理前后的直方图分布表明,Retinex 图像增强可以在一定程度上保持原始图像的局部特征,处理结果较为平滑,颜色特征也较为自然,具有良好的去雾效果。

1.4 延伸阅读

基于图像处理的去雾增强技术可以显著提高对比度，突出图像细节，提升视觉效果，该方法已被广泛应用于项目实践中。基于直方图均衡化模型的去雾方法针对性强，运行效率高，且易于融合于其他图像增强算法，所以该技术必将获得进一步的发展。尽管图像去雾技术在实际应用中已经取得了若干成果，但在不同的场景下依然面临某些局限性，需要引起研究人员的进一步关注。

（1）雾天实时视频的去雾技术。随着视频拍摄设备的不断普及，在雾天进行视频拍摄或监控，所面临的关键需求就是提高去雾算法的运行效率，实现实时去雾处理。目前，在部分雾天视频清晰化装置系统中采用了运行效率较高的插值直方图均衡化算法对视频图像序列进行去雾处理，也有部分研究者通过采用图像复原的相关技术进行视频监控过程中的去模糊操作，进而达到去雾效果。因此，实现视频的高效率去雾算法，具有很大的使用价值。

（2）雾天图像的模糊成像技术。图像增强技术和图像复原技术都可以在一定程度上实现图像的去雾效果，但这里面并没有涉及图像获取设备在对 3D 空间进行拍摄时所引起的信息丢失问题。在对雾天图像的拍摄原理进行分析后发现，雾天大气粒子的自身成像因素可能会造成图像边缘模糊、对比度降低的现象。因此，充分利用图像的模糊成像信息，结合雾天粒子的映射原理，能够在图像的获取过程中提高图像的可视化效果。

（3）雾天图像优化效率。图像或视频去雾一般会涉及大规模矩阵计算及非线性方程求解等数据计算过程，在传统的求解过程中可能会出现内存溢出、速度过慢等问题，采用 GPU 加速或分布式计算的方法来加快这些过程的运行速度，以及通过硬件投入来提高雾天图像的优化效率，也是实现产业化的途径。

本章参考的文献如下。

[1] 高彦平. 图像增强方法的研究与实现[D]. 山东科技大学，2005.

[2] 孙忠贵，王玲. 数字图像直方图均衡化的自适应校正研究[J]. 计算机时代，2004.

[3] 郑辉. 运动模糊图像复原技术的研究与实现[D]. 国防科学技术大学，2007.

第 2 章
基于形态学的权重自适应图像去噪

2.1 案例背景

数字图像的噪声主要产生于获取、传输图像的过程中。在获取图像的过程中,摄像机组件的运行情况受各种客观因素的影响,包括图像拍摄的环境条件和摄像机的传感元器件质量在内都有可能对图像产生噪声影响。在传输图像的过程中,传输介质所遇到的干扰也会引起图像噪声,如通过无线电网络传输的图像就可能因为光或其他大气因素被加入噪声信号。图像去噪是指减少数字图像中噪声的过程,被广泛应用于图像处理领域的预处理过程。去噪效果的好坏会直接影响后续的图像处理效果,如图像分割、图像模式识别等。

数学形态学以图像的形态特征为研究对象,通过设计一套独特的数字图像处理方法和理论来描述图像的基本特征和结构,通过引入集合的概念来描述图像中元素与元素、部分与部分的关系运算。因此,数学形态学的运算由基础的集合运算(并、交、补等)来定义,并且所有的图像矩阵都能被方便地转换为集合。随着集合理论研究的不断深入和实际应用的拓展,图像形态学处理也在图像分析、模式识别等领域起着重要的应用。

2.2 理论基础

2.2.1 图像去噪的方法

数字图像在被获取、传输的过程中都可能受到噪声的污染，常见的噪声主要有高斯噪声和椒盐噪声。其中，高斯噪声主要是由摄像机传感器元器件内部产生的；椒盐噪声主要是由图像切割所产生的黑白相间的亮暗点噪声，"椒"表示黑色噪声，"盐"表示白色噪声。

数字图像去噪也可以分为空域图像去噪和频域图像去噪。空域图像去噪常用的有均值滤波算法和中值滤波算法，主要是对图像像素做邻域的运算来达到去噪效果。频域图像去噪首先是对数字图像进行某种变换，将其从空域转换到频域，然后对频域中的变换系数进行处理，最后对图像进行反变换，将其从频域转换到空域来达到去噪效果。其中，对图像进行空域和频域相互转换的方法有很多，常用的有傅里叶变换、小波变换等。

数学形态学图像处理通过采用具有一定形态的结构元素去度量和提取图像中的对应形状，借助于集合理论来达到对图像进行分析和识别的目标，该算法具有以下特征。

1. 图像信息的保持

在图像形态学处理中，可以通过已有目标的几何特征信息来选择基于形态学的形态滤波器，这样在进行处理时既可以有效地进行滤波，又可以保持图像中的原有信息。

2. 图像边缘的提取

基于数学形态学的理论进行处理，可以在一定程度上避免噪声的干扰，相对于微分算子的技术而言具有较高的稳定性。形态学技术提取的边缘也比较光滑，更能体现细节信息。

3. 图像骨架的提取

基于数学形态学进行骨架提取，可以充分利用集合运算的优点，避免出现大量的断点，骨架也较为连续。

4. 图像处理的效率

基于数学形态学进行图像处理，可以方便地应用并行处理技术进行集合运算，具有效率高、易于用硬件实现的特点。

2.2.2 数学形态学的原理

形态变换按应用场景可以分为二值变换和灰度变换两种形式。其中，二值变换一般用于处理集合，灰度变换一般用于处理函数。基本的形态变换包括腐蚀、膨胀、开运算和闭运算。

假设 $f(x)$ 和 $g(x)$ 为被定义在二维离散空间 F 和 G 上的两个离散函数，其中 $f(x)$ 为输入图像，$g(x)$ 为结构元素，则 $f(x)$ 关于 $g(x)$ 的腐蚀和膨胀分别被定义为：

$$(f\Theta g)(x) = \min_{y\in G}\left[f(x+y)-g(y)\right] \quad (2.1)$$

$$(f\oplus g)(x) = \max_{y\in G}\left[f(x-y)+g(y)\right] \quad (2.2)$$

$f(x)$ 关于 $g(x)$ 的开运算和闭运算分别被定义为：

$$(f\circ g)(x) = \left[(f\Theta g)\oplus g\right](x) \quad (2.3)$$

$$(f\bullet g)(x) = \left[(f\oplus g)\Theta g\right](x) \quad (2.4)$$

脉冲噪声是一种常见的图像噪声，根据噪声的位置灰度值与其邻域的灰度值的比较可以分为正、负脉冲。其中，正脉冲噪声的位置灰度值要大于其邻域的灰度值，负脉冲则相反。从公式（2.3）、公式（2.4）可以看出，开运算先腐蚀后膨胀，可用于过滤图像中的正脉冲噪声；闭运算先膨胀后腐蚀，可用于过滤图像中的负脉冲噪声。因此，为了同时消除图像中的正负脉冲噪声，可采用形态开-闭的级联形式，构成形态开闭级联滤波器。形态开-闭（OC）和形态闭-开（CO）级联滤波器分别被定义为：

$$\text{OC}(f(x)) = (f\circ g\bullet g)(x) \quad (2.5)$$

$$\text{CO}(f(x)) = (f\bullet g\circ g)(x) \quad (2.6)$$

根据集合运算与形态运算的特点，形态开-闭和形态闭-开级联滤波器具有平移不变性、递增性、对偶性和幂等性。

2.2.3 权重自适应的多结构形态学去噪

在数学形态学图像去噪的过程中，通过适当地选取结构元素的形状和维数可以提升滤波去噪的效果。在多结构元素的级联过程中，需要考虑到结构元素的形状和维数。假设结构元素集为 A_{nm}，n 代表形状序列，m 代表维数序列，则：

$$A_{nm} = \{A_{11}, A_{12}, \cdots, A_{1m}, A_{21}, \cdots, A_{nm}\}$$

式中，

$$A_{11} \subset A_{12} \subset \cdots \subset A_{1m}$$
$$A_{21} \subset A_{22} \subset \cdots \subset A_{2m}$$
$$\cdots$$
$$A_{n1} \subset A_{n2} \subset \cdots \subset A_{nm}$$

假设对图像进行形态学腐蚀运算，则根据前面介绍的腐蚀运算公式，其过程相当于对图像中可以匹配结构元素的位置进行探测并标记处理。如果利用相同维数、不同形状的结构元素对图像进行形态学腐蚀运算，则它们可匹配的次数往往是不同的。一般而言，如果通过选择的结构元素可以探测到图像的边缘等信息，则可匹配的次数多，反之则少。因此，结合形态学腐蚀过程中结构元素的探测匹配原理，可以根据结构元素在图像中的可匹配次数进行自适应权值的计算。

假设 n 种形状的结构元素权值分别为：$\alpha_1, \alpha_2, \cdots, \alpha_n$，在对图像进行腐蚀的过程中 n 种形状的结构元素可匹配图像的次数分别为：$\beta_1, \beta_2, \cdots, \beta_n$，则自适应计算权值的公式为：

$$\begin{aligned}
\alpha_1 &= \frac{\beta_1}{\beta_1 + \beta_2 + \cdots + \beta_n} \\
\alpha_2 &= \frac{\beta_2}{\beta_1 + \beta_2 + \cdots + \beta_n} \\
&\cdots \\
\alpha_n &= \frac{\beta_n}{\beta_1 + \beta_2 + \cdots + \beta_n}
\end{aligned} \tag{2.7}$$

2.3 程序实现

数字图像在进行数学形态学滤波去噪时，根据噪声特点可以尝试采用维数由小到大的结构元素进行处理，进而达到滤除不同噪声的目的。采用数学形态学的多结构元素可以更多地保持数字图像的几何特征。因此，选择构建串联滤波器进行图像滤波，就是将同一形状的结构元素按维数从小到大对图像进行滤波，这类似于串联电路的设计流程（见图 2-1）。

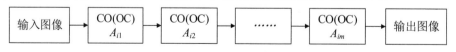

图 2-1 同一形状的结构元素的串联滤波

同理，可以将上面不同形状的结构元素所构成的串联滤波器进行并联，结合自适应权值算法来构建串、并联复合滤波器，如图 2-2 所示。

第 2 章 基于形态学的权重自适应图像去噪

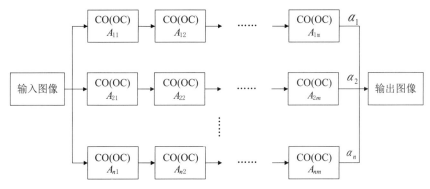

图 2-2 串、并联复合滤波器

如图 2-2 所示，假设输入图像为 $f(x)$，经某种形状的结构元素的串形滤波结果为 $f_i(x)$，$i=1,2,\cdots,n$，则输出图像为 $F(x)$。其中，结构元素通过公式（2.7）所示的自适应算法确定权值为 $\alpha_1,\alpha_2,\cdots,\alpha_n$，则：

$$F(x) = \sum_{i=1}^{n} \alpha_i f_i(x)$$

为了简化算法实验步骤，在具体实现过程中，我们可以选择将串联处理结果与原始图像进行差异值计算的方式来作为权值向量，再通过对串联结果加权求和的方式进行计算。因此，为了对数字图像进行数学形态学滤波器级联滤波去噪的仿真，本实验选择一幅人脸图像，加入泊松噪声，通过构建不同的串联滤波器、并联滤波器进行滤波去噪实验，最后通过计算并绘制 PSNR 值曲线来显示去噪效果。主函数代码如下：

```
clc; clear all; close all;
% 载入图像
filename = fullfile(pwd, 'images/im.jpg');
Img = imread(filename);
% 灰度化
if ndims(Img) == 3
    I = rgb2gray(Img);
else
    I = Img;
end
% 添加噪声
Ig = imnoise(I,'poisson');
% 获取算子
s = GetStrelList();
% 串联去噪
e = ErodeList(Ig, s);
% 计算权重
f = GetRateList(Ig, e);
% 并联
```

```matlab
Igo = GetRemoveResult(f, e);
% 显示结果
figure;
subplot(1, 2, 1); imshow(I, []); title('原图像');
subplot(1, 2, 2); imshow(Ig, []); title('噪声图像');
figure;
subplot(2, 2, 1); imshow(e.eroded_co12, []); title('串联1处理结果');
subplot(2, 2, 2); imshow(e.eroded_co22, []); title('串联2处理结果');
subplot(2, 2, 3); imshow(e.eroded_co32, []); title('串联3处理结果');
subplot(2, 2, 4); imshow(e.eroded_co42, []); title('串联4处理结果');
figure;
subplot(1, 2, 1); imshow(Ig, []); title('噪声图像');
subplot(1, 2, 2); imshow(Igo, []); title('并联去噪图像');
% 计算PSNR值
psnr1 = PSNR(I, e.eroded_co12);
psnr2 = PSNR(I, e.eroded_co22);
psnr3 = PSNR(I, e.eroded_co32);
psnr4 = PSNR(I, e.eroded_co42);
psnr5 = PSNR(I, Igo);
psnr_list = [psnr1 psnr2 psnr3 psnr4 psnr5];
figure;
plot(1:5, psnr_list, 'r+-');
axis([0 6 18 24]);
set(gca, 'XTick', 0:6, 'XTickLabel', {'', '串联1', '串联2', '串联3', ...
    '串联4', '并联', ''});
grid on;
title('PSNR曲线比较');
```

在获取算子函数GetStrelList时将返回指定的线型算子,通过结构体成员的方式整合不同长度、角度的线型算子。核心代码如下:

```matlab
function s = GetStrelList()
% 获取算子
% 输出参数:
%    s——算子结构体

% 生成串联算子
s.co11 = strel('line',5,-45);
s.co12 = strel('line',7,-45);
% 生成串联算子
s.co21 = strel('line',5,45);
s.co22 = strel('line',7,45);
% 生成串联算子
s.co31 = strel('line',3,90);
s.co32 = strel('line',5,90);
% 生成串联算子
s.co41 = strel('line',3,0);
s.co42 = strel('line',5,0);
```

图像串联去噪函数 ErodeList 将根据输入的滤波算子，通过 imerode 逐个处理，并将结果整合到结构体中进行返回。核心代码如下：

```
function e = ErodeList(Ig, s)
% 串联去噪
% 输入参数：
%   Ig——图像矩阵
%   s——算子
% 输出参数：
%   e——处理结果

e.eroded_co11 = imerode(Ig,s.co11);
e.eroded_co12 = imerode(e.eroded_co11,s.co12);
e.eroded_co21 = imerode(Ig,s.co21);
e.eroded_co22 = imerode(e.eroded_co21,s.co22);
e.eroded_co31 = imerode(Ig,s.co31);
e.eroded_co32 = imerode(e.eroded_co31,s.co32);
e.eroded_co41 = imerode(Ig,s.co41);
e.eroded_co42 = imerode(e.eroded_co41,s.co42);
```

图像权值计算函数 GetRateList 将根据串联结果与原始图像的差异程度进行计算，图像并联去噪函数 GetRemoveResult 将根据输入的权值向量、串联结果，通过加权求和的方式进行处理。核心代码如下：

```
function f = GetRateList(Ig, e)
% 计算权重
% 输入参数：
%   Ig——图像矩阵
%   e——串联结果
% 输出参数：
%   f——处理结果
f.df1 = sum(sum(abs(double(e.eroded_co12)-double(Ig))));
f.df2 = sum(sum(abs(double(e.eroded_co22)-double(Ig))));
f.df3 = sum(sum(abs(double(e.eroded_co32)-double(Ig))));
f.df4 = sum(sum(abs(double(e.eroded_co42)-double(Ig))));
f.df = sum([f.df1 f.df2 f.df3 f.df4]);
function Igo = GetRemoveResult(f, e)
% 并联去噪
% 输入参数：
%   f——权值向量
%   e——串联结果
% 输出参数：
%   Igo——处理结果
Igo = ...
f.df1/f.df*double(e.eroded_co12)+f.df2/f.df*double(e.eroded_co22)+...
    f.df3/f.df*double(e.eroded_co32)+f.df4/f.df*double(e.eroded_co42);
Igo = mat2gray(Igo);
```

为了对处理结果进行比较，这里采用计算 PSNR 值的方式将串联、并联处理结果与原始图像进行计算，并绘制 PSNR 值曲线进行分析。核心代码如下：

```
function S = PSNR(s,t)
% 计算 PSNR
% 输入参数:
%    s——图像矩阵 1
%    t——图像矩阵 2
% 输出参数:
%    S——结果
% 预处理
[m, n, ~]=size(s);
s = im2uint8(mat2gray(s));
t = im2uint8(mat2gray(t));
s = double(s);
t = double(t);
% 初值
sd = 0;
mi = m*n*max(max(s.^2));
% 计算
for u = 1:m
    for v = 1:n
        sd = sd+(s(u,v)-t(u,v))^2;
    end
end
if sd == 0
    sd = 1;
end
S = mi/sd;
S = 10*log10(S);
```

实验去噪结果及 PSNR 值曲线比较如图 2-3～图 2-6 所示。

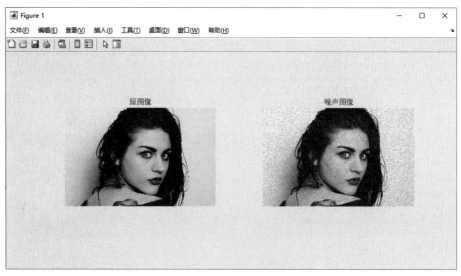

图 2-3　原图及加噪图像

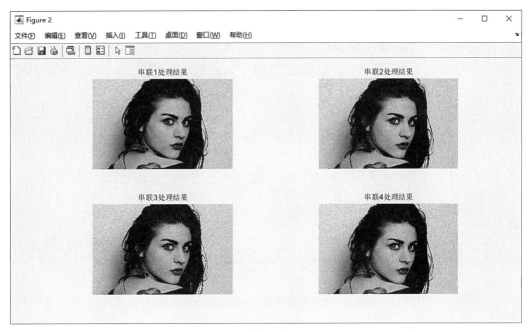

图 2-4 串联去噪结果

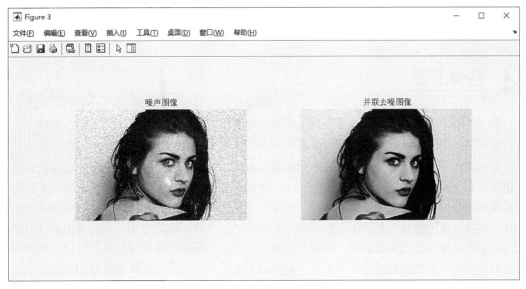

图 2-5 并联去噪结果

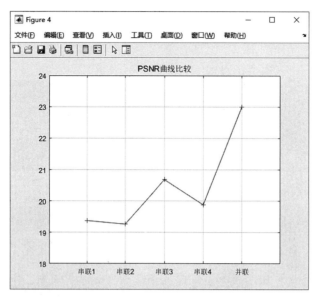

图 2-6　实验去噪结果的 PSNR 值曲线比较

实验结果表明，如果仅通过串联滤波器去噪，则往往具有一定的局限性，在结果图像中也保留着较为明显的噪声。通过并联滤波器进行滤波去噪得到的结果中 PSNR 值更高，而且结果图像在视觉效果上要比只进行串联滤波器去噪更为理想。

2.4　延伸阅读

数学形态学的基本理论和方法在医学成像、显微镜学、生物学、机器人视觉、自动字符读取、金相学、地质学、冶金学、遥感技术等诸多领域都获得了非常成功的应用。

本案例首先详细描述了数学形态学的膨胀、腐蚀、开启、闭合四大运算，指出开启和闭合是由膨胀和腐蚀运算组合使用而得出的算法，并指出开运算具有使图像目标形状变小的特点，闭运算具有使图像目标形状变大的特点。根据集合学的相关理论，开闭运算具有等幂性，这意味着一次滤波就能把结构元素所匹配到的所有噪声进行滤除。然后介绍了滤波器的设计，形态滤波器是由以集合论为基础的开、闭运算组成的，它们具有不模糊图像边界的特性，采用形态算子对图像进行处理便构成了数学形态学滤波器。最后介绍了不同形状和维数的滤波如何进行串联、并联来构建级联滤波器，并对其进行了仿真实验。实验结果表明，采用并联进行滤波器级联，对噪声图像进行形态学滤波去噪，能取得较为明显的效果。将形态学滤波器通过串联、并联来构建级联滤波器的方式应用于不同的图像处理过程中，在一定程度上能够影响普通滤波的效果，这也是一个研究方向。

本章参考的文献如下。

[1] 许娟. 图像去噪的非局部方法研究[D]. 南京理工大学，2009.

[2] 程伟，梁萍. 数学形态学在旋切单板缺陷图像分割中的研究[J]. 林业机械与木工设备，2011.

[3] 阮秋琦. 数字图像处理学[M]. 北京：电子工业出版社，2001.

[4] 陈虎，周朝辉，王守尊. 基于数学形态学的图像去噪方法研究[J]. 工程图学学报，2004.

第 3 章

基于多尺度形态学提取眼前节组织

3.1 案例背景

数学形态学图像处理应用广泛,可以用于图像去噪、特征提取、边缘检测、图像分割、形状识别、纹理分析、图像恢复与重建、图像压缩等领域。数学形态学图像处理的基本思想是构建具有一定形态的结构元素去匹配和提取图像中对应形状的位置,进而达到对图像进行分析和识别的目的。数学形态学图像处理以集合论为基础,通过结构化处理可以简化图像数据,保持图像的基本形状特征,消除不必要的结构。常用的数学形态学运算有 4 个:膨胀、腐蚀、开启和闭合,都可以应用于二值图像和灰度图像处理中。

在临床实验中,角膜中央厚度定位及测量的关键和前提是进行眼前节组织 OCT 图像上下角膜的边缘检测。如果使用传统的边缘检测算子来处理眼前节组织 OCT 图像,则容易产生误检测、假边缘等缺点,使用数学形态学进行边缘检测可以克服传统算法的缺点,有较好的效果。本案例采用多尺度图像形态学处理的方法来提取眼前节组织 OCT 图像的边缘,核心算法采用数学形态学进行处理。

3.2 理论基础

数学形态学图像处理以集合论为理论基础，对图像进行形态学变换实质上是一种针对集合的处理过程。形态学运算用于表示物体或形状的集合与形态学算子结构的相互作用，并且形态学算子结构的形状决定了形态学运算所匹配目标的形状信息。因此，对图像进行数学形态学图像处理就是通过在图像中移动一个结构元素，并将该结构元素与对应的图像块矩阵进行交、并等集合运算，得到处理结果矩阵。数学形态学图像处理的基本形态运算是腐蚀和膨胀，然后可以延伸到开启和闭合。

假设 $f(x,y)$ 为输入图像，$g(i,j)$ 为结构元素，$\oplus$ 和 $\ominus$ 分别表示形态学运算中的膨胀运算符号和腐蚀运算符号，则可以得到灰度膨胀运算和灰度腐蚀运算的公式如下。

灰度膨胀运算：

$$f \oplus g = \max_{(i,j)}\left[f(x-i,y-j)+g(i,j)\right]$$

灰度腐蚀运算：

$$f \ominus g = \min_{(i,j)}\left[f(x+i,y+j)-g(i,j)\right]$$

进而可以得到灰度开启运算和灰度闭合运算的公式如下。

灰度开启运算：

$$f \circ g = (f \ominus g) \oplus g$$

灰度闭合运算：

$$f \bullet g = (f \oplus g) \ominus g$$

假设在灰度图像矩阵上移动形态学线型算子进行膨胀运算，则对于某图像块区域进行灰度膨胀运算的步骤如图 3-1 所示。

$$\begin{bmatrix} 85 & 71 & 97 & 97 & 54 \\ 93 & 27 & 98 & 59 & 94 \\ 30 & 42 & 32 & 84 & 84 \\ 93 & 64 & 98 & 31 & 97 \end{bmatrix} \oplus \begin{bmatrix} 1 & 1 & 1 \end{bmatrix} = \begin{bmatrix} 85 & 97 & 97 & 97 & 97 \\ 93 & 98 & 98 & 98 & 94 \\ 42 & 42 & 84 & 84 & 84 \\ 93 & 98 & 98 & 98 & 97 \end{bmatrix}$$

图 3-1 灰度膨胀运算的步骤

假设数字图像矩阵为 Uint8 类型（范围为 0~255），则根据形态学运算的特点，膨胀运算将超出边界的部分指定为图像数据类型的最小值，即超出灰度图像边界的像素值为 0；腐蚀运算将超出边界的部分指定为图像数据类型的最大值,即超出灰度图像边界的像素值为 255。

多尺度形态学通过选定形态结构元素的类型及尺度来实现,如对图像应用某结构元素进行膨胀运算,对其尺度的选取可根据不同的情况来定。一般而言,随着选取的结构元素尺度的增加,计算量也会增加,甚至可能会对图像自身的几何形状产生影响,进而造成形态处理结果不准确。适当地选择小尺度(一般取 2~5)的结构元素,可以在一定程度上提高形态运算的效率及准确率。因此,通过应用不同尺度的结构元素进行边缘检测,再通过加权融合的思想来整合检测到的边缘,可以在一定程度上减小图像噪声的影响,进而提高边缘检测的精度。

根据数学形态学运算的概念,构造形态学多尺度迭代滤波器如下:

$$\psi(f) = (f \circ g_1 \bullet g_1) \bullet g_2 \circ g_2$$

结构元素的形状往往会影响到所匹配目标的准确率,应用形态学进行边缘提取需要综合考虑匹配不同方向的边缘的要求。因此,对于一个给定的结构元素 g,可将其设计成 5 个 3×3 模板,分别为 $g_1 \sim g_5$:

$$\begin{bmatrix} 0 & 1 & 0 \\ 0 & 1 & 0 \\ 0 & 1 & 0 \end{bmatrix}, \begin{bmatrix} 0 & 0 & 0 \\ 1 & 1 & 1 \\ 0 & 0 & 0 \end{bmatrix}, \begin{bmatrix} 0 & 0 & 1 \\ 0 & 1 & 0 \\ 1 & 0 & 0 \end{bmatrix}, \begin{bmatrix} 1 & 0 & 0 \\ 0 & 1 & 0 \\ 0 & 0 & 1 \end{bmatrix}, \begin{bmatrix} 0 & 1 & 0 \\ 1 & 1 & 1 \\ 0 & 1 & 0 \end{bmatrix}$$

多尺度结构元素的定义为:

$$ng = g \oplus g \oplus \cdots \oplus g$$

式中,n 为尺度参数。

多尺度边缘检测算法为:

$$G_i^n = (f \circ ng_i) \oplus ng_i - (f \bullet ng_i) \Theta ng_i$$

多尺度边缘融合算法为:

$$Gf^n = \sum_{i=1}^{K} u_i G_i^n$$

式中,u_i 为各个尺度边缘检测图像进行融合时的加权系数。

根据信息熵的定义,图像信息熵能够反映图像信息的丰富程度,并直接反映不同边缘所占的比重。因此,可参考加权融合的思想,通过计算不同尺度的边缘图像所含的信息量即信息熵的多少,来计算权值并确定边缘图像的合成。

以信息熵的计算方法为基础,假设数字图像的灰度范围为 $[0, L-1]$,则各灰度级像素出现的概率为:

$$P_0, P_1, \cdots, P_{L-1}$$

各灰度级像素具有的信息量分别为:

$$-\log_2(P_0), -\log_2(P_1), \cdots, -\log_2(P_{L-1})$$

则该图像的熵为:

$$H = -\sum_{i=0}^{L-1} P_i \log_2(P_i)$$

一般而言,可以采用距离度量系统中各个实体的相似度,两个实体之间的距离越小,它们之间的相似度就越大。可通过对不同实体 f_a 和 f_b 之间的相似度 $sim(f_a, f_b)$ 求和并将该和作为整个系统中 f_a 的实体的相似度或支持度,即:

$$\text{Supo}(f_a) = \sum_{b=1}^{N} \text{sim}(f_a, f_b) \quad a,b = 1,2,3,\cdots,N$$

可选择图像信息熵和实体加权进行边缘图像的融合,通过对各边缘图像的信息熵计算差值作为距离来获取各个实体的相似度或支持度。

因此,边缘图像 f_a 与边缘图像 f_b 的差量算子为:

$$\text{usimk}(f_a, f_b) = |Ha - Hb| \quad a,b = 1,2,3,\cdots,N$$

差量函数为:

$$\text{usimk}(f_a, f_b) = \sum_{b=1}^{N} |Ha - Hb| \quad a,b = 1,2,3,\cdots,N$$

反支持度函数为:

$$\text{Supk}(f_a) = \sum_{b=1}^{N} \text{usim}(f_a, f_b) \quad a,b = 1,2,3,\cdots,N$$

为了在保证程序运行效率的前提下尽可能匹配图像不同方向上的边缘,本案例选择 5 个不同的结构元素对图像进行边缘检测,步骤如下。

(1)应用不同的结构元素对图像进行边缘检测,通过实体加权融合与信息熵结合的方法对边缘图像进行图像融合,获得单尺度下的边缘检测结果 Gf_1。

(2)对 5 个结构元素分别进行膨胀,用膨胀后的 5 个结构元素在尺度 $n=2$ 时对图像进行边缘检测,将获得的 5 个检测结果按照第 1 步的融合方法进行图像融合,获得尺度 $n=2$ 时的边缘检测结果 Gf_2。

(3)对 5 个结构元素分别进行膨胀,用膨胀后的 5 个结构元素在尺度 $n=3$ 时对图像进行边缘检测，将获得的5个检测结果按照第1步的融合方法进行图像融合，获得尺度 $n=2$ 时的边缘检测结果 Gf_3。

（4）同理，按照上述步骤对5个结构元素进行 n 个尺度（n 一般取2~5）的边缘检测及融合，获得 n 个不同尺度的融合图像，分别为：$Gf_1, Gf_2, \cdots, Gf_n$。

（5）根据实体加权融合与信息熵结合的融合方法进行图像融合，得到最终的融合结果。

3.3 程序实现

3.3.1 多尺度结构设计

图像边缘指像素周围的灰度值发生急剧变化的位置集合，是图像的基本特征之一。图像边缘一般存在于目标、背景和区域之间，因此边缘提取是图像分割过程中经常被采用的关键步骤之一。图像边缘根据样式大致可以分为两种：一种是阶跃状边缘，该类边缘两边像素的灰度值明显不同，呈现阶跃样式；另一种是屋顶状边缘，该类边缘处于灰度值由小到大再到小的峰值转折点处，呈现屋顶样式。因此，这里根据多尺度边缘检测的算法流程，编写函数 **Multi_Process** 接收图像矩阵、形态学算子、尺度参数，并通过图像形态学变换进行图像边缘的提取，函数代码如下：

```
function [Gi, ng] = Multi_Process(I, g, n)
% 多尺度边缘检测函数
% 输入参数：
%   I——图像矩阵
%   g——尺度结构
%   n——尺度参数
% 输出参数：
%   Gi——边缘图像
%   ng——多尺度结构元素
if nargin < 3
    n = 6;
end
% 计算多尺度结构元素
ng = g;
for i = 1:n
    ng = imdilate(ng, g);
end
% 图像开操作
Gi1 = imopen(I, ng);
% 图像膨胀操作
Gi1 = imdilate(Gi1, ng);
```

```matlab
% 图像闭操作
Gi2 = imclose(I, ng);
% 图像腐蚀操作
Gi2 = imerode(Gi2, ng);
% 图像减法操作
Gi = imsubtract(Gi1, Gi2);
```

3.3.2 多尺度边缘提取

根据前面介绍的相关理论，本实验默认采用 5 个不同方向的结构元素进行形态学变换。因此，为了方便地进行图像边缘提取，可编写主处理函数 Main_Process，通过接收图像矩阵、尺度值来作为输入参数，调用多尺度边缘提取函数 Multi_Process 和融合权值计算函数 Coef 进行处理，最后通过调用图像加权融合函数 Edge_One 得到边缘融合结果并返回。核心代码如下：

```matlab
function result = Main_Process(Img, n)
% 主处理程序
% 输入参数：
%   Img——图像矩阵
%   n——尺度参数
% 输出参数：
%   result——结果矩阵
if ndims(Img) == 3
    I = rgb2gray(Img);
else
    I = Img;
end
% 结构元素
g1 = [0 1 0
      0 1 0
      0 1 0];
g2 = [0 0 0
      1 1 1
      0 0 0];
g3 = [0 0 1
      0 1 0
      1 0 0];
g4 = [1 0 0
      0 1 0
      0 0 1];
g5 = [0 1 0
      1 1 1
      0 1 0];
% 指定尺度计算边缘图像
Gi1 = Multi_Process(I, g1, n);
Gi2 = Multi_Process(I, g2, n);
```

```matlab
    Gi3 = Multi_Process(I, g3, n);
    Gi4 = Multi_Process(I, g4, n);
    Gi5 = Multi_Process(I, g5, n);
    G{1} = Gi1;
    G{2} = Gi2;
    G{3} = Gi3;
    G{4} = Gi4;
    G{5} = Gi5;
    % 计算加权系数
    ua1 = Coef(Gi1, G);
    ua2 = Coef(Gi2, G);
    ua3 = Coef(Gi3, G);
    ua4 = Coef(Gi4, G);
    ua5 = Coef(Gi5, G);
    u = [ua1, ua2, ua3, ua4, ua5];
    u = u/sum(u); % 加权系数归一化
    Gf1 = Edge_One(G, u); % 融合
    result = Gf1;
    function ua = Coef(fa, f)
    % 计算加权系数
    % 输入参数:
    %   fa——图像矩阵
    %   f——图像序列
    % 输出参数:
    %   ua——加权系数

    N = length(f);
    s = [];
    for i = 1 : N
        fi = f{i};
        si = supoles(fi, f);
        s = [s si];
    end
    sp = min(s(:));
    sa = supoles(fa, f);
    % 计算 ka
    ka = sp/sa;
    k = 0;
    for i = 1 : N
        fb = f{i};
        s = [];
        for i = 1 : N
            fi = f{i};
            si = supoles(fi, f);
            s = [s si];
        end
        sp = min(s);
```

```
    sb = supoles(fb, f);
    % 计算 kb
    kb = sp/sa;
    k = k + kb;
end
% 计算结果
ua = ka/k;

function Gf = Edge_One(G, u)
% 边缘融合函数
% 输入参数:
%   G——边缘图像序列组
%   u——参数向量
% 输出参数:
%   Gf——边缘融合图像

if nargin < 2
    u = rand(1, length(G));
    u = u/sum(u(:));
end
% 初始化
Gf = zeros(size(G{1}));
for i = 1 : length(G)
    % 求和计算
    Gf = Gf + u(i)*double(G{i});
end
% 类型转换
Gf = im2uint8(mat2gray(Gf));
```

3.3.3 多尺度边缘融合

为了进行实验说明，这里编写形态学处理脚本代码，通过加载图像进入主处理函数，计算加权系数进行融合，得到结果并显示。核心代码如下：

```
clc; clear all; close all;
% 载入图像
Img = imread('images\image.bmp');
Gf1 = Main_Process(Img, 1);
Gf2 = Main_Process(Img, 2);
Gf3 = Main_Process(Img, 3);
Gf4 = Main_Process(Img, 4);
Gf5 = Main_Process(Img, 5);
G{1} = Gf1;
G{2} = Gf2;
G{3} = Gf3;
```

```
G{4} = Gf4;
G{5} = Gf5;
% 计算加权系数
ua1 = Coef(Gf1, G);
ua2 = Coef(Gf2, G);
ua3 = Coef(Gf3, G);
ua4 = Coef(Gf4, G);
ua5 = Coef(Gf5, G);
u = [ua1, ua2, ua3, ua4, ua5];
u = u/sum(u); % 加权系数归一化
Gf = Edge_One(G, u); % 融合
result = Gf5;
figure; imshow(result, []);
```

运行基于形态学的多尺度边缘提取流程处理,可获取边缘提取结果,如图 3-2～图 3-3 所示。

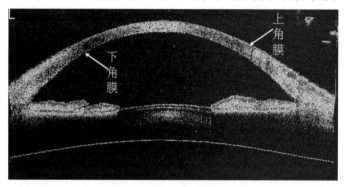

图 3-2　眼前节组织 OCT 图像

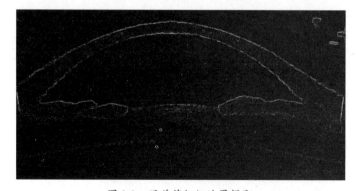

图 3-3　眼前节组织边界提取

实验结果表明,基于多尺度形态学对眼前节组织图像进行边缘提取,能平滑原图像的噪声,有效识别上下角膜的边缘位置,避免了误检测、假边缘出现的情况,为眼前节组织图像的进一步处理提供了依据。

3.4 延伸阅读

基于数学形态学的图像处理技术以集合论为理论基础，通过构建形态结构算子来以非线性叠加的方式描述图像，通过集合的基本运算进行图像处理。数学形态学被广泛应用于生物医学、电子显微镜图像分析、数字图像处理、计算机视觉等领域，已发展成为一种新型的图像处理方法和理论。

本案例以眼前节组织边缘提取为目标，以多尺度形态学处理为基础进行实验，通过建立不同结构形态算子的边缘提取，以及计算加权算子的方式进行边缘图像的融合，有效解决了传统边缘检测算子对眼前节组织边缘提取不准确的问题，具有一定的使用价值。但该算法运行耗时较长，在算法性能及程序的优化编码上有一定的提升空间。

本章参考的文献如下。

[1] 阮秋琦. 数字图像处理学[M]. 北京：电子工业出版社，2001.

[2] 刘爱林，陈常祥. 眼前节组织 OCT 图像角膜中央厚度测量[J]. 中国医学物理学杂志，2009.

[3] 周彬. 基于数学形态学的图像处理算法研究[D]. 华北电力大学（北京），2008.

[4] 段立娟，高文，林守勋，马继涌. 图像检索中的动态相似性度量方法[J]. 计算机学报，2001.

第 4 章

基于 Hough 变化的答题卡识别

4.1 案例背景

随着信息化技术的发展,计算机几乎已经融入了人们工作、学习的方方面面,在答题卡阅卷领域使用计算机取代人工阅卷已成为趋势。计算机阅卷既使教育工作者省心、省力,减少了人为错误发生的概率,使考试更加公平,也减少了阅卷时间,提高了阅卷效率和质量。通过计算机对学生答题卡进行识别,还可以直接将学生的成绩存储到计算机中,通过数据库对其高效管理,省去了手工输入学生成绩建立数据库的程序,且便于长久保存。因此,通过学生答题卡图像识别技术能够方便地获取学生的答题成绩,进而将其应用到不同的教研系统中进行数据共享,还可以和许多信息化技术结合,具有非常重要的意义。

本案例研究答题卡识别软件的设计与开发,集成了图像分割、模式识别等领域的功能模块,涉及计算机图像处理的一系列知识。通过图像处理技术,系统能够识别答题卡图像的答案选项,再通过输入正确答案的答题卡与之对照,对学生答题卡进行判别并计算分数。本案例侧重于图像识别方面的实现,应用了图像校正、模式识别等方面的算法。

4.2 理论基础

答题卡自动阅卷系统通过获取答题卡图像作为系统输入,并通过计算机处理、自动识别填涂标记,存入数据库完成阅卷。在图像数字化的过程中,受设备、环境等因素的影响,答题卡图像的质量在一定程度上下降,影响自动阅卷的准确率,甚至导致无法正常阅卷。因此,要对所获取的图像进行一系列的预处理，过滤干扰、噪声，做几何校正、彩色校正等操作，并进行二值化处理，以确保后续步骤能顺利进行。

4.2.1 图像二值化

彩色图像经过灰度化处理后得到灰度图，每个像素都仅有一个灰度值，该灰度值的大小决定了像素的亮暗程度。在答题卡自动识别实验中，根据答题卡图像答案目标的色彩特点，为了方便地进行目标答案的检测和识别，我们需要对灰度图像进行二值化处理，也就是说各像素的灰度值只有 0 和 1 两个取值，用来表示黑白两种颜色，这样可以大大减少计算的数据量。

在对答题卡图像进行二值化的过程中，阈值的选取是关键，直接影响到目标答案能否被正确识别。根据二值化过程中阈值选取的来源不同，阈值选取方法可以分为全局和局部两种。鉴于答题卡图像的应用场景，不同考生填涂答题卡的深浅度往往不同。如果采用由用户指定阈值的方法，则可能会产生对每张答题卡都需要进行阈值调整的要求，而且在光照不均匀等因素的影响下往往会出现目标区域二值化异常的现象。因此，在本案例中采用局部平均阈值法来自动确定阈值，当像素点的灰度值小于阈值时，则将该点的数值置为 0，否则将数值置为 1。该算法在不同的图像区域所选择的阈值会自动调整，也消除了光照不均匀等因素的干扰，同时在光照明暗变化时能自动调整阈值的大小。

等待系统载入答题卡图像并进行灰度化等预处理后再进行二值化，将有效突出答案目标的显示效果，其效果如图 4-1 所示。

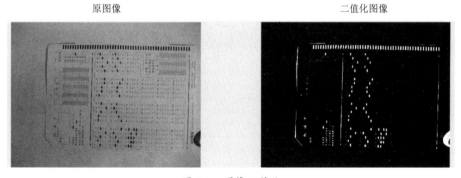

图 4-1　图像二值化

4.2.2 倾斜校正

在答题卡图像采集的过程中，由于种种原因，可能会导致所采集到的答题卡图像有某种程度的倾斜，为了得到准确的阅卷结果，需要进行必要的倾斜校正处理。答题卡图像的倾斜校正一般分为两步：第一步，查找倾斜角度；第二步，进行坐标变换，得到校正后的图像。其中，常用的倾斜角度查找方法有两种：一种是利用 Hough 变换来找出倾斜角度；另一种是利用角点检测来找出倾斜角度。根据答题卡图像样式固定的特点，本案例采用 Hough 变换进行倾斜角度的计算。

Hough 变换作为一种参数空间变换算法，自从 1962 年被 Hough 提出之后，便成为直线和其他参数化形状检测的重要工具。Hough 变换具有较强的稳定性和鲁棒性，可以在一定程度上避免噪声的影响，而且易于并行运算。因此，Hough 变换被不断地研究并取得大量进展。Duda 和 Halt 将极坐标引入 Hough 变换，使这种方法可以更加有效地用于直线检测和其他任意几何形状的检测。Ballard 提出了非解析任意形状的 R 表法，将 Hough 变换推广到对任意方向和范围的非解析任意形状的识别，这种方法被称为广义 Hough 变换。

直线 $y = mx + b$ 可用极坐标表示为：

$$r = x\cos(\theta) + y\sin(\theta) \quad (4.1)$$

也可表示为：

$$r = \sqrt{x^2 + y^2}\sin(\theta + \varphi)$$
$$\tan(\varphi) = \frac{x}{y} \quad (4.2)$$

其中，(4.1) 式中的 (r,θ) 定义了一个从原点到该直线最近点的向量，显然，该向量与该直线垂直，如图 4-2 所示。

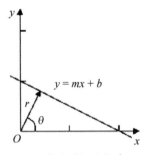

图 4-2 直线的极坐标表示

假设以参数 r 和 θ 构成一个二维空间，则 xy 平面上的任意一条直线都对应 $r\theta$ 平面上的一个点。因此，xy 平面上的任意一条直线的 Hough 变换就是寻找 $r\theta$ 平面上的一个对应点的过程。

假设在 xy 平面上有一个特定的点(x_0, y_0)，经过该点的直线可以有很多条，每条都对应 $r\theta$ 平面中的一个点，则这些点必须满足以 x_0、y_0 作为常量时的 (4.1) 式。因此，根据 (4.1) 式的定义可以发现，在参数空间与 xy 空间中，所有直线对应点的轨迹就是一条正弦型曲线，即 xy 平面上的任意一点都对应 $r\theta$ 平面上的一条正弦曲线。如果有一组位于由参数 r_0 和 θ_0 决定的直线上的边缘点，则每个边缘点都对应 $r\theta$ 空间的一条正弦型曲线。由于这些曲线都对应同一条直线，因此所有这些曲线必交于点 (r_0, θ_0)。

在实际计算过程中，为了找出这些点所构成的直线段，我们可以将 $r\theta$ 空间进行网格化，进而将其量化成许多小格，并初始化各小格的计数累加器。根据每个 (x_0, y_0) 点的极坐标公式代入 θ 的量化值，算出各个 r 的值，如果量化后的值落在某个小格内，则使该小格的计数累加器加 1；在全部 (x, y) 点都变换后，对小格计数器进行统计，包含较大计数值的小格对应共线点，并且 (r, θ) 可作为直线拟合参数；包含较小计数值的小格一般对应非共线点，丢弃不用。通过以上过程可以看出，如果 r、θ 网格量化度量过大，则其参数空间的聚合效果较差，很难查找直线的准确 r、θ 参数；同理，如果 r、θ 网格量化度量过小，则计算量会随之增大，影响查找效率。因此，在计算过程中需要综合考虑这两方面，选择合适的网格量化度量值。

由于 Hough 变换需要进行网格扫描处理，运行速度往往较慢，因此在进行直线检测和倾斜角度计算时，需要考虑的一个重要因素就是计算量。其中，计算量与搜索角度步长 θ_s 和搜索角度范围 θ_r 密切相关。因此，采用多级 Hough 变换，通过设置角度搜索步长由大到小进行直线检测和倾斜角度计算，可以有效降低算法的计算量。多级 Hough 变换首先用较大的 θ_s 和 θ_r 求出倾斜角度的大致范围，这类似于人眼主观估计的过程；然后用较小的 θ_s 和 θ_r 对倾斜角度进行细化处理，对于某些应用场景甚至可以求出约 0.02°的倾斜，这类似于人眼仔细估计的过程。因此，采用多级 Hough 变换比直接应用 Hough 变换在运算速度上有了较大提高。

在计算答题卡图像的倾斜角度时，为了消除涂抹区域不均匀的影响，对已获取的满足上述特征的极大值对应的倾斜角度，可采用算术平均的方式进行优化处理。假设每行答题区对应的倾斜角度都为 θ_i（$i=1,2,\cdots,N$，N 通常为答题区的总行数），则图像的倾斜角度 θ_m 由（4.3）式给出：

$$\theta_m = \sum_{i=1}^{N} \frac{\theta_i}{N} \tag{4.3}$$

在获取答题卡图像的倾斜角度后，可以对图像进行旋转处理。假设点 (x_0, y_0) 绕点 (a, b) 旋转 θ 度后坐标为 (x_1, y_1)，旋转后中心坐标为 (c, d)，则：

$$\begin{bmatrix} x_1 \\ y_1 \\ 1 \end{bmatrix} = \begin{bmatrix} 1 & 0 & c \\ 0 & -1 & d \\ 0 & 0 & 1 \end{bmatrix} \begin{bmatrix} \cos(\theta) & \sin(\theta) & 0 \\ -\sin(\theta) & \cos(\theta) & 0 \\ 0 & 0 & 1 \end{bmatrix} \begin{bmatrix} 1 & 0 & -a \\ 0 & -1 & b \\ 0 & 0 & 1 \end{bmatrix} \begin{bmatrix} x_0 \\ y_0 \\ 1 \end{bmatrix} \tag{4.4}$$

图像旋转可能会引起图像的高度和宽度范围的改变，结合答题卡图像周边区域的特点，我们对旋转图像超出范围的周边区域进行了删除处理。同时，为了尽可能保持图像的完整性，在进行旋转时以图像的中心位置作为旋转中心进行计算，对答题卡图像进行倾斜校正的效果如图 4-3～图 4-4 所示。

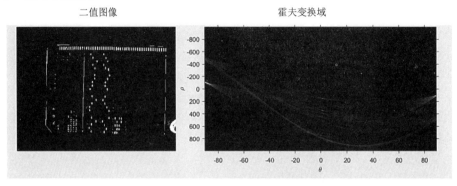

图 4-3　倾斜校正效果 1

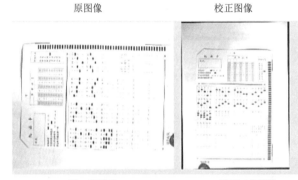

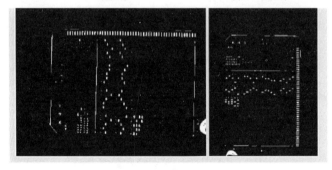

图 4-4　倾斜校正效果 2

4.2.3　图像分割

图像分割是图像处理中常用的关键步骤之一，本案例涉及对答题卡图像有效区域的检测和分割。在一般情况下，对灰度图像的分割通常可基于像素灰度值的两个性质：不连续性和相似性。图像固定区域内部的像素一般具有灰度相似性，而在不同区域之间的边界上一般具有灰度不连续性，也就是我们常说的区域边缘属性。因此，灰度图像分割方法一般可以分为基于区域的方法和基于边界的方法。前者利用区域内的灰度相似性进行分割，后者利用区域间的灰度不连续性进行分割。根据分割过程中选择的运算策略不同，分割算法又可分为并行算法和串行算法。在并行算法过程中，所有检测和分割都可独立和同时地进行，利于提高运算效率。在串行算法过程中，后续的处理流程要用到在之前的步骤中得到的结果，要求程序运行具有连续性。

1. **基于区域的分割方法**

基于区域的分割方法以区域内像素的相似性特征为依据，将图像划分成一系列有意义的独立区域，实现分割的目标。图像进行区域分割后一般有以下特征。

（1）一致性。图像分割后的区域应在某些特征方面表现出一致性，如灰度、颜色或纹理。

（2）单一性。区域内部目标分布单一，不能包含太多孔洞。

（3）差异性。区域内部的同一特征在相邻区域间应有明显的差异性。

（4）准确性。区域间的分割边界应该有光滑性，且边界的空间位置准确。

基于区域的分割方法常用的有灰度阈值法和区域增长法等，其特点是充分利用了区域内像素特征的相似性。

2. **基于边界的分割方法**

基于边界的分割方法也被称为基于梯度的图像分割方法，其关键步骤是进行边缘检测。基于边界的分割方法首先检测图像中的边缘点，然后按照一定的策略连接成轮廓线得到边界，最后根据边界得到分割区域。由于图像边界具有梯度峰值的特点，所以该方法又被称为基于梯度的图像分割方法。其中，进行边缘检测的常用方法有图像微分（差分）、梯度和拉普拉斯变换等。

如果仅进行边缘检测还不能完成图像分割，则需要继续将边缘点按某种策略连接成边缘线，形成直线、曲线、轮廓线等，直到能表示图像区域的边界。其中，将边缘点连接成线包括两个过程：检测可能的边缘点；将得到的边缘点通过连接或拟合等方式获取连续的线（如直线、曲线、轮廓线等）。该方法涉及边缘检测，需要综合考虑图像抗噪性和检测精度的矛盾：若提高抗噪性，则往往会产生边缘丢失或位置偏差；若提高检测精度，则往往会产生噪声伪边缘或错误的轮廓。

3. **基于特定理论的分割方法**

随着图像分割技术的不断发展，出现了许多与特定理论、方法相结合的图像分割技术，如基于活动轮廓的图像边缘检测方法和基于小波分析的图像分割方法等。

本案例结合答题卡图像的特点，采用区域定位分割的思路，将答题卡图像分为答题区域上下两部分，如图 4-5 所示。

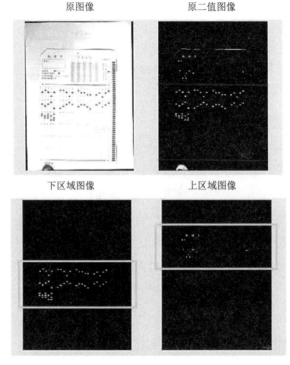

图 4-5　图像区域分割

4.3　程序实现

本案例提出了一种能够有效识别答题卡的方法，利用基于 Hough 变换的直线检测技术检测图像的倾斜度，对倾斜的图像进行旋转校正，最终实现了对答题卡答案的定位和检测。其中，在识别过程中使用了像素灰度积分统计的方法，具有较低的误识别率，能够准确定位答题卡的涂卡痕迹。下面介绍程序实现过程中的关键步骤。

4.3.1　图像灰度化

根据答题卡图像的自身特点，本实验要求输入的图片为灰度格式，并将采集到的答题卡图片经灰度化处理后存储到硬盘的指定文件夹中，用于检测和识别。采用灰度图像进行存储能显著减少文件所占用的硬盘空间，而且能加快图像处理识别的速度。一般而言，可采用加权平均值法对原始 RGB 图像进行灰度化处理，该方法的主要思想是从原图像中取 R、G、B 各层的像素值并经过加权求和得到灰度图的亮度值。在现实生活中，人眼对绿色（G）敏感度最高，对红色（R）敏感度次之，对蓝色（B）敏感度最低，因此为了选择合适的权值对象输出合理的灰度图像，权值系数应该满足 $G>R>B$。实验和理论证明，当 R、G、B 的权值系数分别为 0.299、0.587 和 0.114 时，能够得到最适合人眼观察的灰度图像。

4.3.2 灰度图像二值化

图像二值化是图像处理的基本技术之一，对阈值的选取则是图像二值化的关键步骤。一般而言，对于灰度图像来说，可适当选择一个或若干个灰度值 T（$0 \leq T \leq 255$）进行二值化，将目标和背景分开，这个灰度值 T 就被称为阈值。因此，对于答题卡图像来说，根据考生填涂答题卡的答案目标区域特点，可选择适当的阈值 T 进行二值化。当像素点的灰度值小于 T 时，将该点的颜色值置为"0"，否则将其颜色值置为"1"。这样就得到了只包含黑白两种颜色的二值图像。

4.3.3 图像平滑滤波

图像平滑滤波是一种实用的数字图像处理技术，主要是为了减少图像的噪声，常用的有中值滤波、均值滤波等方法。中值滤波指将像素邻域的灰度值进行排序后取中位数值作为中心像素的新灰度值。答题卡图像在采集过程中经常会遇到随机噪声的干扰，该噪声一般是邻域中亮度值发生随机突变的像素，并且经排序后往往出现在序列的队首或队尾，所以经中值滤波后答题卡图像的随机噪声能得到有效消除。

4.3.4 图像矫正

对答题卡图像进行校正处理主要是进行图像旋转操作，便于后续的检测和识别。图像旋转的算法很多，本实验采用的算法思路为：将需调整的答题卡图像读取到内存中，计算图像的倾斜角度，依据所得的倾斜角度旋转图像，得到校正图像。

根据答题卡图像的特点，答题卡的有效信息往往位于整幅图像的特定部位，一般包括考生准考证号区域、答案区域和考试科目区域三大部分，因此对这些区域进行精确的定位即可提取图像的特征信息。答题卡图像一般由明确的矩形框和直线组成，在进行区域定位时选择 Hough 变换进行直线检测，进而获取定位信息，计算倾斜角度，之后进行图像旋转得到校正结果。

4.3.5 完整性核查

考生在涂卡时，由于种种原因可能会出现重选、漏选等错误，可根据对识别结果的影响分两种情况进行处理：一种情况是考生的基本信息如专业、科目、班级、学号、试卷类型等客观信息出现重选、漏选错误，则在系统识别后会立即给出错误提示，要求确认修改图像或重新采集图像；另一种情况是考生填涂答案时出现重选、漏选错误，则可按答案选择错误对待，并将识别结果记入存储结构中。最后，系统根据事先录入的标准答案与识别存储结构进行自动评分，从而获得每名考生的考试成绩信息。

根据系统设计要求，可结合 MATLAB 数字图像处理工具箱，对所输入的答题卡图像根据预处理、检测、识别算法流程进行系统实现，其主函数如下：

```
clc; clear all; close all;
warning off all;
%% 载入图像
I = imread('images\\1.jpg');
%% 图像归一化处理
I1 = Image_Normalize(I, 0);
%% 图像平滑
hsize = [3 3];
sigma = 0.5;
I2 = Image_Smooth(I1, hsize, sigma, 0);
%% 图像灰度化
I3 = Gray_Convert(I2, 0);
%% 图像二值化
bw2 = Image_Binary(I3, 0);
%% 霍夫检测
[Len, XYn, xy_long] = Hough_Process(bw2, I1, 0);
%% 倾斜角度
angle = Compute_Angle(xy_long);
%% 倾斜校正
[I4, bw3] = Image_Rotate(I1, bw2, angle, 0);
%% 形态学滤波
[bw4, Loc1] = Morph_Process(bw3, 0);
%% 霍夫检测
[Len, XYn, xy_long] = Hough_Process(bw4, I4, 0);
%% 区域分割
[bw5, bw6] = Region_Segmation(XYn, bw4, I4, 0);
%% 区域标记
[stats1, stats2, Line] = Location_Label(bw5, bw6, I4, XYn, Loc1, 1);
%% 区域分析
[Dom, Aom, Answer, Bn] = Analysis(stats1, stats2, Line, I4);
```

运行主函数，首先获取图像灰度化、二值化的结果，如图 4-6 所示。

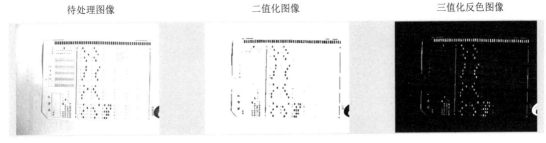

图 4-6　图像灰度化、二值化的结果

系统采用 Hough 进行直线检测，并根据所定位的特征直线位置计算倾斜角度，再进行图像旋转，得到校正结果。核心代码如下：

```
function [Len, XYn, xy_long] = Hough_Process(bw, Img, flag)
% 霍夫检测处理
% 输入参数：
%  bw——二值图像
%  Img——图像信息
%  flag——是否显示图像
% 输出参数：
%  Len——直线长度信息
%  XYn——直线信息
%  xy_long——最长直线信息

if nargin < 3
    flag = 1;
end
% 霍夫变换
[H, T, R] = hough(bw);
P = houghpeaks(H, 4, 'threshold', ceil(0.3*max(H(:))));
lines = houghlines(bw, T, R, P, 'FillGap', 50, 'MinLength', 7);
max_len = 0; % 最大直线长度
% 遍历直线信息
for k = 1 : length(lines)
    xy = [lines(k).point1; lines(k).point2]; % 节点
    len = norm(lines(k).point1-lines(k).point2); % 长度
    Len(k) = len;
    if len > max_len
        max_len = len;
        xy_long = xy;
    end
    XY{k} = xy; % 存储信息
end
[Len, ind] = sort(Len(:), 'descend'); % 按长度排序
% 直线信息排序
for i = 1 : length(ind)
    XYn{i} = XY{ind(i)};
```

```matlab
    end
    xy_long = XYn{1};
    x = xy_long(:, 1);
    y = xy_long(:, 2);
    if abs(diff(x)) < abs(diff(y))
        x = [mean(x); mean(x)];
    else
        y = [0.7*y(1)+0.3*y(2); 0.3*y(1)+0.7*y(2)];
    end
    xy_long = [x y];
    if flag
        figure('units', 'normalized', 'position', [0 0 1 1]);
        subplot(2, 2, 1); imshow(bw); title('二值图像', 'FontWeight', 'Bold');
        subplot(2, 2, 2); imshow(H, [], 'XData', T, 'YData', R, 'InitialMagnification', 'fit');
        xlabel('\theta'); ylabel('\rho');
        axis on; axis normal; title('霍夫变换域', 'FontWeight', 'Bold')
        subplot(2, 2, 3); imshow(Img); title('原图像', 'FontWeight', 'Bold');
        subplot(2, 2, 4); imshow(Img); title('区域标识图像', 'FontWeight', 'Bold');
        hold on;
        % 强调最长的部分
        plot(xy_long(:,1), xy_long(:,2), 'LineWidth', 2, 'Color', 'r');
    end

    function angle = Compute_Angle(xy_long)
    % 计算直线角度
    % 输入参数:
    %   xy_long——直线信息
    % 输出参数:
    %   angle——角度信息

    % 最长线段的起点和终点
    x1 = xy_long(:, 1);
    y1 = xy_long(:, 2);
    % 求得线段的斜率
    K1 = -(y1(2)-y1(1))/(x1(2)-x1(1));
    angle = atan(K1)*180/pi;

    function [I1, bw1] = Image_Rotate(I, bw, angle, flag)
    % 图像倾斜校正
    % 输入参数:
    %   I, bw——原图像
    %   angle——角度
    %   flag——是否显示图像
    % 输出参数:
    %   I1, bw1——校正图像

    if nargin < 4
        flag = 1;
```

```
end
I1 = imrotate(I, -90-angle, 'bilinear');
bw1 = imrotate(bw, -90-angle, 'bilinear');
if flag
    figure('units', 'normalized', 'position', [0 0 1 1]);
    subplot(2, 2, 1); imshow(I, []); title('原图像', 'FontWeight', 'Bold');
    subplot(2, 2, 3); imshow(bw, []); title('原二值图像', 'FontWeight', 'Bold');
    subplot(2, 2, 2); imshow(I1, []); title('校正图像', 'FontWeight', 'Bold');
    subplot(2, 2, 4); imshow(bw1, []); title('校正二值图像', 'FontWeight', 'Bold');
end
```

根据 Hough 变换计算倾斜角度并进行图像旋转，进而对原图像进行倾斜校正操作，效果如图 4-7 所示。

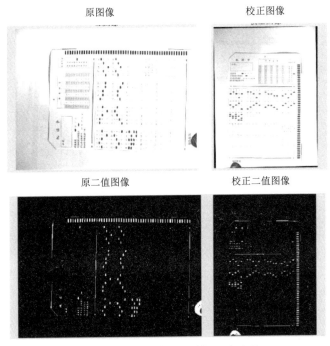

图 4-7 对图像进行倾斜校正的效果

在经过图像预处理及校正过程后，得到了待检测识别的图像，需要对其进行区域的分割定位、答题涂抹位置的检测，以及答案目标的识别分析。核心代码如下：

```
function [bw1, bw2] = Region_Segmation(XY, bw, Img, flag)
% 分割区域
% 输入参数：
%   XY——当前图像直线信息（已经按直线长度进行了降序排列）
%   bw——当前答题卡的二值图像
%   Img——原图像
```

```matlab
%    flag——是否显示处理结果，1 为显示，0 为不显示
% 输出参数：
%    bw1——对应下区域
%    bw2——对应上区域
if nargin < 4
    flag = 1; % 是否显示处理结果
end
% 分割直线
% 图像摆正后，结合答题卡图片本身的特性，在名字准考证区域与答题区域中间有条直线分割
% 答题区域与答题卡尾部有条直线分割
% 在识别出直线后，根据直线的长度排序，取最长的两条直线就可以得到
% 区域分割位置
for i = 1 : 2
    xy = XY{i}; % 第 i 条直线
    % 由于直线是水平的，所以只关注 y 方向的信息即可
    XY{i} = [1 xy(1, 2); size(bw, 2) xy(2, 2)]; % 直线信息
    % 为了对应图像像素，这里取整
    ri(i) = round(mean([xy(1,2) xy(2,2)]));
end
% 对两条直线分出上下位置
minr = min(ri);
maxr = max(ri);
bw1 = bw; bw2 = bw;
% 分割区域
% bw1 对应下区域
bw1(1:minr+5, :) = 0;
bw1(maxr-5:end, :) = 0;
% bw2 对应上区域
bw2(minr-5:end, :) = 0;
bw2(1:round(minr*0.5), :) = 0;
% 显示结果
if flag
    figure('units', 'normalized', 'position', [0 0 1 1]);
    subplot(2, 2, 1); imshow(Img, []); title('原图像', 'FontWeight', 'Bold');
    subplot(2, 2, 2); imshow(bw, []); title('原二值图像', 'FontWeight', 'Bold');
    hold on;
    for i = 1 : 2
        xy = XY{i}; % 第 i 条直线
        plot(xy(:, 1), xy(:, 2), 'r-', 'LineWidth', 2);
    end
    hold off;
    subplot(2, 2, 3); imshow(bw1, []); title('下区域图像', 'FontWeight', 'Bold');
    subplot(2, 2, 4); imshow(bw2, []); title('上区域图像', 'FontWeight', 'Bold');
end

function [stats1, stats2, Line] = Location_Label(bw1, bw2, Img, XYn, Loc1, flag)
% 区域标记
% 输入参数：
```

```matlab
%   bw1, bw2, Img——图像矩阵
%   XYn、Loc1——直线信息
%   flag——是否显示图像
% 输出参数：
%   stats1, stats2——区域属性信息
%   Line——边界直线信息
if nargin < 6
    flag = 1;
end
% 标记下区域
[L1, num1] = bwlabel(bw1);
% 下区域的属性信息
stats1 = regionprops(L1);
% 标记上区域
[L2, num2] = bwlabel(bw2);
% 上区域的属性信息
stats2 = regionprops(L2);
% 两条标记直线
Line1 = XYn{1};
Line2 = XYn{2};
% 确定上下直线
if mean(Line2(:, 2)) < mean(Line1(:, 2))
    Line1 = XYn{2};
    Line2 = XYn{1};
end
[r1, c1] = find(bw1);
[r2, c2] = find(bw2);
% 定位直线信息
Loc2 = min([min(c1), min(c2)])-5;
Line1 = [1 mean(Line1(:, 2)); size(Img, 2) mean(Line1(:, 2))];
Line2 = [1 mean(Line2(:, 2)); size(Img, 2) mean(Line2(:, 2))];
Line3 = [Loc2 1; Loc2 size(Img, 1)];
Line4 = [Loc1 1; Loc1 size(Img, 1)];
% 直线整合
Line{1} = Line1;
Line{2} = Line2;
Line{3} = Line3;
Line{4} = Line4;
if flag
    figure();
    imshow(Img, []); title('标记图像', 'FontWeight', 'Bold');
    hold on;
    for i = 1 : num1
        temp = stats1(i).Centroid;
        plot(temp(1), temp(2), 'r.');
    end
    hold off;
    set(gcf, 'units', 'normalized', 'position', [0 0 1 1]);
end
```

在对图像校正后，对特征区域进行标记，并统计答题结果，如图 4-8～图 4-9 所示。

网络线生成

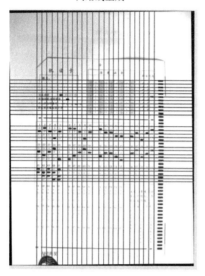

结果分析标记

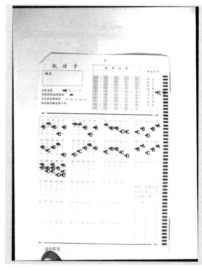

图 4-8　图像特定区域标记　　　　　图 4-9　答题结果标记

这里将得到的答题卡目标检测结果与标准答案进行对比，并对考试信息、科目信息等进行基本判别，给出该答题卡图像的分析结果。核心代码如下：

```
%% 下区域分析
% 答题区域默认是 3 个大区：1~20、21~40、41~60

% 区域分割线信息
Dom(1).Loc = [Line1(1, 2) Linen1_1(1, 2)];
Dom(1).y = [ym1_1 ym2_1 ym3_1 ym4_1 ym5_1];
xt{1} = [xm1_1 xm1_2 xm1_3 xm1_4 xm1_5 xm1_6];
xt{2} = [xm2_1 xm2_2 xm2_3 xm2_4 xm2_5 xm2_6];
xt{3} = [xm3_1 xm3_2 xm3_3 xm3_4 xm3_5 xm3_6];
xt{4} = [xm4_1 xm4_2 xm4_3 xm4_4 xm4_5 xm4_6];
Dom(1).x = xt;

% 区域分割线信息
Dom(2).Loc = [Linen1_1(1, 2) Linen2_1(1, 2)];
Dom(2).y = [ym1_2 ym2_2 ym3_2 ym4_2 ym5_2];
xt{1} = [xm1_1 xm1_2 xm1_3 xm1_4 xm1_5 xm1_6];
xt{2} = [xm2_1 xm2_2 xm2_3 xm2_4 xm2_5 xm2_6];
xt{3} = [xm3_1 xm3_2 xm3_3 xm3_4 xm3_5 xm3_6];
xt{4} = [xm4_1 xm4_2 xm4_3 xm4_4 xm4_5 xm4_6];
Dom(2).x = xt;
```

```
% 区域分割线信息
Dom(3).Loc = [Linen2_1(1, 2) Linen3_1(1, 2)];
Dom(3).y = [ym1_3 ym2_3 ym3_3 ym4_3 ym5_3];
xt{1} = [xm1_1 xm1_2 xm1_3 xm1_4 xm1_5 xm1_6];
xt{2} = [xm2_1 xm2_2 xm2_3 xm2_4 xm2_5 xm2_6];
xt{3} = [xm3_1 xm3_2 xm3_3 xm3_4 xm3_5 xm3_6];
xt{4} = [xm4_1 xm4_2 xm4_3 xm4_4 xm4_5 xm4_6];
Dom(3).x = xt;
%% 上区域分析
% 信息区域默认是3个大区：试卷类型、准考证号、科目类型
% 区域分割线信息
Aom(1).Loc = [ym7_4 ym6_4];
Aom(1).y = [ym7_4 ym6_4];
Aom(1).x = [xm1_5 xm1_6];
% 区域分割线信息
Aom(2).Loc = [ym11_4 ym1_4];
Aom(2).y = [ym11_4 ym10_4 ym9_4 ym8_4 ...
    ym7_4 ym6_4 ym5_4 ym4_4 ...
    ym3_4 ym2_4 ym1_4];
Aom(2).x = [xm2_5 xm2_6 xm3_1 xm3_2 xm3_3 ...
    xm3_4 xm3_5 xm3_6 xm4_1 xm4_2];
% 区域分割线信息
Aom(3).Loc = [ym11_4 ym1_4];
Aom(3).y = [ym11_4 ym10_4 ym9_4 ym8_4 ...
    ym7_4 ym6_4 ym5_4 ym4_4 ...
    ym3_4 ym2_4 ym1_4];
Aom(3).x = [xm4_5 xm4_6];

%% 下区域结果
aw = ['A' 'B' 'C' 'D'];
% 统计答题区域信息
for i = 1 : length(stats1)
    Answer(i).Loc = []; % 初始化位置信息
    Answer(i).no = []; % 初始化题号信息
    Answer(i).aw = []; % 初始化答案信息（答案可以存储多个选项的情形）
end
for i = 1 : length(stats1)
    temp = stats1(i).Centroid; % 中心点
    for i1 = 1 : length(Dom)
        Loc = Dom(i1).Loc; % 区域位置
        if temp(2) >= Loc(1) && temp(2) <= Loc(2)
            % 判断落在哪个题目区域
            x = Dom(i1).x;
            y = Dom(i1).y;
            i_y = (i1-1)*20; % 题号区域信息
            for i2 = 1 : length(x)
                xt = x{i2};
```

```matlab
                for i3 = 1 : length(xt)-1
                    if temp(1) >= xt(i3) && temp(1) <= xt(i3+1)
                        i_x = (i2-1)*5 + i3; % 题号位置信息
                        break;
                    end
                end
            end
            i_n = i_y + i_x; % 计算题号
            for i4 = 1 : length(y)-1
                if temp(2) >= y(i4) && temp(2) <= y(i4+1)
                    i_a = aw(i4); % 获取答案
                    break;
                end
            end
        end
    end
    % 答案信息整合
    Answer(i_n).Loc = [Answer(i_n).Loc; temp];
    Answer(i_n).no = i_n;
    Answer(i_n).aw = [Answer(i_n).aw i_a];
end
%% 上区域结果

% 试卷类型区域
Loc1 = Aom(1).Loc;
x1 = Aom(1).x;
y1 = Aom(1).y;
% 准考证区域
Loc2 = Aom(2).Loc;
x2 = Aom(2).x;
y2 = Aom(2).y;
% 科目类型区域
Loc3 = Aom(3).Loc;
x3 = Aom(3).x;
y3 = Aom(3).y;
% 科目字符串
strs = ['政治'; '语文'; '数学'; '物理'; '化学'; '外语'; '历史'; '地理'; '生物'];

for i = 1 : 3
    Bn(i).result = []; % 涂抹结果（可以存储多个涂抹信息）
    Bn(i).Loc = []; % 位置（可以存储多个位置信息）
end
for i = 1 : length(stats2)
    temp = stats2(i).Centroid; % 区域中点
    if temp(1) >= x1(1) && temp(1) <= x1(2) && ...
            temp(2) >= y1(1) && temp(2) <= y1(2)
        % 第1个区域，也就是试卷类型区域
```

```
            Bn(1).Loc = temp;  % 区域位置
            Bn(1).result = 1;  % 区域内容
        end
        if temp(2) >= Loc2(1) && temp(2) <= Loc2(2)
            % 第 2 个区域，也就是准考证区域
            for i1 = 1 : length(x2)-1
                if temp(1) >= x2(i1) && temp(1) <= x2(i1+1)
                    for i2 = 1 : length(y2)-1
                        if temp(2) >= y2(i2) && temp(2) <= y2(i2+1)
                            Bn(2).Loc = [Bn(2).Loc; temp];  % 区域位置
                            Bn(2).result = [Bn(2).result; i2-1];  % 区域内容
                        end
                    end
                end
            end
        end
        if temp(2) >= Loc3(1) && temp(2) <= Loc3(2) && temp(1) >= x3(1) && temp(1) <= x3(2)
            % 第 3 个区域，也就是科目区域
            for i1 = 1 : length(y3)-1
                if temp(2) >= y3(i1) && temp(2) <= y3(i1+1)
                    Bn(3).Loc = [Bn(3).Loc; temp];  % 区域位置
                    Bn(3).result = [Bn(3).result; strs(i1, :)];  % 区域内容
                end
            end
        end
    end
end
```

4.4 延伸阅读

尽管计算机自动阅卷系统已经研发成功并得到了广泛应用，但还有一些功能需要进一步完善和提高，随着新的理论和技术的出现，本章的研究也有待进一步推进。

（1）倾斜角度检测精度是本系统的一个关键，本系统中采用的算法是先进行图像二值化，再进行基于 Hough 变换的特征线检测，进而计算倾斜角度。只要满足检测的精度和处理速度，则也可以采用其他检测算法。此外，可以尝试直接对灰度图像进行检测，不必做图像二值化处理。

（2）在计算机自动阅卷系统中使用的答题卡一般通过铅笔填涂信息块区域的形式进行答题，手写答卷则采用另外一种形式，在将来也可以使用计算机自动阅卷系统进行处理，这仍然需要进一步的研究。

（3）采用数据库技术进行信息的存储与检索，将答题成绩作为一项数据源结合教学经验模

型进行错题分析、缺陷分析等来得到考生的第一手资料，进而辅助教学，这也是系统进一步应用的一个推广案例。

本章参考的文献如下。

[1] 阮秋琦. 数字图像处理学[M]. 北京：电子工业出版社，2001.

[2] 朱娟，刘艳滢，王延杰. 一种基于 Hough 变换的新直线段检测算法[J]. 微电子学与计算机，2008.

[3] 陈虎，王守尊，周朝辉. 基于数学形态学的图像边缘检测方法研究[J]. 工程图学学报，2004.

第 5 章

基于阈值分割的车牌定位识别

5.1 案例背景

车牌自动识别模块是现代社会智能交通系统（ITS）的重要组成部分，是图像处理和模式识别技术研究的热点，具有非常广泛的应用。车牌识别主要包括以下三个主要步骤：车牌区域定位、车牌字符分割、车牌字符识别。

本案例通过对采集的车牌图像进行灰度变换、边缘检测、腐蚀及平滑等过程进行车牌图像预处理，并由此得到一种基于车牌颜色纹理特征的车牌定位方法，最终实现了车牌区域定位。车牌字符分割是为了方便后续对车牌字符进行匹配，从而对车牌进行识别。本案例采用了模板匹配的方法，对输出的字符图像和模板库里的模板进行匹配以得到对应车牌字符的具体信息。本案例基于 MATLAB 的 GUI 工具进行设计仿真实验，实验表明，整体方案有效可行。基于模板匹配的车牌识别技术在识别正确率、速度方面具有独特的优势及广阔的应用前景。

5.2 理论基础

车牌定位与字符识别技术以计算机图像处理、模式识别等技术为基础，通过对原图像进行预处理及边缘检测等过程来实现对车牌区域的定位，然后对车牌区域进行图像裁剪、归一化、字符分割及保存，最后将分割得到的字符图像与模板库的模板进行匹配识别，输出匹配结果。该流程如图 5-1 所示。

图 5-1 车牌定位与字符识别流程

在进行车牌识别时首先要正确分割车牌区域,为此人们已经提出了很多方法:使用 Hough 变换检测直线来定位车牌边界进而获取车牌区域;使用灰度阈值分割、区域生长等方法进行区域分割;使用纹理特征分析技术检测车牌区域等。Hough 变换对图像噪声比较敏感,因此在检测车牌边界直线时容易受到车牌变形或噪声等因素的影响,具有较大的误检测概率。灰度阈值分割、区域增长等方法则比 Hough 直线检测方法稳定,但当图像中包含某些与车牌灰度非常相似的区域时,便不再适用了。同理,纹理特征分析方法在遇到与车牌纹理特征相近的区域或其他干扰时,车牌定位的正确性也会受到影响。因此,仅采用单一的方法难以达到实际应用的要求。

如果进行车牌字符的定位及裁剪,则需要首先对输入的车牌图像进行预处理以得到精确的车牌字符图像;然后将处理后的车牌看作由连续的字符块组成,并设定一个灰度阈值,如果超过该阈值,则认为有多个字符相连,需要对其进行切割,进而实现对车牌字符的分割;最后把分割的字符图片进行标准化并与模板库进行对比,选出最相似的字符结果并输出,即为车牌信息。

5.2.1 车牌图像处理

5.2.1.1 图像灰度化

车牌图像的采集一般是通过数码相机或者摄像机进行的,得到的图片一般是 RGB 图像,即真彩图像。根据三基色原理,每种颜色都可以由红、绿、蓝三种基色按不同的比例构成,所以车牌图像的每个像素都由 3 个数值来指定红、绿、蓝的颜色分量。灰度图像实际上是一个数据矩阵 I,该矩阵中每个元素的数值都代表一定范围内的亮度值,矩阵 I 可以是整型、双精度,通常 0 代表黑色，255 代表白色。在 MATLAB 中，一幅 RGB 图像可以用 uint8、uint16 或者双精度等类型的 $m×n×3$ 矩阵来描述，其中 m 和 n 分别表示图像的宽度和高度，此处的 RGB 图像不同于索引图，所以不使用调色板。

在 RGB 模型中，如果 $R=G=B$，则表示一种灰度颜色。其中，$R=G=B$ 的值叫作灰度值，由彩色转为灰度的过程叫作图像灰度化处理。因此，灰度图像是指只有强度信息而没有颜色信息的图像。一般而言，可采用加权平均值法对原始 RGB 图像进行灰度化处理，该方法的主要思想是从原图像中取 R、G、B 各层的像素值经加权求和得到灰度图的亮度值。在现实生活中，人眼对绿色（G）敏感度最高，对红色（R）敏感度次之，对蓝色（B）敏感度最低，因此为了选择合适的权值对象输出合理的灰度图像，权值系数应该满足 $G>R>B$。实验和理论证明，当 R、G、B 的权值系数分别选择 0.299、0.587 和 0.114 时，能够得到最适合人眼观察的灰度图像。

5.2.1.2 图像二值化

灰度图像二值化在图像处理的过程中有着很重要的作用，图像二值化处理不仅能使数据量大幅减少，还能突出图像的目标轮廓，便于进行后续的图像处理与分析。对车牌灰度图像而言，所谓的二值化处理就是将其像素点的灰度值设置为 0 或 255，从而让整幅图片呈现黑白效果。因此，对灰度图像进行适当的阈值选取，可以在图像二值化的过程中保留某些关键的图像特征。在车牌图像二值化的过程中，灰度大于或等于阈值的像素点被判定为目标区域，其灰度值用 255 表示；否则这些像素点被判定为背景或噪声而排除在目标区域以外，其灰度值用 0 表示。

图像二值化是指在整幅图像内仅保留黑、白二值的数值矩阵，每个像素都取两个离散数值（0 或 1）之一，其中 0 代表黑色，1 代表白色。在车牌图像处理系统中，进行图像二值化的关键是选择合适的阈值，使得车牌字符与背景能够得到有效分割。采用不同的阈值设定方法对车牌图像进行处理也会产生不同的二值化处理结果：阈值设置得过小，则容易误分割，产生噪声，影响二值变换的准确度；阈值设置得过大，则容易过分割，降低分辨率，使非噪声信号被视为噪声而被过滤，造成二值变换的目标损失。

5.2.1.3 图像边缘检测

边缘是指图像局部亮度变化最显著的部分，主要存在于目标与目标、目标与背景、区域与区域、颜色与颜色之间，是图像分割、纹理特征提取和形状特征提取等图像分析的重要步骤之一。在车牌识别系统中，边缘提取对于车牌位置的检测有很重要的作用，常用的边缘检测算子有很多，如 Roberts、Sobel、Prewitt、Laplacian、log 及 canny 等。据试验分析，canny 算子对弱边缘的检测相对精确，能更多地保留车牌区域的特征信息，所以本案例采用 canny 算子进行边缘检测。

canny 算子在边缘检测中有以下明显的判别指标。

1. 信噪比

信噪比越大，提取的边缘质量越高。信噪比（SNR）的定义为

$$\mathrm{SNR} = \frac{\left|\int_{-W}^{+W} G(-x)h\pi(x)\,\mathrm{d}x\right|}{\sigma\sqrt{\int_{-w}^{+w} h^2(x)\,\mathrm{d}x}}$$

式中，$G(x)$ 代表边缘函数，$h(x)$ 代表宽度为 W 的滤波器的脉冲响应，σ 代表高斯噪声的均方差。

2. 定位精度

边缘的定位精度 L 的定义如下：

$$L = \frac{\left|\int_{-W}^{+W} G'(-x)h'(x)\,\mathrm{d}x\right|}{\sigma\sqrt{\int_{-W}^{+W} h'^2(x)\,\mathrm{d}x}}$$

式中，$G'(x)$、$h'(x)$ 分别是 $G(x)$、$h(x)$ 的导数。L 越大，定位精度越高。

3. 单边缘响应

为了保证单边缘只有一个响应，检测算子的脉冲响应导数的零交叉点的平均距离 $D(f')$ 应满足：

$$D(f') = \pi \left\{ \frac{\int_{-\infty}^{+\infty} h'^2(x)\,\mathrm{d}x}{\int_{-\infty}^{+\infty} h''^2(x)\,\mathrm{d}x} \right\}^{\frac{1}{2}}$$

式中，$h''(x)$ 是 $h(x)$ 的二阶导数。

以上述指标和准则为基础，采用了 canny 算子的边缘检测算法步骤如下。

（1）预处理。采用高斯滤波器进行图像平滑。

（2）梯度计算。采用一阶偏导的有限差分来计算梯度，获取其幅值和方向。

（3）梯度处理。采用非极大值抑制方法对梯度幅值进行处理。

（4）边缘提取。采用双阈值算法检测和连接边缘。

5.2.1.4 图像形态学运算

数学形态学图像处理的基本运算有 4 个：膨胀（或扩张）、腐蚀（或侵蚀）、开启和闭合。二值形态学中的运算对象是集合，通常给出一个图像集合和一个结构元素集合，利用结构元素对图像集合进行形态学操作。

膨胀运算符号为 ⊕，图像集合 A 用结构元素 B 来膨胀，记作 $A \oplus B$，其定义为：

$$A \oplus B = \left\{ x \left| \left[\left(\hat{B} \right)_x \cap A \right] \neq \varnothing \right. \right\}$$

式中，$\hat{B}$ 表示 B 的映像，即与 B 关于原点对称的集合。因此，用 B 对 A 进行膨胀的运算过程如下：首先做 B 关于原点的映射得到映像，再将其平移 x，当 A 与 B 映像的交集不为空时，B 的原点就是膨胀集合的像素。

腐蚀运算的符号是 ⊖，图像集合 A 用结构元素 B 来腐蚀，记作 $A \ominus B$，其定义为：

$$A \ominus B = \left\{ x \left| \left(B \right)_x \subseteq A \right. \right\}$$

因此，A 用 B 腐蚀的结果是所有满足将 B 平移后 B 仍旧被全部包含在 A 中 x 的集合中，也就是结构元素 B 经过平移后全部被包含集合 A 中原点所组成的集合中。

膨胀操作会使物体的边界向外扩张，此时如果在物体内部存在小空洞，则经过膨胀操作，这些洞将被补上，不再是边界。如果再次进行腐蚀操作，外部的边界则将变回原来的样子，内部的这些空洞则已经消失。腐蚀操作会去掉物体的边缘点，如果物体足够细小，则其所有的点都会被认为是边缘点，进而被整体消除，仅保留大物体。进行膨胀操作时，留下来的大物体会变回原来的大小，被消除的小物体消失。

在一般情况下，由于受到噪声的影响，车牌图像在阈值化后所得到的边界往往是不平滑的，在目标区域内部也有一些噪声孔洞，在背景区域上会散布一些小的噪声干扰。通过连续的开运算和闭运算可以有效地改善这种情况，有时甚至需要经过多次腐蚀之后再加上相同次数的膨胀，才可以产生比较好的效果。

5.2.1.5 图像滤波处理

图像滤波能够在尽量保留图像细节特征的条件下对噪声进行抑制，是图像预处理中常用的操作之一，其处理效果的好坏将直接影响后续图像分割和识别的有效性和稳定性。

均值滤波也被称为线性滤波，是图像滤波最常用的方法之一，采用的主要方法为领域平均法。该方法对滤波像素的位置 (x, y) 选择一个模板，该模板由其近邻的若干像素组成，求出模板中所包含像素的均值，再把该均值赋予当前像素点 (x, y)，将其作为处理后的图像在该点上的灰

度值 $g(x,y)$，即 $g(x,y) = \frac{1}{M}\sum f(x,y)$，$M$ 为该模板中包含当前像素在内的像素总个数。

采集车牌图像的过程往往会受到多种噪声的污染，进而会在将要处理的车牌图像上呈现一些较为明显的孤立像素点或像素块。在一般情况下，在研究目标车牌时所出现的图像噪声都是无用的信息，而且会对目标车牌的检测和识别造成干扰，极大地降低图像质量，影响图像增强、图像分割、特征提取、图像识别等后继工作的进行。因此，在程序实现中为了能有效地进行图像去噪，并且能有效地保存目标车牌的形状、大小及特定的几何和拓扑结构特征，本案例采用均值滤波对车牌图像进行去噪处理。

5.2.2 车牌定位原理

车牌区域具有明显的特点，因此根据车牌底色、字色等有关知识，可采用彩色像素点统计的方法分割出合理的车牌区域。本案例以蓝底白字的普通车牌为例说明彩色像素点统计的分割方法，假设经数码相机或 CCD 摄像头拍摄采集到了包含车牌的 RGB 彩色图像，将水平方向记为 y，将垂直方向记为 x，则：首先，确定车牌底色 RGB 各分量分别对应的颜色范围；其次，在 y 方向统计此颜色范围内的像素点数量，设定合理的阈值，确定车牌在 y 方向的合理区域；然后，在分割出的 y 方向区域内统计 x 方向上此颜色范围内的像素点数量，设定合理的阈值进行定位；最后，根据 x、y 方向的范围来确定车牌区域，实现定位。

5.2.3 车牌字符处理

5.2.3.1 阈值分割原理

阈值分割算法是图像分割中应用场景最多的算法之一。简单地说，对灰度图像进行阈值分割就是先确定一个处于图像灰度取值范围内的阈值，然后将图像中各个像素的灰度值与这个阈值进行比较，并根据比较的结果将对应的像素划分为两类：像素灰度大于阈值的一类和像素灰度值小于阈值的另一类，灰度值等于阈值的像素可以被归入这两类之一。分割后的两类像素一般分属图像的两个不同区域，所以对像素根据阈值分类达到了区域分割的目的。由此可见，阈值分割算法主要有以下两个步骤。

（1）确定需要分割的阈值。

（2）将阈值与像素点的灰度值进行比较，以分割图像的像素。

在以上步骤中，确定阈值是分割的关键，如果能确定一个合适的阈值，就可以准确地将图像分割开来。在阈值确定后，将阈值与像素点的灰度值进行比较和分割，就可对各像素点并行处理，通过分割的结果直接得到目标图像区域。在选择阈值方法分割灰度图像时一般会对图像的灰度直方图分布进行某些分析，或者建立一定的图像灰度模型进行处理。最常用的图像双峰灰度模型的条件可描述如下：假设图像目标和背景直方图具有单峰分布的特征，且处于目标和背景内部相邻像素间的灰度值是高度相关的，但处于目标和背景交界处两边的像素在灰度值上有很大的差别。如果一幅图像满足这些条件，则它的灰度直方图基本上可看作由分别对应目标和背景的两个单峰构成。如果这两个单峰部分的大小接近且均值相距足够远，两部分的均方差也足够小，则直方图在整体上呈现较明显的双峰现象。同理，如果在图像中有多个呈现单峰灰度分布的目标，则直方图在整体上可能呈现较明显的多峰现象。因此，对这类图像可用取多级阈值的方法来得到较好的分割效果。

如果要将图像中不同灰度的像素分成两类，则需要选择一个阈值。如果要将图像中不同灰度的像素分成多个类，则需要选择一系列的阈值将像素分到合适的类别中。如果只用一个阈值分割，则可称之为单阈值分割方法；如果用多个阈值分割，则可称之为多阈值分割方法。因此，单阈值分割可看作多阈值分割的特例，许多单阈值分割算法可被推广到多阈值分割算法中。同理，在某些场景下也可将多阈值分割问题转化为一系列的单阈值分割问题来解决。以单阈值分割算法为例，对一幅原始图像 $f(x,y)$ 取单阈值 T 分割得到的二值图像可定义为：

$$g(x,y) = \begin{cases} 1 & f(x,y) > T \\ 0 & f(x,y) \leqslant T \end{cases}$$

这样得到的 $g(x,y)$ 是一幅二值图像。

在一般的多阈值分割情况下，阈值分割输出的图像可表示为：

$$g(x,y) = k \quad T_{k-1} \leqslant f(x,y) < T_k \quad k=1,2,\cdots,K$$

式中，$T_0, T_1, \cdots, T_k, \cdots, T_K$ 是一系列分割阈值，k 表示赋予分割后图像各个区域的不同标号。

值得注意的是，无论是单阈值分割还是多阈值分割，在分割结果中都有可能出现在不同区域内部包含相同标号或区域值的情况。这是因为阈值分割算法只考虑了像素本身的灰度值，并未考虑像素的空间位置。因此，根据像素的灰度值，划分到同一类的像素有可能分属于图像中不相连通的区域，这时往往需要借助应用场景的某些先验知识来进一步确定目标区域。

5.2.3.2 对车牌进行阈值化分割

车牌字符图像的分割即将车牌的整体区域分割成单字符区域，以便后续识别。车牌字符分割的难点在于受字符与噪声粘连，以及字符断裂等因素的影响。均值滤波是典型的线性滤波算法，指在图像上对像素进行模板移动扫描，该模板包括像素周围的近邻区域，通过模板与命中的近邻区域像素的平均值来代替原来的像素值，实现去噪的效果。为了从车牌图像中直接提取目标字符，最常用的方法是设定一个阈值 T，用 T 将图像的像素分成两部分：大

于 T 的像素集合和小于 T 的像素集合，得到二值化图像。因此，本案例采用均值滤波算法来对车牌字符图像进行滤波去噪，采用阈值化分割进行车牌字符的分割。

5.2.3.3 字符图像归一化处理

字符图像归一化是简化计算的方式之一，在车牌字符分割后往往会出现大小不一致的情况，因此可采用基于图像放缩的归一化处理方式将字符图像进行大小放缩，以得到统一大小的字符图像，便于后续的字符识别。

5.2.4 车牌字符识别

5.2.4.1 字符识别简介

车牌字符识别方法基于模式识别理论，常用的有以下几类。

1. 结构识别

该方法主要由识别及分析两部分组成：识别部分主要包括预处理、基元抽取（包括基元和子图像之间的关系）和特征分析；分析部分包括基元选择及结构推理。

2. 统计识别

该方法用于确定已知样本所属的类别，以数学上的决策论为理论基础，并由此建立统计学识别模型。其基本方式是对所研究的图像实施大量的统计分析工作，寻找规律性认知，提取反映图像本质的特征并进行识别。

3. BP 神经网络

该方法以 BP 神经网络模型为基础，属于误差后向传播的神经网络，是神经网络中使用最广泛的一类，采用了输入层、隐藏层和输出层三层网络的层间全互联方式，具有较高的运行效率和识别准确率。

4. 模板匹配

该方法是数字图像处理中最常用的识别方法之一，通过建立已知的模式库，再将其应用到输入模式中寻找与之最佳匹配模式的处理步骤，得到对应的识别结果，具有很高的运行效率。

本案例选择的是基于模板匹配的字符识别方法，其基本过程如下。

◎ 建库。建立已标准化的字符模板库。
◎ 对比。将归一化的字符图像与模板库中的字符进行对比，在实际实验中充分考虑了我国普通小汽车牌照的特点，即第 1 位字符是汉字，分别对应各个省的简称，第 2 位是 A~Z 的字母；后 5 位则是数字和字母的混合搭配。因此为了提高对比的效率和准确性，分别对第 1 位、第 2 位和后 5 位字符进行识别。

◎ 输出。在识别完成后输出所得到的车牌字符结果。

其流程如图 5-2 所示。

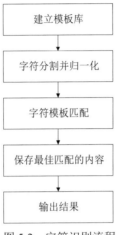

图 5-2　字符识别流程

5.2.4.2　基于模板匹配的字符识别

模板匹配是图像识别方法中最具有代表性的基本方法之一，该方法首先根据已知条件建立模板库 $T(i,j)$，然后从待识别的图像或图像区域 $f(i,j)$ 中提取若干特征量与 $T(i,j)$ 相应的特征量进行对比，分别计算它们之间归一化的互相关量。其中，互相关量最大的一个表示二者的相似程度最高，可将图像划到该类别。此外，也可以计算图像与模板特征量之间的距离，采用最小距离法判定所属类别。但是，在实际情况下用于匹配的图像其采集成像条件往往存在差异，可能会产生较大的噪声干扰。此外，图像经过预处理和归一化处理等步骤，其灰度或像素点的位置也可能会发生改变，进而影响识别效果。因此，在实际设计模板时，需要保持各区域形状的固有特点，突出不同区域的差别，并充分考虑处理过程可能会引起的噪声和位移等因素，按照基于图像不变的特性所对应的特征向量来构建模板，提高识别系统的稳定性。

本案例采用特征向量距离计算的方法来求得字符与模板中字符的最佳匹配，然后找到对应的结果进行输出。首先，遍历字符模板；其次，依次将待识别的字符与模板进行匹配，计算其与模板字符的特征距离，得到的值越小就越匹配；然后，将每幅字符图像的匹配结果都进行保存；最后，有 7 个字符匹配识别结果即可作为车牌字符进行输出。

5.3 程序实现

车牌自动识别系统以车辆的动态视频或静态图像作为输入，通过牌照颜色、牌照号码等关键内容的自动识别来提取车牌的详细信息。系统硬件配置一般包括线圈触发设备、摄像设备、灯光设备、采集设备、车牌号码识别器等；其软件核心配置包括车牌定位算法、车牌字符分割算法和车牌字符识别算法等。某些车牌识别系统还具有通过视频图像判断车辆驶入监控区域的功能，一般被称为视频车辆检测，被广泛应用于道路车流量统计等方面。在现实生活中，一个完整的车牌识别系统应包括车辆检测、图像采集、车牌定位、车牌识别等模块。例如，当车辆检测模块检测到车辆时，会触发图像采集模块采集当前的车辆图像，车牌定位识别模块会对图像进行处理，定位车牌位置，再将车牌中的字符分割出来进行识别，最后组成车牌号码输出。

车牌信息是一辆汽车独一无二的标识，所以车牌识别技术可以作为辨识一辆车最为有效的方法。车牌识别系统包括汽车图像的输入、车牌图像的预处理、车牌区域的定位和字符检测、车牌字符的分割和识别等部分，如图 5-3 所示。如图 5-4 所示为根据车牌颜色纹理特征参数定位车牌区域。

图 5-3 车牌识别流程图

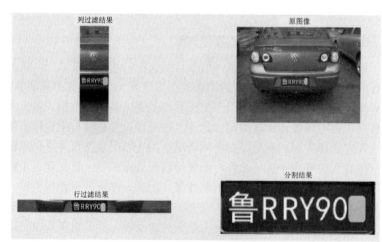

图 5-4 车牌区域定位

车牌区域定位和分割的过程通过颜色纹理范围定义、行列扫描的方式来实现。核心代码如下：

```
function [Plate, bw, Loc] = Pre_Process(Img, parm, flag)
% 车牌图像预处理，提取车牌区域
% 输入参数：
```

```matlab
%   Img——图像矩阵
%   parm——参数向量
%   flag——是否显示处理结果
% 输出参数：
%   Plate——分割结果
if nargin < 3
    flag = 1;
end
I = Img;
% y方向对应行、x方向对应列、z方向对应深度
[y, x, z] = size(I);
% 图像过大会影响处理效率，所以进行放缩处理
if y > 800
    rate = 800/y;
    I = imresize(I, rate);
end
% y方向对应行、x方向对应列、z方向对应深度
[y, x, z] = size(I);
% 数据类型转换
myI = double(I);
bw1 = zeros(y, x);
bw2 = zeros(y, x);
Blue_y = zeros(y, 1);
% 对每个像素都进行分析，统计满足条件的像素所在的行对应的个数
for i = 1 : y
    for j = 1 : x
        rij = myI(i, j, 1)/(myI(i, j, 3)+eps);
        gij = myI(i, j, 2)/(myI(i, j, 3)+eps);
        bij = myI(i, j, 3);
        % 蓝色RGB的灰度范围
        if (rij < parm(1) && gij < parm(2) && bij > parm(3)) ...
                || (gij < parm(1) && rij < parm(2) && bij > parm(3))
% 蓝色像素点统计
            Blue_y(i, 1) = Blue_y(i, 1) + 1;
            bw1(i, j) = 1;
        end
    end
end
% Y方向车牌区域确定
[temp, MaxY] = max(Blue_y);
Th = parm(7);
% 向上追溯，直到车牌区域上边界
PY1 = MaxY;
while ((Blue_y(PY1,1)>Th) && (PY1>1))
    PY1 = PY1 - 1;
end
% 向下追溯，直到车牌区域下边界
```

```
    PY2 = MaxY;
    while ((Blue_y(PY2,1)>Th) && (PY2<y))
        PY2 = PY2 + 1;
    end
    % 对车牌区域的修正
    PY1 = PY1 - 2;
    PY2 = PY2 + 2;
    if PY1 < 1
        PY1 = 1;
    end
    if PY2 > y
        PY2 = y;
    end
    % 得到车牌区域
    IY = I(PY1:PY2, :, :);

    %%%%%%%% x 方向 %%%%%%%%%%
    % 进一步确定 x 方向的车牌区域
    Blue_x = zeros(1,x);
    for j = 1:x
        for i = PY1:PY2
            rij = myI(i, j, 1)/(myI(i, j, 3)+eps);
            gij = myI(i, j, 2)/(myI(i, j, 3)+eps);
            bij = myI(i, j, 3);
            % 蓝色 RGB 的灰度范围
            if (rij < parm(4) && gij < parm(5) && bij > parm(6)) ...
                || (gij < parm(4) && rij < parm(5) && bij > parm(6))
    % 蓝色像素点统计
                Blue_x(1,j) = Blue_x(1,j) + 1;
                bw2(i, j) = 1;
            end
        end
    end
    % 向右追溯，直到找到车牌区域的左边界
    PX1 = 1;
    while (Blue_x(1,PX1)<Th) && (PX1<x)
        PX1 = PX1 + 1;
    end
    % 向左追溯，直到找到车牌区域的右边界
    PX2 = x;
    while (Blue_x(1,PX2)<Th) && (PX2>PX1)
        PX2 = PX2 - 1;
    end
    % 对车牌区域的修正
    PX1 = PX1 - 2;
    PX2 = PX2 + 2;
    if PX1 < 1
```

```
    PX1 = 1;
end
if PX2 > x
    PX2 = x;
end

% 得到车牌区域
IX = I(:, PX1:PX2, :);

% 分割车牌区域
Plate = I(PY1:PY2, PX1:PX2, :);
Loc.row = [PY1 PY2];
Loc.col = [PX1 PX2];
bw = bw1 + bw2;
bw = logical(bw);
bw(1:PY1, :) = 0;
bw(PY2:end, :) = 0;
bw(:, 1:PX1) = 0;
bw(:, PX2:end) = 0;
if flag
    figure;
    subplot(2, 2, 3); imshow(IY); title('行过滤结果', 'FontWeight', 'Bold');
    subplot(2, 2, 1); imshow(IX); title('列过滤结果', 'FontWeight', 'Bold');
    subplot(2, 2, 2); imshow(I); title('原图像', 'FontWeight', 'Bold');
    subplot(2, 2, 4); imshow(Plate); title('分割结果', 'FontWeight', 'Bold');
end
```

图像二值化指在整幅图像画面内仅有黑、白二值的图像。在实际的车牌处理系统中，进行图像二值变换的关键是确定合适的阈值，使得字符与背景能够分割开来。车牌图像经过二值变换后具备良好的保形性，能有效保持车牌的形状信息，并能去除额外的孔洞区域。车牌识别系统一般要求具有速度高、成本低的特点，采用二值图像进行处理，能大大提高处理效率。阈值处理是通过 OSTU 算法生成一个阈值，如果图像中某个像素的灰度值小于该阈值，则将该像素的灰度值设置为 0 或 255，或者将其灰度值设置为 255 或 0，如图 5-5 所示。

图 5-5　图像二值化

为了集成车牌识别的过程,可通过设计工具栏的快捷方式,组织按钮控件、显示控件等对象得到 GUI 框架,如图 5-6 所示。

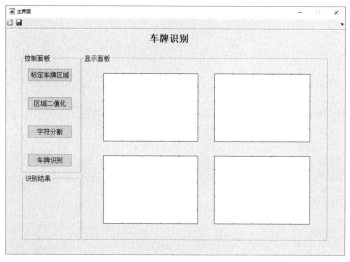

图 5-6 GUI 框架设计

其中,字符分割按钮关联了对车牌字符图像的分割及存储操作,能进行归一化处理,得到待识别的对象。核心代码如下:

```
function [word, result] = Word_Segmation(d)
% 提取字符
% 输入参数:
%   d——车牌图像
% 输出参数:
%   word——字符图像
%   result——处理结果

word = [];
flag = 0;
[m, n] = size(d);
% 区域宽度最小约束
wideTol = round(n/20);
% 中心区域比值约束
rateTol = 0.25;
while flag == 0
    [m, n] = size(d);
    wide = 0;
    while sum(d(:,wide+1)) ~= 0 && wide <= n-2
        wide = wide + 1;
    end
    temp = Segmation(imcrop(d, [1 1 wide m]));
```

第 5 章 基于阈值分割的车牌定位识别

```
        [m1,n1] = size(temp);
        if wide<wideTol && n1/m1>rateTol
            d(:, 1:wide) = 0;
            if sum(sum(d)) ~= 0
                % 切割出最小范围
                d = Segmation(d);
            else
                word = [];
                flag = 1;
            end
        else
            word = Segmation(imcrop(d, [1 1 wide m]));
            d(:, 1:wide) = 0;
            if sum(sum(d)) ~= 0;
                d = Segmation(d);
                flag = 1;
            else
                d = [];
            end
        end
    end
end
result = d;
```

载入车牌图像，进行定位、二值化、切割、识别操作，实验效果如图 5-7 所示。

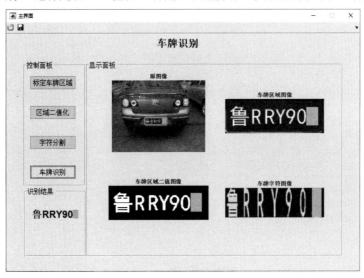

图 5-7 车牌识别效果

其中，字符识别过程采用了模板匹配的方法，在实际操作中通过对归一化后的字符图像与模板库进行对比得到对应的字符结果，并组织成车牌字符串进行输出。核心代码如下：

```matlab
    wid = [size(word1, 2) size(word2, 2) size(word3, 2) ...
        size(word4, 2) size(word5, 2) size(word6, 2) size(word7, 2)];
    [maxwid, indmax] = max(wid);
    maxwid = maxwid + 10;
    wordi = word1;
    wordi = [zeros(size(wordi, 1), round((maxwid-size(word1, 2))/2)) wordi
zeros(size(wordi, 1), round((maxwid-size(word1, 2))/2))];
    word1 = wordi;
    wordi = word2;
    wordi = [zeros(size(wordi, 1), round((maxwid-size(word2, 2))/2)) wordi
zeros(size(wordi, 1), round((maxwid-size(word2, 2))/2))];
    word2 = wordi;

    wordi = word3;
    wordi = [zeros(size(wordi, 1), round((maxwid-size(word3, 2))/2)) wordi
zeros(size(wordi, 1), round((maxwid-size(word3, 2))/2))];
    word3 = wordi;
    wordi = word4;
    wordi = [zeros(size(wordi, 1), round((maxwid-size(word4, 2))/2)) wordi
zeros(size(wordi, 1), round((maxwid-size(word4, 2))/2))];
    word4 = wordi;
    wordi = word5;
    wordi = [zeros(size(wordi, 1), round((maxwid-size(word5, 2))/2)) wordi
zeros(size(wordi, 1), round((maxwid-size(word5, 2))/2))];
    word5 = wordi;
    wordi = word6;
    wordi = [zeros(size(wordi, 1), round((maxwid-size(word6, 2))/2)) wordi
zeros(size(wordi, 1), round((maxwid-size(word6, 2))/2))];
    word6 = wordi;
    wordi = word7;
    wordi = [zeros(size(wordi, 1), round((maxwid-size(word7, 2))/2)) wordi
zeros(size(wordi, 1), round((maxwid-size(word7, 2))/2))];
    word7 = wordi;
    % 切割出的字符归一化大小为40×20
    word11 = imresize(word1, [40 20]);
    word21 = imresize(word2, [40 20]);
    word31 = imresize(word3, [40 20]);
    word41 = imresize(word4, [40 20]);
    word51 = imresize(word5, [40 20]);
    word61 = imresize(word6, [40 20]);
    word71 = imresize(word7, [40 20]);
    % 赋值操作
    words.word1 = word11;
    words.word2 = word21;
    words.word3 = word31;
    words.word4 = word41;
    words.word5 = word51;
    words.word6 = word61;
    words.word7 = word71;
```

```
distance = [];
for m = 1 : 7;
    for n = 1 : length(files);
        switch m
            case 1
                distance(n)=sum(sum(abs(words.word1-pattern(n).feature)));
            case 2
                distance(n)=sum(sum(abs(words.word2-pattern(n).feature)));
            case 3
                distance(n)=sum(sum(abs(words.word3-pattern(n).feature)));
            case 4
                distance(n)=sum(sum(abs(words.word4-pattern(n).feature)));
            case 5
                distance(n)=sum(sum(abs(words.word5-pattern(n).feature)));
            case 6
                distance(n)=sum(sum(abs(words.word6-pattern(n).feature)));
            case 7
                distance(n)=sum(sum(abs(words.word7-pattern(n).feature)));
        end
    end
    [yvalue,xnumber]=min(distance);
    filename = files(xnumber, :);
    [pathstr, name, ext] = fileparts(filename);
    result(m) = chepaiword(str2num(name));
end
str = ['识别结果为: ' result];
msgbox(str, '车牌识别', 'modal');
str = result;
```

5.4 延伸阅读

近年来，随着社会经济的高速发展，汽车数量急剧增加，对交通管理水平的要求也日益提高，而相应的人工管理方式已不能满足实际的需要，微电子、通信和计算机技术在交通领域的应用极大地提高了交通管理的效率。而车牌识别技术恰好能满足这一需求，可以识别被纳入"黑名单"的通缉车辆，统计在一定时间范围内进出各省的车辆，还能有效地对这些车辆进行定位，对公安机关等相关部门帮助很大。智能车牌定位及识别技术将对维护交通安全和城市治安、防止交通堵塞、实现交通自动化管理有着现实意义。

本章主要研究和解决的问题如下。

（1）在车牌图像中定位并提取车牌的位置。

（2）进行图像灰度化、二值化等图像处理。

（3）选取合适的算子及阈值对其进行边缘检测。

（4）对分割下来的牌照字符提取具有分类能力的特征。

（5）如何有效地选取识别的分类。

在车辆牌照字符识别系统的研究领域，近几年出现了许多切实可行的识别技术和方法，从这些新技术和方法中可以看到两个明显趋势：一是单一地人工选取合适的算法和其他指标已经不能取得很好的结果；二是车牌识别逐渐走上智能化的道路，通过智能系统选取不同的算法进行自动分析才能更准确地应对各个角度及位置的车牌信息识别。

本章参考的文献如下。

[1] 刘倩. 智能交通系统中的数字图像处理技术[J]. 科技创新导报，2009.

[2] 马永慧. 车牌识别系统中车牌定位与字符分割的研究[D]. 中北大学，2013.

[3] 阮秋琦. 数字图像处理学[M]. 北京：电子工业出版社，2001.

第 6 章

基于分水岭分割进行肺癌诊断

6.1 案例背景

近年来,肺癌的发病率和病死率均迅速上升,目前已居所有癌症之首。随着肺癌病人数量的增加,医生对肺部 CT 图像进行研判的工作量也增加了不少,在这种情况下难免工作效率降低甚至会出现误诊。为了帮助医生减少重复性工作,对肺部 CT 图像进行计算机辅助检测的技术就被广泛应用于对肺癌的诊断和治疗过程中。

医学 CT 图像处理主要是研究医学图像中的器官和组织之间的关系,并进行病理性分析。因此,借助计算机及图像处理技术对 CT 图像中医生所关注的区域进行精确的分割和定位是医学图像处理的关键步骤,在临床诊断中对于协助医生进行病理研判具有重要意义。

分水岭分割是一种强有力的图像分割方法,可以有效地提取图像中我们所关注的区域。在灰度图像中使用分水岭方法可以将图像分割成不同的区域,每个区域都可能对应一个我们所关注的对象,对于这些图像的子区域可以进行进一步的处理。除此之外,使用分水岭方法还可以提取目标的轮廓等特征。

本案例通过对标记分水岭图像分割方法的实验进行改进,提出了一种简捷、高效的肺部 CT 图像实质分割方法。

6.2 理论基础

分水岭算法以数学形态学图像处理为基础,属于基于区域的图像分割算法。该算法最初的思想来源于地形学,假设将一幅图像看作一个立体的地形表面,且图像中每个像素点的海拔高度都由该点的灰度值表示,则图像中的每个局部极小值和它的影响区域被称为集水盆地;图像的边缘灰度值变化幅度较大,对应集水盆地的边界,即地形学中的山脊;图像的边缘位置扫描到灰度极小值点的渐变过程具有坡度的特点,因此被称为山坡。

6.2.1 模拟浸水的过程

假设地形图具有高低起伏的特征,对其建立地理模型并模拟浸水的过程。随着水从各个盆地的最低点向上漫溢,水面也逐步上升,相邻盆地的水将汇合于其边缘处。如果在地形图的两个集水盆地汇合处修筑足够高的大坝来阻止水面的汇合,则随着水面的上升,各个盆地会完全被水淹没,但边缘处的大坝不会被淹没。因此,大坝就将地理模型分割成了不同的盆地区域,这些区域边缘建起的大坝被称为分水岭,被分割开的各个区域被称为聚水盆地,这就是模拟浸水的过程。

6.2.2 模拟降水的过程

如果将图像视作地形图并建立地理模型,则当上空落下一滴雨珠时,雨珠降落到山体表面并顺山坡向下流,直到汇聚到相同的局部最低点。在地形图上,雨珠在山坡上经过的路线就是一个连通分支,通往局部最低点的所有连通分支就形成了一个聚水盆地,山坡就被称为分水岭,这就是模拟降水的过程。

6.2.3 过度分割问题

分水岭变换的目标是求出梯度图像的"分水岭线",传统的差分梯度算法对近邻像素做差分运算,容易受到噪声和量化误差等因素的影响,往往会在灰度均匀的区域内部产生过多的局部梯度"谷底",这些在分水岭变换中就对应"集水盆地"。因此,传统的差分梯度算法最终将导致出现过分割(Over Segmentation)现象,即一个灰度均匀的区域可能被过度分成多个子区域,以致产生大量的虚假边缘,从而无法确认哪些是真正的边缘,对算法的准确性造成了一定的不利影响,这就是过度分割问题。

6.2.4 标记分水岭分割算法

直接应用分水岭分割算法的主要缺点是会产生过分割现象,即分割出大量的细小区域,而这些区域对于图像分析可以说是毫无意义的。图像噪声等因素往往会导致在图像中出现很多杂乱的低洼区域，而通过平滑滤波能减少局部最小点的数量，所以在分割前先对图像进行平滑是避免过分割的有效方法之一。此外，对分割后的图像按照某种准则进行相邻区域的合并也是一种过分割解决方法。

基于标记（Marker）的分水岭分割算法能够有效防止过分割现象的发生，该算法的标记包括内部标记（Internal Marker）和外部标记（External Marker）。其基本思想是通过引入标记来修正梯度图像，使得局部最小值仅出现在标记的位置，并设置阈值 h 来对像素值进行过滤，删除最小值深度小于阈值 h 的局部区域。

标记分水岭算法中的一个标记对应图像的一个连通成分，其内部标记与我们感兴趣的某个目标相关，外部标记与背景相关。对标记的选取一般包括预处理和定义选取准则两部分，其中，选取准则可以是灰度值、连通性、大小、形状、纹理等特征。在选取内部标记之后，就能以其为基础对低洼进行分割，将分割区域对应的分水线作为外部标记，之后对每个分割出来的区域都利用其他分割技术（如二值化分割）将目标从背景中分离出来。

首先，假设将内部标记的选取准则定义为满足以下条件。

（1）区域周围由更高的"海拔"点组成。

（2）区域内的点可以组成一个连通分量。

（3）区域内连通分量的点具有相同或相近的灰度值。

然后，对平滑滤波后的图像应用分水岭算法，并将满足条件的内部标记为所允许的局部最小值，再将分水岭变换得到的分水线结果作为外部标记。

最后，内部标记对应每个感兴趣目标的内部，外部标记对应背景。根据这些标记结果将其分割成互不重叠的区域，每个区域都包含唯一的目标和背景。

因此，标记分水岭算法的显著特点和关键步骤就是获取标记的过程，本案例将采用梯度边缘检测与标记分水岭算法相结合的方法来对肺部图像进行分割。

6.3 程序实现

分水岭算法的主要目标在于找到图像的连通区域并进行分割。在实际处理过程中，如果直接以梯度图像作为输入，则容易受到噪声的干扰，产生多个分割区域；如果对原始图像进行平滑滤波处理后再进行梯度计算，则容易将某些原本独立的相邻区域合成一个区域。当然，这里的区域主要还是指图像内容变化不大或者灰度值相近的连通区域。为了易于调用，本案例将标记分水岭分割算法并封装为子函数。核心代码如下：

```matlab
function Watershed_Fun(fileName)
% 分水岭分割入口函数
% fileName——图像文件名

rgb = imread(fileName);
if ndims(rgb) == 3
    I = rgb2gray(rgb);
else
    I = rgb;
end
sz = size(I);
if sz(1) ~= 256
    I = imresize(I, 256/sz(1));
    rgb = imresize(rgb, 256/sz(1));
end
% y 方向的边缘提取算子
hy = fspecial('sobel');
% x 方向的边缘提取算子
hx = hy';
% 提取 y 方向的边缘
Iy = imfilter(double(I), hy, 'replicate');
% 提取 x 方向的边缘
Ix = imfilter(double(I), hx, 'replicate');
% 计算梯度图像
gradmag = sqrt(Ix.^2 + Iy.^2);
% 形态学算子
se = strel('disk', 3);
% 图像开
Io = imopen(I, se);
% 图像腐蚀
Ie = imerode(I, se);
% 图像重建
Iobr = imreconstruct(Ie, I);
% 图像闭
Ioc = imclose(Io, se);
% 图像膨胀
Iobrd = imdilate(Iobr, se);
% 图像再重建
Iobrcbr = imreconstruct(imcomplement(Iobrd), imcomplement(Iobr));
% 图像求反
Iobrcbr = imcomplement(Iobrcbr);
% 句柄极大操作
fgm = imregionalmax(Iobrcbr);
% 形态学算子
se2 = strel(ones(3,3));
% 图像闭
fgm2 = imclose(fgm, se2);
```

```matlab
% 图像腐蚀
fgm3 = imerode(fgm2, se2);
% 图像面积开
fgm4 = bwareaopen(fgm3, 15);
% 二值化
bw = im2bw(Iobrcbr, graythresh(Iobrcbr));
% 计算区域距离
D = bwdist(bw);
% 分水岭
DL = watershed(D);
% 过滤背景
bgm = DL == 0;
% 处理背景
gradmag2 = imimposemin(gradmag, bgm | fgm4);
% 分水岭
L = watershed(gradmag2);
% 标记矩阵加颜色
Lrgb = label2rgb(L, 'jet', 'w', 'shuffle');

[pathstr, name, ext] = fileparts(fileName);
% 整合得到详细的目录
filefolder = fullfile(pwd, '实验结果', [name, '_实验截图']);
% 判断文件夹是否存在
if ~exist(filefolder, 'dir')
    % 如果不存在,则自动创建
    mkdir(filefolder);
end
% 显示中间过程
h1 = figure(1);
set(h1, 'Name', '图像灰度化', 'NumberTitle', 'off');
subplot(1, 2, 1); imshow(rgb, []); title('原图像');
subplot(1, 2, 2); imshow(I, []); title('灰度图像');
fileurl = fullfile(filefolder, '1');
set(h1,'PaperPositionMode','auto');
print(h1,'-dtiff','-r200',fileurl);
h2 = figure(2);
set(h2, 'Name', '图像形态学操作', 'NumberTitle', 'off');
subplot(1, 2, 1); imshow(Iobrcbr, []); title('图像形态学操作');
subplot(1, 2, 2); imshow(bw, []); title('图像二值化');
fileurl = fullfile(filefolder, '2');
set(h2,'PaperPositionMode','auto');
print(h2,'-dtiff','-r200',fileurl);
h3 = figure(3);
set(h3, 'Name', '图像梯度显示', 'NumberTitle', 'off');
subplot(1, 2, 1); imshow(rgb, []); title('待处理图像');
subplot(1, 2, 2); imshow(gradmag, []); title('梯度图像');
fileurl = fullfile(filefolder, '3');
```

```
set(h3,'PaperPositionMode','auto');
print(h3,'-dtiff','-r200',fileurl);
% 显示结果
h4 = figure(4); imshow(rgb, []); hold on;
himage = imshow(Lrgb);
set(h4, 'Name', '图像分水岭分割', 'NumberTitle', 'off');
% 显示标记矩阵
set(himage, 'AlphaData', 0.3);
hold off;
fileurl = fullfile(filefolder, '4');
set(h4,'PaperPositionMode','auto');
print(h4,'-dtiff','-r200',fileurl);
```

在实验期间分别载入右上肺结核图像、正常肺部 CT 图像进行分水岭算法分割，并自动保存分割结果。核心代码如下：

```
clc; clear all; close all;
fileName = './images/右上肺结核.jpg';
Watershed_Fun(fileName);

fileName = './images/正常肺部CT图像.jpg';
Watershed_Fun(fileName);
```

通过分水岭算法分割正常的肺部 CT 图像，其实验效果如图 6-1～图 6-4 所示。

原图像　　　　　灰度图像　　　　　待处理图像　　　　　梯度图像

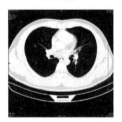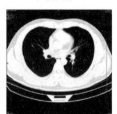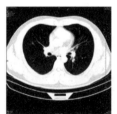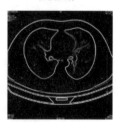

图 6-1　图像灰度化　　　　　　　图 6-2　图像梯度边缘

图像形态学操作　　图像二值化

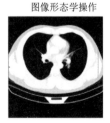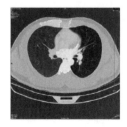

图 6-3　图像二值化　　　　图 6-4　分割结果标记

通过分水岭分割右上肺结核的 CT 图像，其实验效果如图 6-5～图 6-8 所示。

 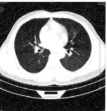 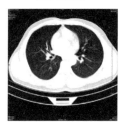 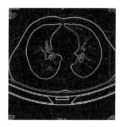

图 6-5　图像灰度化　　　　　　　　　图 6-6　图像梯度边缘

 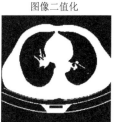 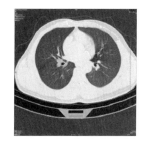

图 6-7　图像二值化　　　　　　　图 6-8　分割结果标记

通过对病变的肺部图像和正常的肺部图像分别进行标记分水岭处理，可得到分割结果并进行彩色标记显示。在实验过程中，为了避免传统分水岭算法所产生的过分割问题，分割函数应用了对梯度图像进行形态学滤波处理的技巧，有效提高了算法的运行效率和准确性。实验表明，采用标记分水岭分割算法对肺部图像进行分割具有良好的效果，能在一定程度上突出病变区域，起到辅助医学诊断的目的，具有一定的使用价值。

6.4　延伸阅读

基于标记的分水岭图像分割方法，是在原始梯度图像而非简化之后的图像上直接应用分水岭算法进行分割，从而尽可能地保证物体边缘信息的完整性。与此同时，标记分水岭算法设计了一种新的标记提取方法：首先，从梯度图像的低频成分中提取与物体相关的局部最小值，将它们构成二值标记图像；然后，将提取的标记利用形态学重建技术强制作为原始梯度图像的局部最小值，实现梯度图像的自适应修正；最后，在经过处理之后的梯度图像上进行分水岭图像分割，最终获得较好的图像分割结果。

对医学图像进行图像分割后，用户能及时获取感兴趣的目标区域并对其进行分析，可作为医学研判的一个重要依据，对于病理诊断具有非常重要的意义。本案例以肺部图像作为处理对象进行了标记分水岭分割，可以进一步地将分割应用到心脏、肝等医学图像中，也可以采用活动轮廓、小波分析等算法进行分割，为医学图像的智能分析提供有效的分割手段，在一定程度上支撑医学辅助诊断体系的发展。

本章参考的文献如下。

[1] 徐思瑜. 基于 CT 图像肺部病灶区域的特征提取[D]. 吉林大学，2011.

[2] 阮秋琦. 数字图像处理学[M]. 北京：电子工业出版社，2001.

[3] 柴黎，王明泉. 基于分水岭的分割算法在无损检测中的应用[J]. 半导体技术，2007.

第 7 章
基于主成分分析的人脸二维码识别

7.1 案例背景

人脸识别因其在系统安全验证、信用验证、刑侦跟踪、身份管理、视频会议、人机交互、智能家居等方面的巨大应用前景,成为当前模式识别和人工智能领域越来越热门的一个研究方向。随着安全入口控制和二维码智能扫描应用需求的快速增长,基于二维码识别的生物人脸统计识别技术也引起了人们的重视。

本案例将详细讲解基于主成分分析的人脸特征提取的原理与方法,并将其与 QR 二维码的编解码进行结合,将 MATLAB 作为工具平台,调用 QR 二维码编解码应用程序,进而实现一个人脸二维码自动识别的系统原型。实验结果表明,该系统识别率较高,应用广泛,达到了预期效果。

7.2 理论基础

本案例选择的二维码编码类型是 QR 二维码,所以我们在设计之前首先对 QR 二维码进行简单介绍。

7.2.1　QR 二维码简介

QR 二维码（Quick Response Code）的全称为"快速响应矩阵码"，是由日本 Denso 公司于 1994 年开发的一种矩阵式二维码。QR 二维码具有存储信息量大、稳定性高、表示的信息类型多样等优点，可用于存储汉字、图像、音频等多种数据类型的信息。QR 二维码还具有以下特点。

1. 解析效率高

QR 二维码区别于其他二维条码的一个主要优点就是易于识别和读取，且运算效率较高。据统计，使用二维码识读设备解析条码时，一秒可顺利解析 30 个含有 100 个字符的 QR 二维码；而对于含有相同数据信息的 PDF417 条码，一秒只能解析 3 个；对于含有相同数据信息的 Data Matrix，一秒最多也只能解析 3 个。

2. 旋转不变性

QR 二维码的另一个主要优点是可以 360°全方位解析。根据 QR 二维码图像的特点，在解析 QR 二维码的过程中首先要根据其四条边界与坐标轴的关系来计算倾斜角度，然后将 QR 二维码做旋转处理，使其边界与坐标轴分别平行、垂直，最后根据 QR 二维码三个位置的探测图形对其进行识别。

3. 有效表示汉字

在日文字典中本身存在着大量的汉字，因此 QR 二维码在其设计之初就充分考虑了对汉字的编解码支持，能够用特定的数据压缩编码来表示汉字和日文。QR 二维码仅用 13 位二进制数据就足以表示一个汉字，而其他二维码只能用字节数据模式来表示汉字，需要用两个字节即 16 位二进制数据表示一个汉字，所以 QR 二维码对汉字的表示效率要超出其他二维码约 20%。

7.2.1.1　QR 二维码符号的结构

QR 二维码符号的结构见图 7-1，包括编码区域、空白区域和功能区域，其中功能区域主要包括探测图形、分割符、定位图形和校正图形，各部分的主要功能如下。

1. 探测图形

探测图形分布在三个位置，如图 7-1 所示，分别位于 QR 二维码的左下角、左上角和右上角。每个位置的探测图形均由同心正方形组成，分别为 3×3 深色模块、5×5 浅色模块、7×7 深色模块。根据 QR 二维码的掩模作用，在内部其他地方几乎都不可能遇到类似的图形，所以探测图形可以用于识别 QR 二维码，并确定 QR 二维码的位置和方向。

第 7 章　基于主成分分析的人脸二维码识别

图 7-1　QR 二维码的符号结构

2. 分割符

分割符位于探测图形和编码区域之间，其宽度默认为 1 个模块，属于浅色模块。

3. 定位图形

定位图形根据方向可以分为水平和垂直定位，其宽度均为 1 个模块，分别由深色与浅色模块交替组成，对应一行和一列图形。定位图形的位置分别位于第 6 行与第 6 列，用于确定 QR 二维码的密度和版本，也可用于辅助定位图形坐标。

4. 校正图形

校正图形也由同心的正方形构成，分别由 5×5 深色模块、3×3 浅色模块和中心深色模块组成，不同的版本可能对应不同的校正图形数量。

7.2.1.2　QR 二维码的基本特性

随着智能手机等设备的普及，QR 二维码被越来越广泛地应用于不同的领域，如常见的收付款码、电子票据、电子会员卡等，给我们的日常生活带来无数便利，深受广大年轻人群的推崇。QR 二维码特点鲜明，其基本特性见表 7-1。

表 7-1　QR 二维码的基本特性

字 段 名 称	特　　　性
QR 二维码的大小	21×21 模块（版本 1）～177×177 模块（版本 40）
可编码字符类型及数量	（1）数字类型：7089 个字符 （2）字母类型：4296 个字符 （3）8 位字节类型：2953 个字符 （4）中国汉字字符及日本汉字字符：1817 个字符
二进制数据表示	二进制"1"对应深色模块，二进制"0"对应浅色模块

续表

字段名称	特性
自我纠错	采用 Reed-Solomon 纠错，纠错等级分为：L 级（纠错 7%）、M 级（纠错 15%）、Q 级（纠错 25%）、H 级（纠错 30%）
附加特性	链接：允许最多 16 个 QR 编码在逻辑上连续表示一个数据文件 掩模：降低由于模块相邻导致译码困难的可能性 拓展：可以进行特定用途的编码

7.2.2 QR 二维码的编码和译码流程

为了促进 QR 二维码在我国形式标准化应用，中国物品编码中心制定了快速响应矩阵码的国家标准，该标准对 ISO/IEC18004 标准进行了合理取舍及补充、完善。

7.2.2.1 QR 二维码的编码流程

QR 二维码的编码流程如图 7-2 所示。

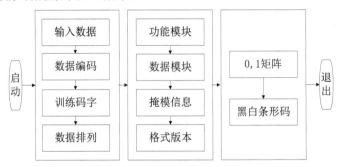

图 7-2 QR 的编码流程

1. **数据输入及分析**

指对输入的数据进行分析，确定数据编码对应的字符类型及所选择的纠错等级。如果没有输入相关参数，则选择默认的纠错等级，然后根据所确定的数据类型及纠错等级，选择与数据相适应的最小编码版本。

2. **数据位流**

在数据字符类型等参数确定后，QR 二维码将按照所选模式的编码标准将其转换成位流。为了将得到的位流生成标准的码字，需要在数据位流前加上模式指示符，在数据位流后加上终止符，按每 8 位来得到一个码字。此外，如果指定版本所要求的数据字数未能填满，则可以加入填充字符进行完善。

3. 纠错编码

将得到的码字序列按 RS 纠错标准进行分段，生成相应的纠错码字，并将其以尾部衔接的方式加入相应的数据码字序列。

4. 排列信息

按标准数据排列方式构建最终的排列信息，如果出现位数不足的现象，则可以考虑加入剩余的位。

5. 标识功能

不同的版本要求嵌入的校正图形数量也往往不同，进而对应不同的排列矩阵。因此，如果要在矩阵中加入功能图形，则需要标识功能图形的位置，并在对应的位置加入相关的探测图形、分割符、定位图形和校正图形。

6. 数据模块

将数据模块布置在矩阵中，并按照排列标准将码字放入矩阵中的对应位置。

7. 掩模寻优

选择 8 种掩模图形依次对 QR 二维码区域的位图进行掩模处理，并对所得到的 8 种结果进行分析，保留最优的一种。

8. 版本格式

如果 QR 二维码的版本在 7 以上，则生成版本信息和格式信息，构成符号，加入矩阵对应的位置。

9. 条码图形

根据编码步骤得到只包含 0、1 的矩阵，进而生成对应的黑白方块条码图形。

7.2.2.2 QR 二维码的译码流程

QR 二维码的译码模块可以选择两种方式读取文件：一种是直接读入包含条码的图像文件，定位条码图像区域，进行译码；另一种是读入包含条码信息的 QR 二维码文件，进行译码。本案例选择第 1 种方式，即通过读入图像文件进行区域定位，最后进行译码的操作流程。其中，在读取图像文件后，由于条码图像的采集过程容易受到倾斜、噪声等因素的干扰，所以需要在进行条码定位前对图像进行预处理，一般包括图像倾斜校正、平滑滤波、二值化和图像旋转等操作。QR 二维码图像的识别流程如图 7-3 所示。

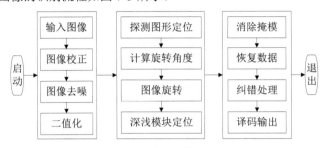

图 7-3 QR 二维码图像的识别流程

其中，译码的步骤和编码正好相反，步骤如下。

（1）提取格式信息、版本信息。

（2）消除掩模。

（3）提取数据信息和纠错信息。

（4）RS 纠错。

（5）对纠错后的数据信息进行译码。

因此，通过纠错流程，图像的某些噪声污染也能得到正确的译码，在一定程度上提高了 QR 二维码的可识读性。

7.2.3 主成分分析方法

主成分分析方法（Principal Component Analysis，PCA）是由 Turk 和 Pentlad 于 1991 年提出的，以 Karhunen-Loeve 变换（即 K-L 变换）为基础，是一种常用的正交变换。下面对 K-L 变换做一个简单介绍，假设 X 为 n 维的随机变量，则其可以通过 n 个基向量的加权和来表示：

$$X = \sum_{i=1}^{n} \alpha_i \boldsymbol{\phi}$$

其中，α_i 是加权系数，$\boldsymbol{\phi}_i$ 是基向量，此式可以用矩阵化的形式表示为：

$$X = (\phi_1, \phi_2, \cdots, \phi_n)(\alpha_1, \alpha_2 \cdots, \alpha_n) = \boldsymbol{\Phi}\alpha$$

系数向量为：

$$\boldsymbol{\alpha} = \boldsymbol{\phi}^{\mathrm{T}} X$$

因此，K-L 变换展开式的系数可用下列步骤求出。

1. 自相关矩阵

计算随机向量 X 的自相关矩阵 $R = E\left[X^T X\right]$，假设样本集合未经过分类，将 μ 记作其均值向量，则可以把样本数据的协方差矩阵 $\sum = E\left[(x-u)(x-u)^T\right]$ 作为 K-L 坐标系的自相关矩阵，其中，μ 为样本集合的总体均值向量。

2. 本征值和本征向量

对自相关矩阵或者协方差矩阵 R 计算其本征值 λ_i、本征向量 ϕ_i，将本征向量集合记为 $\phi = (\phi_1, \phi_2, \cdots, \phi_n)$。

3. 计算系数

以本征向量集合作为基向量空间，计算方程式的系数，即 $\alpha = \phi^T X$。

因此，K-L 变换的实质是以自相关矩阵的本征向量为基础建立一个新的坐标系，如果将一个物体进行主轴沿特征矢量对齐的变换，则可以消除原数据向量各分量之间的相关性，进而在一定程度上消除某些包含较少信息的坐标分量，达到特征空间降维的目的。

主成分分析作为一种标准的人脸识别方法，具有简捷、高效的特点，已经得到了广泛的应用。传统主成分分析方法的基本原理是：首先，基于 K-L 变换抽取人脸的主要成分，构建特征脸空间；然后，将待识别图像投影到此空间，得到一组投影系数；最后，通过与各组人脸图像的投影系数的比较进行识别。这种方法可以有效减少压缩前后的均方误差，提高降维空间的分辨能力及识别准确率。

7.3 程序实现

7.3.1 人脸建库

假设对一个维数为 $M \times N$ 的人脸图像矩阵进行向量化处理，则可以得到一个长度为 $M \times N$ 的向量。因此，我们可以将一张 112×92 的人脸图像看作一个长度为 10304 的向量。如果建立一个 1×10304 维的空间，则我们可以将该人脸图像看作此空间中的一点。将维数相同的人脸图像集合映射到这个空间后可以得到相应的点集，且具有较高的维度值。为了便于分析，可以结合人脸结构的相似性，通过 PCA 降维来得到一个低维子空间，将该低维子空间称为脸空间。PCA

降维的主要思想是寻找能够定义脸空间的基向量集合,这些基向量能最大程度地描述某人脸图像在集合空间中的分布情况。

1. 人脸空间

假设人脸图像的维数为 $M×N$,脸空间的基向量长度为 $M×N$,则该基向量可以由原始人脸图像的线性组合来获得。因此,对于一幅维数为 $M×N$ 的人脸图像数字矩阵,通过每列相连的方式可以构成一个大小为 $D=M×N$ 维的列向量,并将 D 记作人脸图像的维数,即脸空间的维数。

假设 n 是训练样本的数量,x_j 表示第 j 幅人脸图像形成的人脸向量,则训练样本集合的协方差矩阵为:

$$S_r = \sum_{j=1}^{n}(x_j - u)(x_j - u)^T \tag{7.1}$$

式中,u 为训练样本的平均图像向量:

$$u = \frac{1}{n}\sum_{j=1}^{n}x_j \tag{7.2}$$

令 $A = [x_1 - u \quad x_2 - u \quad \cdots \quad x_n - u]$,则 $S_r = AA^T$,其维数为 $D×D$。

根据 K-L 变换的原理,新坐标系的基向量由矩阵 AA^T 的非零特征值所对应的特征向量组成。一般而言,如果直接计算大规模矩阵的特征值和特征向量,则将面临较大的计算量,所以根据矩阵的特点,可以采用奇异值分解(SVD)定理,通过求解 AA^T 的特征值和特征向量来获得 AA^T 的特征值和特征向量。

2. 特征脸计算

依据 SVD 定理,令 $l_i(i=1,2,\cdots,r)$ 为矩阵 AA^T 的 r 个非零特征值,v_i 为 AA^T 对应 l_i 的特征向量,则 AA^T 的正交归一化特征向量 u_i 为:

$$u_i = \frac{1}{\sqrt{l_i}}Av_i \quad i=1,2,\cdots,r \tag{7.3}$$

因此,特征脸空间的定义为:$w = (u_1, u_2, \cdots, u_r)$。

将训练样本投影到"特征脸"空间,能够得到一组投影向量 $\Omega = w^T u$,可构成人脸识别的数据库。在识别时,首先将每幅待识别的人脸图像都投影到"特征脸"空间得到投影系数向量;然后利用最近邻分类器来比较其与库中人脸的位置,从而识别该图像是否是库中的人脸,如果不是则返回未知信息;最后,判断是哪个人的脸。

7.3.2 人脸识别

PCA 人脸识别属于模式识别的一个应用,一般包括如下步骤:人脸图像预处理及向量化;加载人脸库,训练形成特征子空间;将训练图像和待识别图像投影到该特征子空间上;选择一定的距离函数进行模式识别。

本案例所涉及的人脸样本均取自英国剑桥大学的 ORL(Olivetti Research Laboratory)人脸库,该库作为标准人脸数据库被广泛应用于多种人脸检测、识别场景。ORL 人脸库包含 40 组,每组都对应 1 个人的 10 幅人脸图像,因此共计 400 幅人脸正面图像。其中,每幅图像的大小均固定为 92×112,采集于不同时间、光线轻微变化的环境条件下,不同的图像可能存在包括姿态、光照和表情上的差别。其中的部分图像如图 7-4 所示。

图 7-4 ORL 人脸数据库中的 5 幅图像

ORL 数据库提供了经过预处理的人脸集合,可以方便地获取训练集和测试集。例如,选取每组图像的前 5 张人脸作为训练样本,后 5 张人脸作为测试样本。在一般情况下,增加训练样本的数量会增加人脸特征库的容量,并可能对人脸识别核心算法的时间和空间复杂度带来指数级的增加。通过对待识别图像与原训练库的对比及欧式距离识别,在识别结果的显示窗口中一共显示了整个人脸图像库中最小的 10 个欧氏距离,它们的排列也是从小到大进行的。这 10 个欧氏距离也分别代表了与实验中选取的待识别的人脸图像最相近的 10 幅人脸图像。因此,选择距离最近的目标,就可以得到我们实验所需识别的人脸图像。

7.3.3 人脸二维码

为了提高实验编码性能及充分利用不同编程语言的优势,本案例选择使用 ZXing 1.6 实现对条码或二维码的处理。ZXing 作为一个经典的条码或二维码识别的开源类库,是一个开源 Java 类库,用于解析多种格式的 1D/2D 条形码,能够方便地对 QR 二维码、Data Matrix、UPC 的 1D 条码进行解码。利用 Java 语言跨平台的特点,该类库提供了多种平台下的客户端,包括 J2ME、J2SE 和 Android 等,本实验选择 Windows 平台下的 MATLAB 对其 Jar 包的调用来实现对 QR 二维码的处理。

在归一化人脸库后,对库中的每组人脸都选择一定数量的图像构成训练集,其余的构成测试集。假设归一化后的图像为 $n×m$ 维，按列相连就构成了 $N=n×m$ 维向量，可视为 N 维空间中的一个点，进而能够通过 K-L 变换用一个低维子空间描述这个图像。所有训练样本的协方差矩阵为：

$$C_1 = \left(\sum_{k=1}^{M} x_k x_k^{\mathrm{T}}\right)\bigg/ M - m_x m_x^{\mathrm{T}}$$

$$C_1 = \left(AA^{\mathrm{T}}\right)\big/ M$$

$$C_1 = \left[\sum_{k=1}^{M} (x_k - m_x)(x_k - m_x)^{\mathrm{T}}\right]\bigg/ M$$

式中，$A = (\phi_1, \phi_2, \cdots, \phi_m)$，$\phi_1 = x_1 - m_x$，$m_x$ 是平均人脸，M 是训练人脸数，协方差矩阵 C_1 是一个 $N×N$ 的矩阵，N 是 x_i 的维数。这 3 个矩阵的定义是等价的。根据前面章节的论述，为了方便计算特征值和特征向量，本实验选用第 2 个公式作为待处理矩阵。根据 K-L 变换原理，所计算的新坐标系由矩阵 AA^{T} 的非零特征值所对应的特征向量组成。在实际处理过程中，如果直接对 $N×N$ 大小矩阵 C_1 计算其特征值和正交归一化的特征向量，则有较高的运算复杂度。根据奇异值分解（SVD）原理，可以通过求解 $A^{\mathrm{T}}A$ 的特征值和特征向量来获得 AA^{T} 的特征值和特征向量。本实验对 ORL 人脸库 PCA 降维的过程进行了函数封装。核心代码如下：

```
function Construct_PCA_DataBase()
% PCA 算法
% 构建 PCA 数据库
% 计算 xmean、sigma eigen
clc;
% 如果已经存在模型信息
if exist(fullfile(pwd, '人脸库/model.mat'), 'file')
    return;
end
%% 分类存储信息
classNum = 40; % 类别数量
sampleNum = 10; % 样本数量
hw = waitbar(0, '构建 PCA 数据库进度：', 'Name', 'PCA 人脸识别');
rt = 0.1;
waitbar(rt, hw, sprintf('构建 PCA 数据库进度：%i%%', round(rt*100)));
allsamples = Get_Samples(classNum, sampleNum);
rt = 0.3;
waitbar(rt, hw, sprintf('构建 PCA 数据库进度：%i%%', round(rt*100)));
%% 平均图片向量，1×N
samplemean = mean(allsamples);
%% 计算标准训练矩阵
xmean = Get_StandSample(allsamples, samplemean);
rt = 0.5;
waitbar(rt, hw, sprintf('构建 PCA 数据库进度：%i%%', round(rt*100)));
```

```
%% 获取特征值及特征向量
sigma = xmean*xmean';  % M×M 矩阵
[v, d] = eig(sigma);
d1 = diag(d);
rt = 0.7;
waitbar(rt, hw, sprintf('构建 PCA 数据库进度: %i%%', round(rt*100)));
%% 排序
% 按特征值大小以降序排列
% 由于是对称正定矩阵,所以可以通过翻转来实现排序
dsort = flipud(d1);
vsort = fliplr(v);
%% 计算坐标系信息
p = classNum*sampleNum;
% (训练阶段)计算特征脸形成的坐标系
base = xmean' * vsort(:,1:p) * diag(dsort(1:p).^(-1/2));
rt = 0.9;
waitbar(rt, hw, sprintf('构建 PCA 数据库进度: %i%%', round(rt*100)));
%% 将模型保存
save(fullfile(pwd, '人脸库/model.mat'), 'base', 'samplemean');
rt = 1;
waitbar(rt, hw, sprintf('构建 PCA 数据库进度: %i%%', round(rt*100)));
delete(hw);
msgbox('构建 PCA 数据库完成!', '提示信息', 'Modal');
```

因此,本实验首先对所有图片进行投影,然后对测试图片进行同样的投影,采用欧式距离作为判别函数对投影系数进行识别。本实验将对 ORL 人脸图像进行降维及 QR 二维码编码、解码,对主要过程进行验证。

(1)首先,载入人脸图像并进行 PCA 降维处理。

(2)其次,对降维数据进行编码并显示。

(3)最后,对二维码进行缓存并解码,识别人脸。

以上过程的入口脚本代码如下:

```
clc; clear all; close all;
% warning off all;
%% 载入待检测图像
Img = imread(fullfile(pwd, 'images/01.BMP'));
sz = size(Img);
figure; imshow(Img, []);
title('人脸图像');
%% 构建 PCA 数据库
Construct_PCA_DataBase();
%% 获取降维特征
f = GetFaceVector(Img);
f = f(1:300);
%% 生成二维码
```

```matlab
Im = QrGen(f);
figure; imshow(Im, []);
title('人脸二维码');
%% 写到二维码文件中
filenameqr = fullfile(pwd, 'qr.tif');
imwrite(Im, filenameqr);
%% 二维码识别
m = imread(filenameqr);
c = QrDen(m);
Ims = FaceRec(c, sz);
figure; imshow(Ims, []);
title('二维码识别人脸');
```

在实验过程中，为调用方便，将根据输入的内容进行 QR 编码的过程进行函数封装。核心代码如下：

```matlab
function outimg = QrGen(doctext, width, height)
% 调用 zxing 执行编码
% 输入参数：
%   doctext——待编码正文
%   width——图像宽度
%   height——图像高度
% 输出参数：
%   outimg——二维码结果

if nargin < 3
    height = 400;
end
if nargin < 2
    width = 400;
end
if nargin < 1
    doctext = 'hello';
end
if ~ischar(doctext)
    str = '';
    for i = 1 : length(doctext)
        str = sprintf('%s %.1f', str, doctext(i));
    end
    doctext = str;
end
zxingpath = fullfile(fileparts(mfilename('fullpath')), 'zxing_encrypt.jar');
c = onCleanup(@()javarmpath(zxingpath));
javaaddpath(zxingpath);
writer = com.google.zxing.MultiFormatWriter();
bitmtx = writer.encode(doctext, com.google.zxing.BarcodeFormat.QR_CODE, ...
    width, height);
outimg = char(bitmtx);
```

第 7 章　基于主成分分析的人脸二维码识别

```
clear bitmtx writer
outimg(outimg==10) = [];
outimg = reshape(outimg(1:2:end), width, height)';
outimg(outimg~='X') = 1;
outimg(outimg=='X') = 0;
outimg = double(outimg);
```

在实验过程中，为调用方便，将根据输入的内容进行 QR 译码的过程进行函数封装。核心代码如下：

```
function res = QrDen(qr_im)
% 调用 zxing 执行译码
% 输入参数：
%   qr_im——待译码图像
% 输出参数：
%   res——译码结果

if nargin < 1
    load mtx.mat;
    qr_im = mtx;
end
zxingpath = fullfile(pwd, 'zxing_encrypt.jar');
javaaddpath(zxingpath);
zxingpath = fullfile(pwd, 'zxing_decrypt.jar');
javaaddpath(zxingpath);
qr_im = im2java(qr_im);
source = com.google.zxing.client.j2se.BufferedImageLuminanceSource(qr_im.getBufferedImage());
binarizer = com.google.zxing.common.HybridBinarizer(source);
bitmap = com.google.zxing.BinaryBitmap(binarizer);
reader = com.google.zxing.MultiFormatReader();
res = char(reader.decode(bitmap));
```

以某张人脸为例，进行人脸图像的降维及编解码运算所得到的效果如图 7-5～图 7-7 所示。

图 7-5　人脸图像

图 7-6　人脸二维码

图 7-7　识别人脸

在实验过程中，由于在编码之前对原始系数向量进行了数据裁剪，省略了部分数据，所以识别结果显得有些模糊，但依然可以明确地看出人脸的轮廓，这有利于减少对二维码数据进行存取的压力。

为了便于演示，本实验还基于 MATLAB GUI 进行软件系统设计，增加人工交互的便捷性，软件运行界面包括控制面板和图像显示区域，如图 7-8 所示。

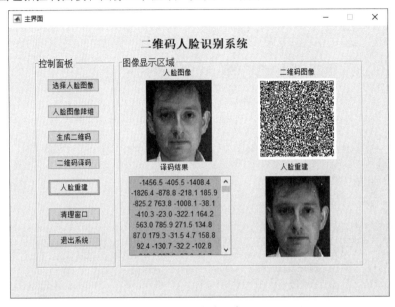

图 7-8 软件系统实验

实验结果表明，采用 PCA 人脸降维得到关键数据，并调用 zxing 类库执行 QR 的编译码，具有较高的实验效率，能有效压缩人脸数据，便于识别。此外，程序调用了第三方类库来实现二维码的编译码，要求具备 JDK 1.6 及以上版本的运行环境。

7.4 延伸阅读

智能手机等硬件设备正在普及，其便利的拍摄功能在一定程度上促进了二维码扫描技术的应用。二维码可以承载一定容量的数据信息并以图像的形式进行保存和传播，具有便捷性和稳定性的特点。在数据内部可以进行加密或关联到数据库等操作，得到更多的相关信息，是进行信息管理、数据传输的一种有效手段。人脸图像往往具有数据维数大、不易加密等特点，通过进行 PCA 降维来建立"脸空间"，可以得到用于标识人脸的有效数据向量并作为信息进行编码来生成二维码图像，能够方便地进行传输和展示。通过解码及脸空间数据，便可以还原人脸图像，也具有一定的保密效果。

本案例基于普通的 QR 二维码对数据向量进行编解码，具有一定的应用价值，但是在信息容量、运行效率上也有一定的局限性。通过研究不同类型的二维码的应用及数据优化处理，能在一定程度上提高系统的运行效率,是一个值得关注的研究方向。

本章参考的文献如下。

[1] 袁正海. 人脸识别系统及关键技术研究[D]. 南京邮电大学,2013.

[2] 杨佳丽. QR 码识别算法的研究[D]. 江南大学,2011.

[3] 黄婷婷. QR 码识别方法研究[D]. 中南大学,2008.

[4] 焦斌亮,陈爽. 基于 PCA 算法的人脸识别[J]. 计算机工程与应用,2011.

第 8 章

基于知识库的手写体数字识别

8.1 案例背景

手写体数字识别是图像识别学科下的一个分支,是图像处理和模式识别研究领域的重要应用之一,并且有很强的通用性。由于手写体数字的随意性很大,如笔画粗细、字体大小、倾斜角度等因素都有可能直接影响到字符的识别准确率,所以手写体数字识别是一个很有挑战性的课题。在过去的数十年中,研究者们提出了许多识别方法,并取得了一定的成果。手写体数字识别的实用性很强,在大规模数据统计如例行年检、人口普查、财务、税务、邮件分拣等应用领域都有广阔的应用前景。

本案例讲述了图像中手写阿拉伯数字的识别过程,对手写数字识别的基于统计的方法进行了简要介绍和分析,并通过开发一个小型的手写体数字识别系统进行实验。手写数字识别系统需要实现手写数字图像的读取功能、特征提取功能、数字的模板特征库的建立功能及识别功能。

8.2 理论基础

8.2.1 算法流程

首先,读入手写数字图片进行图像归一化处理,统一大小,默认为 24×24 图像块,并通过 ostu 算法进行二值化;其次,对二值化图像进行图像细化等形态学操作,并按照算法的要求进行特征提取；最后，载入模板矩阵进行对比，选用欧式距离测度并得到识别结果。其算法流程图如图 8-1 所示。

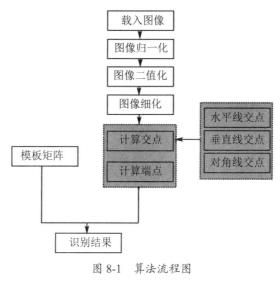

图 8-1 算法流程图

8.2.2 特征提取

根据手写数字图像本身的结构特征，这里通过计算端点、指定方向直线的交叉点个数来作为特征向量，主要步骤如下。

1. 垂直交点

对细化后的手写数字图像分别在其列宽的 $\frac{5}{12}$、$\frac{1}{2}$、$\frac{7}{12}$ 处生成垂直的三条直线，提取这三条垂直直线与数字笔画的交点数并存储。

2. 水平交点

对细化后的手写数字图像分别在其列宽的 $\frac{1}{3}$、$\frac{1}{2}$、$\frac{2}{3}$ 处生成水平的三条直线，提取这三条水平直线与数字笔画的交点数并存储。

3. 对角交点

对细化后的手写数字图像分别取两条对角直线，提取这两条对角直线与数字笔画的交点数并存储。

4. 笔画特征

由于以上步骤均作用于经细化后的数字图像，笔画简单且特征稳定，因此对其提取的基本交点及结构端点能反映数字的本质特征，可快速、有效地识别数字字符，并达到较好的识别正确率。

其中，提取笔画结构端点特征的算法如下。

1）目标定位

对细化后的手写数字图像按行从上到下、按列从左到右进行顺序扫描，定位选择黑像素点 P 作为手写笔画目标。

2）邻域统计

计算黑色像素 P 的 8 邻域之和 N，若 $N=1$，则像素 P 为端点，端点计数器加 1；否则舍弃该点。

3）遍历图像

遍历整个图像，重复进行目标定位、邻域统计的操作流程，提取端点特征。

依据上述对手写数字图像的交点、端点特征的提取方法，本案例中的特征向量 VEC 由 9 个分量组成，其排列如下：

```
VEC = [垂直 5/12 处交点数,垂直中线交点数,垂直 7/12 处交点数,水平 1/3 处交点数,水平中线交点数,水平 2/3 处交点数,左对角线交点数,右对角线交点数,端点数]
```

8.2.3 模式识别

本案例采用的是基于模式知识库的识别方法，所以系统调研的关键步骤就是对数字字符的结构特征的分析及其模型的构造。因此，本案例首先对 0~9 这 10 个数字字符进行结构分析并建模，然后提取相关特征，最后构造模板库。

在实验过程中，我们选择规范手写和自由手写两组样本作为训练样本对知识库进行参数调整，这些训练样本由 200 个规范手写体样本和 200 个自由手写体样本组成，通过计算样本对应分量的算术平均值获得知识库中特征向量的每个分量。

通过上述步骤得到的知识库由两套模板组成，在本次实验过程中，我们选择基于模板匹配的识别方法，通过计算欧式距离来衡量匹配程度。识别系统中的特征向量包含 9 个分量，且计算距离公式是欧式距离：

$$d = \left[\sum_{i=1}^{9} |x_i - y_i|^2 \right]^{1/2}$$

因此,在识别过程中分别计算待识别图像与知识库中各个模板特征向量之间的欧式距离,即与0~9这10个数字逐个比较,选择最小距离对应的数字作为最后的识别结果。

8.3 程序实现

8.3.1 图像处理

该步骤主要是对输入的图像进行灰度化、归一化、滤波、二值化。鉴于数字的识别与色彩无关,以及噪声的影响(这里采用中值滤波进行去噪),将图像进行预处理,最终可得到二值化图像。核心代码如下:

```
% 读取图像
clc; clear all; close all;
% 载入图像
[FileName,PathName,FilterIndex] = uigetfile(...
    {'*.jpg;*.tif;*.png;*.gif', ...
    '所有图像文件';...
    '*.*','所有文件' },'载入数字图像',...
    '.\\images\\手写数字\\t0.jpg');
if isequal(FileName, 0) || isequal(PathName, 0)
    return;
end
fileName = fullfile(PathName, FileName);
% 读取图像
Img = imread(fileName);
% 图像预处理
if ndims(Img) == 3
    I = rgb2gray(Img);
else
    I = Img;
end
% 将非线性字体大小归一化为24×24点阵
I1 = imresize(I, [24 24], 'bicubic');
% 中值滤波
I2 = medfilt2(I1, 'symmetric');
% 二值化
bw = im2bw(I2, graythresh(I2));
% 反色
```

```
bw = ~bw;
% 显示处理结果
figure('Name', '图像预处理', 'NumberTitle', 'Off', ...
    'Units', 'Normalized', 'Position', [0.2 0.2 0.7 0.5]);
subplot(2, 2, 1); imshow(Img, []); title('原图像');
subplot(2, 2, 2); imshow(I1, []); title('灰度图像');
subplot(2, 2, 3); imshow(I2, []); title('滤波图像');
subplot(2, 2, 4); imshow(bw, []); title('二值化图像');
```

运行以上代码,得到的结果图像如图 8-2 所示。

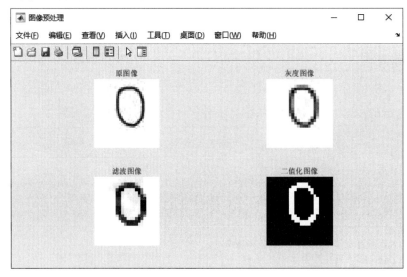

图 8-2　图像预处理

8.3.2　特征提取

该步骤主要是对预处理得到的二值化图像进行图像细化操作,并按照算法的要求提取交点、端点特征,组成特征向量:

```
% 图像细化操作
bw1 = bw;
bw = bwmorph(bw, 'thin', inf);
% 图像维数信息
sz = size(bw);
% 查找图像边界
[r, c] = find(bw==1);
rect = [min(c) min(r) max(c)-min(c) max(r)-min(r)];
% 竖直线
vs = rect(1)+rect(3)*[5/12 1/2 7/12];
% 水平线
```

```
hs = rect(2)+rect(4)*[1/3 1/2 2/3];
% 左对角线
pt1 = [rect(1:2); rect(1:2)+rect(3:4)];
pt2 = [rect(1)+rect(3) rect(2); rect(1) rect(2)+rect(4)];
k1 = (pt1(1,2)-pt1(2,2)) / (pt1(1,1)-pt1(2,1));
x1 = 1:sz(2);
y1 = k1*(x1-pt1(1,1)) + pt1(1,2);
% 右对角线
k2 = (pt2(1,2)-pt2(2,2)) / (pt2(1,1)-pt2(2,1));
x2 = 1:sz(2);
y2 = k2*(x2-pt2(1,1)) + pt2(1,2);
% 显示处理结果
figure('Name', '数字识别', 'NumberTitle', 'Off', ...
    'Units', 'Normalized', 'Position', [0.2 0.2 0.7 0.5]);
subplot(2, 2, 1); imshow(Img, []); title('原图像', 'FontWeight', 'Bold');
subplot(2, 2, 2); imshow(I2, []); title('预处理图像', 'FontWeight', 'Bold');
hold on;
h = rectangle('Position', [rect(1:2)-1 rect(3:4)+2], 'EdgeColor', 'r', ...
'LineWidth', 2);
legend(h, '数字区域标记', 'Location', 'BestOutside');
subplot(2, 2, 3); imshow(bw1, []); title('二值化图像', 'FontWeight', 'Bold');
subplot(2, 2, 4); imshow(bw, [], 'Border', 'Loose');
title('细化图像', 'FontWeight', 'Bold');
hold on;
h = [];
% 绘制水平线
for i = 1 : length(hs)
    h = [h plot([1 sz(2)], [hs(i) hs(i)], 'r-')];
end
% 绘制竖直线
for i = 1 : length(vs)
    h = [h plot([vs(i) vs(i)], [1 sz(1)], 'g-')];
end
% 绘制左对角线
h = [h plot(x1, y1, 'y-')];
% 绘制右对角线
h = [h plot(x2, y2, 'm-')];
legend([h(1) h(4) h(7) h(8)], {'水平线', '竖直线', '左对角线', '右对角线'}, ...
'Location', 'BestOutside');
hold off;
% 生成分割线节点
v{1} = [1:sz(2); repmat(hs(1), 1, sz(2))]';
v{2} = [1:sz(2); repmat(hs(2), 1, sz(2))]';
v{3} = [1:sz(2); repmat(hs(3), 1, sz(2))]';
v{4} = [repmat(vs(1), 1, sz(1)); 1:sz(1)]';
v{5} = [repmat(vs(2), 1, sz(1)); 1:sz(1)]';
v{6} = [repmat(vs(3), 1, sz(1)); 1:sz(1)]';
v{7} = [x1; y1]';
v{8} = [x2; y2]';
% 获取交点个数
```

```matlab
for i = 1 : 8
    num(i) = GetImgLinePts(bw, round(v{i})-1);
end
% 计算端点
num(9) = sum(sum(endpoints(bw)));

% 计算交点函数
function num = GetImgLinePts(bw, v)
% 获取线与图像交点个数
% 输入参数:
%   bw——二值图像
%   v——直线坐标矩阵
% 输出参数:
%   num——交点个数
num = 0;
for i = 1 : size(v, 1)
    if v(i, 2)>1 && v(i, 2)<size(bw,1) && ...
            v(i, 1)>1 && v(i, 1)<size(bw,2) && ...
            bw(v(i, 2), v(i, 1))==1
        num = num + 1;
    end
End

% 计算端点函数
function g = endpoints(f)
% 查找表计算端点
% 输入参数:
%   f——二值图像
% 输出参数:
%   g——计算结果
persistent lut
if isempty(lut)
    lut = makelut(@endpoint_fcn, 3);
end
g = applylut(f,lut);

% 判断是否为端点
function is_end_point = endpoint_fcn(nhood)
% 判断是否为端点
% 输入参数:
%   nhood——邻域
% 输出参数:
%   is_end_point——判别结果
is_end_point = nhood(2,2) & (sum(nhood(:)) == 2);
```

假设选择手写数字图像"0",经过图像预处理、二值化、细化等步骤,在计算其各特征线及端点特征后,得到的结果图像如图8-3所示。

第 8 章　基于知识库的手写体数字识别

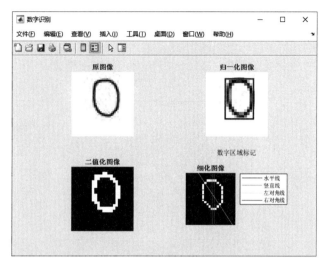

图 8-3　图像特征提取

8.3.3　模式识别

该步骤主要是对载入的模板矩阵及输入图像计算出的特征向量通过欧式距离进行相似度排序，进而得到识别结果。

（1）载入模式库：

```
% 载入判别标准向量矩阵
load Data.mat;
```

（2）匹配识别：

```
% 识别
result = MaskRecon(Datas, num);
msgbox(sprintf('识别结果:%d', result), '提示信息', 'modal');
% 匹配识别函数
function result = MaskRecon(Data, v)
% 基于模板的识别
% 输入参数：
%  Data——模板矩阵
%  v——特征向量
% 输出参数：
%  result——识别结果
for i = 1 : size(Data, 1)
    dis(i) = norm(v-Data(i, :));
end
[mindis, ind] = min(dis);
if ind < 11
    result = ind-1;
```

```
else
    result = ind-11;
end
```

对应之前所选择的手写数字图像"0",运行以上代码进行模式识别,将弹出提示框显示数字结果,如图8-4所示。

图8-4　图像识别结果

8.4　延伸阅读

8.4.1　识别器选择

本案例对手写体数字识别系统的基本原理及方法进行了介绍。手写体数字识别是一个极具研究价值的课题,手写体数字的样品类别有0~9总共10类,比对其他大字符集的识别(汉字识别)要容易一些。

本案例所采用的模板匹配分类器既节省时间、简便易行,也可以达到较好的识别效果。但是在系统的设计上由于实验条件的限制,本案例采用了200组样本图像进行特征提取,得到模板库。在特征训练不够导致识别率不够高时,可考虑增加训练样本,采用神经网络等识别器进行处理,提高识别率。

8.4.2　特征库改善

手写体数字的特征提取是一个非常复杂的问题,可以考虑在识别时使用有监督的识别方法,这样在识别的同时可以更新特征库,这里所说的更新是把导致识别错误的模板替换掉,这样出错的概率就会越来越小,从而使特征库越来越完善,进一步提高识别的准确度。

本章参考的文献如下。

[1] 张立凡,游福成,张勇斌. 手写数字识别系统设计[J]. 北京印刷学院学报,2009.

[2] 范艳峰,肖乐,甄彤. 自由手写体数字识别技术研究[J]. 计算机工程,2005.

[3] 阮秋琦. 数字图像处理学[M]. 北京:电子工业出版社,2001.

第 9 章
基于特征匹配的英文印刷字符识别

9.1 案例背景

在日常学习和生活中,人眼是人们接收信息最常用的通道之一。据统计,人们日常处理的信息有 75%~85%属于视觉信息范畴,文字信息则占据着重要的位置,几乎涵盖了人类生活的方方面面。如对各种报纸期刊的阅读、查找、批注;对各种文档报表的填写、修订;对各种快递文件的分拣、传送、签收等。因此,为了实现文字信息解析过程的智能化、自动化,就需要借助计算机图像处理来对这些文字信息进行识别。

早在 20 世纪 50 年代初期,欧美就开始对文字识别技术进行研究。特别是 1955 年印刷体数字 OCR 产品的出现,推动了英文和数字识别技术的发展。美国 IBM 公司的 Casey 和 Nagy 最早开始了对汉字识别的研究,并于 1966 年发表了第一篇关于汉字识别的论文,采用模板匹配法识别 1000 个印刷体汉字,从此在世界范围内拉开了汉字识别研究的序幕。日本于 20 世纪 70 年代中期开始进行手写体汉字识别的研究,我国于 20 世纪 80 年代初期开始进行手写体汉字识别的研究。

本案例重点研究印刷体图像的灰度转换、中值滤波、二值化处理、形态学滤波、图像与字符分割等算法,形成一套效果明显、简便易行的印刷体字符图像识别算法。在印刷体字符的识别过程中,采用字符的归一化和细化处理方法,通过二值化和字体类型特征相结合的处理方式完成特征提取,并建立字符标准特征库,运用合理的模板匹配算法实现对印刷体字符的识别。

9.2 理论基础

9.2.1 图像预处理

为了加快图像识别等模块的处理速度,我们需要将彩色图像转换为灰度图像,减少图像矩阵占用的内存空间。由彩色图像转换为灰度图像的过程叫作灰度化处理,灰度图像就是只有亮度信息而没有颜色信息的图像,且存储灰度图像只需要一个数据矩阵,矩阵中的每个元素都表示对应位置像素的灰度值。

通过拍摄、扫描等方式采集印刷体图像可能会受局部区域模糊、对比度偏低等因素的影响,而图像增强可应用于对图像对比度的调整,可突出图像的重要细节,改善视觉质量。因此,采用图像灰度变换等方法可有效地增强图像对比度,提高图像中字符的清晰度,突出不同区域的差异性。对比度增强是典型的空域图像增强算法,这种处理只是逐点修改原印刷体图像中每个像素的灰度值,不会改变图像中各像素的位置,在输入像素与输出像素之间是一对一的映射关系。

二值图像是指在图像数值矩阵中只保留 0、1 数值来代表黑、白两种颜色。在实际的印刷体图像处理实验中,选择合适的阈值是进行图像二值变换的关键步骤,二值化能分割字符与背景,突出字符目标。对于印刷体图像而言,其二值变换的输出必须具备良好的保形性,不会改变有用的形状信息,也不会产生额外的孔洞等噪声。其中,二值化的阈值选取有很多方法,主要分为三类:全局阈值法、局部阈值法和动态阈值法,本案例结合印刷体字符图像的特点,采用全局阈值进行二值化处理。

印刷体图像可能在扫描或者传输过程中受到噪声干扰,为了提高识别模块的准确率,我们通常采用平滑滤波的方法进行去噪,如中值滤波、均值滤波。在本案例中,我们通过对字符图像的特征分析,采用二值化图像的形态学变换滤波进行去噪处理,保留有用的字符区域图像,消除杂点、标点符号等干扰。

在经扫描得到的印刷体图像中,不同位置的字符类型或大小可能也存在较大差异,为了提高字符识别效率,需要将字符统一大小来得到标准的字符图像,这就是字符的标准化过程。为了将原来各不相同的字符统一大小来,我们可以在实验过程中先统一高度,然后根据原始字符的宽高比例来调整字符的宽度,得到标准字符。

此外,对输入的印刷体字符图像可能需要进行倾斜校正,使得同属一行的字符也都处于同一水平位置,这样既有利于字符的分割,也可以提高字符识别的准确率。倾斜校正主要根据图像左右两边的黑色像素做积分投影所得到的平均高度进行,字符组成的图像的左右两边的字符像素高度一般处于水平位置附近,如果两边的字符像素经积分投影得到的平均位置有较大差异,则说明图像存在倾斜,需要进行校正。

9.2.2 图像识别技术

字符识别是印刷字符图像识别的核心步骤,主要包括以下内容:首先,识别模块学习、存储将要判别的字符特征,将这些特征汇总成识别系统的先验知识;然后,选择合适的判别准则来基于先验知识对输入的字符进行研判;最后,存储字符的识别结果并输出。在实验过程中,字符的特征具有不同的来源,如空间域的点阵位置信息,在频域空间、小波空间等领域也都有各自的特征,而且不同的特征在识别字符时具有各自的特点及优势。根据字符识别模块所选择特征类型的不同,可以将其分为不同的识别技术。在一般情况下,根据所采用的技术策略,字符识别可以分为:统计特征字符识别技术、结构特征字符识别技术和基于机器学习的识别技术。

1. 统计特征字符识别技术

统计特征识别技术一般选择同类字符所共有的相对稳定且具有良好分类性的统计特征作为特征向量。统计特征常用的有字符所处二维空间的位置特征、字符所处水平或者垂直方向的投影直方图特征、字符区域矩特征、字符纹理特征或经过频域等变换后的特征。统计特征字体识别技术通过对大量字符的统计特征进行提取、学习、训练形成字符先验知识,构成字符库的模板信息,并将其存储到识别模块。待识别图像在输入后首先提取相同的统计特征向量,然后与在识别模块中存储的字符先验知识根据指定的匹配程度算法进行比较,最后根据比较结果确定字符的最终类别,实现识别的目的。其中,匹配程度算法通常采用向量间的距离计算,如欧式距离、绝对值距离、汉明距离等,为了便于后续的模式判别,可以将这些距离作为输入进行归一化,进而得到归一化的匹配程度。在实际应用中,基于字符像素点平面分布的识别算法是最常用的匹配方法之一,具有简捷高效、易于实现的优点。该算法首先将字符图像归一化为标准的维数大小,然后根据像素点的位置进行扫描匹配,最后计算模板和图像的某种距离值。但是,算法要对每个像素点都进行扫描、匹配,可能会造成算法实现计算量大,且对噪声、字符畸变等因素较为敏感,因此对待识别图像的质量要求较高。

2. 结构特征字符识别技术

在现实生活中,人们往往更关心相近字符识别和手写体字符识别等功能,一般具有字体不同、场景多变的特点,因此结构特征字符识别技术应运而生。该技术以字符结构特征作为处理对象,可根据识别策略的不同选择不同的结构,具有灵活多变的优点。在实际应用中,可以选择字根、笔画、细微笔段等特征,这些特征一般被称作字符的子模式、组件、基元,将所有基元按照某种顺序排列、存储就形成了字符的结构特征。因此,基于结构的字符识别实际上是将字符在基元组成的结构空间中进行映射，然后进行识别。其中，识别过程一般是在基元组成的结构空间上利用建模语言和自动机理论，采取语法分析、图匹配、树匹配和知识推理等方法分析字符结构的过程。该技术常用的结构特征有：笔画走向、孤立点、闭合笔画等，如果被应用于汉字识别，则可结合汉字自身明显的结构性，利用汉字的结构特点进行识别，也可以达到较好的效果。传统的识别方法一般对输入的图像采取统一分辨率变换处理，其分辨率的大小取决于算法的复杂度和资源存储条件，往往会造成系统资源的浪费和识别效率的降低。

3. 基于机器学习的识别技术

人类对文字的识别能力远远胜过计算机，以常见的验证码为例，无论是对字符进行变形、模糊，还是损坏部分区域，人类都能很好地识别。基于机器学习的字符识别技术力图通过对人脑学习和识别的模拟来实现对字符的高效识别。经过近几年的迅速发展，机器学习在字符识别方面得到了广泛应用。特别是在 OCR 系统中，机器学习已经得到了更充分的应用。通过将字符的特征向量作为输入，机器学习模块输出的是字符的分类结果，即识别结果。在实际应用中，如果只是进行字符图像处理和识别流程，则得到的特征向量可能包含某些冗余甚至矛盾的信息，往往需要进一步优化和处理。机器学习模块经过反复训练，可以智能地优化特征向量，去除冗余、矛盾的信息，突出类之间的差异。同时，借助机器学习成熟的架构模式及运行结构，可以应用并行计算到运行过程中，所以可以加快大规模问题的求解速度。

9.3 程序实现

9.3.1 界面设计

本案例为读取某印刷版本的英文文章图片，通过行分割、列分割进行单词定位，然后与标准的英文字符做对比来进行英文字符的识别。特别是为了增强演示效果，可关联 Figure 窗口的鼠标移动事件，实时显示识别的效果。核心代码如下：

```matlab
function MainForm
% 字符识别分割
global bw;
global bl;
global bll;
global s;
global fontSize;
global charpic;
global hMainFig;
global pic;
global hText;
```

```matlab
clc; close all; warning off all;
% 目录检测
if ~exist(fullfile(pwd, 'pic'), 'dir')
    mkdir(fullfile(pwd, 'pic'));
end
% 读入图片
picname = fullfile(pwd, 'image.jpg');
pic = imread(picname);
% 灰度化
s = size(pic);
if length(s) == 3
    pic = rgb2gray(pic);
end
% 二值化
bw = im2bw(pic, 0.7);
bw = ~bw;

% 搜索字体大小
for i = 1 : s(1)
    if sum(bw(i,:) ~=0) > 0
        FontSize_s = i;
        break;
    end
end
for i = FontSize_s : s(1)
    if sum(bw(i,:) ~=0) == 0
        FontSize_e = i;
        break;
    end
end
% 计算字体大小
FontSizeT = FontSize_e - FontSize_s;

% 设置字体,为提高识别率
fontName = '宋体';

% 设置字号,为提高识别率
fontSize = FontSizeT;

% 形态学操作
bw1 = imclose(bw, strel('line', 4, 90));
bw2 = bwareaopen(bw1, 20);
bwi2 = bwselect(bw2, 368, 483, 4);
bw2(bwi2) = 0;
% 过滤标点符号
bw3 = bw .* bw2;
bw4 = imclose(bw3, strel('square', 4));
```

```matlab
    % 区域标记
    [Lbw4, numbw4] = bwlabel(bw4);
    stats = regionprops(Lbw4);
    for i = 1 : numbw4
        % 单词框信息
        tempBound = stats(i).BoundingBox;
        % 单词分割
        tempPic = imcrop(pic, tempBound);
        % 保存目录
        tempStr = fullfile(pwd, sprintf('pic\\%03d.jpg', i));
        % 写到文件中
        imwrite(tempPic, tempStr);
    end
    % 计算连通域
    [bl, num] = bwlabel(bw1, 4);

    % 产生字符集图片：A……Z、a……z、0……9
    chars = [char(uint8('A'):uint8('Z')), uint8('a'):uint8('z'),
uint8('0'):uint8('9')];
    eleLen = length(chars);
    charpic = cell(1,eleLen);

    % 下面先生成字符集的图片，然后将截图保存到 charpic 里，用于后面的匹配
    hf1 = figure('Visible', 'Off');
    imshow(zeros(32,32));
    h = text(15, 15, 'a', 'Color', 'w', 'Fontname', fontName, 'FontSize', fontSize);
    for p = 1 : eleLen
        % 画该字符
        set(h, 'String', chars(p));
        % 截屏
        fh = getframe(hf1, [85, 58, 30, 30]);
        % 获取图像数据
        temp = fh.cdata;
        temp = im2bw(temp, graythresh(temp));
        [f1, f2] = find(temp == 1);
        % 计算有效区域，避免溢出
        start_r = max([min(f1)-1 1]);
        end_r = min([max(f1)+1 size(temp, 1)]);
        start_c = max([min(f2)-1 1]);
        end_c = min([max(f2)+1 size(temp, 2)]);
        % 分割
        temp = temp(start_r:end_r,start_c:end_c);
        % 保存
        charpic{p} = temp;
    end
    delete(hf1);
    % 产生辨识区域，便于鼠标指到字符的空心地方都能识别并指向该字符
```

```matlab
bll = zeros(size(bl));
% 生成全标识的数组
for i = 1:num
    [f1, f2] = find(bl == i);
    bll(min(f1):max(f1), min(f2):max(f2)) = i;
end
% 生成窗口，并调用鼠标移动事件
hMainFig = figure(1);
imshow(picname, 'Border', 'loose'); hold on;
for i = 1 : numbw4
    tempBound = stats(i).BoundingBox;
    rectangle('Position', tempBound, 'EdgeColor', 'r');
end
hText = axes('Units', 'Normalized', 'Position', [0 0 0.1 0.1]); axis off;
set(hMainFig, 'WindowButtonMotionFcn', @ShowPointData);
end

function ShowPointData(hObject, eventdata, handles)
global bw;
global bl;
global bll;
global s;
global charpic;
global hMainFig;
global pic;
global hText;

p = get(gca,'currentpoint');
% 计算获取的字符图片位置
x = p(3);
y = p(1);
if x<1 || x>s(1) || y<1 || y>s(2)
    return;
end
% 读取当前标识
curlabel = bll(uint32(x), uint32(y));
if curlabel ~= 0
    % 匹配字符
    [f1, f2] = find(bl == curlabel);
    minx = min(f1);
    maxx = max(f1);
    miny = min(f2);
    maxy = max(f2);
    tempic = pic(minx:maxx, miny:maxy);
    temp = bw(minx:maxx, miny:maxy);
    tempIm = zeros(round(size(temp)*2)); tempIm = logical(tempIm);
    tempIm(round((size(tempIm, 1)-size(temp, 1))/2):round((size(tempIm,
```

```
1)-size(temp, 1))/2)+size(temp, 1)-1, ...
        round((size(tempIm, 2)-size(temp, 2))/2):round((size(tempIm,
2)-size(temp, 2))/2)+size(temp, 2)-1) = temp;
    set(0, 'CurrentFigure', hMainFig);
    imshow(tempIm, [], 'Parent', hText);
    % 匹配当前字符
    mincost = 100000;
    mark = 1;
    for i = 1 : length(charpic)
        temp1 = charpic{i};
        ss = size(temp);
        temp1 = imresize(temp1, ss);
        tempcost = sum(sum(abs(temp - temp1)));
        if tempcost < mincost
            mincost = tempcost;
            mark = i;
        end
    end
    end
end
```

运行该程序文件,将生成标准的英文字符模板,并关联窗口的鼠标移动事件,通过自动对比来识别英文字符,如图 9-1 所示。

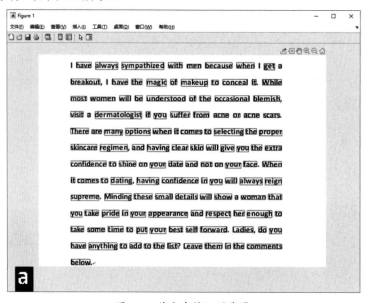

图 9-1　英文字符识别截图

9.3.2 回调识别

在实验过程中，为了能有效地提取标准的字符图像，即 0～9、a～z、A～Z，可以通过弹出 Figure 窗口绘制 text 标签，再循环进行截图、存储。核心代码如下：

```
function GetDatabase
clc;
% 下面先生成字符集的图片，然后截图保存到 charpic 里，用于后面的匹配
hf1 = figure;
imshow(zeros(32,32));
fontName = '宋体';
fontSize = 18;
h = text(15, 15, 'a', 'Color', 'w', 'Fontname', fontName, 'FontSize', fontSize);

if ~exist('Database', 'dir')
    mkdir('Database');
end
% 产生字符集图片：A……Z、a……z、0……9
chars = [char(uint8('A'):uint8('Z')), uint8('a'):uint8('z'), uint8('0'):uint8('9')];
eleLen = length(chars);
charpic = cell(1,eleLen);
for p = 1 : eleLen
    % 画该字符
    set(h, 'String', chars(p));
    % 截屏
    fh = getframe(hf1, [85, 58, 30, 30]);
    % 获取图像数据
    temp = fh.cdata;
    temp = im2bw(temp);
    [f1, f2] = find(temp == 1);
    % 分割
    temp = temp(min(f1)-1:max(f1)+1,min(f2)-1:max(f2)+1);
    % 保存
    charpic{p} = temp;
end
delete(hf1);
for i = 1 : length(charpic)
    imwrite(charpic{i}, fullfile(pwd, sprintf('Database/%d.jpg', i)));
end
```

运行该函数，将得到标准的字符文件并将其存储于指定的文件中，具体效果如图 9-2 所示。

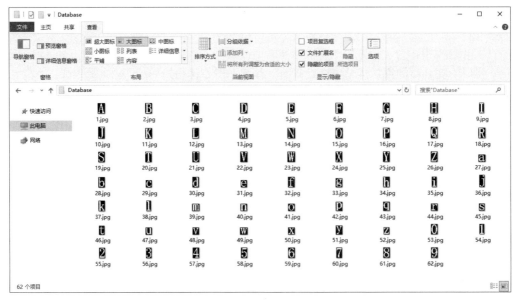

图 9-2 标准的字符文件数据库

9.4 延伸阅读

随着计算机网络的不断发展，人们在保护版权或隐私方面的意识在增强，对文本消息通过图片化进行传播的方式也越来越多。本案例通过对英文字符文章的分割和识别来得到图片文字的文本化结果，并开发了 GUI 运行程序进行实时检测的演示，实验结果表明，该方法对于英文字符图像的识别具有高效、准确的特点。

英文字符图像具有字符库规模有限、特征明确等特点，在一定程度上也简化了字符识别的工作量。对于汉字等字符图像的识别则会涉及大规模的字符库，特征提取也更为复杂，因此对汉字字符图像的识别也是一个值得我们继续深入的研究方向。

本章参考的文献如下。

[1] 钱稷. 基于图像处理的字符识别系统研究[M]. 河北农业大学，2007.

[2] 范艳峰，肖乐，甄彤. 自由手写体数字识别技术研究[J]. 计算机工程，2005.

[3] 阮秋琦. 数字图像处理学[M]. 北京：电子工业出版社，2001.

第 10 章

基于不变矩的数字验证码识别

10.1 案例背景

随着互联网技术的快速发展和应用,网络给人们提供了丰富的资源和极大的便利,但随之而来的是互联网系统的安全性问题,而验证码正是加强 Web 系统安全性的产物。全自动区分计算机和人类的图灵测试(Completely Automated Public Turing test to tell Computers and Humans Apart,CAPTCHA)也是验证码的一个应用程序,可以区分用户是人类还是计算机智能单击对象。它发起一个验证码进行测试,由计算机生成一个问题要求用户回答,并自动评判用户给出的答案,而原则上这个问题必须只有人才能解答,进而区分是否为计算机智能单击对象。

验证码具有千变万化的特点,而当前的识别系统往往具有很强的针对性,只能识别某种类型的验证码。随着网络安全技术及验证码生成技术的不断发展,已经出现了更加复杂的验证码生成方法,如基于动态图像的验证码系统等。虽然目前人工智能还远远未达到人类智能水平,但是对于给定的验证码生成系统,在获知其特点之后,通过一定的识别策略往往能够以一定的准确率进行识别。

本案例运用计算机视觉、模式识别等相关理论对多种不同类型的验证码进行识别和研究,选取了具有代表性的某著名网站备案查询所提供的验证码为研究对象,对具体的验证码提出了有针对性的破解方法,揭示了其不安全的可能性,并通过对不同识别算法的对比,使研究具有一定的理论和使用价值。

10.2 理论基础

图像识别技术是利用计算机对图像进行分析和处理，用以协助人们理解和识别不同模式的目标和对象的技术。数字验证码识别是光学字符识别（OCR）的一种，是经典的模式识别研究对象。本案例提出了以处理颜色加噪的数字字符为理论研究素材，将模板匹配作为基本框架的验证码识别系统。本系统的优点在于能够对特定类型的数字验证码进行精确识别，实验中的识别准确率可达到 95% 以上，并提供动态更新样本库的功能，可根据实际运行的环境提高验证码的识别率。

数字验证码识别需要研究的理论是图像识别，主要是通过模拟人类的视觉特性来分析验证码字符的特点，其目标是识别验证码，即读取图像文件中的验证码字符。验证码就是由程序随机生成的一组字符（一般为数字或数字与字母的组合）图片。在某些应用场景下，为了实现一系列自动操作，需要对所遇到的验证码进行识别。基于这种原因，本案例选择了经典的数字验证码识别作为识别的对象。验证码的识别涉及图像预处理、分割、特征提取、识别等相关技术，本案例通过对彩色验证码图像进行灰度化、二值化、去噪和归一化等步骤进行预处理，通过建立模板库的动态更新机制来提高系统的兼容性，进一步提升验证码识别的效率和准确性。

10.3 程序实现

在本实验中为了进行验证码识别，需要建立模板库，采用 GUI 设计软件并建立动态模板库，加入自动更新的功能来提高对数字验证码的识别率。数字验证码的待识别对象即 0~9 这 10 个数字，调用 mkdir 函数来自动建立模板数据库文件夹，用于存储分割生成的标准数字图像作为模板库。

10.3.1 设计 GUI 界面

为增强软件交互的易用性，我们可调用 MATLAB 的 GUI 来生成软件框架，提供有关数字验证码图像载入、去噪、分割、识别的过程，并提供动态更新数据库、建立模板库的功能。GUI 界面设计截图如图 10-1 所示。

第 10 章 基于不变矩的数字验证码识别

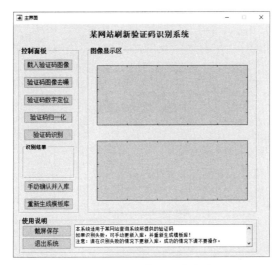

图 10-1 GUI 界面设计截图

10.3.2 载入验证码图像

打开数字验证码图像文件，调用 uigetfile 函数，交互式载入图像文件，获取图像文件的路径并返回。核心代码如下：

```
% --- Executes on button press in pushbutton1.
function pushbutton1_Callback(hObject, eventdata, handles)
% hObject    handle to pushbutton1 (see GCBO)
% eventdata  reserved - to be defined in a future version of MATLAB
% handles    structure with handles and user data (see GUIDATA)
% 载入图像
file = fullfile(pwd, 'test/下载.jpg');
[Filename, Pathname] = uigetfile({'*.jpg;*.tif;*.png;*.gif','All Image Files';...
    '*.*','All Files' }, '载入验证码图像',...
    file);
if isequal(Filename, 0) || isequal(Pathname, 0)
    return;
end
% 显示图像
axes(handles.axes1); cla reset;
axes(handles.axes2); cla reset;
set(handles.axes1, 'Box', 'on', 'Color', [0.8039 0.8784 0.9686], 'XTickLabel', '', 'YTickLabel', '');
set(handles.axes2, 'Box', 'on', 'Color', [0.8039 0.8784 0.9686], 'XTickLabel', '', 'YTickLabel', '');
```

```
set(handles.text4, 'String', '');
% 存储
fileurl = fullfile(Pathname,Filename);
Img = imread(fileurl);
imshow(Img, [], 'Parent', handles.axes1);
set(handles.text2, 'String', '验证码图像');
handles.fileurl = fileurl;
handles.Img = Img;
guidata(hObject, handles);
```

关联到"载入验证码图像"按钮,在执行时会弹出选择文件对话框,打开后如图 10-2 所示。

图 10-2 载入验证码图像

10.3.3 验证码图像去噪

在载入验证码图像后,可以发现这种验证码图像有着类似于椒盐噪声的带有颜色的噪声,数字验证码中的数字个数保持常量并且分布均匀、易于分割。因此,为了进行下一步的数字分割操作,需要先进行验证码图像去噪步骤。本案例采用将 RGB 颜色空间转换到 HSV 颜色空间的方式,用阈值过滤的方法进行去噪。核心代码如下:

```
% --- Executes on button press in pushbutton2.
function pushbutton2_Callback(hObject, eventdata, handles)
% hObject    handle to pushbutton2 (see GCBO)
% eventdata  reserved - to be defined in a future version of MATLAB
% handles    structure with handles and user data (see GUIDATA)
if isequal(handles.Img, 0)
```

第 10 章　基于不变矩的数字验证码识别

```
    return;
end
Img = handles.Img;
% 颜色空间转换
hsv = rgb2hsv(Img);
h = hsv(:, :, 1);
s = hsv(:, :, 2);
v = hsv(:, :, 3);
% 定位噪声点
bw1 = h > 0.16 & h < 0.30;
bw2 = s > 0.65 & s < 0.80;
bw = bw1 & bw2;
% 过滤噪声点
Imgr = Img(:, :, 1);
Imgg = Img(:, :, 2);
Imgb = Img(:, :, 3);
Imgr(bw) = 255;
Imgg(bw) = 255;
Imgb(bw) = 255;
% 去噪结果
Imgbw = cat(3, Imgr, Imgg, Imgb);
imshow(Imgbw, [], 'Parent', handles.axes2);
set(handles.text3, 'String', '验证码图像去噪');
handles.Imgbw = Imgbw;
guidata(hObject, handles);
```

关联到"验证码图像去噪"按钮，执行图像颜色空间转换及阈值滤波去噪操作，去噪效果如图 10-3 所示。

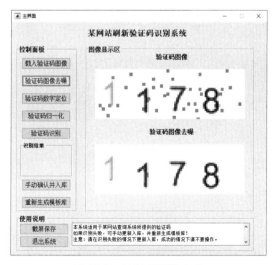

图 10-3　验证码图像去噪

10.3.4 验证码数字定位

在进行图像去噪之后，可以发现验证码图像中的数字呈现分布均匀的状态，并且未明显受到倾斜、形变等因素的影响。

因此，我们可借用数字图像二值化、积分投影的方式对数字进行定位。在实际处理过程中，为了保证分割有效，加入了区域面积滤波操作，将剩余的噪声点进行滤除。核心代码如下：

```
% --- Executes on button press in pushbutton3.
function pushbutton3_Callback(hObject, eventdata, handles)
% hObject    handle to pushbutton3 (see GCBO)
% eventdata  reserved - to be defined in a future version of MATLAB
% handles    structure with handles and user data (see GUIDATA)
if isequal(handles.Imgbw, 0)
    return;
end
Imgbw = handles.Imgbw;
% 灰度化
Ig = rgb2gray(Imgbw);
% 二值化
Ibw = im2bw(Ig, 0.8);
% 常量参数
sz = size(Ibw);
cs = sum(Ibw, 1);
mincs = min(cs);
maxcs = max(cs);
masksize = 16;

% 初始化
S1 = []; E1 = [];
% 1对应开始，2对应结束
flag = 1;
s1 = 1;
tol = maxcs;

while s1 < sz(2)
    for i = s1 : sz(2)
        % 移动游标
        s2 = i;
        if cs(s2) < tol && flag == 1
            % 达到起始位置
            flag = 2;
            S1 = [S1 s2-1];
            break;
        elseif cs(s2) >= tol && flag == 2
            % 达到结束位置
```

```
                flag = 1;
                E1 = [E1 s2];
                break;
            end
        end
        s1 = s2 + 1;
end
% 图像反色
Ibw = ~Ibw;
% 图像细化
Ibw = bwmorph(Ibw, 'thin', inf);
for i = 1 : length(S1)
    % 图像裁剪
    Ibwi = Ibw(:, S1(i):E1(i));
    % 面积滤波
    [L, num] = bwlabel(Ibwi);
    stats = regionprops(L);
    Ar = cat(1, stats.Area);
    [maxAr, ind_maxAr] = max(Ar);
    recti = stats(ind_maxAr).BoundingBox;
    recti(1) = recti(1) + S1(i) - 1;
    recti(2) = recti(2);
    recti(3) = recti(3);
    recti(4) = recti(4);
    Rect{i} = recti;
    % 图像裁剪
    Ibwi = imcrop(Ibw, recti);
    rate = masksize/max(size(Ibwi));
    Ibwi = imresize(Ibwi, rate, 'bilinear');
    ti = zeros(masksize, masksize);
    rsti = round((size(ti, 1)-size(Ibwi, 1))/2);
    csti = round((size(ti, 2)-size(Ibwi, 2))/2);
    ti(rsti+1:rsti+size(Ibwi,1), csti+1:csti+size(Ibwi,2))=Ibwi;
    % 存储
    Ti{i} = ti;
end
imshow(Ibw, [], 'Parent', handles.axes2); hold on;
for i = 1 : length(Rect)
    rectangle('Position', Rect{i}, 'EdgeColor', 'r', 'LineWidth', 2);
end
hold off;
set(handles.text3, 'String', '验证码数字定位');
handles.Ti = Ti;
guidata(hObject, handles);
```

关联到"验证码数字定位"按钮，执行二值化、积分投影、定位分割及区域面积滤波操作，定位效果如图 10-4 所示。

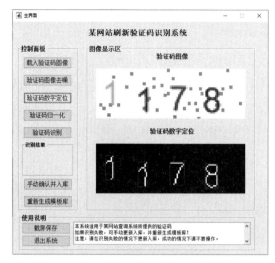

图 10-4　验证码数字定位截图

10.3.5　验证码归一化

为了进行下一步的识别操作，需要将分割结果进行归一化处理，整合成固定维数的数字集合。为了进行演示，这里对数字图像进行了红色边框整合处理。核心代码如下：

```
% --- Executes on button press in pushbutton4.
function pushbutton4_Callback(hObject, eventdata, handles)
% hObject    handle to pushbutton4 (see GCBO)
% eventdata  reserved - to be defined in a future version of MATLAB
% handles    structure with handles and user data (see GUIDATA)
if isequal(handles.Ti, 0)
    return;
end
% 加入红色边框
Ti = handles.Ti;
It = [];
spcr = ones(size(Ti{1}, 1), 3)*255;
spcg = ones(size(Ti{1}, 1), 3)*0;
spcb = ones(size(Ti{1}, 1), 3)*0;
spc = cat(3, spcr, spcg, spcb);
% 整合到一起
It = [It spc];
for i = 1 : length(Ti)
    ti = Ti{i};
    ti = cat(3, ti, ti, ti);
    ti = im2uint8(mat2gray(ti));
```

```
    It = [It ti spc];
end
imshow(It, [], 'Parent', handles.axes2); hold on;
set(handles.text3, 'String', '验证码归一化');
```

关联到"验证码归一化"按钮，执行数字图像加入红色边框及整合操作，效果如图 10-5 所示。

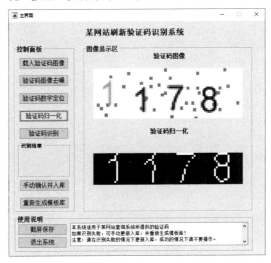

图 10-5　验证码归一化处理截图

10.3.6　验证码数字识别

在数字图像分割完成后，通过提取数字图像的不变矩特征信息，与模板库中的数字图像进行对比，可得到识别结果。核心代码如下：

```
% --- Executes on button press in pushbutton5.
function pushbutton5_Callback(hObject, eventdata, handles)
% hObject    handle to pushbutton5 (see GCBO)
% eventdata  reserved - to be defined in a future version of MATLAB
% handles    structure with handles and user data (see GUIDATA)
if isequal(handles.Ti, 0)
    return;
end
Ti = handles.Ti;
% 对比识别
fileList = GetAllFiles(fullfile(pwd, 'Databse'));
Tj = [];
for i = 1 : length(fileList)
    filenamei = fileList{i};
    [pathstr, name, ext] = fileparts(filenamei);
```

```
        if isequal(ext, '.jpg')
            ti = imread(filenamei);
            ti = im2bw(ti, 0.5);
            ti = double(ti);
            % 提取不变矩特征数据
            phii = invmoments(ti);
            % 开始对比
            OTj = [];
            for j = 1 : length(Ti)
                tij = double(Ti{j});
                phij = invmoments(tij);
                ad = norm(phii-phij);
                otij.filename = filenamei;
                otij.ad = ad;
                OTj = [OTj otij];
            end
            Tj = [Tj; OTj];
        end
end
% 生成结果
r = [];
for i = 1 : size(Tj, 2)
    ti = Tj(:, i);
    adi = cat(1, ti.ad);
    [minadi, ind] = min(adi);
    filenamei = ti(ind).filename;
    [pathstr, name, ext] = fileparts(filenamei);
    name = name(1);
    r = [r name];
end
set(handles.text4, 'String', r);
```

在实验过程中，选择不变矩作为验证码字符图像的特征向量，并通过模板匹配进行识别。不变矩特征提取函数如下：

```
function res = invmoments(x)
% 提取不变矩
% 输入参数：
%    x——矩阵
% 输出参数：
%    res——结果

% 数据预处理
x = double(x);
[M,N,~] = size(x);
[X,Y] = meshgrid(1:M, 1:N);
X = X(:);
Y = Y(:);
```

```
x = x(:);
% 初始化
m.m00 = sum(x);
m.m10 = sum(X.*x);
m.m01 = sum(Y.*x);
m.m11 = sum(X.*Y.*x);
m.m20 = sum(X.^2.*x);
m.m02 = sum(Y.^2.*x);
m.m30 = sum(X.^3.*x);
m.m03 = sum(Y.^3.*x);
m.m12 = sum(X.*Y.^2.*x);
m.m21 = sum(X.^2.*Y.*x);
xbar = m.m10/m.m00;
ybar = m.m01/m.m00;
% 中间值计算
e.hp11 = (m.m11 - ybar*m.m10) / m.m00^2;
e.hp20 = (m.m20 - xbar*m.m10) / m.m00^2;
e.hp02 = (m.m02 - ybar*m.m01) / m.m00^2;
e.hp30 = (m.m30 - 3*xbar*m.m20 + 2*xbar^2*m.m10) / m.m00^2.5;
e.hp03 = (m.m03 - 3*ybar*m.m02 + 2*ybar^2*m.m01) / m.m00^2.5;
e.hp21 = (m.m21 - 2*xbar*m.m11 -ybar*m.m20 + 2*xbar^2*m.m01) / m.m00^2.5;
e.hp12 =  (m.m12 - 2*ybar*m.m11 -xbar*m.m02 + 2*ybar^2*m.m10) / m.m00^2.5;
% 逐个生成
res(1) = e.hp20 + e.hp02;
res(2) = (e.hp20 - e.hp02)^2 + 4*e.hp11^2;
res(3) = (e.hp30 - 3*e.hp12)^2 + (3*e.hp21 - e.hp03)^2;
res(4) = (e.hp30 + e.hp12)^2 + (e.hp21 + e.hp03)^2;
res(5) = (e.hp30 - 3*e.hp12)*(e.hp30 + e.hp12)*...
    ((e.hp30 + e.hp12)^2 - 3*(e.hp21 + e.hp03)^2)+...
    (3*e.hp21 - e.hp03)*(e.hp21 + e.hp03)*...
    (3*(e.hp30 + e.hp12)^2 - (e.hp21 + e.hp03)^2);
res(6) = (e.hp20 - e.hp02) * ((e.hp30 + e.hp12)^2-...
    (e.hp21 + e.hp03)^2)+...
    4*e.hp11*(e.hp30 + e.hp12)*(e.hp21 + e.hp03);
res(7) = (3*e.hp21 - e.hp03) * (e.hp30 + e.hp12) * ...
    ( (e.hp30 + e.hp12)^2 - 3*(e.hp21 + e.hp03)^2) +...
    (3*e.hp12 - e.hp30)*(e.hp21 + e.hp03)*...
    (3*(e.hp30 + e.hp12)^2 - (e.hp21 + e.hp03)^2);
```

关联到"验证码识别"按钮,在执行特征提取、模板对比操作后,得到识别结果,并将其显示到 GUI,如图 10-6 所示。

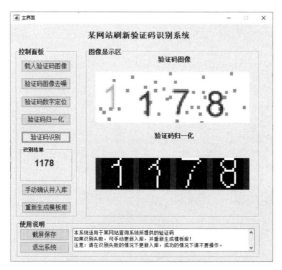

图 10-6　验证码识别截图

为提高软件对此类数字验证码的识别率，需要进一步丰富模板库，特别是对于识别错误的验证码图像，应该进行手动确认并更新入库，最后重新生成模板库。这样可以不断提高软件的识别率，接下来的 10.3.7 节将介绍这一操作的核心代码。

10.3.7　手动确认并入库

如果需要手动确认验证码的数值，则需要调用 questdlg 函数交互式地获取正确的数值信息。入库操作则是对应输入信息及之前的分割结果，对数字图像进行解析并入库。核心代码如下：

```
% --- Executes on button press in pushbutton6.
function pushbutton6_Callback(hObject, eventdata, handles)
% hObject    handle to pushbutton6 (see GCBO)
% eventdata  reserved - to be defined in a future version of MATLAB
% handles    structure with handles and user data (see GUIDATA)
% 弹出对话框，输入正确的数值
choice = questdlg('确定要更新验证码样本库？(请在识别有错误的情况进行更新！)', ...
    '退出', ...
    '确定','取消','取消');
switch choice
    case '确定'
        prompt={'请输入正确的验证码:'};
        name='手动入库';
        numlines=1;
        defaultanswer={''};
        answer=inputdlg(prompt,name,numlines,defaultanswer);
```

```
        if isempty(answer)
            return;
        end
        if isequal(handles.fileurl, 0)
            return;
        end
        % 入库
        fileurl = handles.fileurl;
        answer = answer{1};
        fileout = fullfile(pwd, sprintf('images/%s.jpg', answer));
        flag = 1;
        while 1
            if exist(fileout, 'file')
                fileout = fullfile(pwd, sprintf('images/%s_%d.jpg', answer, flag));
                flag = flag + 1;
            else
                copyfile(fileurl,fileout);
                msgbox(sprintf('已入库, 请重新生成数据库! 路径为%s', fileout), '提示信息', 'modal');
                break;
            end
        end
    case '取消'
        return;
end
```

关联到按钮"手动确认并入库",执行输入验证码数值及保存数字图像到模板库文件夹的操作,如图 10-7 所示。

图 10-7 交互式输入验证码数值

10.3.8 重新生成模板库

模板库主要用于存储已有的数字模板的特征信息,本案例采用的是不变矩特征,所以在重新加入了模板图像入库后,应该进行模板库的动态更新。核心代码如下:

```
function GetDatabase()
```

```matlab
% 获取数据库
files = dir(fullfile(pwd, 'images/*.jpg'));
for i = 0 : 9
    foldername = fullfile(pwd, sprintf('Databse/%d', i));
    if ~exist(foldername, 'dir')
        mkdir(foldername);
    end
end
h = waitbar(0,'正在处理，请等待...', 'Name', '生成模板库');
steps = length(files);

for fi = 1 : length(files)
    filename = fullfile(pwd, sprintf('images/%s', files(fi).name));
    [pathstr, name, ext] = fileparts(filename);
    % 有效字符信息
    name = name(1:4);
    % 载入图像
    Img = imread(filename);
    % 颜色空间转换
    hsv = rgb2hsv(Img);
    h = hsv(:, :, 1);
    s = hsv(:, :, 2);
    v = hsv(:, :, 3);
    % 定位噪声点
    bw1 = h > 0.16 & h < 0.30;
    bw2 = s > 0.65 & s < 0.80;
    bw = bw1 & bw2;
    % 过滤噪声点
    Imgr = Img(:, :, 1);
    Imgg = Img(:, :, 2);
    Imgb = Img(:, :, 3);
    Imgr(bw) = 255;
    Imgg(bw) = 255;
    Imgb(bw) = 255;
    % 去噪结果
    Imgbw = cat(3, Imgr, Imgg, Imgb);
    % 灰度化
    Ig = rgb2gray(Imgbw);
    % 二值化
    Ibw = im2bw(Ig, 0.8);
    % 常量参数
    sz = size(Ibw);
    cs = sum(Ibw, 1);
    mincs = min(cs);
    maxcs = max(cs);
    masksize = 16;

    % 初始化
    S1 = []; E1 = [];
```

```matlab
% 1 对应开始，2 对应结束
flag = 1;
s1 = 1;
tol = maxcs;

while s1 < sz(2)
    for i = s1 : sz(2)
        % 移动游标
        s2 = i;
        if cs(s2) < tol && flag == 1
            % 达到起始位置
            flag = 2;
            S1 = [S1 s2-1];
            break;
        elseif cs(s2) >= tol && flag == 2
            % 达到结束位置
            flag = 1;
            E1 = [E1 s2];
            break;
        end
    end
    s1 = s2 + 1;
end
% 图像反色
Ibw = ~Ibw;
% 图像细化
Ibw = bwmorph(Ibw, 'thin', inf);
for i = 1 : length(S1)
    % 图像裁剪
    Ibwi = Ibw(:, S1(i):E1(i));
    % 面积滤波
    [L, num] = bwlabel(Ibwi);
    stats = regionprops(L);
    Ar = cat(1, stats.Area);
    [maxAr, ind_maxAr] = max(Ar);
    recti = stats(ind_maxAr).BoundingBox;
    recti(1) = recti(1) + S1(i) - 1;
    recti(2) = recti(2);
    recti(3) = recti(3);
    recti(4) = recti(4);
    % 图像裁剪
    Ibwi = imcrop(Ibw, recti);
    rate = masksize/max(size(Ibwi));
    Ibwi = imresize(Ibwi, rate, 'bilinear');
    ti = zeros(masksize, masksize);
    rsti = round((size(ti, 1)-size(Ibwi, 1))/2);
    csti = round((size(ti, 2)-size(Ibwi, 2))/2);
    ti(rsti+1:rsti+size(Ibwi,1), csti+1:csti+size(Ibwi,2))=Ibwi;
    % 存储
```

```
            Ti{i} = ti;
        end
        % 遍历写出
        for i = 1 : length(Ti)
            namei = name(i);
            outfilenamei = fullfile(pwd, sprintf('Databse/%s/%s_%d_%d.jpg', namei, namei, fi, i));
            imwrite(Ti{i}, outfilenamei);
        end
        fprintf('\n 已处理%d------%d\n', fi, length(files));
        h = waitbar(fi / steps);
    end
    close() ;
```

关联到按钮"重新生成模板库",执行模板库特征提取及保存操作,将弹出进度条对话框直到生成完毕,如图 10-8 所示。

图 10-8　生成模板库操作截图

10.4　延伸阅读

随着网络更进一步的发展,网络安全也成为人们重点关注的问题,验证码的重要性也日益凸显。为了更好地防止恶意攻击、保护网站安全,验证码生成技术变得越来越复杂,这也反过来推动了验证码识别技术的发展,给验证码识别带来新的挑战。在验证码方面,对不同的验证码都需要设计不同的图像预处理、分割和识别算法,验证码的识别具有针对性,没有统一的算法可以解决所有的验证码识别问题。在验证码识别过程中,分割是比字符识别更为困难的瓶颈,一旦可以得到较为精确的单个字符,运用不同的模式识别算法就可以得到较高的识别率。

在实际应用中可以充分考虑验证码的生成机制,并从中研究自动识别方法。本案例以某类型的数字验证码为例进行了说明,可以方便地扩展到含有英文字母、字母数字混合等验证码的生成、识别实验中。在识别算法上也可以选择不同的模式识别理论,如神经网络、SVM 等的应用,具有一定的研究、使用价值。

本章参考的文献如下。

[1] 王璐. 验证码识别技术研究[D]. 中国科学技术大学,2011.

[2] 杨思发. 验证码破解算法研究及实现[D]. 南京理工大学,2013.

第 11 章
基于小波技术进行图像融合

11.1 案例背景

图像融合指通过对同一目标或同一场景用不同的传感器(或用同一传感器采用不同的方式)进行图像采集得到多幅图像,对这些图像进行合成得到单幅合成图像,而该合成图像是单传感器无法采集得到的。图像融合所输出的合成图像往往能够保持多幅原始图像中的关键信息,进而为对目标或场景进行更精确、更全面的分析和判断提供条件。图像融合属于数据融合范畴,是数据融合的子集,兼具数据融合和图像可视化的优点。因此,图像融合能够在一定程度上提高传感器系统的有效性和信息的使用效率,进而提高待分析目标的分辨率,抑制不同传感器所产生的噪声,改善图像处理的效果。

图像融合最早是以数据融合理论为基础的,通过计算像素间算术平均值的方式得到合成图像。该方法忽略了像素间的相互关系,往往会产生融合图像的对比度差、可视化效果不理想等问题。因此,为了提高目标检测的分辨率,抑制不同传感器的检测噪声,本案例选择了一种基于小波变换的图像数据融合方法,首先通过小波变换将图像分解到高频、低频,然后分别进行融合处理,最后逆变换到图像矩阵。在融合过程中,为尽可能保持多源图像的特征,在小波分解的高频域内,选择图像邻域平均绝对值较大的系数作为融合小波的重要系数;在小波分解的低频域内,选择对多源图像的低频系数进行加权平均作为融合小波的近似系数。在反变换过程中,利用重要小波系数和近似小波系数作为输入进行小波反变换。在融合图像输出后,对其做进一步的处理。实验结果表明,基于小波变换的图像数据融合方法运行效率高,具有良好的融合效果,并可应用于广泛的研究领域,具有一定的使用价值。

根据融合的作用对象,图像融合一般可以分为3个层次:像素级图像融合、特征级图像融合和决策级图像融合。其中，像素级图像融合是作用于图像像素点底层的融合，本章所研究的图像融合就是像素级图像融合。

11.2 理论基础

传统的通过直接计算像素算术平均值进行图像融合的方法往往会造成融合结果对比度降低、可视化效果不理想等问题，为此研究人员提出了基于金字塔的图像融合方法，其中包括拉普拉斯金字塔、梯度金字塔等多分辨率融合方法。20 世纪 80 年代中期发展起来的小波变换技术为图像融合提供了新的工具，小波分解的紧致性、对称性和正交性使其相对于金字塔分解具有更好的图像融合性能。此外，小波变换具有"数学显微镜"聚焦的功能，能实现时间域和频率域的步调统一，能对频率域进行正交分解，因此小波变换在图像处理中具有非常广泛的应用，已经被运用到图像处理的几乎所有分支，如图像融合、边缘检测、图像压缩、图像分割等领域。

假设对一维连续小波 $\psi_{a,b}(t)$ 和连续小波变换 $W_f(a,b)$ 进行离散化，其中，a 表示尺度参数，b 表示平移参数，在离散化过程中分别取 $a = a_0^j$ 和 $b = b_0^j$，其中，$j \in Z$，$a_0 > 1$，则对应的离散小波函数如下：

$$\psi_{j,k}(t) = \frac{1}{\sqrt{|a_0|}} \psi\left(\frac{t - ka_0^j b_0}{a_o^j}\right) = \frac{1}{\sqrt{|a_0|}} \psi\left(a_0^{-j} t - kb_0\right) \tag{11.1}$$

离散化的小波变换系数如下：

$$C_{j,k} = \int_{-\infty}^{+\infty} f(t) \psi_{j,k}^*(t) \mathrm{d}t \leqslant f, \psi_{j,k} > 0 \tag{11.2}$$

小波重构公式如下：

$$f(t) = C \sum_{-\infty}^{\infty} \sum_{-\infty}^{\infty} C_{j,k} \psi_{j,k}(t) \tag{11.3}$$

式中，C 为常数且与数据信号无关。根据对连续函数进行离散化逼近的步骤，选择的 a_0 和 b_0 越小，生成的网格节点就越密集，所计算的离散小波函数 $\psi_{j,k}(t)$ 和离散小波系数 $C_{j,k}$ 就越多，数据信号重构的精确度也越高。

由于数字图像是二维矩阵，所以需要将一维信号的小波变换推广到二维信号。假设 $\phi(x)$ 是一个一维的尺度函数，$\varphi(x)$ 是相应的小波函数，那么可以得到一个二维小波变换的基础函数：

$$\psi^1(x,y)=\phi(x)\psi(y) \quad \psi^2(x,y)=\psi(x)\phi(y) \quad \psi^3(x,y)=\psi(x)\psi(y)$$

由于数字图像是二维矩阵，所以我们一般假设图像矩阵的大小为 $N\times N$，且 $N=2^n$（n 为非负整数），在经一层小波变换后，原始图像便被分解为 4 个分辨率为原来大小四分之一的子带区域，如图 11-1 所示，分别包含了相应频带的小波系数，这一过程相当于在水平方向和垂直方向上进行隔点采样。

LL_1	HL_1
LH_1	HH_1

图 11-1　一次离散小波变换后的频率分布

在进行下一层小波变换时，变换数据集中在 LL 子带上。（11.4）式～（11.7）式说明了图像小波变换的数学原型。

（1）LL 频带保持了原始图像的内容信息，图像的能量集中于此频带：

$$f_{2^j}^0(m,n)=\left\langle f_{2^{j-1}}(x,y),\phi(x-2m,y-2n)\right\rangle \tag{11.4}$$

（2）HL 频带保持了图像在水平方向上的高频边缘信息：

$$f_{2^j}^1(m,n)=\left\langle f_{2^{j-1}}(x,y),\psi^1(x-2m,y-2n)\right\rangle \tag{11.5}$$

（3）LH 频带保持了图像在垂直方向上的高频边缘信息：

$$f_{2^j}^2(m,n)=\left\langle f_{2^{j-1}}(x,y),\psi^2(x-2m,y-2n)\right\rangle \tag{11.6}$$

（4）HH 频带保持了图像在对角线方向上的高频边缘信息：

$$f_{2^j}^2(m,n)=\left\langle f_{2^{j-1}}(x,y),\psi^3(x-2m,y-2n)\right\rangle \tag{11.7}$$

式中，$\langle\bullet\rangle$ 表示内积运算。

对图像进行小波变换的原理就是通过低通滤波器和高通滤波器对图像进行卷积滤波，再进行二取一的下抽样。因此，图像通过一层小波变换可以被分解为 1 个低频子带和 3 个高频子带。其中，低频子带 LL_1 通过对图像水平方向和垂直方向均进行低通滤波得到；高频子带 HL_1 通过对图像水平方向进行高通滤波和对垂直方向进行低通滤波得到；高频子带 LH_1 通过对图像水平方向进行低通滤波和对垂直方向进行高通滤波得到；高频子带 HH_1 通过对图像水平方向进行高通滤波和对垂直方向进行高通滤波得到。各子带的分辨率为原始图像的二分之一。同理，对图像进行二层小波变换时只对低频子带 LL 进行，可以将 LL_1 子带分解为 LL_2、LH_2、HL_2 和 HH_2，各子带的分辨率为原始图像的四分之一。以此类推可得到三层及更高层的小波变换结果。所以，进行一层小波变换后得到 4 个子带，进行二层小波变换后得到 7 个子带，进行 x 层分解后就得到 $3 \cdot x+1$ 个子带。如图 11-2 所示为三层小波变换后的系数分布。

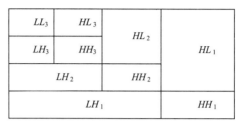

图 11-2　三层小波变换后的系数分布

11.3　程序实现

本案例采用二维小波分解、融合、重建的操作流程进行程序实现，为增强实验效果的对比度，采用 MATLAB 的 GUI 框架建立软件主界面，关联相关功能函数实现小波图像的融合处理。本节将介绍程序实现过程中的核心代码。

11.3.1　设计 GUI 界面

软件界面设计比较简单，主要用于显示待融合图像及封装算法的处理流程，GUI 界面设计截图如图 11-3 所示。

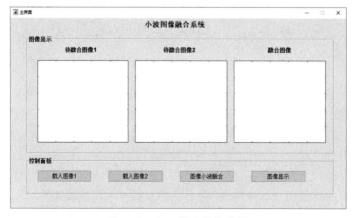

图 11-3　GUI 界面设计截图

在软件界面中包括图像显示区域和控制面板区域，为了能简捷、有效地表示图像融合的过程，在图像显示区域配置了 3 个图像显示控件，分别用于显示两幅输入图像和融合结果图像；在控制面板区域配置了载入图像、图像小波融合和图像显示按钮，用户可以方便地选择图像执行小波融合操作。

11.3.2 图像载入

这里设计按钮来载入两幅待融合图像，调用 MATLAB 库函数 uigetfile 交互式地选择图片文件，并进行读取、显示、存储操作。核心代码如下：

```
% --- Executes on button press in pushbutton1.
function pushbutton1_Callback(hObject, eventdata, handles)
% hObject    handle to pushbutton1 (see GCBO)
% eventdata  reserved - to be defined in a future version of MATLAB
% handles    structure with handles and user data (see GUIDATA)
%% 选择图像
clc;
axes(handles.axes1); cla reset; box on; set(gca, 'XTickLabel', '', 'YTickLabel', '');
axes(handles.axes2); cla reset; box on; set(gca, 'XTickLabel', '', 'YTickLabel', '');
axes(handles.axes3); cla reset; box on; set(gca, 'XTickLabel', '', 'YTickLabel', '');
handles.file1 = [];
handles.file2 = [];
handles.result = [];
[filename, pathname] = uigetfile({'*.jpg;*.tif;*.png;*.gif', 'All Image Files';...
            '*.*', 'All Files' }, '选择图像1', ...
            fullfile(pwd, 'images\\实验图像1\\a.tif'));
if filename == 0
    return;
end
handles.file1 = fullfile(pathname, filename);
Img1 = imread(fullfile(pathname, filename));
axes(handles.axes1); cla reset; box on; set(gca, 'XTickLabel', '', 'YTickLabel', '');
imshow(Img1, []);
guidata(hObject, handles);

% --- Executes on button press in pushbutton2.
function pushbutton2_Callback(hObject, eventdata, handles)
% hObject    handle to pushbutton2 (see GCBO)
% eventdata  reserved - to be defined in a future version of MATLAB
```

```
% handles    structure with handles and user data (see GUIDATA)
%% 选择图像
[filename, pathname] = uigetfile({'*.jpg;*.tif;*.png;*.gif', 'All Image Files';...
        '*.*', 'All Files' }, '选择图像2', ...
        fullfile(pwd, 'images\\实验图像1\\b.tif'));
if filename == 0
    return;
end
handles.file2 = fullfile(pathname, filename);
Img2 = imread(fullfile(pathname, filename));
axes(handles.axes2); cla reset; box on; set(gca, 'XTickLabel', '', 'YTickLabel', '');
imshow(Img2, []);
guidata(hObject, handles);
```

关联到按钮"载入图像1""载入图像2",执行载入图像操作,并进行显示、存储等处理,如图11-4所示。

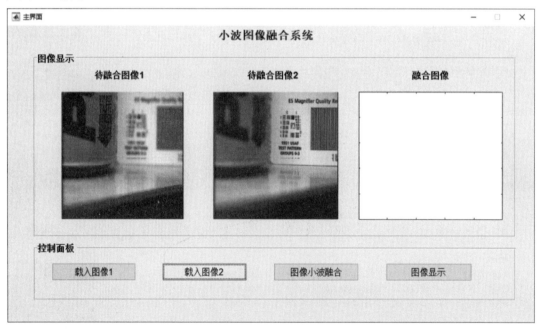

图11-4 载入图像

从图11-4中可以看出,待处理的两幅图像在显示质量上具有一定的缺陷,为了能有效整合两幅图像的有效区域,可选择小波融合算法来实现图像的整合及显示。

11.3.3 小波融合

这里对载入的图像进行小波分解、融合、重建操作，将其分别封装为子函数 Wave_Decompose、Fuse_Process、Wave_Reconstruct 来实现相关功能。核心代码如下：

```
function [c, s] = Wave_Decompose(M, zt, wtype)
% 小波分解处理
% 输入参数：
%   M——图像矩阵
%   zt——尺度信息
%   wtype——使用的小波类型
% 输出参数：
%   c、s——分解结果

% 参数处理
if nargin < 3
    wtype = 'haar';
end
if nargin < 2
    zt = 2;
end

% 小波分解
[c, s] = wavedec2(M, zt, wtype);

function Coef_Fusion = Fuse_Process(c0, c1, s0, s1)
% 小波融合处理
% 输入参数：
%   c0, c1, s0, s1——两幅图像的小波分解结果
% 输出参数：
%   Coef_Fusion——融合结果

KK = size(c1);
Coef_Fusion = zeros(1, KK(2));
% 处理低频系数
Coef_Fusion(1:s1(1,1)*s1(1,2)) = ...
(c0(1:s1(1,1)*s1(1,2))+c1(1:s1(1,1)*s1(1,2)))/2;
% 处理高频系数
MM1 = c0(s1(1,1)*s1(1,2)+1:KK(2));
MM2 = c1(s1(1,1)*s1(1,2)+1:KK(2));
% 融合处理
mm = (abs(MM1)) > (abs(MM2));
Y  = (mm.*MM1) + ((~mm).*MM2);
Coef_Fusion(s1(1,1)*s1(1,2)+1:KK(2)) = Y;

function Y = Wave_Reconstruct(Coef_Fusion, s, wtype)
% 小波重构
```

```matlab
% 输入参数：
%   Coef_Fusion——融合系数
%   s——小波系数
%   wtype——小波类型
% 输出参数：
%   Y——小波重构的结果

% 参数处理
if nargin < 3
    wtype = 'haar';
end

% 重构
Y = waverec2(Coef_Fusion, s, wtype);
```

我们通过 GUI 按钮"图像小波融合"可调用这些功能函数，对两幅图像进行小波分解、融合、重建操作，得到融合结果。核心代码如下：

```matlab
% --- Executes on button press in pushbutton3.
function pushbutton3_Callback(hObject, eventdata, handles)
% hObject    handle to pushbutton3 (see GCBO)
% eventdata  reserved - to be defined in a future version of MATLAB
% handles    structure with handles and user data (see GUIDATA)
%% 图像融合
if isempty(handles.file1)
    msgbox('请载入图像1！', '提示信息', 'modal');
    return;
end
if isempty(handles.file2)
    msgbox('请载入图像2！', '提示信息', 'modal');
    return;
end
[imA, map1] = imread(handles.file1);
[imB, map2] = imread(handles.file2);
M1 = double(imA) / 256;
M2 = double(imB) / 256;
zt = 2;
wtype = 'haar';
% 多尺度二维小波分解
[c0, s0] = Wave_Decompose(M1, zt, wtype);
[c1, s1] = Wave_Decompose(M2, zt, wtype);
% 小波融合
Coef_Fusion = Fuse_Process(c0, c1, s0, s1);
% 重构
Y = Wave_Reconstruct(Coef_Fusion, s0, wtype);
handles.result = im2uint8(mat2gray(Y));
guidata(hObject, handles);
msgbox('小波融合处理完毕！', '提示信息', 'modal');
```

在执行完毕后会弹出提示框，用于表示小波融合处理完毕，如图 11-5 所示。

第 11 章　基于小波技术进行图像融合

图 11-5　小波融合处理完毕

在执行小波融合处理完毕后，可对融合效果进行显示，如图 11-6 所示。

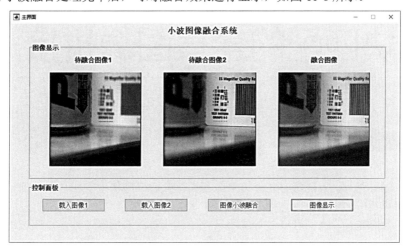

图 11-6　小波融合效果显示

通过融合结果可以看出，基于小波变换的图像融合比直接进行图像融合的效果要好很多。基于小波变换的融合图像弥补了两幅原图不同的缺陷，得到了完整的清晰图像。采用小波分解融合的方法不会产生明显的信息丢失现象，而直接进行融合所得的图像灰度值改变与原图不同。

11.4　延伸阅读

本案例通过小波变换将原图分解成一系列具有不同空间分辨率和频域特性的子图像，反映了原始图像的局部特征变化，在多个分解层、多个频带上进行融合从而得到较好的融合效果。通过图像融合，我们可以看到比较清晰的图像，并发现互补原图的缺点。

本章参考的文献如下。

[1]　刘贵喜. 多传感器图像融合方法研究[D]. 西安电子科技大学，2001.

[2]　庞庆堃. 图像融合算法的研究[D]. 重庆大学，2011.

[3]　阮秋琦. 数字图像处理学[M]. 北京：电子工业出版社，2001.

第 12 章
基于块匹配的全景图像拼接

12.1 案例背景

为了获得超宽视角、大视野、高分辨率的图像，人们采用传统方式为采用价格高昂的特殊摄像器材进行拍摄，采集图像并进行处理。近年来，随着数码相机、智能手机等经济适用型手持成像硬件设备的普及，人们可以对某些场景方便地获得离散图像序列，再通过适当的图像处理方法改善图像的质量，最终实现图像序列的自动拼接，同样可以获得具有超宽视角、大视野、高分辨率的图像。这里提到的图像拼接就是基于图像绘制技术的全景图拼接方法。

图像拼接技术是一种将从真实世界中采集的离散化图像序列合成宽视角的场景图像的技术。假设有两幅具有部分重叠区域的图像，则图像拼接就是将这两幅图像拼接成一幅图像。因此，图像拼接的关键是能够快速、高效地寻找到两幅不同图像的重叠部分，实现宽视角成像。其中，重叠部分的寻找方法有很多，如像素查询、块匹配等。通过不同的方法找到重叠部分后就可以进行图像叠加融合，从而完成图像的拼接。

12.2 理论基础

目前，全景图根据实现类型可分为柱面、球面、立方体等形式，柱面全景图因其数据存储结构简单、易于实现而被普遍采用。全景图的拼接一般有以下步骤。

1. 空间投影

从真实世界中采集的一组相关图像以一定的方式投影到统一的空间面，其中可能存在立方体、圆柱体和球面体表面等。因此，这组图像就具有统一的参数空间坐标。

2. 匹配定位

对投影到统一的空间面中的相邻图像进行比对,确定可匹配的区域位置。

3. 叠加融合

根据匹配结果,将图像重叠区域进行融合处理,拼接成全景图。

因此,图像拼接技术是全景图技术的关键和核心,通常可以分为两步:图像匹配和图像融合,本案例选择图像块匹配和加权融合。其拼接流程如图 12-1 所示,图像块的匹配流程如图 12-2 所示。

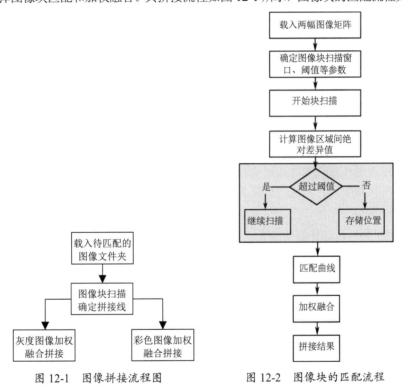

图 12-1 图像拼接流程图　　图 12-2 图像块的匹配流程

12.2.1 图像匹配

图像匹配通过计算相似性度量来决定图像间的变换参数,被应用于将从不同传感器、视角和时间采集的同一场景的两幅或多幅图像变换到同一坐标系下,并在像素层上实现最佳匹配的效果。根据相似性度量计算的对象,图像匹配的方法大致可以划分为 4 类:基于灰度的匹配、基于模板的匹配、基于变换域的匹配和基于特征的匹配。

12.2.1.1 基于灰度的匹配

基于灰度的匹配以图像的灰度信息为处理对象,通过计算优化极值的思想进行匹配,其基本步骤如下。

(1)几何变换。将待匹配的图像进行几何变换。

(2)目标函数。以图像的灰度信息统计特性为基础定义一个目标函数,如互信息、最小均方差等,并将其作为参考图像与变换图像的相似性度量。

(3)极值优化。通过对目标函数计算极值来获取配准参数,将其作为配准的判决准则,通过对配准参数求最优化,可以将配准问题转化为某多元函数的极值问题。

(4)变换参数。采用某种最优化方法计算正确的几何变换参数。

通过以上步骤可以看出,基于灰度的匹配方法不涉及图像的分割和特征提取过程,所以具有精度高、鲁棒性强的特点。但是这种匹配方法对灰度变换十分敏感,未能充分利用灰度统计特性,对每点的灰度信息都具有较强的依赖性,使得匹配结果容易受到干扰。

12.2.1.2 基于模板的匹配

基于模板的匹配通过在图像的已知重叠区域选择一块矩形区域作为模板,用于扫描被匹配图像中同样大小的区域并进行对比,计算其相似性度量,确定最佳匹配位置,因此该方法也被称为块匹配过程。模板匹配包括以下4个关键步骤。

(1)选择模板特征,选择基准模板。

(2)选择基准模板的大小及坐标定位。

(3)选择模板匹配的相似性度量公式。

(4)选择模板匹配的扫描策略。

12.2.1.3 基于变换域的匹配

基于变换域的匹配指对图像进行某种变换后,在变换空间进行处理。常用的方法包括:基于傅里叶变换的匹配、基于 Gabor 变换的匹配和基于小波变换的匹配等。其中,最为经典的方法是人们在 20 世纪 70 年代提出的基于傅里叶变换的相位相关法,该方法首先对待匹配的图像进行快速傅里叶变换,将空域图像变换到频域;然后通过它们的互功率谱计算两幅图像之间的平移量;最后计算其匹配位置。此外,对于存在倾斜旋转的图像,为了提高其匹配准确率,可以将图像坐标变换到极坐标下,将旋转量转换为平移量来计算。

12.2.1.4 基于特征的匹配

基于特征的匹配以图像的特征集合为分析对象,其基本思想是:首先根据特定的应用要求处理待匹配图像，提取特征集合；然后将特征集合进行匹配对应，生成一组匹配特征对集合；最后利用特征对之间的对应关系估计全局变换参数。基于特征的匹配主要包括以下 4 个步骤。

1. 特征提取

根据待匹配图像的灰度性质选择要进行匹配的特征，一般要求该特征突出且易于提取，并且该特征在参考图像与待匹配图像上有足够多的数量。常用的特征有边缘特征、区域特征、点特征等。

2. 特征匹配

通过在特征集之间建立一个对应关系，如采用特征自身的属性、特征所处区域的灰度、特征之间的几何拓扑关系等确定特征间的对应关系。常用的特征匹配方法有空间相关法、描述符法和金字塔算法等。

3. 模型参数估计

在确定匹配特征集之后，需要构造变换模型并估计模型参数。通过图像之间部分元素的匹配关系进行拓展来确定两幅图像的变换关系，通过变换模型来将待拼接图像变换到参考图像的坐标系下。

4. 图像变换

通过进行图像变换和灰度插值，将待拼接图像变换到参考图像的坐标系下，实现目标匹配。

12.2.2 图像融合

待拼接的图像在采集或传输过程中可能受到光照、地形差异、电子干扰等不确定因素的影响，所以重叠区域可能在不同的图像中有较大的差别。如果直接对待拼接图像简单地进行叠加、合并，则得到的拼接图在拼接位置上可能会存在明显的拼接缝或重叠区域模糊失真的现象。其中，在图像拼接过程中在拼接位置产生的拼接缝主要有以下两类。

1. 鬼影重叠

同一物体相互重叠的现象被称为鬼影，根据其来源可以分为配准鬼影和合成鬼影。配准鬼影一般由于无法准确配准图像而产生，合成鬼影一般由于物体运动而产生。

2. 曝光瑕疵

曝光瑕疵指由于数码相机或智能手机等采集设备自动曝光所造成的待拼接图像的色彩强度不同，而导致的拼接图像的曝光差异。

在实验过程中，如果不能综合考虑图像拼接时的拼接缝问题，则往往无法得到真正意义上的全景图。图像融合技术产生的目的就是要消除拼接图像的拼接缝问题，即消除拼接图像中的"鬼影"和"曝光瑕疵"，获得真正意义上的无缝拼接图像。

12.3 程序实现

本案例采用基于块匹配的图像拼接流程来执行拼接操作，载入图片文件夹来作为待拼接对象，通过进行图片序列的匹配、融合来得到拼接的效果，并分别对灰度图像、彩色图像进行处理。

12.3.1 设计 GUI 界面

为提高图像序列拼接前后的效果对比，可设计 GUI 界面，载入图片文件夹进行显示，并执行块匹配、融合、拼接的操作流程，如图 12-3 所示。

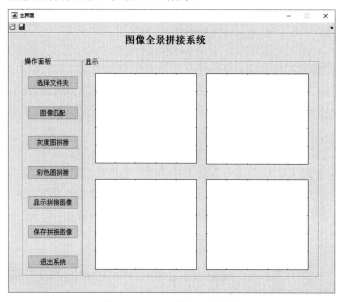

图 12-3　GUI 界面设计截图

设计界面分为工具栏、流程区域、显示区域，分别用于实现图像的载入及存储、算法流程控制、中间结果显示等功能。其中，在图像拼接部分分为灰度图像拼接和彩色图像拼接，用于处理不同的输入图像类型，查看不同的拼接效果。

12.3.2 载入图片

本程序调用 MATLAB 的 uigetdir 函数交互式地载入文件夹，读取文件夹中的两幅待匹配图像并进行显示。核心代码如下：

```
% --- Executes on button press in pushbutton1.
function pushbutton1_Callback(hObject, eventdata, handles)
% hObject    handle to pushbutton1 (see GCBO)
% eventdata  reserved - to be defined in a future version of MATLAB
% handles    structure with handles and user data (see GUIDATA)
%% 获取文件夹
axes(handles.axes1); cla reset; box on; set(gca, 'XTickLabel', [], 'YTickLabel', []);
axes(handles.axes2); cla reset; box on; set(gca, 'XTickLabel', [], 'YTickLabel', []);
axes(handles.axes3); cla reset; box on; set(gca, 'XTickLabel', [], 'YTickLabel', []);
axes(handles.axes4); cla reset; box on; set(gca, 'XTickLabel', [], 'YTickLabel', []);

handles.file = [];
handles.MStitch = [];
handles.grayResult = [];
handles.RGBResult = [];

dname = uigetdir('.\\images\\风景图像', '请选择待处理图像文件夹：');
if dname == 0
    return;
end
df = ls(dname);
if length(df) > 2
    for i = 1 : size(df, 1)
        if strfind(df(i, :), '.db');
            df(i, :) = [];
            break;
        end
    end
    if length(df) > 2
        filename = fullfile(dname, df(end, :));
        pathname = [dname '\'];
    else
        msgbox('请选择至少两幅图像！', '提示信息', 'modal');
        return;
    end
else
    msgbox('请选择至少两幅图像！', '提示信息', 'modal');
    return;
end
% 图片序列处理
file = File_Process(filename, pathname);
if length(file) < 2
    msgbox('请选择至少两幅图像！', '提示信息', 'modal');
```

```
    return;
End
% 图像矩阵
Img1 = imread(file{1});
% 图像序列处理
Img2 = ImageList(file);
axes(handles.axes1);
imshow(Img1); title('图像序列1', 'FontWeight', 'Bold');
axes(handles.axes2);
imshow(Img2); title('图像序列2', 'FontWeight', 'Bold');

handles.Img1 = Img1;
handles.Img2 = Img2;
handles.file = file;
guidata(hObject, handles);
```

关联到"选择文件夹"按钮，执行图片序列的载入操作，读取图片并将之显示到窗体，如图12-4所示。

图 12-4 载入文件夹

12.3.3 图像匹配

本程序采用基于块匹配的图像匹配策略，通过遍历循环两幅图片的区域特征来得到匹配结果。为演示匹配进度，弹出进度条对话框来展示匹配过程的进展情况。核心代码如下：

```
function [W_box, H_box, bdown, MStitch] = Fun_Match(im2, MStitch)
% 图像匹配
```

```
% 输入参数：
%   im2——待匹配图像
%   MStitch——参数结构
% 输出参数：
%   W_box——宽度信息
%   H_box——高度信息
%   bdown——上下信息
%   MStitch——参数结构

% 单幅图像的宽度
Pwidth = MStitch.Pwidth;
% 单幅图像的高度
Pheight = MStitch.Pheight;
% 最小的重叠区域宽度
W_min = MStitch.W_min;
% 最大的重叠区域宽度
W_max = MStitch.W_max;
% 最小的重叠区域高度
H_min = MStitch.H_min;
% 块过滤阈值
minval = MStitch.minval;
% 当前的融合图像
im1 = MStitch.im1;
% 帧图像的高度、宽度
[Fheight, Fwidth] = size(im2);
hw = waitbar(0, '图像匹配进度：', 'Name', '图像匹配……');
w_ind = 64; h_ind = 151;
% 在上窗口所有匹配块内进行搜索
for w = W_min : W_max
    for h = H_min : Fheight
        % 块差分集初始化
        imsum = 0;
        x2 = 1;
        for x1 = Pwidth-w : 5 : Pwidth
            y2 = 1;
            for y1 = Pheight-h+1 : 5 : Pheight
                % 块差分集计算
                [x1, y1] = CheckRC(x1, y1, im1);
                [x2, y2] = CheckRC(x2, y2, im2);
                imsum = imsum + abs(im1(y1, x1) - im2(y2, x2));
                y2 = y2 + 5;
            end
            x2 = x2 + 5;
        end
        if imsum*5*5 < minval*w*h
            % 阈值更新
            minval = imsum*5*5/(w*h);
            w_ind = w;
```

```
            h_ind = h;
        end
    end
    rt = 0.5*(w - W_min)/(W_max - W_min);
    waitbar(rt, hw, sprintf('图像匹配进度: %i%%', round(rt*100)));
end
% 赋值
W_box = w_ind-1;
H_box = h_ind+1;
bdown = 1;
if H_box < size(im2, 1)
    H_box = size(im2, 1);
end

% 在下窗口所有匹配块内进行搜索
for w = W_min : W_max
    for h = H_min : Fheight
        % 块差分集初始化
        imsum = 0;
        x2 = 1;
        for x1 = Pwidth-w : 5 : Pwidth
            y1 = 1;
            for y2 = Fheight-h+1 : 5 : Fheight
                % 块差分集计算
                [x1, y1] = CheckRC(x1, y1, im1);
                [x2, y2] = CheckRC(x2, y2, im2);
                imsum = imsum + abs(im1(y1, x1) - im2(y2, x2));
                y1 = y1 + 5;
            end
            x2 = x2 + 5;
        end
        if imsum*5*5 < minval*w*h
            % 阈值更新
            minval = imsum*5*5/(w*h);
            w_ind = w;
            h_ind = h;
            bdown = 0;
        end
    end
    rt = 0.5 + 0.5*(w - W_min)/(W_max - W_min);
    waitbar(rt, hw, sprintf('图像匹配进度: %i%%', round(rt*100)));
end
MStitch.minval = minval;
delete(hw);
```

为组织数据进行传入，在这里构造结构体，用于存储相关数据并作为参数传入匹配函数。核心代码如下：

```matlab
% --- Executes on button press in pushbutton7.
function pushbutton7_Callback(hObject, eventdata, handles)
% hObject    handle to pushbutton7 (see GCBO)
% eventdata  reserved - to be defined in a future version of MATLAB
% handles    structure with handles and user data (see GUIDATA)

%% 图像匹配
if isempty(handles.file)
    msgbox('请先载入图像！', '提示信息', 'modal');
    return;
end
if ~isempty(handles.MStitch)
    msgbox('图像匹配已完成！', '提示信息', 'modal');
    return;
end

file = handles.file;
% 匹配参数设定
im1 = imread(file{1});
% 彩色图像
MStitch.imrgb1 = double(im1);
im1 = rgb2gray(im1);
% 灰度图像
MStitch.im1 = double(im1);
[Pheight, Pwidth] = size(im1);
% 单幅图像的宽度
MStitch.Pwidth = Pwidth;
% 单幅图像的高度
MStitch.Pheight = Pheight;
% 最小的重叠区域宽度
MStitch.W_min = round(0.60*Pwidth);
% 最大的重叠区域宽度
MStitch.W_max = round(0.83*Pwidth);
% 最小的重叠区域高度
MStitch.H_min = round(0.98*Pheight);
MStitch.minval = 255;
% 读入第 2 幅图像
im2 = imread(file{2});
MStitch.imrgb2 = double(im2);
im2 = rgb2gray(im2);
im2 = double(im2);
% 灰度图像
MStitch.im2 = double(im2);
% 匹配
[W_box, H_box, bdown, MStitch] = Fun_Match(im2, MStitch);
msgbox('图像匹配完成！', '提示信息', 'modal');
% 参数保存
```

```
handles.W_box = W_box;
handles.H_box = H_box;
handles.bdown = bdown;
handles.MStitch = MStitch;
guidata(hObject, handles);
```

关联到"图像匹配"按钮，执行对两幅图片的灰度化、块匹配操作，得到匹配结果。在执行过程中会弹出处理进度条，如图 12-5 所示。

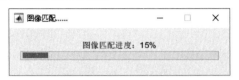

图 12-5　图像匹配进度截图

12.3.4　图像拼接

在图像块匹配结束后，本程序采用加权融合的策略，对输入的两幅图片进行融合处理，达到拼接效果。核心代码如下：

```
function [MStitch, im] = Fun_Stitch(im2, W_box, H_box, bdown, MStitch)
% 图像融合
% 输入参数：
%   im2——待融合图像
%   W_box——宽度信息
%   H_box——高度信息
%   bdown——上下信息
%   MStitch——参数结构
% 输出参数：
%   MStitch——参数结构
%   im——融合图像

% 最小的重叠区域宽度
W_min = MStitch.W_min;
% 最大的重叠区域宽度
W_max = MStitch.W_max;
% 最小的重叠区域高度
H_min = MStitch.H_min;
% 块过滤阈值
minval = MStitch.minval;
% 当前的融合图像
im1 = MStitch.im1;
% 帧图像的高度、宽度
[Fheight, Fwidth] = size(im2);
% 初始化融合的图像
```

```matlab
im = im1;
% 单幅图像的宽度、高度
[Pheight, Pwidth] = size(im);
w = 0; % 融合权值
hw = waitbar(0, '图像拼接进度：', 'Name', '图像拼接……');
if bdown
    % 下区域重叠
    x2 = 1;
    % 融合重叠区域
    for x1 = Pwidth-W_box : Pwidth
        y2 = 1;
        for y1 = Pheight-H_box+1 : Pheight
            % 安全性检测
            [x1, y1] = CheckRC(x1, y1, im1);
            [x2, y2] = CheckRC(x2, y2, im2);
    % 融合权值
            w = x2/W_box;
            % 加权融合
            im(y1, x1) = im1(y1, x1)*(1.0-w) + im2(y2, x2)*w;
            y2 = y2 + 1;
        end
        x2 = x2 + 1;
        rt = 0.5*(x1 - Pwidth + W_box)/W_box;
        waitbar(rt, hw, sprintf('图像拼接进度：%i%%', round(rt*100)));
    end
    rt0 = rt;
    % 对非重叠区域直接赋值
    for y1 = 1 : H_box
        for x3 = x2 : Fwidth
            % 安全性检测
            [x1, y1] = CheckRC(x1, y1, im1);
            [x3, y1] = CheckRC(x3, y1, im2);
            im(y1, Pwidth+x3-x2+1) = im2(y1, x3);
        end
        rt = rt0 + 0.5*(y1 - 1)/H_box;
        waitbar(rt, hw, sprintf('图像拼接进度：%i%%', round(rt*100)));
    end
else
    % 上区域重叠
    x2 = 1;
    % 融合重叠区域
    for x1 = Pwidth-W_box : Pwidth
        y2 = 1;
        for y1 = Fheight-H_box+1 : Fheight
            % 安全性检测
            [x1, y1] = CheckRC(x1, y1, im1);
            [x2, y2] = CheckRC(x2, y2, im2);
            w = x2/W_box; % 融合权值
```

```matlab
                % 加权融合
                im(y1, x1) = im1(y1, x1)*(1.0-w) + im2(y2, x2)*w;
                y2 = y2 + 1;
            end
            x2 = x2 + 1;
            rt = 0.5*(x1 - Pwidth + W_box)/W_box;
            waitbar(rt, hw, sprintf('图像拼接进度：%i%%', round(rt*100)));
        end
        rt0 = rt;
        % 对非重叠区域直接赋值
        for y1 = Fheight-H_box+1 : Fheight
            for x3 = x2 : Fwidth
                % 安全性检测
                [x1, y1] = CheckRC(x1, y1, im1);
                [x3, y1] = CheckRC(x3, y1, im2);
                im(y1, Pwidth+x3-x2+1) = im2(y1, x3);
            end
            rt = rt0 + 0.5*(y1 - 1)/H_box;
            waitbar(rt, hw, sprintf('图像拼接进度：%i%%', round(rt*100)));
        end
    end
    % 更新
    % 当前融合的图像
    MStitch.im1 = im;
    % 融合图像的高度、宽度
    [Pheight, Pwidth] = size(im);
    % 单幅图像的宽度
    MStitch.Pwidth = Pwidth;
    % 单幅图像的高度
    MStitch.Pheight = Pheight;
    rt = 1;
    waitbar(rt, hw, sprintf('图像拼接进度：%i%%', round(rt*100)));
    delete(hw);
```

在以上程序中加入了对灰度、彩色图像拼接的入口，我们可以将其中的彩色图像理解为 R、G、B 三层灰度图像的组合。核心函数如下：

```matlab
% --- Executes on button press in pushbutton2.
function pushbutton2_Callback(hObject, eventdata, handles)
% hObject    handle to pushbutton2 (see GCBO)
% eventdata  reserved - to be defined in a future version of MATLAB
% handles    structure with handles and user data (see GUIDATA)

%% 对灰度图像进行拼接处理
if isempty(handles.file)
    msgbox('请先载入图像！', '提示信息', 'modal');
    return;
end
if isempty(handles.MStitch)
```

```
    msgbox('请先进行图像匹配!', '提示信息', 'modal');
    return;
end
if ~isempty(handles.grayResult)
    msgbox('灰度拼接图像已完成!', '提示信息', 'modal');
    return;
end
% 对灰度图像进行处理
if length(handles.file)
    [MStitch, result] = GrayMain_Process(handles.MStitch, ...
        handles.W_box, handles.H_box, handles.bdown);
end
grayResult = im2uint8(mat2gray(result));
axes(handles.axes3); cla reset; box on; set(gca, 'XTickLabel', [], 'YTickLabel', []);
imshow(grayResult, []);
title('灰度图像拼接结果', 'FontWeight', 'Bold');

handles.grayResult = grayResult;
guidata(hObject, handles);
msgbox('灰度拼接图像完成!', '提示信息', 'modal');
```

关联函数到"灰度图拼接"按钮，按照类似方法关联"彩色图拼接"按钮，执行图像的加权融合操作，得到拼接结果并显示，如图 12-6 所示。

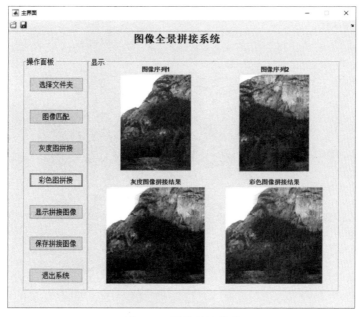

图 12-6　图像拼接截图

将软件应用于不同的拍摄场景,并分别进行灰度图、彩色图的拼接及显示,具体效果如图 12-7~图 12-9 所示。

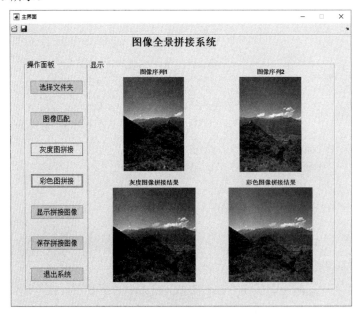

图 12-7　图像拼接实例 1

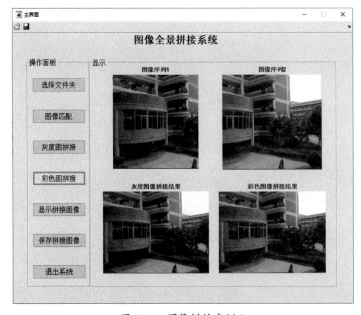

图 12-8　图像拼接实例 2

第 12 章 基于块匹配的全景图像拼接

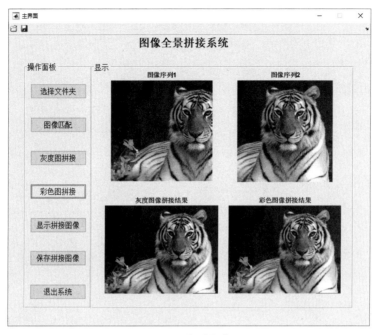

图 12-9 图像拼接实例 3

12.4 延伸阅读

　　图像序列通过加入时间属性实现了对拍摄场景在空间和时间上的信息存储,序列中的每幅图像往往只反映了拍摄场景在空间、时间上的局部信息,而且序列整体在空间和时间上都具有一定的冗余度。因此图像拼接技术可以将一组图像序列转换为单个场景图像进行处理,能够在很大程度上减少场景展现所需的数据量,提高离散化的图像序列利用率。

　　图像拼接技术也在计算机图形学、图像处理、视频处理、地形勘测和计算机视觉等研究领域得到了广泛应用,如虚拟现实的构建、虚拟建模、医学图像处理、遥感图像处理和航拍图像拼接、大气环境监测等。特别是全景图像拼接技术解决了人们很久以来在图像采集过程中所面临的场景视野和分辨率矛盾的问题,通过全景图像拼接技术得到 360°视野范围内的高分辨率图像,具有一定的使用价值。

　　图像拼接效果的关键在于快速配准算法的实现及融合过程。因此,为了实现图像拼接和融合的自动化,需要有自动图像配准技术及快速有效的图像融合方法,提高匹配和融合的效率。基于特征点的图像配准方法,由于特征点的匹配需要消耗大量的时间和内存,所以需要进一步优化和处理。传统的人工选取控制点的方式难以满足快速和实时的要求,拼接结果也受到人们主观因素的影响。因此如何提高配准及融合处理的速度，达到快速和实时的要求，也是提升图像拼接性能的一个重要研究方向。

本章参考的文献如下。

[1] 刘伟. 全景拼接系统的设计与实现[D]. 北京印刷学院，2011.

[2] 韩松卫. 运用特征点匹配的图像快速拼接算法研究[D]. 河北工业大学，2011.

第 13 章
基于霍夫曼图像编码的图像压缩和重建

13.1 案例背景

　　一幅普通的未经压缩的图片可能需要占几兆字节的存储空间，一个时长仅为 1 秒的未经压缩的视频文件所占的存储空间甚至能达到上百兆字节，这给普通 PC 的存储空间和常用网络的传输带宽带来了巨大的压力。其中，静止图像是不同媒体的构建基础，对其进行压缩不仅是各种媒体压缩和传输的基础，其压缩效果也是影响媒体压缩效果好坏的关键因素。基于这种考虑，本案例主要研究静止图像的压缩技术。

　　人们对图像压缩技术越来越重视，目前已经提出了多种压缩编码方法。如果以不同种类的媒体信息为处理对象，则每种压缩编码方法都有其自身的优势和特点，如编码复杂度和运行效率的改善、解码正确性的提高、图像恢复的质量提升等。特别是，随着互联网信息量的不断增加，高效能信息检索的质量也与压缩编码方法存在越来越紧密的联系。从发展的现状来看，采用分形和小波混合图像编码的方法能充分发挥小波和分形编码的优点，弥补相互的不足之处，因此成为图像压缩的一个重要研究方向，但是依然存在某些不足之处，有待进一步提高。

13.2 理论基础

　　从编码前后数据损失的层面来看，编号可分为无损压缩编码和有损压缩编码；从已知编码方法分类的实用性层面来看，编码可分为统计编码、预测编码和变换编码。所谓无损压缩，就是利用数据的统计冗余信息进行压缩，且能够在不引起任何失真的前提下完全恢复原始数据。无损压缩法被广泛用于文本、程序和特殊应用场合下的图像数据（如指纹图像、医学图像等）的压缩。常用的无损压缩编码方法有香农（Shannon-Fano）编码、霍夫曼（Huffman）编码、行程（Run-length）编码、LZW（Lempel-Ziv-Welch）编码和算术编码等。

霍夫曼编码完全依据字符出现的概率来构造异字头的平均长度最短的码字，有时被称为最佳编码。霍夫曼编码将使用次数较多的代码用长度较短的编码代替，将使用次数较少的代码用较长的编码代替，并且确保编码的唯一可解性。其根本原则是压缩编码的长度（即字符的统计数字×字符的编码长度）最小，也就是权值和最小。

13.2.1 霍夫曼编码的步骤

霍夫曼编码是一种无损压缩方法，其一般算法如下。

1. 符号概率

统计信源中各符号出现的概率，按符号出现的概率从大到小排序。

2. 合并概率

提取最小的两个概率并将其相加，合并成新的概率，再将新的概率与剩余的概率组成新的概率集合。

3. 更新概率

将合并后的概率集合重新排序，再次提取其中最小的两个概率，相加得到新的概率，进而组成新的概率集合。如此重复进行，直到剩余的最后两个概率之和为1。

4. 分配码字

分配码字从最后一步开始逆向进行，对于每次相加的两个概率，对大概率赋 0，对小概率赋 1，当然，也可以反过来赋值，即对大概率赋 1，对小概率赋 0；特别是，如果两个概率相等，则从中任选一个赋 0，选另一个赋 1。依次重复该步骤，从第一次赋值开始进入循环处理，直到最后的码字概率和为 1 时结束。将在中间过程中遇到的 0 和 1 按从最低位到最高位的顺序排序，就得到了符号的霍夫曼编码。

13.2.2 霍夫曼编码的特点

霍夫曼编码是最佳的变长编码，其特点如下。

1. 可重复性

霍夫曼编码不唯一，具有可重复性。

2. 效率差异性

霍夫曼编码对于不同的信源往往具有不同的编码效率，具有效率差异性。

3. 不等长性

霍夫曼编码的输出内容不等长，因此给硬件实现带来一定的困难，也在一定程度上造成了误码传播的严重性。

4. 信源依赖性

霍夫曼编码的运行效率往往比其他编码算法高，是最佳的变长编码。但是，霍夫曼编码以信源的统计特性为基础，必须先统计信源的概率特性才能编码，因此具有对信源的依赖性，这也在一定程度上限制了霍夫曼编码的实际应用。

如图 13-1 所示是一个霍夫曼编码的例子。从图中二叉树的形状分布可以发现，符号只能出现在树叶上，且每个字符的路径都不允许是其他字符路径的前缀路径，因此能够成功构造前缀编码。该二叉树在数据结构中被称为霍夫曼树，一般被应用于最佳判定的场景下，是最优二叉树的一种，而且带权路径长度最短。其中，二叉树的带权路径长度由树中所有叶节点的权值乘以其到根节点的路径长度来获得，假设根节点为 0 层，则叶节点到根节点的路径长度就是叶节点的层数值。因此，二叉树的带权路径长度记作 WPL，其计算公式为：$WPL = (W_1 \times L_1 + W_2 \times L_2 + \cdots + W_N \times L_N)$。如果由 N 个权值 $W_i(i=1,2,\cdots,n)$ 构成一棵包含 N 个节点的二叉树，则相应树节点的路径长度为 $L_i(i=1,2,\cdots,n)$，选择霍夫曼编码得出的 WPL 值最小。

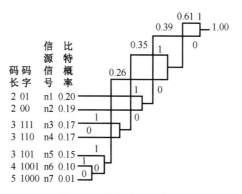

图 13-1 霍夫曼编码实例

在实际应用中，霍夫曼编码在预处理之前需要知道叶节点（即信源数据符号）的概率，这往往对实时性要求较高的应用场景带来困扰。因此，人们在实时编码的应用场景中往往会采用可变字长的编码形式，如采用双字长编码，并且通过从短码集合中选出一个码字，作为长码的字头，进而保证码字的非续长编码的特性。此外，在数字图像通信中所使用的三类传真机中包含的 MH 码采用了多字长 VLC 技术，该技术根据一系列标准图像进行统计数据分析而得出，通过预先在其 IC 芯片中加入号码表，使得实际的编码解码过程简化为一个查表过程，从而确保了高速、实时应用场景的需要。

13.3 程序实现

本案例采用基于霍夫曼压缩及解压缩的流程来执行拼接操作，本实验载入图片文件夹作为待压缩对象，通过对图片进行霍夫曼压缩、解压缩并对比显示来检验压缩效果，最后通过计算 PSNR 值来对比霍夫曼压缩的效果。

13.3.1 设计 GUI 界面

为提高霍夫曼压缩及解压缩前后的图像对比效果，可设计 GUI 界面，载入图片文件并进行显示，执行块霍夫曼压缩、解压缩的操作流程，如图 13-2 所示。

第 13 章 基于霍夫曼图像编码的图像压缩和重建

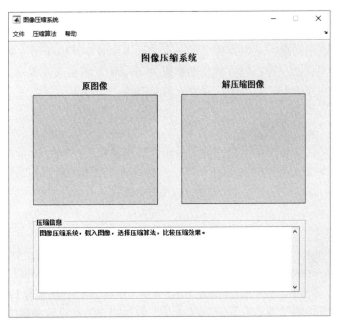

图 13-2　GUI 界面设计截图

软件通过菜单来关联相关功能模块，包括文件载入、压缩算法选择等；通过加入图像显示模块来对压缩前后的图像进行直观对比；通过压缩文本区来显示在压缩过程中所产生的详细信息。为了能有效地进行不同的实验，在程序启动及载入图像时均自动调用窗体初始化函数，用于清理坐标显示区域的图像等信息，避免之前实验所产生的干扰。核心代码如下：

```
function InitFig(hObject,handles)
% 清理窗体控件
axes(handles.axes1);
cla; axis on; box on;
set(gca, 'Color', [0.8039 0.8784 0.9686]);
set(gca, 'XTickLabel', [], 'YTickLabel', [], 'XTick', [], 'YTick', []);
axes(handles.axes2);
cla; axis on; box on;
set(gca, 'Color', [0.8039 0.8784 0.9686]);
set(gca, 'XTickLabel', [], 'YTickLabel', [], 'XTick', [], 'YTick', []);
set(handles.textInfo, 'String', ...
    '图像压缩系统，载入图像，选择压缩算法，比较压缩效果。');
```

13.3.2　压缩和重建

基于霍夫曼编解码的压缩属于无损压缩，其程序实现的基本思想如下。

1. 频次统计

输入一个待编码的向量，这里简称之为串，统计串中各字符出现的次数，称之为频次。假设在串中含有 n 个不同的字符，统计频次的数组为 count[]，则霍夫曼编码每次找出 count 数组中最小的两个值分别作为左、右孩子，并建立其父节点。

2. 循环建树

通过循环进行频次统计操作，构建霍夫曼树。在构建霍夫曼树的过程中首先把 count 数组内的 n 个值初始化为霍夫曼树的 n 个叶子节点，且将孩子节点的标号初始化为-1，将父节点初始化为其本身的标号。

3. 循迹编码

选择霍夫曼树的叶子节点作为起点，依次向上查找。假设当前的节点标号是 i，那么其父节点是 Huffmantree[i].parent，满足如下条件：如果 i 是 Huffmantree[i].parent 的左节点，则该节点的路径为 0；如果 i 是 Huffmantree[i].parent 的右节点，则该节点的路径为 1。在循环过程中，如果向上查找得到某节点的父节点标号就是其本身，则说明该节点已经是根节点，停止查找。此外，在查找当前权值最小的两个节点时，父节点不是其本身节点的已经被查找过，因此可以直接略过，减少程序的冗余和消耗。

下面通过 MATLAB 实现霍夫曼编解码。核心代码如下：

```
function [zvec, zi] = Mat2Huff(vec)
% 霍夫曼编码
% 输入参数:
%   vec——待编码向量
% 输出参数:
%   zvec——编码向量
%   zi——编码信息

% 输入类型检查
if ~isa(vec,'uint8')
    fprintf('\n请确认输入uint8类型数据向量！\n');
    return;
end

% 行向量
vec = vec(:)';

% 计算频率
f = Frequency(vec);

% 生成符号
```

```
syminfos = find(f~=0);
f = f(syminfos);

% 按频率排序
[f, sind] = sort(f);
syminfos = syminfos(sind);

% 生成码字
len = length(syminfos);
syminfos_ind = num2cell(1:len);
cw_temp = cell(len,1);
while length(f)>1
    ind1 = syminfos_ind{1};
    ind2 = syminfos_ind{2};
    cw_temp(ind1) = AddNode(cw_temp(ind1),uint8(0));
    cw_temp(ind2) = AddNode(cw_temp(ind2),uint8(1));
    f = [sum(f(1:2)) f(3:end)];
    syminfos_ind = [{[ind1 ind2]} syminfos_ind(3:end)];
    % 重新排序
    [f,sind] = sort(f);
    syminfos_ind = syminfos_ind(sind);
end
% 重排数据
cw = cell(256,1);
cw(syminfos) = cw_temp;

% 计算字符串的长度
len = 0;
for i = 1 : length(vec),
    len = len+length(cw{double(vec(i))+1});
end
% 创建 0、1 序列
str_temp = repmat(uint8(0),1,len);
pt = 1;
for index=1:length(vec)
    cd = cw{double(vec(index))+1};
    len = length(cd);
    str_temp(pt+(0:len-1)) = cd;
    pt = pt+len;
end
% 计算 0 序列的信息
len = length(str_temp);
pad = 8-mod(len,8);
if pad > 0
    str_temp = [str_temp uint8(zeros(1,pad))];
end
% 保留有效信息
```

```matlab
    cw = cw(syminfos);
    cl = zeros(size(cw));
    ws = 2.^(0:51);
    mcl = 0;
    for index = 1:length(cw)
        len = length(cw{index});
        if len>mcl
            mcl = len;
        end
        if len>0
            cd = sum(ws(cw{index}==1));
            cd = bitset(cd,len+1);
            cw{index} = cd;
            cl(index) = len;
        end
    end
    cw = [cw{:}];
    % 计算压缩向量
    cols = length(str_temp)/8;
    str_temp = reshape(str_temp,8,cols);
    ws = 2.^(0:7);
    zvec = uint8(ws*double(str_temp));
    % 保存数据到稀疏矩阵
    huffcodes = sparse(1,1);  % 初始化稀疏矩阵
    for index = 1:numel(cw)
        huffcodes(cw(index),1) = syminfos(index);
    end
    % 创建信息
    zi.pad = pad;
    zi.huffcodes = huffcodes;
    zi.ratio = cols./length(vec);
    zi.length = length(vec);
    zi.maxcodelen = mcl;
    function cn = AddNode(co, tmp)
    % 添加节点
    % 输入参数：
    %   co——原节点向量
    %   tmp——待添加节点
    % 输出参数：
    %   cn——新节点向量
    
    cn = cell(size(co));
    for i = 1:length(co)
        cn{i} = [tmp co{i}];
    end
    function vec = Huff2Mat(zvec, zi)
    % 霍夫曼解码
```

第 13 章 基于霍夫曼图像编码的图像压缩和重建

```matlab
% 输入参数：
%   zvec——霍夫曼压缩数据
%   zi——霍夫曼压缩信息
% 输出参数：
%   vec——解压向量

% 输入类型检查
if ~isa(zvec,'uint8')
    fprintf('\n请确认输入uint8类型数据向量！\n');
    return;
end
% 创建0、1序列
len = length(zvec);
str_tmp = repmat(uint8(0),1,len.*8);
bi = 1:8;
for index = 1:len
    str_tmp(bi+8.*(index-1)) = uint8(bitget(zvec(index),bi));
end

% 调整字符串
str_tmp = logical(str_tmp(:)');  % 创建行信息
len = length(str_tmp);
str_tmp((len-zi.pad+1):end) = [];  % 移除多余的0
len = length(str_tmp);
% 创建输出向量
vec = repmat(uint8(0),1,zi.length);
vi = 1;
ci = 1;
cd = 0;
for index = 1:len
    cd = bitset(cd,ci,str_tmp(index));
    ci = ci+1;
    byte = Decode(bitset(cd,ci),zi);
    if byte > 0
        % 发现编码
        vec(vi) = byte-1;
        ci = 1;
        cd = 0;
        vi = vi+1;
    end
end
```

关联到菜单"霍夫曼压缩"，执行图片的压缩及解压缩操作，读取图片并将之显示到窗体，如图 13-3 所示。

图 13-3 图像的霍夫曼压缩实验效果

13.3.3 效果对比

为了检验对图片进行霍夫曼压缩及解压缩的效果,可编写程序计算压缩比及 PSNR 值,用于展现压缩效果。核心代码如下:

```
function S = PSNR(s,t)
% 计算 PSNR
% 输入参数:
%    s——图像矩阵 1
%    t——图像矩阵 2
% 输出参数:
%    S——结果

% 预处理
[m, n, ~]=size(s);
s = im2uint8(mat2gray(s));
t = im2uint8(mat2gray(t));
s = double(s);
t = double(t);
% 初值
sd = 0;
```

```
        mi = m*n*max(max(s.^2));
        % 计算
        for u = 1:m
            for v = 1:n
                sd = sd+(s(u,v)-t(u,v))^2;
            end
        end
        if sd == 0
            sd = 1;
        end
        S = mi/sd;
        S = 10*log10(S);
        % -------------------------------------------------------------------
        function Huffman_Callback(hObject, eventdata, handles)
        % hObject    handle to Huffman (see GCBO)
        % eventdata  reserved - to be defined in a future version of MATLAB
        % handles    structure with handles and user data (see GUIDATA)
        if isequal(handles.Img, 0)
            msgbox('请载入图像！', '提示信息');
            return;
        end
        if isequal(handles.ImgH, 0)
            dataImg = handles.Img;
            if ndims(dataImg) == 3
                dataImg = rgb2gray(dataImg);
            end
            sz = size(dataImg);
            % 霍夫曼编码
            [zipped,info] = Mat2Huff(dataImg);
            % 霍夫曼解码
            unzipped = Huff2Mat(zipped, info);
            dataImg = double(reshape(dataImg, sz));
            unzipped = double(reshape(unzipped, sz));
            % 信息输出
            % 显示数据信息
            info_dataImg = whos('dataImg');
            info_zipped = whos('zipped');
            info_unzipped = whos('unzipped');
            S = PSNR(dataImg, unzipped);
            str0 = sprintf('-----------------霍夫曼压缩----------------\n');
            str1 = sprintf('原始数据维数为：%s，占用空间大小为：%d\n', ...
num2str(info_dataImg.size), info_dataImg.bytes);
            str2 = sprintf('解压数据维数为：%s，占用空间大小为：%d\n', ...
num2str(info_unzipped.size), info_unzipped.bytes);
            str3 = sprintf('压缩数据维数为：%s，占用空间大小为：%d\n', ...
num2str(info_zipped.size), info_zipped.bytes);
            str4 = sprintf('压缩比为：%.3f%%\n', ...
```

```
info_zipped.bytes/info_dataImg.bytes*100);
    str5 = sprintf('PSNR: %.3f\n', S);
    strH = [str0 str1 str2 str3 str4 str5];
    set(handles.textInfo, 'String', strH);
    tm = im2uint8(mat2gray(unzipped));
    axes(handles.axes2); imshow(tm, []);
    handles.strH = strH;
    handles.ImgH = tm;
    guidata(hObject, handles);
else
    set(handles.textInfo, 'String', handles.strH);
    axes(handles.axes2); imshow(mat2gray(handles.ImgH), []);
end
```

对 lena.bmp 进行霍夫曼压缩及解压缩操作，得到的压缩比和 PSNR 值如下：

------------------霍夫曼压缩------------------
原始数据维数为：256 256，占用空间大小为：524288
解压数据维数为：256 256，占用空间大小为：524288
压缩数据维数为：1 61001，占用空间大小为：61001
压缩比为：11.635%
PSNR：95.170

对 rice.bmp 进行霍夫曼压缩及解压缩操作，其实验效果及压缩信息如图 13-4 所示。

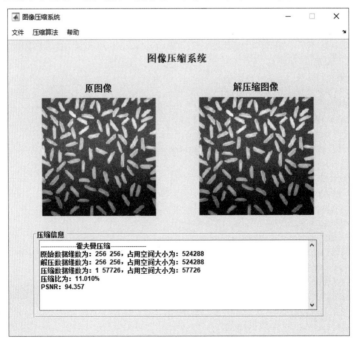

图 13-4 霍夫曼压缩实例

压缩结果表明，霍夫曼图像压缩可以在无损的前提下有效地进行图像的编解码，具有良好的压缩比，解压缩后的图像与原始图像相比也有较高的 PSNR 值，可以有效地节省图像在传输、存储等过程中所需要的资源消耗，提高了图像处理的效率。

13.4 延伸阅读

在无损压缩方面，霍夫曼编码具有最佳编码的美誉；在有损压缩方面，预测编码和变换编码也各有所长。因此，对于不同的应用场景，可以根据所处理的对象和系统要求选择不同的编码算法，提高算法的适用性。特别是，对于经典的 JPEG 编码包括基于 DCT 的 JPEG 编码和基于小波变换的 JPEG 编码，小波变换编码在性能上更加符合人们的要求，所以在 JPEG 压缩编码标准的基础上提出了基于小波变换的 JPEG 2000 压缩编码标准。

随着网络信息技术的飞速发展，高效、快速地传输信息已经变得越来越重要，而传输信息需要先经过编码，然后译码。因此，编码技术的提高对整个信息产业的发展具有举足轻重的作用。霍夫曼编码作为一种可变长度的无损压缩方法，具有较高的压缩效率，在当今的网络传输中具有重要的应用价值。此外，霍夫曼树属于最优二叉树的范畴，在不同的程序设计中已经选择它来降低程序运行的时间复杂度，提高编码的性能。

本章参考的文献如下。

[1] 覃凤清. 数字图像压缩综述[J]. 宜宾学院学报，2006.

[2] 张乐平，杨少华，吴乐南. 基于霍夫曼编码的 SAR 浮点图像数据压缩[J]. 江西理工大学学报，2007.

[3] 阮秋琦. 数字图像处理学[M]. 北京：电子工业出版社，2001.

第 14 章
基于主成分分析的图像压缩和重建

14.1 案例背景

主成分分析是一种通过降维技术把多个标量转化为少数几个主成分的多元统计方法,这些主成分能够反映原始的大部分信息,通常被表示为原始变量的线性组合。为了使这些主成分所包含的信息互不重叠,要求各主成分之间互不相关。

主成分分析能够有效减少数据的维度,并使提取的成分与原始数据的误差达到均方最小,可用于数据的压缩和模式识别的特征提取。本章通过采用主成分分析去除了图像数据的相关性,将图像信息浓缩到几个主成分的特征图像中,有效地实现了图像的压缩,同时可以根据主成分的内容恢复不同的数据图像,以满足对图像压缩、重建的不同层次的需要。

14.2 理论基础

14.2.1 主成分降维分析原理

主成分分析在很多领域都有着广泛的应用,一般而言,当研究的问题涉及很多变量,并且变量间相关性明显,即包含的信息有所重叠时,可以考虑用主成分分析的方法,这样更容易抓住事物的主要矛盾,使问题得到简化。

设 $\boldsymbol{X} = [X_1, X_2, \cdots, X_p]^T$ 是一个 p 维随机向量，记 $\boldsymbol{\mu} = E(\boldsymbol{X})$ 和 $\boldsymbol{\Sigma} = D(\boldsymbol{X})$，且 $\boldsymbol{\Sigma}$ 的 p 个特征值 $\lambda_1 \geqslant \lambda_2 \geqslant \cdots \geqslant \lambda_p$ 对应的特征向量为 $\boldsymbol{t}_1, \boldsymbol{t}_2, \cdots, \boldsymbol{t}_p$，即

$$\boldsymbol{\Sigma} \boldsymbol{t}_i = \lambda_i \boldsymbol{t}_i, \quad \boldsymbol{t}_i^T \boldsymbol{t}_i = 1, \quad \boldsymbol{t}_i^T \boldsymbol{t}_j = 0 \qquad (i \neq j; \; i,j = 1,2,\cdots,p) \tag{14.1}$$

并做如下线性变换：

$$\begin{bmatrix} Y_1 \\ Y_2 \\ \vdots \\ Y_n \end{bmatrix} = \begin{bmatrix} L_{11} & \cdots & L_{1p} \\ \vdots & \ddots & \vdots \\ L_{n1} & \cdots & L_{np} \end{bmatrix} \begin{bmatrix} X_1 \\ X_2 \\ \vdots \\ X_p \end{bmatrix} = \begin{bmatrix} \boldsymbol{L}_1^T \\ \boldsymbol{L}_2^T \\ \vdots \\ \boldsymbol{L}_n^T \end{bmatrix} \boldsymbol{X} \qquad (n \leqslant p) \tag{14.2}$$

如果希望使用 $\boldsymbol{Y} = [Y_1, Y_2, \cdots, Y_n]^T$ 来描述 $\boldsymbol{X} = [X_1, X_2, \cdots, X_p]^T$，则要求 $\boldsymbol{Y}$ 尽可能多地反映 $\boldsymbol{X}$ 向量的信息，也就是 Y_i 的方差 $D(Y_i) = \boldsymbol{L}_i^T \boldsymbol{\Sigma} \boldsymbol{L}_i$ 越大越好。另外，为了更有效地表达原始信息，Y_i 和 Y_j 不能包含重复的内容，即 $\mathrm{cov}(Y_i, Y_j) = \boldsymbol{L}_i^T \boldsymbol{\Sigma} \boldsymbol{L}_j = 0$。可以证明，当 $\boldsymbol{L}_i = \boldsymbol{t}_i$ 时，$D(Y_i)$ 取最大值，且最大值为 λ_i，同时 Y_i 和 Y_j 满足正交条件。

14.2.2 由得分矩阵重建样本

在实际问题中，总体 $\boldsymbol{X}$ 的协方差矩阵往往是未知的，需要由样本进行估计，设 $\boldsymbol{X}_1, \boldsymbol{X}_2, \cdots, \boldsymbol{X}_n$ 来自总体 $\boldsymbol{X}$ 的样本，其中 $\boldsymbol{X}_i = [X_{i1}, X_{i2}, \cdots, X_{ip}]^T$，则样本观测矩阵为：

$$\boldsymbol{X} = \begin{bmatrix} \boldsymbol{X}_1^T \\ \boldsymbol{X}_2^T \\ \vdots \\ \boldsymbol{X}_n^T \end{bmatrix} = \begin{bmatrix} X_{11} & X_{12} & \cdots & X_{1p} \\ X_{21} & X_{22} & \cdots & X_{2p} \\ \vdots & \vdots & & \vdots \\ X_{n1} & X_{n2} & \cdots & X_{np} \end{bmatrix} \tag{14.3}$$

$\boldsymbol{X}$ 矩阵中的每行都对应一个样本，每列都对应一个变量，则样本协方差矩阵 $\boldsymbol{S}$ 和相关系数矩阵 $\boldsymbol{R}$ 分别为：

$$\begin{aligned} \boldsymbol{S} &= \frac{1}{n} \sum_{i=1}^{n} (\boldsymbol{X}_i - \bar{\boldsymbol{X}})(\boldsymbol{X}_i - \bar{\boldsymbol{X}})^T = (S_{ij}) \\ \boldsymbol{R} &= (R_{ij}) \qquad R_{ij} = \frac{S_{ij}}{\sqrt{S_{ii} S_{jj}}} \end{aligned} \tag{14.4}$$

定义样本 X_i 的第 j 个主成分得分为 $\text{SCORE}(i,j) = X_i^T t_j$，写成矩阵的形式为：

$$\text{SCORE} = \begin{bmatrix} X_1^T \\ X_2^T \\ \vdots \\ X_n^T \end{bmatrix} \begin{bmatrix} t_1, t_2, \cdots, t_p \end{bmatrix} = XT \tag{14.5}$$

对（14.5）式进行求逆，可以从得分矩阵重构原始样本：

$$X = \text{SCORE} \cdot T^{-1} = \text{SCORE} \cdot T^T \tag{14.6}$$

在通常情况下，主成分分析只会选择前 m 个主成分来逼近原样本。

14.2.3 主成分分析数据压缩比

由 14.2.2 节可知，要想恢复原始样本，则只需要保存系数矩阵 T 和得分矩阵 SCORE，假如原始样本的大小为 $n \times p$，在数据压缩时只保留前 m 个主成分，那么压缩之前数据量为 np，压缩之后的数据量为 $pm + nm$，因此数据压缩比为 $np/(pm+nm)$。压缩比越大，说明压缩效果越好，但是图像信息损失越多。

14.2.4 基于主成分分析的图像压缩

采用主成分分析时，需要将图像分割成很多子块，将这些子块作为样本，并假设这些样本有着共同的成分并存在相关性。

假如图像数组 I 的大小为 256×576，子块大小为 16×8，那么 I 可以划分为 (256/16)×(576/8) =1152 子块（样本），每个样本都包含 16×8=128 个元素，将每个样本都拉伸成一个行向量，然后将 1152 个样本按列组装成 1152×128 的样本矩阵，记为 X，则 X 的每一行都对应一个样本（子块），每一列都对应不同子块上同一位置的像素（变量）。

由图像的特点可知，每个子块上相邻像素点的灰度值都具有一定的相似性，所以 X 的列和列之间具有一定的相关性。若把 X 的每一列都看作一个变量，则变量之间的信息有所重叠，可以通过主成分分析进行降维处理，进而实现图像压缩。

14.3 程序实现

14.3.1 主成分分析的源代码

多维度系统通常会面临多变量数值计算的要求，往往会引起大规模矩阵计算，这对计算机的硬件配置、算法性能等都是一个很大的挑战，也在一定程度上增加了系统模型分析的复杂度。在实际问题的建模过程中，多个变量之间往往存在一定的依存关系，具有相关性，因此利用这种特性进行主成分分析，可以减少变量的个数，进一步提高算法运行的效率，也可以降低对系统硬件配置的要求，提高建模的可行性。

因此，编写 pcasample 函数能够实现基于样本（变量）的主成分分析。当然，我们也可以使用 MATLAB 自带的 princomp 函数来实现该过程。核心代码如下：

```
function [coeff,score,rate]=pcasample(X,p)
% X：样本矩阵
% p：提取前 p 个主成分
% coeff：特征向量矩阵（系数矩阵）
% score：得分向量
% rate：贡献率

% 将样本归一化
% X=zscore(X);
% 或者将样本中心化
% X=bsxfun(@minus,X,mean(X,1));

% 计算样本方差的特征向量
[V,D]=eig(X'*X);
% 将特征向量中的最大值置为正数
for i=1:size(V,2)
    [~,idx]=max(abs(V(:,i)));
    V(:,i)=V(:,i)*sign(V(idx,i));
end
% 将特征根按照从大到小的顺序排列
[lambda,locs]=sort(diag(D),'descend');
V=V(:,locs);
% 只提取前 p 个主成分
coeff=V(:,1:p);
% 计算得分矩阵
score=X*V(:,1:p);
% 计算贡献率
rate=sum(lambda(1:p))/sum(lambda);
```

14.3.2　图像数组和样本矩阵之间的转换

在一般情况下，数字图像矩阵可以被视为二维数组，为了将图像数组转换为样本矩阵，需要首先对图像进行子块划分，然后将每个子块都拉伸成一维的，最后将所有子块都组合成一个样本矩阵。其中，MATLAB 自带的 im2col 函数可以实现二维数组的分块及向量整合。核心代码如下：

```
>> I=magic(5)

I =

    17    24     1     8    15
    23     5     7    14    16
     4     6    13    20    22
    10    12    19    21     3
    11    18    25     2     9

>> X=im2col(I,[3 2],'distinct')   % 将图像划分成 3×2 的子块，不够时自动补零

X =

    17    10     1    19    15     3
    23    11     7    25    16     9
     4     0    13     0    22     0
    24    12     8    21     0     0
     5    18    14     2     0     0
     6     0    20     0     0     0
```

同理，从样本矩阵到图像数组，MATLAB 提供了 col2im 函数：

```
>> col2im(X,[3 2],size(I),'distinct')

ans =

    17    24     1     8    15
    23     5     7    14    16
     4     6    13    20    22
    10    12    19    21     3
    11    18    25     2     9
```

有一点需要注意，im2col 函数是将每个子块都拉伸成列向量，col2im 函数是将列向量重组成子块，而样本矩阵是每行一个样本，在进行主成分分析时，就要相对样本矩阵进行转置。另外，im2col 和 col2im 函数只能对二维数组进行操作，如果是三位彩色图像，则需要自己编写图像分块和重组函数，或者先将彩色图转换为灰度图。

14.3.3 基于主成分分析的图像压缩

主成分分析（PCA）计算协方差矩阵的特征值和特征向量，并选择少数几个主分量代表多变量的方差（即协方差）结构，是一种有效的特征提取方法。数字图像是二维矩阵，对其通过 PCA 处理来提取特征，可以在一定比例上保留原始图像的特征信息，并且能够大大减少计算量。因此，PCA 图像压缩处理属于一种降维方法，它通过对高维图像块向量空间进行降维处理，将多变量的图像块数据表进行最佳综合、简化，导出少数几个主分量，进而实现在一定比例上保留原始图像信息，又能保持图像块之间的不相关性，进而保证图像压缩的有效性。

本节通过编写 pcaimage 函数来实现对图像进行 PCA 压缩的目的，通过传入图像矩阵、主成分配置、子块大小进行 PCA 处理，返回压缩重构的图像矩阵、压缩比、贡献率信息。核心代码如下：

```
function [Ipca,ratio,contribution]=pcaimage(I,pset,block)
% I: 进行压缩处理的图像
% pset: 主成分个数
% block: 子块大小
% Ipca: 主成分分析重构图像
% ratio: 压缩比
% contribution: 贡献率

if nargin<1
    I=imread('football.jpg');
end
if nargin<2
pset=3;
end
if nargin<3
block=[16 16];
end

% 将彩色图像转换为灰度图
if ndims(I)==3
    I=rgb2gray(I);
end

% 将图像数组转换为样本矩阵
X=im2col(double(I),block,'distinct')';
% 样本和变量个数
[n,p]=size(X);
% 主成分个数不能超过变量个数
m=min(pset,p);
% 提取前 p 个主成分，在压缩之后只需保存 coeff 和 score
[coeff,score,contribution]=pcasample(X,m);
% 根据系数矩阵重建
```

```
X=score*coeff';
% 将样本矩阵转换为图像数组
Ipca=cast(col2im(X',block,size(I),'distinct'),class(I));
% 计算压缩比
ratio=n*p/(n*m+p*m);
```

为了比较在不同参数下执行PCA图像压缩的效果,本实验选择在循环结构中调用pcaimage()程序,并配置不同数量的主成分参数来对图像进行压缩和重构,比较压缩比和贡献率。核心代码如下:

```
I=imread('liftingbody.png');
k=1;
for p=1:5:20
    [Ipca,ratio,contribution]=pcaimage(I,p,[24 24]);
    subplot(2,2,k);
    imshow(Ipca)
    title([' 主成分个数=',num2str(p),...
        ', 压缩比=',num2str(ratio),...
        ', 贡献率=',num2str(contribution)],'fontsize',14);
    k=k+1;
end
```

运行以上代码,得到不同主成分参数下的图像压缩和重构效果,如图14-1所示。

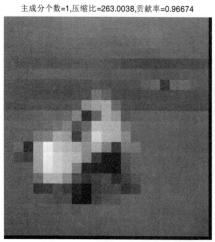

图14-1 不同主成分参数下的图像压缩和重构效果

第 14 章 基于主成分分析的图像压缩和重建

图 14-1　不同主成分参数下的图像压缩和重构效果（续）

由图 14-1 可以看出，基于主成分分析的图像压缩技术具有很高的压缩比，同时有高信噪比。例如，在主成分个数为 16 时，压缩比达到 16.43；在主成分个数为 50 时，压缩比达到 5.26，此时肉眼基本无法辨识是否失真。

将程序应用于不同的图像进行实验，选择不同的主成分个数进行压缩并计算相关参数，显示结果图像，如图 14-2～图 14-3 所示。

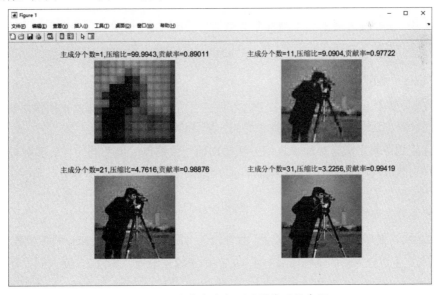

图 14-2　不同主成分个数下的图像压缩实例 1

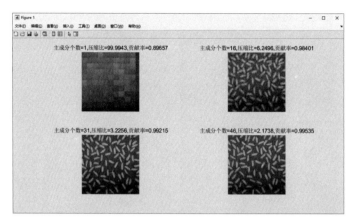

图 14-3　不同主成分个数下的图像压缩实例 2

14.4　延伸阅读

在图像压缩中，压缩质量是一个很重要的概念。以尽可能少的比特数来存储图像，同时让接受者感到满意，这是图像编码的目的。对于有失真压缩算法，常用的评价准则有以下两种。

1. 客观评价准则

主要是基于最小均方误差（即 MSE）和峰值信噪比（即 PSNR）等参数进行比较，其数据具有客观性，因此被称为客观评价准则。

2. 主观评价准则

由接收者对编码图像进行观察并打分，然后综合所有人的评价结果给出图像质量评价，其数据受到评价者主观因素的影响，因此被称为主观评价准则。

在实际应用中对主成分等图像压缩方法输出的结果图像采用不同的评价准则进行效果评估，并结合不同的优化策略提升结果图像的显示效果，具有一定的使用价值，是一个值得研究的方向。

本章参考的文献如下。

[1] 赵选民，徐伟，师义民，秦超英. 数理统计（第二版）[M]. 北京：科学出版社，2006.

[2] 江虹. 主成分分析的图像压缩与重构[J]. 电子设计工程，2012.3，20（5）：126～128.

[3] 谢中华. MATLAB 统计分析与应用 40 个案例分析[M]. 北京:北京航空航天大学出版社，2010.

第 15 章
基于小波的图像压缩技术

15.1 案例背景

随着计算机网络技术的迅猛发展,数字多媒体和信息通信技术也在不断进步,人们之间的信息交流呈现不断增长的趋势。数字图像具有可视化、形象化的特点,能承载文字所不能表述的语义,其在信息交流中的应用也越来越广泛。随着图像拍摄技术的发展及移动智能设备的普及,人们可以方便地获取具有较高分辨率的实时图像,并可以通过移动网络等介质实现图像的即时传输。但是,原始数字图像往往具有一定的信息冗余,如像素编码冗余、像素相关冗余等。因此,图像质量的提高也引起了传输数据规模的急剧扩大,给数字图像的存储和传输带来了很大的压力。图像压缩技术的研究目标就是能最大程度地分析原始图像的冗余信息,滤除不必要的数据量。因此,通过图像压缩技术来减小传输数据的规模,可以节省网络流量的损耗及存储空间,提高传输的速度和稳定性,实现信息的高效传输。图像压缩技术对于图像存储和传输的重要性也使得对图像压缩算法的研究成为一个非常活跃的领域。

20 世纪 80 年代,在应用数学研究的基础上发展起来一门新兴的学科——小波分析,它是众多高新技术发展的理论基础,被认为是现代傅里叶分析发展的一个里程碑,被誉为"数学显微镜",在图像处理、语音处理、模式识别、人工智能、地理勘探、航天动力学、金融学等领域均有重要的应用。小波分析从数学的角度来看属于调和分析范畴,可以通过将某函数在指定小波基空间进行分解或近似;从信号处理角度来看可以作为基于傅里叶变换理论发展起来的一种有效的时频分析方法,将小波分析应用于数字图像信号,可以利用小波变换在时域和频域均具有良好的局部化描述的特点,方便地表示图像的平滑区域和局部特征(如图像边缘)区域,并具有多分辨率分解的特点。因此,基于小波分析的图像压缩编码已成为图像压缩研究领域的一个重要方向。

15.2 理论基础

图像压缩是数字图像处理的一个重要分支，它通过对原始图像所包含的数据信息进行某种意义的编码来减少所需的数据量，进而达到节省图像存储空间、传输时间等目的。数字图像可以被视为有效信息和冗余信息的组合。冗余可以分为数据冗余和视觉冗余等，基于数据冗余的压缩是指在数字图像中存在大量的冗余数据可进行压缩编码，并且这种冗余在图像解压缩后可以无损地恢复。基于视觉冗余的压缩以人的视觉影像为基础，在不影响人的主观视觉的前提下，通过降低图像信号的数据精度，以一定的客观失真进行数据压缩。

基于小波变换的图像压缩是指对图像应用小波变换算法进行多分辨率分解，通过对小波系数进行编码来实现图像压缩。其处理流程为：首先，对图像进行多级小波分解，得到相应的小波系数；然后，对每层的小波系数都进行量化，得到量化系数对象；最后，对量化后的系数对象进行编码，得到压缩结果。小波图像压缩是当前图像压缩的重要研究方向，已经在不同的领域得到了广泛的应用，并形成了基于小波变换的国际压缩标准，如经典的 JPEG2000、MPEG-4 压缩标准。

基于小波变换的图像压缩主要针对的是离散化的数字图像矩阵，因此本节只对离散小波变换进行研究。假设对一维连续小波 $\psi_{a,b}(t)$ 和连续小波变换 $W_f(a,b)$ 进行离散化，其中，a 表示尺度参数，b 表示平移参数，在离散化过程中分别取 $a = a_0^j$ 和 $b = b_0^j$，其中，$j \in Z$，$a_0 > 1$，则对应的离散小波函数如下：

$$\psi_{j,k}(t) = \frac{1}{\sqrt{|a_0|}} \psi\left(\frac{t - k a_0^j b_0}{a_o^j}\right) = \frac{1}{\sqrt{|a_0|}} \psi\left(a_0^{-j} t - k b_0\right) \quad (15.1)$$

离散化的小波变换系数如下：

$$C_{j,k} = \int_{-\infty}^{+\infty} f(t) \psi_{j,k}^*(t) \mathrm{d}t \leq f, \psi_{j,k} > 0 \quad (15.2)$$

小波重构公式如下：

$$f(t) = C \sum_{-\infty}^{\infty} \sum_{-\infty}^{\infty} C_{j,k} \psi_{j,k}(t) \quad (15.3)$$

式中，C 为常数且与数据信号无关。根据对连续函数进行离散化逼近的步骤，选择的 a_0 和 b_0 越小，生成的网格节点就越密集，所计算的离散小波函数 $\psi_{j,k}(t)$ 和离散小波系数 $C_{j,k}$ 就越多，数据信号重构的精确度也越高。

由于数字图像是二维矩阵,所以需要将一维信号的小波变换推广到二维信号。假设$\phi(x)$是一个一维的尺度函数,$\varphi(x)$是相应的小波函数,那么可以得到一个二维小波变换的基础函数:

$$\psi^1(x,y) = \phi(x)\psi(y) \quad \psi^2(x,y) = \psi(x)\phi(y) \quad \psi^3(x,y) = \psi(x)\psi(y)$$

由于数字图像是二维矩阵,所以一般假设图像矩阵的大小为$N \times N$,且$N = 2^n$(n为非负整数),经过一层小波变换后,原始图像便被分解为4个分辨率为原来大小四分之一的子带区域,如图15-1所示,分别包含了相应频带的小波系数,这一过程相当于在水平方向和垂直方向上进行隔点采样。

LL_1	HL_1
LH_1	HH_1

图15-1 一次离散小波变换后的频率分布

在进行下一层小波变换时,变换数据集中在LL子带上。(15.4)式~(15.7)式说明了图像小波变换的数学原型。

(1)LL频带保持了原始图像的内容信息,图像的能量集中于此频带:

$$f_{2^j}^0(m,n) = \langle f_{2^{j-1}}(x,y), \phi(x-2m, y-2n) \rangle \tag{15.4}$$

(2)HL频带保持了图像在水平方向上的高频边缘信息:

$$f_{2^j}^1(m,n) = \langle f_{2^{j-1}}(x,y), \psi^1(x-2m, y-2n) \rangle \tag{15.5}$$

(3)LH频带保持了图像在大垂直方向上的高频边缘信息:

$$f_{2^j}^2(m,n) = \langle f_{2^{j-1}}(x,y), \psi^2(x-2m, y-2n) \rangle \tag{15.6}$$

(4)HH频带保持了图像在对角线方向上的高频边缘信息:

$$f_{2^j}^2(m,n) = \langle f_{2^{j-1}}(x,y), \psi^3(x-2m, y-2n) \rangle \tag{15.7}$$

式中,$\langle \bullet \rangle$表示内积运算。

小波变换作为一种编码方式,属于有失真编码,针对信号的统计冗余进行压缩。对图像进行小波变换的原理就是通过低通滤波器和高通滤波器对图像进行卷积滤波,再进行二取一的下抽样。因此,图像通过一层小波变换可以被分解为一个低频子带和三个高频子带。其中,低频子带LL_1通过对图像在水平方向和垂直方向均进行低通滤波得到;高频子带HL_1通过对图像在水平方向进行高通滤波和在垂直方向进行低通滤波得到;高频子带LH_1通过对图像在水平方向进行低通滤波和在垂直方向进行高通滤波得到;高频子带HH_1通过对图像在水平方向进行高通滤波和在垂直方向进行高通滤波得到。各子带的分辨率为原始图像的二分之一。同理，对图像进行二层小波变换时只对低频子带 LL 进行，可以将 LL_1 子带分解为 LL_2、LH_2、HL_2 和 HH_2，各子带的分辨率为原始图像的四分之一。以此类推可得到三层及更高层的小波变换结果。所以，进行一层小波变换得到 4 个子带，进行二层小波变换得到 7 个子带，进行 x 层分解就得到 $3·x+1$ 个子带。如图 15-2 所示为三层小波变换后的系数分布。

LL_3	HL_3	HL_2	HL_1
LH_3	HH_3		
LH_2		HH_2	
LH_1			HH_1

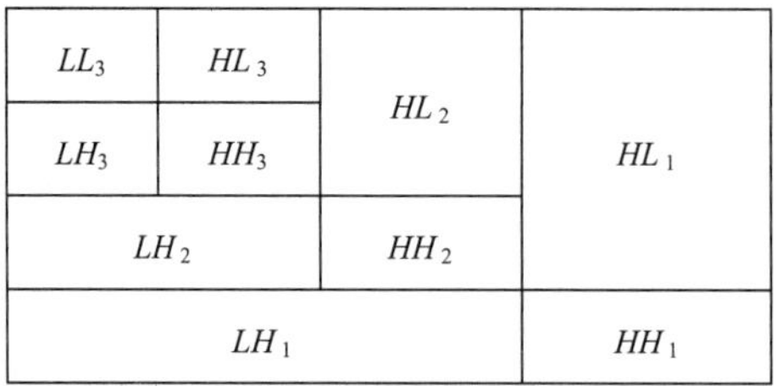

图 15-2　三层小波变换后的系数分布

通过对图像进行多层小波变换，可以得到不同特点的子带，包括能反映图像近似信息的低频子带，能反映水平、垂直、对角线方向信息的高频子带，这也符合人类视觉系统对影像进行空间方向分解的特性。对图像进行小波变换后可以得到频域信息，并按照其频谱能量与频率进行分布排列，通过对频域平面量化器进行合理的非均匀化比特分配，对高能量区配置高比特数，对低能量区配置低比特数，可以提高压缩原始数据的能力。对图像进行小波变换后可以将原始图像的大部分能量集中在小波系数的少数部分，因此通过将阈值引入小波系数的量化过程，会将高于阈值的部分保留，并将低于阈值的部分赋予常数，进而方便地实现对图像数据的压缩。

15.3　程序实现

小波变换是一种在时域和频域均能保持良好局部特性的分析方法，尤其适用于对非平稳信号的处理。在一般情况下，对信号通过不同的小波基及尺度进行处理会产生不同的分析结果。因此，应用小波变换进行图像压缩，一个非常关键的步骤就是选择小波基函数。常见的小波基有：haar（Haar 小波）、db（Daubechies 小波）、dmey（Discrete Meyer 小波）、sym（Symlets 小波）、coif（Coiflet 小波）、bior（Biorthogonal 小波）、rbio（Reverse Biorthogonal 小波）等，其中，Haar 小波是所有小波中最简单的，它是一个分段函数。Haar 函数的定义如下：

$$\Psi = \begin{cases} 1 & 0 \leqslant x \leqslant 1/2 \\ -1 & 1/2 \leqslant x < 1 \\ 0 & \text{其他} \end{cases}$$

本实验选择图像处理领域中经典的图例 lena.tif 进行处理，其维数为 512×512，如图 15-3 所示。

图 15-3　待处理图像

本实验还选择 Haar 小波作为小波基，选择 2 级分解尺度，首先通过执行小波变换，然后设定全局阈值进行压缩并重建，最后将结果图像输出到 png 文件中，并比较压缩前后占用的存储空间大小及 PSNR 值。其中，主函数代码如下：

```
clc; clear all; close all;
% 加载图像
filename = fullfile(pwd, 'images', 'lena.tif');
x = imread(filename);
% 级数
num = 2;
% 小波分解
[cf_vec, dim_vec] = wavedec_process(x, num, 'haar');
% 全局阈值
th = 10;
% 小波重构
y = waverec_process(cf_vec, dim_vec, 'haar', th);
% 输出 png 文件
output_img(x, y, filename, th, 'png');
% 计算 PSNR
p = PSNR(x,y);
disp(p);
```

小波分解函数通过接收原始图像矩阵、分解级数、小波类型进行小波压缩操作。核心代码如下：

```
function [cf_vec, dim_vec] = wavedec_process(x, num, wave_name)
% 对图像按指定的小波基和级数进行小波分解
```

```
% 输入参数：
%    I——图像矩阵
%    num——分解级数
%    wave_name——小波基名称
% 输出参数：
%    cf_vec——系数矩阵
%    dim_vec——维数信息

% 默认处理二维图像矩阵
if ndims(x) == 3
    x = rgb2gray(x);
end
% 获取分解滤波器
[lf, hf] = wfilters(wave_name, 'd');
% 数据类型转换
o = x;
x = double(x);
% 初始化
cf_vec = [];
dim_vec = size(x);
for i = 1 : num
    % 第i级小波分解
    [ya, yv, yh, yd] = dwt2_process(x, lf, hf);
    % 存储细节部分
    tmp = {yv; yh; yd};
    % 存储分解维数
    dim_vec = [size(yv); dim_vec];
    % 存储系数结构
    cf_vec=[tmp; cf_vec];
    % 迭代更新近似部分
    x = ya;
end
% 存储最后所得的细节部分
cf_vec = [ya; cf_vec];
% 绘图
figure; imshow(o, []); title('原图像');
% 绘制系数矩阵
plot_wave_coef(cf_vec);
% 塔式绘制系数矩阵
plot_wave_coef_join(cf_vec, dim_vec);
```

在执行小波分解后得到了小波系数矩阵，为了直观地演示小波系数的特点，这里采用MATLAB的子图绘制技术和图像矩阵合并技术来分别绘制小波系数的分布图像和塔式图像，如图15-4～图15-5所示。

第 15 章　基于小波的图像压缩技术

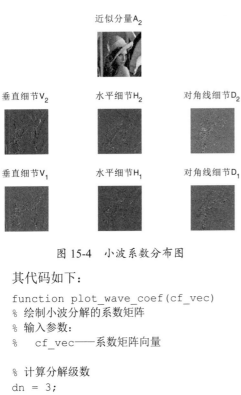

图 15-4　小波系数分布图

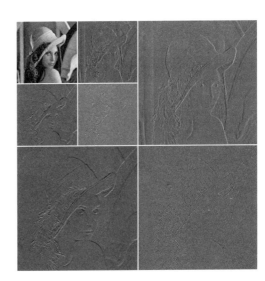

图 15-5　小波系数塔式图

其代码如下：

```
function plot_wave_coef(cf_vec)
% 绘制小波分解的系数矩阵
% 输入参数：
%   cf_vec——系数矩阵向量

% 计算分解级数
dn = 3;
num = (length(cf_vec)-1)/dn;
figure;
% 绘制近似分量
subplot(num+1, 3, 2);
yt = im2uint8(mat2gray(cf_vec{1}));
imshow(yt, []);
title(sprintf('近似分量 A_{%d}', num));

% 绘制高频系数
info = {'垂直细节 V', '水平细节 H', '对角线细节 D'};
ps = 2;
for i = 1 : num
    for j = 1 : dn
        yt = im2uint8(mat2gray(cf_vec{ps}));
        subplot(num+1, dn, ps+2);
        imshow(yt, []);
        title(sprintf('%s_{%d}', info{j}, num-i+1));
        ps = ps+1;
    end
```

```matlab
end

function plot_wave_coef_join(cf_vec,dim_vec)
% 画出小波分解系数的塔式结构图

% 计算分解级数
dn = 3;
num = (length(cf_vec)-1)/dn;
% 初始化
tmpa = wkeep(cf_vec{1}, dim_vec(1, :), 'c');
tmpa = im2uint8(mat2gray(tmpa));
tmpa(1, :) = 255; tmpa(end, :) = 255;
tmpa(:, 1) = 255; tmpa(:, end) = 255;
for j = 1:num
    tmpv = wkeep(cf_vec{(j-1)*dn+2}, dim_vec(j, :), 'c');
    tmph = wkeep(cf_vec{(j-1)*dn+3}, dim_vec(j, :), 'c');
    tmpd = wkeep(cf_vec{(j-1)*dn+4}, dim_vec(j, :), 'c');
    tmpv = im2uint8(mat2gray(tmpv));
    tmph = im2uint8(mat2gray(tmph));
    tmpd = im2uint8(mat2gray(tmpd));
    tmpv(1, :) = 255; tmpv(end, :) = 255;
    tmpv(:, 1) = 255; tmpv(:, end) = 255;
    tmph(1, :) = 255; tmph(end, :) = 255;
    tmph(:, 1) = 255; tmph(:, end) = 255;
    tmpd(1, :) = 255; tmpd(end, :) = 255;
    tmpd(:, 1) = 255; tmpd(:, end) = 255;
    tmp = [tmpa,tmpv;tmph,tmpd];
    stc = size(tmp);
    if stc >= dim_vec(j+1, :)
        tmpa = tmp(1:dim_vec(j+1, 1), 1:dim_vec(j+1,2));
    else
        tmp = tmp([1:end-1, end-2:end-1], [1:end-1, end-2:end-1]);
        tmpa = tmp(1:dim_vec(j+1, 1), 1:dim_vec(j+1,2));
    end
    tmpa = im2uint8(mat2gray(tmpa));
    tmpa(1, :) = 255; tmpa(end, :) = 255;
    tmpa(:, 1) = 255; tmpa(:, end) = 255;
end
figure;
imshow(tmpa, []);
title('小波系数塔式图');
```

小波重建函数通过接收小波分解所得到的系数矩阵、维数信息及小波基类型进行小波重建。本实验采用最简便的全局阈值设定方法，在进行重建操作前对小波高频系数及阈值滤波及压缩，再进行小波重建来得到压缩图像。核心代码如下：

```matlab
function x = waverec_process(cf_vec, dim_vec, wave_name, th)
```

```
% 对图像按指定的小波基和位数进行小波重构
% 输入参数：
%    cf_vec——系数矩阵
%    dim_vec——维数信息
%    wave_name——小波基名称
%    th——全局阈值
% 输出参数：
%    x——重构结果
if nargin < 4
    th = 10;
end
% 获取重建滤波器
[lf, hf] = wfilters(wave_name, 'r');
% 计算分解级数
dn = 3;
num = (length(cf_vec)-1)/dn;
% 近似部分
ya = cf_vec{1};
for i = 1 : num
    % 高频部分
    yv = cf_vec{(i-1)*3+2};
    yh = cf_vec{(i-1)*3+3};
    yd = cf_vec{(i-1)*3+4};
    yv(abs(yv)<th) = 0;
    yh(abs(yh)<th) = 0;
    yd(abs(yd)<th) = 0;
    % 重构低频
    ya = idwt2_process(ya, yv, yh, yd, lf, hf, dim_vec(i+1,:));
end
x = im2uint8(mat2gray(ya));
% 绘图
figure; imshow(x, []); title('重构图像');
```

程序的运行效果如图 15-6 所示，通过设定全局阈值为 10 所得到的重构图像在视觉效果上并无明显的损失。

图 15-6　小波重建效果

为了对小波变换前后的图像进行比较，本实验编写函数来将原始图像矩阵和重建图像矩阵存储到指定的文件夹中，并对文件的大小进行了对比。核心代码如下：

```matlab
function output_img(x, y, filename, th, ext)
% 输出文件
% 输入参数：
%    x、y——图像矩阵
%    filename——原图像的名称
%    th——全局阈值
%    ext——默认输出的格式

if nargin < 5
    ext = 'png';
end
% 获取文件名的关键字
[~, file, ~] = fileparts(filename);
% 目录检测
foldername = fullfile(pwd, 'output');
if ~exist(foldername, 'dir')
    mkdir(foldername);
end
% 写出到文件
file1 = fullfile(foldername, sprintf('%s_origin.%s', file, ext));
file2 = fullfile(foldername, sprintf('%s_wave_%.1f.%s', file, th, ext));
imwrite(x, file1);
imwrite(y, file2);
% 比较
info1 = imfinfo(file1);
info2 = imfinfo(file2);
fprintf('\n 压缩前图像所需存储空间为%.2fbytes', info1.FileSize);
fprintf('\n 压缩后图像所需存储空间为%.2fbytes', info2.FileSize);
fprintf('\n 文件大小比为%.2f', info1.FileSize/info2.FileSize);
```

主函数在执行完毕小波分解、全局阈值设定、小波重建这一系列操作后，通过调用文件输出函数、PSNR 计算函数进行对比，所得结果如下：

压缩前图像所需存储空间为 151199.00bytes
压缩后图像所需存储空间为 70396.00bytes
文件大小比为 2.15
压缩前后图像的 PSNR 值为 34.75

因此，本实验采用全局阈值为 10 来执行 Haar 小波基的 2 级分解和重建，所得的压缩图像在存储空间上仅占原始图像存储空间的 46.51%，而且 PSNR 值为 34.75，压缩后的图像相对于原始图像在视觉上并没有出现明显的瑕疵。更进一步，如果采用全局阈值为 20 来执行相同的操作，则所得到的压缩图像在存储空间上仅占原始图像存储空间的 30.4%，这也在更大程度上节约了图像存储和传输所需的资源。

第 15 章　基于小波的图像压缩技术

将小波图像压缩与还原的流程应用于不同的图像进行实验，检验压缩效果，具体结果如图 15-7～图 15-10 所示。

图 15-7　待处理图像　　　　　　　　　图 15-8　小波系数分解

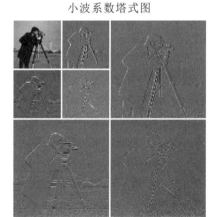

图 15-9　塔式分解　　　　　　　　　图 15-10　小波重建结果

该程序最后将图像生成 png 文件并将其存储到指定的文件夹中，提取文件的具体参数信息，其结果如下：

压缩前图像所需存储空间为 38267.00bytes
压缩后图像所需存储空间为 21779.00bytes
文件大小比为 1.76
压缩前后图像的 PSNR 值为 33.28

15.4 延伸阅读

随着图像采集技术和互联网技术的不断发展，图像信息被广泛应用于数字多媒体、信息通信等领域，图像的信息量也越来越大，因此图像压缩编码对于图像信息存储和传输越来越重要。传统的图像编码一般以信息论为基础，采用离散余弦变换进行图像处理，该方法在一定程度上能够去除图像的冗余信息，但随着压缩比的增加，容易出现较为明显的方块效应，具有一定的局限性。小波变换具有能保持局部特性的时频域分析和多分辨率分析的优势，克服了传统图像压缩编码的缺点，可以被高效、稳定地应用于图像压缩处理中。

本案例通过实验演示了小波变换多分辨率分解的特点，并且应用小波变换进行图像压缩具有良好的时频局部性。图像在经过指定尺度的小波变换后，绝大部分能量集中在小波分解系数的少数部分，通过设置阈值来将其他部分的系数置为常数，仅保留少数的分解系数来表示整个图像，从而相对于传统压缩算法得到较高的压缩比。通过设置不同的阈值和小波基及分解级数，或者设置自适应阈值等方式进行小波压缩，可以在一定程度上提高算法的压缩效果，这也是一个较好的研究方向。

本章参考的文献如下。

[1] 覃凤清. 数字图像压缩综述[J]. 宜宾学院学报，2006.

[2] 郭超. 小波变换在图像压缩方面研究及应用[D]. 上海交通大学，2007.

[3] 阮秋琦. 数字图像处理学[M]. 北京：电子工业出版社，2001.

第 16 章
基于融合特征的以图搜图技术

16.1 案例背景

视觉通道是人类感知外部世界的主要入口,图像则是多维度信息最直接的表现方式,更有"一图值千金"的谚语。但是,图像往往包含较多的信息量,文本方式很难表达其全面内容,因此对图像信息进行检索很难进行抽象建模。此外,随着互联网信息技术的发展,如何有效地存储、检索海量图像数据也越来越引起人们的关注。因此,通过有效构建图像数据库,搭建图像检索引擎,高效地利用图像的关键数据信息,并结合已有的搜索技术来实现海量图像的智能检索系统具有重要的现实意义。目前有许多主流搜索引擎均提供了图像搜索通道,如谷歌相似图搜索、百度识图等。在搜索图像时不仅可以根据与图像相关联的文字信息来搜索,而且能够按照图像内容本身来搜索,具有很高的使用价值。

本案例介绍了基于内容的图像检索的基本知识,但主要研究的是基于形状的图像检索技术,通过提取图像特征并进行建库来智能检索。本案例选择以图像 Hu 不变矩特征、图像 HSV 颜色特征为标准进行图像检索,其基本步骤为:首先,对待检索图像计算 Hu 不变矩特征向量;其次,对待检索图像计算 HSV 颜色特征向量;再次,进行图像融合特征的相似度匹配;最后,在图像库中检索出最相近的 Top10 图像序列作为检索结果。实验结果表明,使用该算法可以有效地检索出相似的图像,具有一定的参考价值。

16.2 理论基础

随着人们对多媒体信息检索需求的不断增加,传统的基于人工注解的图像检索系统无法实现灵活、高效、准确的图像检索，已不能满足人们的需求。为此，研究者们提出了基于内容的图像检索（Content-based Imagine Retrieval，CBIR）方法，该方法有效利用了图像的自身特征并参考某些模式识别技术进行高效能图像检索，其基本思路是：将图像的可视特征如颜色特征、纹理结构、边缘轮廓、位置关系等作为图像内容进行匹配查找，利用已有的模式识别算法进行相似度计算，实现目标检索。其中，图像特征抽取和匹配完全可以借助于数字图像处理技术自动完成，节省了人工成本，提高了执行效率。

图像变换在离散数据的条件下往往是不连续的，除平移变换外，旋转和尺度等变换均会导致图像的像素数量发生变化，从而使计算结果产生误差，而基于不变矩的形状描述可以在一定程度上保存原有的形状信息，具有稳定性，因此可以选择不变矩作为特征进行图像检索。在实际处理过程中，图像的大小可能会影响不变矩特征值，所以在进行图像相似性匹配之前应将图像库中的图像进行大小统一化操作，建立标准的图像库。以一幅彩色 RGB 图像为例，计算其 Hu 不变矩特征量的过程为：首先，将一幅彩色 RGB 的图像转换为灰度图像，对其进行二值化；然后，归一化二值图像的大小，提取边缘图像；最后，统一计算其 Hu 不变矩。其中，在得到二值边缘图像后，就可以利用不变矩的公式提取不变矩，组成特征向量。在实际处理过程中，考虑到图像库不变矩的计算复杂度较高，因此可以预先执行建库算法，提取其 7 个 Hu 不变矩特征，存放于图像的形状特征索引库中，将其提供给图像检索流程来执行图像查询，返回检索结果并排序。其中，计算图像 Hu 不变矩并建库的过程如下所述。

1. 边缘图像

确定边缘提取算子对图像进行边缘提取，得到边缘图像。

2. 提取轮廓

确定边缘图像并进行轮廓跟踪，得到外轮廓图像。

3. 细化轮廓

确定外轮廓图像并进行预处理：首先，平滑轮廓得到连续的轮廓线，采用自适应二值化的方法二值化该轮廓线；然后，进行轮廓线细化操作；最后，提取连续平滑、单像素、二值化的外轮廓图像。

4. 目标区域

确定经过细化的外轮廓图像并进行种子填充，获取图像的外轮廓线所包围的目标区域作为输入图像。

5. 不变矩计算

确定目标区域图像并计算其中的 7 个 Hu 不变矩，将其构造成这幅图像的形状特征向量。

6. 归一化

确定形状特征向量并对其进行内部归一化处理，将特征值存入图像特征库。

16.3 程序实现

16.3.1 图像预处理

图像预处理主要包括图像灰度化、二值化操作，为后续的不变矩计算提供了图像数据。本案例采用 MATLAB 库函数 rbg2gray 进行图像灰度化操作，采用函数 im2bw 进行图像二值化操作。核心代码如下：

```
if ndims(I) == 3
    I1 = rgb2gray(I)。
else
    I1 = I。
end
bw1 = im2bw(I1, graythresh(I1))。
```

16.3.2 计算特征

图像特征包括 Hu 不变矩特征、HSV 颜色统计特征，根据图像的不变矩计算公式，可直接将图像视为数据矩阵进行计算；根据 HSV 颜色统计特征的特点，将 H（色度）、S（饱和度）、V（亮度）分量分别进行统计分析，得到对应的统计特征向量。

不变矩计算的核心代码如下：

```
function vec = get_hu_vec(im)
% 计算图像的 Hu 不变矩
if ndims(im) == 3
    im = rgb2gray(im);
end
% 二值化边缘
im = im2bw(im, graythresh(im));
im = edge(im, 'canny');
% Hu 特征提取
im = double(im);
```

```
m00 = sum(sum(im));
m10 = 0;
m01 = 0;
[row,col] = size(im);
for i = 1:row
    for j = 1:col
        m10 = m10+i*im(i,j);
        m01 = m01+j*im(i,j);
    end
end
u10 = m10/m00;
u01 = m01/m00;
m20 = 0;
m02 = 0;
m11 = 0;
m30 = 0;
m12 = 0;
m21 = 0;
m03 = 0;
for i = 1:row
    for j = 1:col
        m20 = m20+i^2*im(i,j);
        m02 = m02+j^2*im(i,j);
        m11 = m11+i*j*im(i,j);
        m30 = m30+i^3*im(i,j);
        m03 = m03+j^3*im(i,j);
        m12 = m12+i*j^2*im(i,j);
        m21 = m21+i^2*j*im(i,j);
    end
end
y11 = m11-u01*m10;
y20 = m20-u10*m10;
y02 = m02-u01*m01;
y30 = m30-3*u10*m20+2*u10^2*m10;
y12 = m12-2*u01*m11-u10*m02+2*u01^2*m10;
y21 = m21-2*u10*m11-u01*m20+2*u10^2*m01;
y03 = m03-3*u01*m02+2*u01^2*m01;
n20 = y20/m00^2;
n02 = y02/m00^2;
n11 = y11/m00^2;
n30 = y30/m00^2.5;
n03 = y03/m00^2.5;
n12 = y12/m00^2.5;
n21 = y21/m00^2.5;
h1 = n20 + n02;
h2 = (n20-n02)^2 + 4*(n11)^2;
h3 = (n30-3*n12)^2 + (3*n21-n03)^2;
```

```
h4 = (n30+n12)^2 + (n21+n03)^2;
h5 =
(n30-3*n12)*(n30+n12)*((n30+n12)^2-3*(n21+n03)^2)+(3*n21-n03)*(n21+n03)*(3*(n30+
n12)^2-(n21+n03)^2);
h6 = (n20-n02)*((n30+n12)^2-(n21+n03)^2)+4*n11*(n30+n12)*(n21+n03);
h7 =
(3*n21-n03)*(n30+n12)*((n30+n12)^2-3*(n21+n03)^2)+(3*n12-n30)*(n21+n03)*(3*(n30+
n12)^2-(n21+n03)^2);
vec = [h1 h2 h3 h4 h5 h6 h7];
% 归一化处理
vec = vec ./ sum(vec);
```

HSV 颜色特征计算的核心代码如下：

```
function vec = get_color_vec(im)
% 获取 HSV 空间矩阵
hsv = rgb2hsv(im);
h = hsv(:,:,1);
s = hsv(:,:,2);
v = hsv(:,:,3);
% 将 H 变换为角度空间
h = h*360;
hm = zeros(size(h));
sm = zeros(size(s));
vm = zeros(size(v));
% 将 H 进行 8 级量化
ts = [20 40 75 155 190 271 295 315];
for i = 1 : 8
    if i == 1
        hm(h<=ts(i) | h>ts(end)) = i-1;
    end
    if i > 1
        hm(h<=ts(i) & h>ts(i-1)) = i-1;
    end
end
% 将 S 进行 3 级量化
ts = [0 0.2 0.7 1];
for i = 1 : 3
    sm(s<=ts(i+1) & s>ts(i)) = i-1;
end
% 将 V 进行 3 级量化
ts = [0 0.2 0.7 1];
for i = 1 : 3
    vm(v<=ts(i+1) & v>ts(i)) = i-1;
end
% 加权整合
hsvm = 9*hm + 3*sm + vm;
hsvw = zeros(size(hsvm));
```

```matlab
% L进行12级量化
ts = 0 : 6 : 72;
for i = 1 : 12
    hsvw(hsvm<=ts(i+1) & hsvm>ts(i)) = i-1;
end
vec = zeros(1, 12);
for i = 1 : 12
    % 统计直方图
    hsvwi = find(hsvw==i-1);
    vec(i+1) = numel(hsvwi);
end
% 归一化处理
vec = vec ./ sum(vec);
```

16.3.3 图像检索

图像不变矩计算完毕后，就需要根据其特征数据进行图像检索。本案例首先对图像数据库进行特征计算来得到特征索引，并将其存储到本地文件中；然后对输入的图像计算特征值并采用加权融合的方式进行特征相似度的融合；最后通过与索引库的对比来得到相似的图像列表。其中，计算相似度并进行加权融合排序的代码如下：

```matlab
function ind_dis_sort = SearchResult(vec_hu, vec_color, H)
% 图像检索
vec_hus = cat(1, H.vec_hu);
vec_colors = cat(1, H.vec_color);
% 分别计算Hu、颜色的距离差异
vec_hu = repmat(vec_hu, size(vec_hus, 1), 1);
vec_color = repmat(vec_color, size(vec_colors, 1), 1);
dis_hu = sum((vec_hu-vec_hus).^2, 2);
dis_color = sum((vec_color-vec_colors).^2, 2);
% 按比例加权融合
rate = 0.5;
dis = rate*mat2gray(dis_hu) + (1-rate)*mat2gray(dis_color);
% 排序，将相似、差异度小的排在前面
[~, ind_dis_sort] = sort(dis);
```

16.3.4 结果分析

为了更好地进行算法分析，本实验搭建GUI框架，通过设置检索图像、图像库、特征计算、融合检索进行检索分析。其中，程序的主界面如图16-1所示。

第 16 章　基于融合特征的以图搜图技术

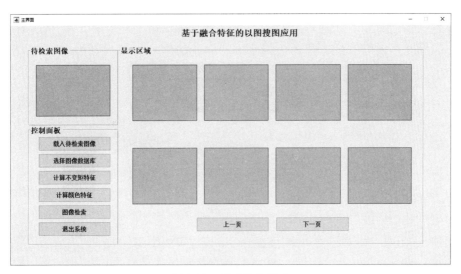

图 16-1　程序的主界面

首先，通过"载入待检索图像"按钮选择图像，并在左上角呈现待检索的图；然后，依次选择图像数据库、计算不变矩特征、计算颜色特征，得到融合特征向量；最后，执行检索，得到排序结果并在右侧面板中显示排序后的图像列表。搜索效果如图 16-2 所示。

图 16-2　搜索效果 1

选择不同的图像来执行检索流程，实验效果如图 16-3 所示。

图 16-3　实验结果

通过实验可以看出，选择不变矩特征、颜色特征作为特征进行图像检索，具有执行效率高、检索结果有效的特点。对于不同的图像，经过一系列的预处理流程，计算其特征向量，再与原图像库数据进行比较，提取 Top N 的图像作为输出，能在一定程度上反映图像检索的流程，具有一定的使用价值。

16.4　延伸阅读

基于形状的图像检索是 CBIR 的重要算法之一，该算法利用形状特征本身的优点，能够方便地将不同的图像区域分开，而且形状特征本身的特殊性也使其研究具有一定的挑战性。因此，基于形状特征的图像检索研究已成为基于内容的图像检索中的一个占据重要位置的研究课题。虽然到目前为止，研究人员已经提出了许多特征提取方法，但检索算法依然存在很多需要改进之处，如对图像的视觉内容描述及在此基础上的更高层次的语义描述等。人们还很难确定选择哪种方法能够充分体现图像的内容，并适用于检索操作，使其具有良好的查全率和查准率。因此，为了不断完善对图像的特征描述，提高检索性能，还需要从以下几个方面深入研究。

1. 形状特征定义

形状特征定义指通过有效定义和提取具有普遍适用性的图像形状特征来提高检索算法的通用性。基于不变矩的形状特征具有局限性，并不适用于所有类型的图像，如色彩丰富的自然风景、纹理丰富的天空等图像就不能采用该方法表述图像内容的特征。因此图像形状特征的定义和普遍的适用性仍然需要进一步的探索，这也是需要进一步研究的重要内容之一。

2. 检索有效性

检索有效性指通过提取能够更好地表达图像空间信息的有效特征，并将其做数值化处理得到图像的特征向量，以进一步提高检索速度，研究具有良好鲁棒性的图像特征和提高检索的性能。这也是今后基于内容的图像特征提取的研究发展方向之一。

3. 高层语义

高层语义指通过对图像底层特征的提取，进一步实现基于语义的图像特征提取，并将其应用于检索智能程度的提升。因此，选择在 CBIR 技术的基础上对图像高层次的语义描述进行研究具有重要意义。但是，普遍的研究集中于人类的底层视觉特征，而用户对语义的理解要远高于对底层特征的表达。因此，对图像的语义特征的表达和基于语义内容的图像检索将是今后研究的热点之一。

本章参考的文献如下。

[1] 张超. 基于内容的图像检索算法研究[D]. 哈尔滨理工大学，2009.

[2] 宁晶晶. 基于内容的图像检索技术的研究与实现[D]. 中北大学，2012.

第 17 章
基于 Harris 的角点特征检测

17.1 案例背景

角点是图像中的一个重要的局部特征，决定了图像中关键区域的形状，体现了图像中重要的特征信号，所以在目标识别、图像匹配、图像重构等方面都具有十分重要的意义。

对角点的定义一般可以分为以下三种：图像边界曲线具有极大曲率值的点、图像中梯度值和梯度变化率很高的点、图像在边界方向变化不连续的点。定义不同，角点的提取方法也不尽相同，如下所述。

1. 基于图像边缘的检测方法

该类方法需要对图像的边缘进行编码，这在很大程度上依赖于图像的分割和边缘提取，具有较大的计算量，一旦待检测目标在局部发生变化，则很可能导致操作失败。早期主要有 Rosenfeld 和 Freeman 等人所提出的方法，后期有曲率尺度空间等方法。

2. 基于图像灰度的检测方法

该类方法通过计算点的曲率及梯度来检测角点，可避免基于图像边缘的检测方法存在的缺陷，是目前研究的重点。该类方法主要有 Moravec、Forstner、Harris 和 SUSAN 算子等。

17.2 理论基础

17.2.1 Harris 的基本原理

假设对图像进行不同方向上的窗口滑动扫描,通过分析窗口内的像素变化趋势来判断是否存在角点:如果窗口区域内的像素在各个方向上都没有显著变化,如图 17-1(a)所示,则其窗口区域对应图像平滑区域;如果窗口区域内的像素在灰度的某个方向上发生了较大变化,如图 17-1(b)所示,则其对应图像边缘;如果窗口区域内的像素在灰度的多个方向上均发生了明显变化,如图 17-1(c)所示,则认为在窗口内包含角点。

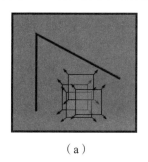 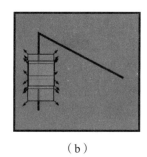 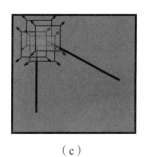

(a)　　　　　　　　　(b)　　　　　　　　　(c)

图 17-1　移动 Harris 窗口进行角点检测

Harris 角点检测正是利用了这个直观的物理现象,通过窗口内的灰度在各个方向上的变化程度,确定其是否为角点。

图像 $I(x,y)$ 在点 (x,y) 处平移 (u,v) 后产生的灰度变化 $E(x,y,u,v)$ 如下:

$$E(x,y,u,v) = \sum_{(x,y)\in S} w(x,y)\left[I(x+u,y+v) - I(x,y)\right]^2 \qquad (17.1)$$

式中,S 是移动窗口的区域;$w(x,y)$ 是加权函数,可以是常数或高斯函数,高斯函数对离中心点越近的像素赋于越大的权重,以减少噪声影响。

Harris 算子用 Taylor 展开 $I(x+u,y+v)$ 去近似任意方向:

$$I(x+u,y+v) = I(x,y) + \frac{\partial I}{\partial x}u + \frac{\partial I}{\partial y}v + O(u^2,v^2) \qquad (17.2)$$

于是,灰度变化可以重写为:

$$E(x,y,u,v) = \sum_{(x,y)\in S} w(x,y)\left[I_x u + I_y v\right]^2$$

$$= \sum_{(x,y)\in S} w(x,y)[u,v]\begin{bmatrix} I_x^2 & I_x I_y \\ I_x I_y & I_y^2 \end{bmatrix}\begin{bmatrix} u \\ v \end{bmatrix}$$

$$= [u,v]\left(\sum_{(x,y)\in S} w(x,y)\begin{bmatrix} I_x^2 & I_x I_y \\ I_x I_y & I_y^2 \end{bmatrix}\right)\begin{bmatrix} u \\ v \end{bmatrix} \quad (17.3)$$

$$\cong [u,v]M\begin{bmatrix} u \\ v \end{bmatrix} \cong [u,v]\begin{bmatrix} a & c \\ c & b \end{bmatrix}\begin{bmatrix} u \\ v \end{bmatrix}$$

(17.3) 式中 M 是 2×2 的矩阵，它是关于 x 和 y 的二阶函数，因此 $E(x,y,u,v)$ 是一个椭圆方程。椭圆的尺寸由 M 的特征值决定，它们表征了灰度变化最快和最慢的两个方向；椭圆的方向由 M 的特征矢量决定，如图 17-2 所示。

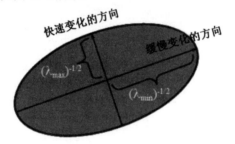

图 17-2　二次项特征值和椭圆的关系

二次项函数的特征值与图像中角点、直线和平面之间的关系可分为以下三种。

1. 图像中的边缘

一个特征值大，另一个特征值小，也就是说灰度在某个方向上变化大，在某个方向上变化小，对应图像的边缘或者直线。

2. 图像中的平面

两个特征值都很小，此时灰度变化不明显，对应图像的平面区域。

3. 图像中的角点

两个特征值都很大，灰度值沿多个方向都有较大的变化，因此可认为其是角点。

由于求解矩阵 M 的特征值需要较大的计算量，而两个特征值的和等于矩阵 M 的积，两个特征值的积等于矩阵 M 的行列式，所以 Harris 使用一个角点响应值 R 来判定角点的质量：

$$R = \lambda_1\lambda_2 - k(\lambda_1 + \lambda_2)^2$$
$$= \det(\boldsymbol{M}) - k[\mathrm{trace}(\boldsymbol{M})]$$
$$= (ac - b)^2 - k(a + c)^2 \qquad (17.4)$$

式中，k 是经验常数，一般取值范围为 0.04～0.06。

17.2.2 Harris 算法的流程

（1）首先，计算图像 $I(x, y)$ 在 x 和 y 两个方向上的梯度 I_x 和 I_y：

$$\frac{\partial I}{\partial x} = [-1, 0, 1] \otimes \boldsymbol{I}$$
$$\frac{\partial I}{\partial y} = [-1, 0, 1]^\mathrm{T} \otimes \boldsymbol{I} \qquad (17.5)$$

（2）其次，计算每个像素点上的相关矩阵 $\boldsymbol{M}$：

$$a = w(x, y) \otimes I_x^2$$
$$b = w(x, y) \otimes I_y^2$$
$$c = w(x, y) \otimes (I_x I_y) \qquad (17.6)$$

（3）然后，计算每个像素点的 Harris 角点响应值 R：

$$R = (ab - c^2) - k(a + b)^2 \qquad (17.7)$$

（4）最后，在 $N \times N$ 范围内寻找极大值点，如果其 Harris 响应大于阈值，则可将其视为角点。

17.2.3 Harris 角点的性质

Harris 角点的性质如下所述。

1. 敏感因子 k 对角点检测有影响

对矩阵 $\boldsymbol{M}$ 的特征值，假设 $\lambda_1 > \lambda_2 > 0$，$\lambda_1 = \lambda$，$\lambda_2 = \alpha\lambda$，则（17.4）式可以重写为：

$$R = \lambda_1\lambda_2 - k(\lambda_1 + \lambda_2)^2 = \alpha\lambda\lambda - k(\lambda + \alpha\lambda)^2 \geqslant 0 \qquad (17.8)$$

于是可以得到：

$$0 < k < \frac{\alpha}{(1+\alpha)^2} \leq \frac{1}{4} \quad (17.9)$$

由（17.8）式可以看出，增加敏感因子 k，将减小角点的响应值，降低角点检测的灵敏度，减少被检测角点的数量。

2. Harris 算子具有灰度不变性

由于 Harris 在进行 Harris 角点检测时使用了微分算子，因此对图像的亮度和对比度进行仿射变换并不改变 Harris 响应 R 的极值出现位置，只是由于阈值的选择，可能会影响检测角点的数量。

3. Harris 算子具有旋转不变性

二阶矩阵 M 可以表示为一个椭圆，当椭圆旋转时，特征值并不随之变化，判断角点的 R 值也不发生变化，因此 Harris 算子具有选择不变性。当然，平移更不会引起 Harris 算子的变化。

4. Harris 算子不具有尺度不变性

如图 17-3 所示，当其左图被缩小时，在检测窗口尺寸不变时，在窗口内所包含的图像是完全不同的。其左图可能被检测为边缘，而其右图可能被检测为角点。

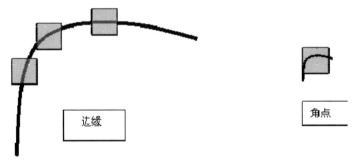

图 17-3　Harris 算子不具有尺度不变性

17.3　程序实现

17.3.1　Harris 算法的代码

为了加深对 Harris 算法的理解，根据 17.2 节中的理论知识，下面给出 Harris 算法的完整代码：

```matlab
functionvarargout=harris(I,k,q,h)
% I,原始灰度图
% k,敏感因子
% q,质量水平
% h,滤波权值

% 输入输出参数检查
narginchk(0,4);
nargoutchk(0,2);

% 灰度图像I
if nargin<1
    I=checkerboard(50,2,2);
end
% 敏感因子k,取值范围一般为0.04~0.06
if nargin<2
    k=0.04;
end
% 质量水平q,当R<q*Rmax时,将认为它不是角点
if nargin<3
    q=0.01;
end
% 高斯权值h,采用高斯平滑消除图像噪声
if nargin<3
    h=fspecial('gaussian',[5 5],1.5);
end

% 1 利用差分算子进行滤波求得Ix、Iy
fx=[-2,-1,0,1,2];
Ix=filter2(fx,I);
fy=[-2,-1,0,1,2]';
Iy=filter2(fy,I);

% 2 高斯滤波平滑消除突出点,计算矩阵M
Ix2=filter2(h,Ix.^2);
Iy2=filter2(h,Iy.^2);
Ixy=filter2(h,Ix.*Iy);

% 3 计算每个像素点的Harris响应值
% m=[a,c;c,b]
% R=det(m)-k*(trace(m))^2;
%  =(a*b-c^2)-k*(a+b)^2
rfcn=@(a,b,c)(a*b-c^2)-k*(a+b)^2;
R=arrayfun(rfcn,Ix2,Iy2,Ixy);
% 根据质量水平去掉低响应值的像素点
R(R < q*max(R(:)))=0;

% 4 找出[8,8]邻域内的最大响应值即角点
```

```
[xp,yp]=find(imregionalmax(R,8));

% 输出参数处理
if nargout==0
   subplot(121)
   imshow(I);
   hold on;
   plot(xp,yp,'ro');
   title('自己编写HARRIS算法')
   subplot(122)
   cp=corner(I);
   imshow(I)
   hold on
   plot(cp(:,1),cp(:,2),'ro');
   title('MATLAB自带CORNER函数')
elseif nargout==1
   varargout={[xp,yp]};
elseif nargout==2
   varargout={xp,yp};
end
```

17.3.2 角点检测实例

其实,在 MATLAB 图像处理工具箱中提供的 corner 函数可以直接用来检测图像的 Harris 角点特征。下面对使用 harris 函数和 corner 函数计算的结果进行对比,对比效果如图 17-4 所示。

```
% 生成一个检测板图像,包含3×3个像素块,每块都是50×50个像素
I = checkerboard(50,3,3);
% 高斯滤波系数
h = fspecial('gaussian',[5 5],2);
% 调用无输出参数的harris函数,将自动绘图并比较corner函数的结果
harris(I,0.05,0.01,h);
```

自己编辑 Harris 算法   MATLAB 自带 corner 函数

 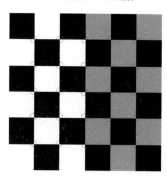

图 17-4　harris 函数和 corner 函数的角点检测对比

17.4 延伸阅读

Harris 算子主要具有以下局限性。

1. 尺度影响

Harris 算子对尺度很敏感，不具有尺度不变性。Mikolajczyk 和 Schmid 剔除的 Harris-Laplace 检测方法将 Harris 角点检测算子和高斯尺度空间相结合，使 Harris 角点检测具有尺度不变性。

2. 阈值设置

根据阈值来判断角点，在 Harris 算法中阈值只能根据图像特征进行手动调整，很难设定一个合适的值使其适合整幅图像中角点的提取。参考文献通过二次非极大值抑制，有效地避免设置阈值这一难点。

3. 窗口选择

以局部最大值判断为角点，这与高斯窗的选取有极大关系：若高斯窗选择过大，则会造成角点丢失；若高斯窗选择过小，则会造成大量的伪角点。在本章参考文献[4]中通过对响应值 R 在 x 和 y 方向进行曲线拟合，然后寻找曲线的峰谷值的方式来确定角点。

本章参考的文献如下。

[1] 赵小川. MATLAB 图像处理——能力提高与应用案例[M]. 北京：北京航空航天大学出版社，2014.

[2] 李博，杨丹，王小洪. 基于 Harris 多尺度角点检测的图像准新方法[J]. 计算机工程与应用，2006，42（35）：37～40.

[3] 周龙萍. 基于改进的 Harris 算法检测角点[J]. 计算机技术与发展，2013，23（2）.

[4] 龚平，刘相滨，周鹏. 一种改进的 Harris 角点检测算法[J]. 计算工程与应用，2010，46（11）：173～175.

[5] http://blog.csdn.net/ crzy_sparrow/ article/ details/7391511，2014.

第 18 章
基于 GUI 搭建通用视频处理工具

18.1 案例背景

数字视频处理技术指将一系列静态图像以信号方式加以采集、标记、处理、保存、传输和重现等各种技术的综合。经验证,画面的变化由每秒超过 24 帧以上连续的图像产生时,根据视觉暂留原理,人眼将无法辨别单幅的静态画面,在视觉上产生了平滑连续的视觉效果,即出现连续的画面,这就是我们常说的视频的产生过程。视频生成技术就是利用人类的"视觉滞留"原理,将多幅画面以超过一定速度的方式进行序列播放,形成连续不断的视频图像,进而达到视频播放的效果。

视频处理首先要解决的问题就是对视频进行读取、获取视频信息、提取帧图像等操作。MATLAB 包含一个强大的视频及图像处理工具箱,本章将综合利用 MATLAB 图像处理和图形展示等多元化功能,设计通用的 MATLAB 视频处理 GUI 框架,可实现视频文件的帧图像序列提取、视频播放、软件截屏等功能,为视频处理项目提供基础的框架服务。

18.2 理论基础

随着图像处理与数字通信技术的快速发展,视频的应用越来越广泛。我们可以将数字视频看作图像在时间轴上扩展所得到的图像序列,将视频的每一帧都看作对静止的图像进行处理。视频是用来记录多媒体信息的重要载体的,可以同时包含图像、声音、备注信息等内容;数字视频是以数字形式进行记录的视频,有着不同的产生、存储及播放方式。本案例基于 MATLAB 开发了一套视频处理的 GUI 框架程序,通过调用 MATLAB 的视频处理函数 VideoReader 进行视频文件的载入与分帧，该框架可方便地进行扩展，用于对不同应用场景的视频处理算法进行仿真实验。

GUI（Graphical User Interfaces）是由各种图形对象组成的用户界面，在这种用户界面下，用户的命令和对程序的控制是通过"选择"各种图形对象来实现的。基本图形对象可分为控件对象和用户界面菜单对象，简称控件和菜单。控件对象是事件响应的图形界面对象，当某事件发生时，应用程序会做出响应并执行某些预定的功能子程序（Callback）。菜单对象的事件响应则是通过名称、标识、选中标记等关联到功能子程序进行事件发生的响应。因此，通过界面设计及相关的回调函数开发，可以定制生成具有特定应用的 GUI 程序，便于用户交互和功能演示。

MATLAB 图像视频处理工具箱通过 VideoReader 函数可以兼容多种格式的视频，能方便地获取视频的维数、帧数等属性信息，也可以进行视频的分帧处理，可方便地获取视频相应的图像序列。在实际使用中，通过 obj = VideoReader（fileName）可以建立视频读取对象。在 obj 中包含视频的各种属性参数，并可以直接通过结构体的方式进行访问，例如 obj.NumberOfFrames 可以获取视频的帧数信息，obj.FrameRate 可以获取视频的帧速信息等，对 Video Reader 的属性说明如表 18-1 所示。

表 18-1 对 VideoReader 的属性说明

属 性 名	意 义
Name	视频文件名
Path	视频文件路径
Duration	视频的总时长（秒）
FrameRate	视频帧速（帧/秒）
NumberOfFrames	视频帧数
Height	视频帧的高度
Width	视频帧的宽度
BitsPerPixel	视频帧像素的数据类型（比特）
VideoFormat	视频的类型，如'RGB24'
Tag	视频对象标识符，默认为空字符串
Type	视频对象类名，默认为'VideoReader'
UserData	用户自定义接口，默认为空

18.3 程序实现

本节以 MATLAB 作为测试环境，设计图形用户界面 GUI，实现视频文件的读取、信息获取、图像序列获取、播放、暂停、停止、抓图等通用功能，界面美观，易于拓展，可作为视频处理系统的初始工程。

18.3.1 设计 GUI 界面

通过在 Command 窗口运行 guide 命令，可直接打开 GUI 设计工具箱。也可以通过单击菜单 New/Graphic User Interface 进入 GUI 的创建及打开界面，如图 18-1 所示。

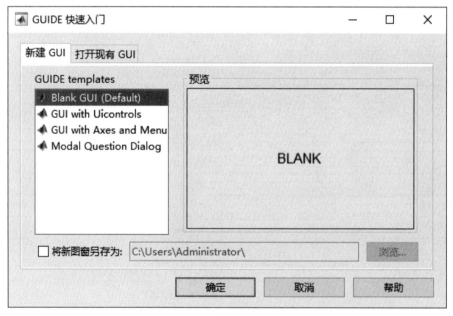

图 18-1 创建 GUI 工程

创建新的 GUI 工程，将其命名为 MainFrame，保存后可以看到生成了两个文件，分别为 MainFrame.fig 和 MainFrame.m，我们简称它们为窗体文件、源码文件。为了进行视频处理的实验，这里选用 MATLAB 图像处理工具箱自带的视频文件 traffic.avi，并将其复制到工程目录的 video 文件夹下，然后设计窗体界面为如图 18-2 所示。

第 18 章 基于 GUI 搭建通用视频处理工具

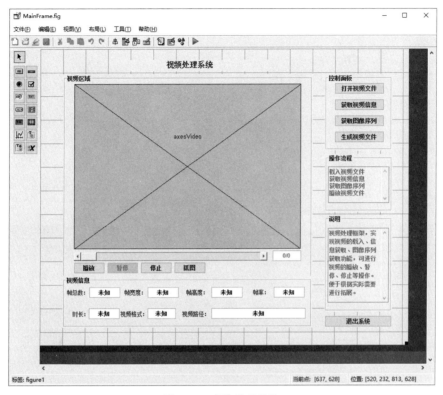

图 18-2 窗体界面设计

界面设计分为视频区域、视频信息、控制面板、操作流程及说明等，用于实现对视频进行显示、获取信息、操作及说明等功能。

18.3.2 实现 GUI 界面

这里根据在 18.3.1 节介绍的 GUI 设计框架，对主要功能进行实现，实验用的视频为 video 文件夹下的 traffic.avi，为了显示及处理方便，在本实验中会将其转化为帧图像序列并保存。

1. 视频文件读取

打开视频文件，调用 uigetfile 函数，交互式地载入视频文件，获取视频文件的路径并返回。核心代码如下：

```
function filePath = OpenVideoFile()
% 打开视频文件
% 输出参数：
% filePath——视频文件路径
```

```matlab
videoFilePath = fullfile(pwd, 'video\traffic.avi');
[filename, pathname, filterindex] = uigetfile( ...
    { '*.avi','视频文件 (*.avi)'; ...
    '*.mpeg','视频文件 (*.mpeg)'; ...
    '*.*',  '所有文件 (*.*)'}, ...
    '选择视频文件', ...
    'MultiSelect', 'off', ...
    videoFilePath);
filePath = 0;
if isequal(filename, 0) || isequal(pathname, 0)
    return;
end
filePath = fullfile(pathname, filename);
```

关联到"打开视频文件"按钮，在执行时会弹出选择文件的对话框，如图 18-3 所示。

图 18-3　载入视频文件

2. 获取视频信息

可通过调用 MATLAB 库函数 VideoReader 来获取视频文件的信息并保存，通过提取指定的信息到 GUI 的 Edit Text 控件进行显示。核心代码如下：

```matlab
% 获取视频信息按钮
if handles.videoFilePath == 0
    msgbox('请载入视频文件！', '提示信息');
```

```
    return;
end
% 获取信息并保存
videoInfo = VideoReader(handles.videoFilePath);
handles.videoInfo = videoInfo;
guidata(hObject, handles);
% 提取信息并将其显示到界面
set(handles.editFrameNum, 'String', sprintf('%d', videoInfo.NumberOfFrames));
set(handles.editFrameWidth, 'String', sprintf('%d px', videoInfo.Width));
set(handles.editFrameHeight, 'String', sprintf('%d px', videoInfo.Height));
set(handles.editFrameRate, 'String', sprintf('%.1f f/s', videoInfo.FrameRate));
set(handles.editDuration, 'String', sprintf('%.1f s', videoInfo.Duration));
set(handles.editVideoFormat, 'String', sprintf('%s', videoInfo.VideoFormat));
msgbox('获取视频文件信息成功！', '提示信息');
```

关联到"获取视频信息"按钮，在执行时会在后台获取已载入的视频文件信息，并将所需的信息字段在界面的相应控件中进行显示，如图 18-4 所示。

图 18-4 视频信息获取

3. 获取图像序列

MATLAB 对视频文件处理的关键是获取视频帧图像进行相关处理，因此对视频帧图像序列的获取尤为重要。可调用MATLAB库函数VideoReader进行循环处理来提取帧图像序列,并将其保存到本地文件夹中。核心代码如下:

```matlab
function Video2Images(videoFilePath)
clc;
nFrames = GetVideoImgList(videoFilePath);
function nFrames = GetVideoImgList(videoFilePath)
% 获取视频图像序列
% 输入参数:
%   vidioFilePath——视频路径信息
% 输出参数:
%   videoImgList——视频图像序列

xyloObj = VideoReader(videoFilePath);
% 视频信息
nFrames = xyloObj.NumberOfFrames;
video_imagesPath = fullfile(pwd, 'video_images');
if ~exist(video_imagesPath, 'dir')
    mkdir(video_imagesPath);
end
% 检查是否已经处理完毕
files = dir(fullfile(video_imagesPath, '*.jpg'));
if length(files) == nFrames
    return;
end
% 进度条提示框
h = waitbar(0, '', 'Name', '获取视频图像序列...');
steps = nFrames;
for step = 1 : nFrames
    % 提取图像
    temp = read(xyloObj, step);
    % 自动保存
    temp_str = sprintf('%s\\%03d.jpg', video_imagesPath, step);
    imwrite(temp, temp_str);
    % 显示进度
    pause(0.01);
    waitbar(step/steps, h, sprintf('已处理: %d%%', round(step/nFrames*100)));
end
close(h)
```

关联函数到"获取图像序列"按钮,在执行时会弹出进度条,并在本地文件夹下自动生成video_images文件夹存储视频的帧图像序列,如图18-5所示。

第 18 章 基于 GUI 搭建通用视频处理工具

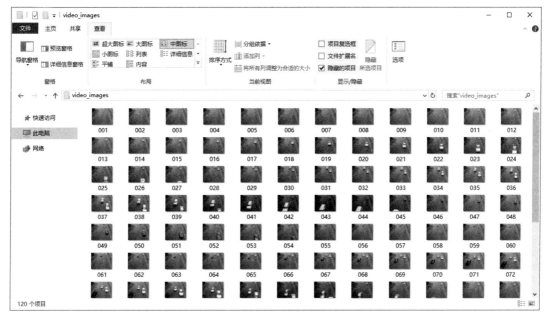

图 18-5 视频帧图像序列

4. 视频播放暂停

在生成视频图像序列后，为了显示视频的内容，会要求进行视频播放等操作。这里在 GUI 设计中加入了视频显示区域，并设置了播放、暂停、停止等功能按钮，为视频播放提供了一些的控制功能。核心代码如下：

```
% --- Executes on button press in pushbuttonPlay.
function pushbuttonPlay_Callback(hObject, eventdata, handles)
% hObject    handle to pushbuttonPlay (see GCBO)
% eventdata  reserved - to be defined in a future version of MATLAB
% handles    structure with handles and user data (see GUIDATA)
% 播放按钮
set(handles.pushbuttonPause, 'Enable', 'On');
set(handles.pushbuttonPause, 'tag', 'pushbuttonPause', 'String', '暂停');
set(handles.sliderVideoPlay, 'Max', handles.videoInfo.NumberOfFrames, 'Min', 0, 'Value', 1);
set(handles.editSlider, 'String', sprintf('%d/%d', 0, handles.videoInfo.NumberOfFrames));
% 循环载入视频帧图像并显示
for i = 1 : handles.videoInfo.NumberOfFrames
    waitfor(handles.pushbuttonPause,'tag','pushbuttonPause');
    I = imread(fullfile(pwd, sprintf('video_images\\%03d.jpg', i)));
    try
```

• 213 •

```
            imshow(I, [], 'Parent', handles.axesVideo);
            % 设置进度条
            set(handles.sliderVideoPlay, 'Value', i);
            set(handles.editSlider, 'String', sprintf('%d/%d', i, 
handles.videoInfo.NumberOfFrames));
        catch
            return;
        end
        drawnow;
    end
    % 控制暂停按钮
    set(handles.pushbuttonPause, 'Enable', 'Off');

% --- Executes on button press in pushbuttonPause.
function pushbuttonPause_Callback(hObject, eventdata, handles)
% hObject    handle to pushbuttonPause (see GCBO)
% eventdata  reserved - to be defined in a future version of MATLAB
% handles    structure with handles and user data (see GUIDATA)
% 暂停按钮
% 获取响应标记
str = get(handles.pushbuttonPause, 'tag');
if strcmp(str, 'pushbuttonPause') == 1
    set(handles.pushbuttonPause, 'tag', 'pushbuttonContinue', 'String', '继续');
    pause on;
else
    set(handles.pushbuttonPause, 'tag', 'pushbuttonPause', 'String', '暂停');
    pause off;
end

% --- Executes on button press in pushbuttonStop.
function pushbuttonStop_Callback(hObject, eventdata, handles)
% hObject    handle to pushbuttonStop (see GCBO)
% eventdata  reserved - to be defined in a future version of MATLAB
% handles    structure with handles and user data (see GUIDATA)
% 停止按钮
axes(handles.axesVideo); cla; axis on; box on;
set(gca, 'XTick', [], 'YTick', [], ...
    'XTickLabel', '', 'YTickLabel', '', 'Color', [0.7020 0.7804 1.0000]);
set(handles.editSlider, 'String', '0/0');
set(handles.sliderVideoPlay, 'Value', 0);
set(handles.pushbuttonPause, 'tag', 'pushbuttonContinue', 'String', '继续');
set(handles.pushbuttonPause, 'Enable', 'Off');
set(handles.pushbuttonPause, 'String', '暂停');
```

关联以上函数到 "播放" "暂停" "停止" 按钮即可对视频进行播放控制，进度条可以实时变化，用于标记视频的播放进度，如图 18-6 所示。

第 18 章 基于 GUI 搭建通用视频处理工具

图 18-6 视频播放截图

5. 视频文件生成

在生成视频图像序列后,可应用相关的图形处理算法得到输出图形序列。由于视频帧图像的连续性,为了更好地对比视频处理效果,将图像序列生成为视频文件具有重要的意义。核心代码如下:

```
% --- Executes on button press in pushbutton15.
function pushbutton15_Callback(hObject, eventdata, handles)
% hObject    handle to pushbutton15 (see GCBO)
% eventdata  reserved - to be defined in a future version of MATLAB
% handles    structure with handles and user data (see GUIDATA)
% 选择路径
video_path = out_put_videofile();
if isequal(video_path, 0)
    % 选择失效,返回
    return;
end
% 输出文件
image_folder = fullfile(pwd, 'video_images');
Images2Video(image_folder, video_path);
% 提示
msgbox('导出成功!', '提示信息');
```

```matlab
function video_path = out_put_videofile()
% 设置路径
foldername_out = fullfile(pwd, 'video_out');
if ~exist(foldername_out, 'dir')
    % 如果文件夹不存在，则创建
    mkdir(foldername_out);
end
% 设置文件名
video_default_path = fullfile(foldername_out, 'out.avi');
% 打开对话框，设置路径
[video_file_name, video_folder_name, ~] = uiputfile( ...
    { '*.avi','VideoFile (*.avi)'; ...
    '*.wmv','VideoFile (*.wmv)'; ...
    '*.*', 'All Files (*.*)'}, ...
    'VideoFile', ...
    video_default_path);
% 初始化
video_path = 0;
if isequal(video_file_name, 0) || isequal(video_folder_name, 0)
    % 如果选择失效，则返回
    return;
end
% 路径整合
video_path = fullfile(video_folder_name, video_file_name);

function Images2Video(image_folder, video_file_name)
% 默认的起始帧
start_frame = 1;
% 默认的结束帧
end_frame = size(ls(fullfile(image_folder, '*.jpg')), 1);
% 创建对象句柄
hwrite = VideoWriter(video_file_name);
% 设置帧率
hwrite.FrameRate = 24;
% 开始打开
open(hwrite);
% 进度条
hwaitbar = waitbar(0, '', 'Name', '生成视频文件...');
% 总帧数
steps = end_frame - start_frame;
for num = start_frame : end_frame
    % 当前序号的名称
    image_file = sprintf('%03d.jpg', num);
    % 当前序号的位置
    image_file = fullfile(image_folder, image_file);
    % 读取
```

第 18 章 基于 GUI 搭建通用视频处理工具

```
    image_frame = imread(image_file);
    % 转化为帧对象
    image_frame = im2frame(image_frame);
    % 写出
    writeVideo(hwrite,image_frame);
    % 刷新
    pause(0.01);
    % 进度
    step = num - start_frame;
    % 显示
    waitbar(step/steps, hwaitbar, sprintf('已处理: %d%%',
round(step/steps*100)));
    end
    % 关闭句柄
    close(hwrite);
    % 关闭进度条
    close(hwaitbar);
```

关联以上函数到"生成视频文件夹"按钮即可选择视频文件导出路径，并将图像序列导出、生成视频，进度条可以实时变化，用于标记视频的生成进度，如图 18-7 和图 18-8 所示。

图 18-7 视频生成截图

计算机视觉与深度学习实战——以 MATLAB、Python 为工具

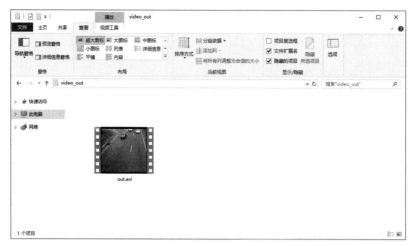

图 18-8　视频生成结果

6. 其他通用功能

在 GUI 工程处理中，常见的有截屏、抓图、退出系统提示等通用功能，在本工程中加入了这些功能。核心代码如下：

```
function SnapImage()
% 抓拍截图
video_imagesPath = fullfile(pwd, 'snap_images');
if ~exist(video_imagesPath, 'dir')
    mkdir(video_imagesPath);
end
% 生成保存路径
[FileName,PathName,FilterIndex] = uiputfile({'*.jpg;*.tif;*.png;*.gif','All Image Files';...
          '*.*','All Files' },'保存截图',...
          fullfile(pwd, 'snap_images\\temp.jpg'));
if isequal(FileName, 0) || isequal(PathName, 0)
    return;
end
fileStr = fullfile(PathName, FileName);
% 截图
f = getframe(gcf);
f = frame2im(f);
imwrite(f, fileStr);
msgbox('抓图文件保存成功！', '提示信息');

% --- Executes on button press in pushbuttonExit.
function pushbuttonExit_Callback(hObject, eventdata, handles)
% hObject    handle to pushbuttonExit (see GCBO)
```

• 218 •

```
% eventdata  reserved - to be defined in a future version of MATLAB
% handles    structure with handles and user data (see GUIDATA)
% 退出系统按钮
choice = questdlg('确定要退出系统?', ...
    '退出', ...
    '确定','取消','取消');
switch choice
    case '确定'
        close;
    case '取消'
        return;
end
```

分别关联到"抓图""退出系统"按钮,可实现自动抓图保存、退出系统提示等功能,如图 18-9 所示。

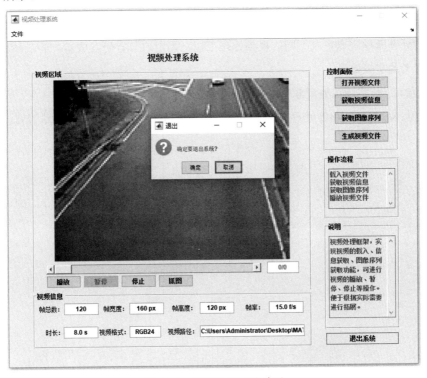

图 18-9 系统通用功能截图

此外,为了便于该 GUI 软件方便地读取及处理不同的视频,避免不同视频处理的干扰,这里也引入了 GUI 具有清理功能的初始化函数,用于设置图像显示区域、控件内容等。核心代码如下:

```
function InitAxes(handles)
clc;
axes(handles.axesVideo); cla reset;
set(handles.axesVideo, 'XTick', [], 'YTick', [], ...
    'XTickLabel', '', 'YTickLabel', '', 'Color', [0.7020 0.7804 1.0000], 'Box',
'On');
```

该函数一般被用于系统打开及载入文件的过程中,用于清理视频显示区域的内容。

18.4 延伸阅读

视频处理是图像处理的重要延伸,人们也对相关处理技术的发展需求越来越迫切。MATLAB 拥有强大的图像处理工具箱、GUI 设计工具箱等,本案例可以为将图像处理技术应用到视频处理中提供框架基础。为了便于借鉴已有的图像处理技术,可以结合本案例的程序设计,综合相关的处理流程快速生成不同的视频处理工程,为用户节省研发成本。

本章参考的文献如下。

[1] 阮秋琦. 数字图像处理学[M]. 北京:电子工业出版社,2001.

[2] 周品. MATLAB 图像处理与图形用户界面设计[M]. 北京:清华大学出版社,2013.

第 19 章
基于语音识别的信号灯图像模拟控制技术

19.1 案例背景

语音识别是一门覆盖面很广泛的交叉学科，与声学、语音学、语言学、信息理论、模式识别理论及神经生物学等学科都有非常密切的关系。语音识别通过语音信号处理和模式识别理论使得计算机自动识别和理解人类口述的语言，有两种意义：一是将人类口述的语句逐句地进行识别并转换为文字；二是对口述语言所包括的需求和询问做出合理的分析，执行相关的命令，而不是仅仅转换为书面文字。

本案例以语音识别为理论基础，通过与模式识别相结合的方式将其应用到信号灯图像的模拟控制领域，实现对指定语音信号进行自动识别并自动关联信号灯图像的效果，具有一定的使用价值。

19.2 理论基础

语音信号的端点检测是进行语音识别的一个基本步骤，它是特征训练和识别的基础。端点检测是指在语音信号中查找各种段落（如音素、音节、词素）的始点和终点，并从语音信号中消除无声段，进而实现对语音有效信号段的截取。早期进行端点检测的主要依据是信号能量、振幅和过零率，但经常会出现误检测，效果并不明显。20 世纪 60 年代，日本学者 Itakura 提出了动态时间规整算法（Dynamic Time Warping，DTW），该算法的基本思想是把未知量均匀地延长或缩短，并达到与参考模式的长度一致的效果。在这一过程中，未知语音段的时间轴要不均匀地变化或弯折，以使其特征与模型特征得到对应。因此，一个完整的基于统计的语音识别系统可大致有这样的步骤：①语音信号预处理；②语音信号特征提取；③声学模型选择；④模式匹配选择；⑤语言模型选择；⑥语言信息处理。

语音识别研究的第一步为选择识别单元，常用的语音识别单元有单词（句）、音节和音素三种，一般根据具体的研究任务决定选择哪种识别单元。大部分中小词汇语音识别系统选择单词（句）作为识别单元，大词汇系统的模型库一般规模较大，训练模型步骤较多，模型匹配算法复杂度较高，选择单词（句）作为识别单元难以满足实时性要求。大部分汉语语音识别系统选择音节作为识别单元，其中，汉语是单音节结构的语言，英语是多音节结构的语言，汉语大约有 1300 个音节，如果不考虑声调，则约有 408 个无调音节，待识别的音节数量相对较少。因此，中、大词汇量汉语语音识别系统一般选择以音节为识别单元进行系统设计。英语语音识别系统一般选择音素作为识别单元，中、大词汇量汉语语音识别系统也在越来越多地采用音素作为识别单元。汉语音节仅由声母和韵母构成，其中，零声母有 22 个，韵母有 28 个，且二者的声学特性相差很大。在实际应用中，为了提高易混淆音节的区分能力，通常把声母依后续韵母的不同而构成细化声母进行处理。但是，由于协同发音的影响，音素单元往往具有不稳定的特点，所以如何获得稳定的音素单元有待进一步研究。

选择合理的信号特征参数是语音识别的一个关键因素。为了提高对语音信号进行分析、处理的效率，我们需要提取特征参数，消除与语音识别无关的冗余信息，保留影响语音识别的重要信息，同时对语音信号进行压缩。因此，在特征参数提取的实际应用中，语音信号的压缩率一般介于 10～100。此外，语音信号包含了大量不同种类的信息，需要综合考虑包括成本、性能、响应时间、计算量等在内的各方面因素来决定对哪些信息进行提取，以及选择哪种方式进行提取。非特定人语音识别系统为了保证一般性，往往侧重于提取反映语义的特征参数，尽量消除说话人的个人信息；特定人语音识别系统为了保证有效性，往往在提取反映语义的特征参数的同时，尽量保留说话人的个人信息。

LP（线性预测）分析技术属于特征参数提取技术，已被广泛应用。许多成熟的语音识别应用系统都采用基于 LP 分析技术来提取 Mel 倒谱参数作为特征。但 LP 模型作为一种纯数学模型，具有局限性，没有考虑人类听觉系统对语音处理的特点。

Mel 倒谱参数和 PLP（感知线性预测）分析提取的感知线性预测倒谱，应用了听觉感知方面的一些研究成果，在一定程度上模拟了人类听觉系统对语音处理的特点。实验证明，采用这种技术能在一定程度上提高语音识别系统的性能。根据目前的使用情况，Mel 感知线性预测倒频谱参数充分考虑了人类发声与接收声音的特性并且具有良好的鲁棒性，因此已逐渐取代传统的线性预测编码倒频谱参数。

此外，有部分研究者尝试把小波分析技术应用于语音信号的特征提取中，但其应用性能还有一定的局限性，有待进一步研究。

19.3 程序实现

本案例采用 MATLAB 数学工具完成程序实现，主要采用 DTW 算法实现语音识别功能，软件算法的设计架构图如图 19-1 所示。

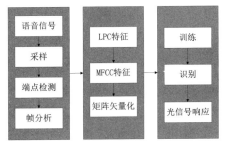

图 19-1　软件算法的设计架构图

软件界面的设计架构图如图 19-2 所示。

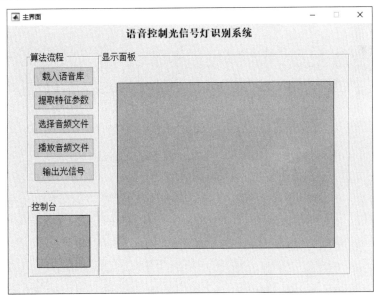

图 19-2　软件界面的设计架构图

软件界面分为算法流程面板、控制台、信号显示区三大部分，通过对语音库及特征参数的提取来建立已知知识库；通过选择音频文件和播放音频文件来控制音频信号的获取；通过输出光信号来执行模式匹配和结果显示。其中，载入语音库及提取特征参数是整个系统的基础。核心代码如下：

```matlab
function S = GetDatabase(dirName)
% 构建数据库
% 输入参数：
%    dirName——路径
% 输出参数：
%    S——数据库
if nargin < 1
    % 数据库路径
    dirName = './wav/Database';
end
h = waitbar(0, '', 'Name', '获取音频信号特征...');
% 获取 wav 文件列表
fileList = getAllFiles(dirName);
steps = length(fileList);
for i = 1 : steps
    file = fileList{i};
    [~, name, ~]= fileparts(file);
    ind = strfind(name, '语音信号');
    if ~isempty(ind)
        name = name(1:ind-1);
        name = strtrim(name);
    end
    MC = GetFeather(file);
    S(i).name = name;
    S(i).MC = MC;
    waitbar(i/steps, h, sprintf('已处理：%d%%', round(i/steps*100)));
end
close(h);
save S.mat S

function fileList = getAllFiles(foldername)
% 遍历获取整个子文件
% 输入参数：
%    foldername——文件夹
% 输出参数：
%    fileList——文件列表

% 获取文件信息
folderData = dir(foldername);
% 获取索引信息
folderIndex = [folderData.isdir];
% 获取文件列表
```

```
fileList = {folderData(~folderIndex).name}';
if ~isempty(fileList)
    % 如果非空，则整合文件路径到列表中
    fileList = cellfun(@(x) fullfile(foldername,x),...
        fileList,'UniformOutput',false);
end
% 获取子文件列表
subfolders = {folderData(folderIndex).name};
% 过滤无效路径
errIndex = ~ismember(subfolders,{'.','..'});
for iDir = find(errIndex)
    % 获取文件夹信息
    nextDir = fullfile(foldername,subfolders{iDir});
    % 获取文件列表
    fileList = [fileList; getAllFiles(nextDir)];
end
```

分别载入语音库，提取语音库的特征参数，如图 19-3 所示。

图 19-3　提取语音库的特征参数

这里通过对提取语音信号参数的 GetFeather 函数进行封装，并调用 mfcc 子函数来获取特征向量。核心代码如下：

```
function MC = GetFeather(file, flag)
% 获取音频文件的特征
% 输入参数：
%   file——文件路径
%   flag——显示标记
% 输出参数：
%   MC——特征
if nargin < 2
    flag = 0;
end
if nargin < 1
    file = '.\wav\Database\关闭\关闭_bsm.wav';
end
[signal, fs] = audioread(file);
framelength = 1024;
% 帧数
framenumber = fix(length(signal)/framelength);
for L = 1:framenumber;
    for m = 1:framelength;
```

```matlab
            framedata(m) = signal((L-1)*framelength+m);
        end
        % 计算每帧的能量
        E(L) = sum(framedata.^2);
end
if flag
    figure; plot(E);
end
% 求能量平均值
meanE = mean(E);
% 有效音的起始帧标记
startflag=0;
% 有效音的帧数
startnum=0;
% 有效音的起始帧
startframe=0;
% 有效音的结束帧
endframe = 0;
S = [];
% 判断浊音的起始帧位置
for L = 1 : framenumber
    if E(L) > meanE
        % 如果该帧能量大于平均能量,则认为该帧是起始帧
        startnum = startnum+1;
        if startnum == 2
            % 如果连续有3帧是浊音帧,则认为是真正的浊音段
            startframe = L-2;
            startflag = 1;
        end
    end
    if E(L) < meanE
        %如果该帧能量小于平均能量,则认为该帧是结束帧
        if startflag == 1
            endframe = L-1;
            S = [S; startframe endframe];
            startflag = 0;
            startnum = 0;
        end
    end
end
if size(S, 1) > 1
    ms = min(S(:, 1));
    es = max(S(:, 2));
else
    ms = S(1);
    es = S(2);
end
```

```
MC = [];
snum = 1;
for i = ms : es
    si = (i-1)*framelength;
    ei = i*framelength;
    fi = signal(si:ei);
    mc = mfcc(fi,fs);
    MC{snum} = mc;
    snum = snum + 1;
end
function f = mfcc(x,fs)
% 提取mfcc特征
% 输入参数：
%    x——信号
%    fs——采样率
% 输出参数：
%    f——特征

% 归一化mel滤波器组系数
bank=melbankm(12,256,fs,0,0.5,'m');
bank=full(bank);
bank=bank/max(bank(:));

% DCT系数,12*24
for k=1:12
    n=0:11;
    dctcoef(k,:)=cos((2*n+1)*k*pi/(2*12));
end

% 归一化倒谱提升窗口
w = 1 + 6 * sin(pi * [1:12] ./ 12);
w = w/max(w);

% 预加重滤波器
xx=double(x);
xx=filter([1 -0.9375],1,xx);

% 语音信号分帧
xx=enframe(xx,256,80);

% 计算每帧的MFCC参数
for i=1:size(xx,1)
    y = xx(i,:);
    s = y' .* hamming(256);
    t = abs(fft(s));
    t = t.^2;
```

```matlab
        c1=dctcoef * log(bank * t(1:129));
        c2 = c1.*w';
        m(i,:)=c2';
    end

    %差分系数
    dtm = zeros(size(m));
    for i=3:size(m,1)-2
        dtm(i,:) = -2*m(i-2,:) - m(i-1,:) + m(i+1,:) + 2*m(i+2,:);
    end
    dtm = dtm / 3;

    %合并mfcc参数和一阶差分mfcc参数
    f = [m dtm];
    %去除首尾两帧,因为这两帧的一阶差分参数为0
    f = f(3:size(m,1)-2,:);
```

为了进行音频识别,需要载入某语音文件并读取语音信号。核心代码如下:

```matlab
% --- Executes on button press in pushbutton3.
function pushbutton3_Callback(hObject, eventdata, handles)
% hObject    handle to pushbutton3 (see GCBO)
% eventdata  reserved - to be defined in a future version of MATLAB
% handles    structure with handles and user data (see GUIDATA)
%% 选择测试文件
file = './wav/Test/1.wav';
[Filename, Pathname] = uigetfile('*.wav', '打开新的语音文件',...
    file);
if Filename == 0
    return;
end
fileurl = fullfile(Pathname,Filename);
[signal, fs] = audioread(fileurl);
axes(handles.axes1); cla reset; box on;
plot(signal); title('待识别语音信号', 'FontWeight', 'Bold');
msgbox('载入语音文件成功', '提示信息', 'modal');
handles.fileurl = fileurl;
handles.signal = signal;
handles.fs = fs;
guidata(hObject, handles);
```

载入待识别的语音文件并将其读取到MATLAB的内存空间,绘制其音频信号曲线,如图19-4所示。

第 19 章　基于语音识别的信号灯图像模拟控制技术

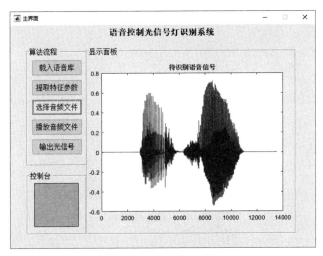

图 19-4　语音信号曲线显示

为了进行语音信号的识别，这里选择使用基于欧式距离的模板匹配算法作为相似度计算依据，通过循环对比提取最相近的语音信号类别作为识别结果。核心代码如下：

```
function [num, MC] = Reco(S, file)
% 识别结果
MC = GetFeather(file);
N = [];
h = waitbar(0, '', 'Name', '音频识别...');
steps = length(MC);
% 以欧式判别式进行模式识别
for i = 1 : length(MC)
   mc = MC{i};
   mindis = [];
   for j = 1 : length(S)
      MCJ = S(j).MC;
      disk = [];
      for k = 1 : length(MCJ)
         mck = MCJ{k};
         disk(k) = norm(mc-mck);
      end
      mindis = [mindis min(disk)];
   end
   [mind, indd] = min(mindis(:));
   N = [N indd];
   waitbar(i/steps, h, sprintf('已处理: %d%%', round(i/steps*100)));
end
close(h);
Ni = [];
for i = 1 : length(S)
```

```
    Ni(i) = numel(find(N == i));
end
% Ni
[maxNi, ind] = max(Ni);
num = ind;
```

用户可以选择播放音频文件，获取音频语音信号的感官信息。最后，单击识别按钮可以获取识别结果，并显示在指定区域，如图 19-5～图 19-6 所示。

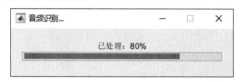

图 19-5　音频识别中

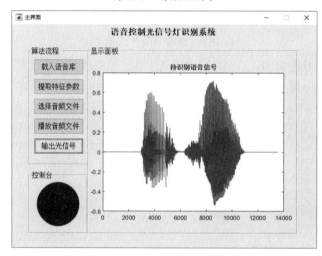

图 19-6　音频信号的识别过程

为了关联到不同的光信号颜色，这里通过对语音信号类别进行对应来得到相应的已知语义，进而对应到不同的信号灯。核心代码如下：

```
% --- Executes on button press in pushbutton4.
function pushbutton4_Callback(hObject, eventdata, handles)
% hObject    handle to pushbutton4 (see GCBO)
% eventdata  reserved - to be defined in a future version of MATLAB
% handles    structure with handles and user data (see GUIDATA)

%% 识别
if isequal(handles.fileurl, 0)
    msgbox('请选择音频文件', '提示信息', 'modal');
    return;
end
```

```
if isequal(handles.S, 0)
    msgbox('请计算音频库MFCC特征', '提示信息', 'modal');
    return;
end
S = handles.S;
[num, MC] = Reco(S, handles.fileurl);
result = S(num).name;
result = result(1:2);
c = 'r';
switch result
    case '打开'
        c = 'r';
    case '关闭'
        c = 'g';
    case '继续'
        c = 'b';
    case '开始'
        c = 'c';
    case '停止'
        c = 'y';
    case '暂停'
        c = 'm';
end
PlotInfo(handles.axes2, c);
msgbox('识别完成', '提示信息', 'modal');
```

最后，对于不同的音频信号可以获取不同的信号灯状态，单击输出光信号命令按钮可以获取识别结果，并执行指定的控制模拟操作，如图19-7所示。

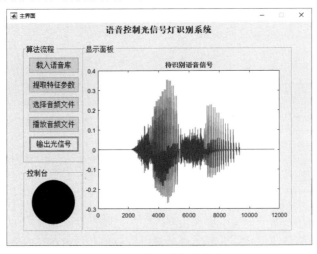

图19-7 光信号控制命令

为了演示系统的命令发送过程，这里编写了按钮执行函数，通过识别光信号类型来发送相关命令到指定的模拟对象，作为系统的预留接口，易于进一步拓展。核心代码如下：

```
% --- Executes on button press in pushbutton7.
function pushbutton7_Callback(hObject, eventdata, handles)
% hObject    handle to pushbutton7 (see GCBO)
% eventdata  reserved - to be defined in a future version of MATLAB
% handles    structure with handles and user data (see GUIDATA)
% 发送控制命令按钮
str = get(handles.textReconResult, 'String');
if isequal(strtrim(str), '')
    msgbox('无控制命令！', '提示信息', 'modal');
    return;
end
str = sprintf('控制命令"%s"已发送！', str);
msgbox(str, '提示信息', 'modal');
```

本系统提取了语音信号的 LPC、LPCC、MFCC 特征参数，并以 MFCC 特征参数为例，绘制 MFCC 特征曲线，如图 19-8～图 19-9 所示。

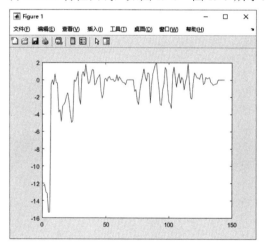

图 19-8　MFCC 特征曲线实例 1

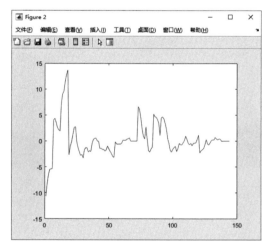

图 19-9　MFCC 特征曲线实例 2

19.4　延伸阅读

　　计算机语音识别在本质上也属于模式识别匹配的范畴。在实验过程中，计算机首先要根据人的语音特点建立语音模型，对输入的语音信号进行分析并裁剪有效语音段，提取所需要的特征，在此基础上建立语音识别所需的模板库。计算机在识别过程中要根据语音识别的整体模型，将在计算机中存放的语音模板与输入的语音信号的特征进行比较，根据一定的模式匹配策略，找出一系列与输入的语音最佳匹配的模板。最后，据此模板的定义，通过查表或提取类别信息就可以给出计算机的识别结果。因此，这种最佳匹配结果与特征的选择、语音模型和语言模型的好坏、模板是否准确等都有直接的关系。

影响一个语音识别系统性能的关键是它所选择的语音模型能否真实地反映语音的物理变化规律，语言模型能否正确地表达自然语言所包含的丰富语言学知识。但是，无论是语音信号还是人类的自然语言，都具有随机、多变和不稳定的特点，这也正是语音识别的难点所在。在识别过程中，模板训练的效果也直接关系到语音识别系统的识别率。因此，为了得到一个好的模板，往往需要有大量的原始语音数据来训练语音模型。在开始进行语音识别研究之前，首先要建立一个庞大的语音数据库和语料数据库作为系统的数据支撑。语音数据库应包括足够数量、不同性别、不同年龄、不同口音的说话人声音，并且内容要具有代表性，能均衡地反映现实场景的内容。

可以通过获取语音数据库及语音特征来建立语音模型，并用语音数据库中的语音来训练这个语音模型。在实际应用中可以采用不同的机器学习方法来对系统的构建进行改进，通过对特征及识别策略的优化，借助于不同的智能算法来提高系统的识别性能和运行效率，这也是一个良好的研究方向，具有一定的使用价值。

本章参考的文献如下。

[1] 王娜. 基于语音识别的机器人控制技术的研究[D]. 东北石油大学，2011.

[2] 杨海峰，张德祥. 模式识别理论和技术在语音识别研究中的应用[J]. 合肥学院学报（自然科学版），2009.

第 20 章
基于帧间差法进行视频目标检测

20.1 案例背景

运动目标自动检测是对运动目标进行检测、提取、识别和跟踪的技术。基于视频序列的运动目标检测,一直以来都是机器视觉、智能监控系统、视频跟踪系统等领域的研究重点,是整个计算机视觉的研究难点之一。运动目标检测的结果正确性对后续的图像处理、图像理解等工作的顺利开展具有决定性的作用,所以能否将运动物体从视频序列中准确地检测出来,是运动估计、目标识别、行为理解等高层次视频分析模块能否成功的关键。

运动目标检测技术在实际应用上更能体现人们对移动目标的定位和跟踪需求,因此在许多领域都有着广泛的应用。在运输上,运动目标检测技术被用于交通管理与视频监控来智能识别运输工具或行人的违章行为,为后续的抓拍、录入等提供了数据源;在医学上,运动目标检测技术被用于生物组织运动分析等方面,为病理判断提供了参考依据;在场景监控等安全防范领域,基于运动目标检测的视频监控系统与原来完全依靠人眼进行监控的系统相比,大大减轻了监控人员的工作强度,避免了值班员主观判断所引起的漏报、误判等问题,为单位节省了人工成本。因此,对运动目标检测技术的研究是一项既有理论意义又有使用价值的课题。近年来关于这项课题的研究有很多,大体有帧间差分法、背景差分法和光流法等算法。其中,帧间差分法由于运算量较小,易于硬件实现,已得到了广泛应用。

20.2 理论基础

运动目标检测算法往往是面向特定应用场景的,不存在一个算法能适用于所有场合的情况,也就是说每个算法都有其一定的适用范围。特别是，在同类环境下工作的各种检测算法有其特有的优点和缺点，目前还没有一个公认的标准来衡量算法的优劣。其中，从算法应用对象的角度来看，运动目标检测算法主要有两种：基于图像差分的算法和基于光流场的算法。其中，基于图像差分的算法又可以分为帧间差分法和背景差分法。

20.2.1 帧间差分法

帧间差分法一般通过判断相邻两帧或若干帧图像之间像素灰度值之差是否大于某一阈值来识别物体的运动：如果差的绝对值小于某一阈值 T，则未检测到运动目标，反之，发现运动目标。以车辆模型运动序列为例，其帧间差分法的检测效果如图 20-1 所示。

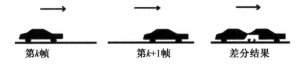

图 20-1 帧间差分效果图

假设取相邻两帧的灰度图像 I_k、I_{k+1}，并且两帧之间具有良好的配准效果，图像上某个像素点 (i,j) 在 k 时刻的灰度值记为 $f(I,j,k)$，在 $k+1$ 时刻的灰度值为 $f(i,j,k+1)$，差分图像记为 $B(i,j)$，则有：

$$B(i,j) = \begin{cases} 1 & |f(i,j,t) - f(i,j,t+1)| > T_1 \\ 0 & \text{其他} \end{cases}$$

因此，差分结果 $B(i,j)$ 是一个二值图像，值 1 表示该像素在不同时刻的灰度发生了很大的变化，说明有运动物体；值 0 表示该像素的灰度没有发生变化或者变化很小，说明没有运动物体。其中，T_1 类似于在二值化过程中所使用的阈值，该值的选取非常关键，决定了检测目标区域的准确度和灵敏度。

基于帧间差法进行视频目标检测的主要优点是算法简单，程序设计复杂度低，易于实现，并且对背景或者光线的缓慢变换不太敏感，能根据帧序的移动来较快适应，对目标运动的检测灵敏度较高。基于帧间差法进行视频目标检测的主要缺点是检测位置不够精确，特别是当目标运动速度较快，相邻帧之间的目标运动位移较大时，会影响运动目标区域的定位及其特征参数的准确提取。此外，帧间差分法阈值的选取对其检测结果也有直接的影响，往往决定目标检测的区域范围。特别是，如果预先定义某阈值而不是自适应计算阈值，则会提高差分图像中运动目标点和噪声点的误判概率。虽然帧间差分法可能提取不到完整的目标图像，但它简单、计算量小、速度快，也容易优化，适合 DSP 实现，所以目前被广泛运用。

20.2.2 背景差分法

背景差分法是利用当前帧图像与背景图像进行差分运算，并提取运动区域的一种目标检测方法，该方法一般能够提供完整的目标数据。背景差分的基本思想是：首先，用预先存储或者实时更新的背景图像序列为图像的每个像素统计建模，得到背景模型 $f_b(x,y)$；其次，将当前每一帧的图像 $f_k(x,y)$ 和背景模型 $f_b(x,y)$ 相减，得到图像中偏离背景图像较大的像素点；最后，类似于帧间差分法的处理方式，循环前两步直至确定目标的矩形定位信息。其中，运算过程的具体公式如下：

$$D_k(x,y) = \begin{cases} 1, & |f_k(x,y) - f_b(x,y)| > T \\ 0, & 其他 \end{cases}$$

式中，$f_k(x,y)$ 为某一帧图像，$f_b(x,y)$ 为背景图像，$D_k(x,y)$ 为帧差图像，T 为阈值。相减值大于 T，则认为像素出现在目标上，$D_k(x,y)$ 值为 1；反之，$D_k(x,y)$ 值为 0，则认为像素在背景中。通过以上步骤遍历处理每个像素，能够完整地分割出运动目标。

但是，当背景图像发生长时间的细微变化时，如果一直使用预先存储的背景图像，那么随着时间的增长，累积误差会逐渐增大，最终可能会造成原背景图像与实际背景图像存在较大偏差，导致检测失败。因此，背景差分方法中的一个关键要素就是背景更新，自适应的背景图像更新方法往往会大大提高目标检测的准确性及背景差分法的效率。基于像素分析的背景图像更新是常用的背景更新算法之一，该方法在更新背景图像之前先把背景图像和运动目标区分开：对于出现运动目标的背景图像区域不进行图像更新，对于其他区域则实时更新。因此，该算法所得到的背景图像不会受到运动目标的干扰。但是基于像素分析的背景图像更新算法对噪声具有一定的敏感性，特别是在光线突变时，可能不会实时更新背景图像。

背景差分法的优点是算法简单，易于实现。在实际处理过程中，在根据实际情况确定阈值后，所得结果直观反映了运动目标的位置、大小和形状等信息，能够得到比较精确的运动目标信息。该算法适用于背景固定或变化缓慢的情况，其关键是如何获得场景的静态背景图像，其缺点是容易受到噪声等外界因素干扰，如光线发生变化或者背景中物体暂时移动都会对最终的检测结果造成影响。

20.2.3 光流法

光流指图像中模式的运动速度，属于二维瞬时速度场的范畴。用光流法检测运动目标的基本原理是：首先，为图像中的每个像素点都初始化一个速度矢量，形成图像的运动场；然后，在运动中的某个特定时刻，将图像中的点与三维物体中的点根据投影关系进行一一映射；最后，根据各个像素点的速度矢量特征对图像进行动态分析。在此过程中，如果在图像中没有运动目标，则光流矢量在整个图像区域都呈现连续变化的态势；如果在图像中存在物体和图像背景的相对运动，则运动物体所形成的速度矢量必然和邻域背景的速度矢量不同，从而检测出运动物体的位置。在实际应用中，光流法的计算量大，容易受到噪声干扰，不利于实时处理。

光流法在近几年得到了较大的发展，出现了很多种改进算法，常用的有时空梯度法、模块匹配法、基于能量的分析方法和基于相位的分析方法。其中，时空梯度法以经典的 Horn&Schunck 方法为代表，应用最为普遍。该方法利用图像灰度的时空梯度函数来计算每个图像点的速度矢量，构建光流场。假设 $I(x,y,t)$ 为 t 时刻图像点 (x,y) 的灰度；u、v 分别为该点光流矢量沿 x 和 y 方向的两个分量，且有 $u=\mathrm{d}x/\mathrm{d}t$，$v=\mathrm{d}y/\mathrm{d}t$，则根据计算光流的条件 $\mathrm{d}I(x,y,t)/\mathrm{d}t=0$，可得到光流矢量的梯度约束方程为：

$$I_x u + I_y v + I_t = 0$$

改写为矢量形式：

$$\nabla I/v + I_t = 0$$

式中，I_x、I_y、I_t 分别为参考像素点的灰度值沿 x、y、t 三个方向的偏导数，$\nabla I = (I_x, I_y)^{\mathrm{T}}$ 为图像灰度的空间梯度，$v=(u,v)^{\mathrm{T}}$ 为光流矢量。

梯度约束方程限定了 I_x、I_y、I_t 与光流矢量的关系，但是该方程的两个分量 u 和 v 并非唯一解，所以需要附加另外的约束条件来求解这两个分量。常用的约束条件是假设光流在整个图像上的变化具有平滑性，也叫作平滑约束条件，如下所示：

$$\min\left(\begin{cases}(\partial u/\partial x)^2 + (\partial u/\partial y)^2 \\ (\partial v/\partial x)^2 + (\partial v/\partial y)^2\end{cases}\right)$$

因此，通过一系列的数学运算，可取得 (u,v) 的递归解。

光流法的优点是在不需要预先知道场景的任何消息的前提下能够检测独立的运动目标；光流法的缺点是该方法在大多数情况下计算复杂度较高，容易受光线等因素的影响，导致该方法在实时性和实用性方面处于劣势。

20.3 程序实现

运动检测算法有帧间差分法、背景差分法和光流法，已经在 20.2 节进行了具体介绍。本案例采用的算法是较为简单的帧间差分法，利用视频序列中连续的两帧或几帧图像的差异进行目标检测和提取。在处理过程中为了提高兼容性，选择 MeanShift 算法作为跟踪算法的补充，提升检测效果。由于此方式对动态环境具有较强的自适应性,所以检测效果还是可以接受的,不足之处在于当检测目标的运动速度较快时不能精确地定位目标。

为了增加软件设计的交互性,提升演示效果,本实验通过设计 GUI 的方式来实现软件框架,如图 20-2 所示。

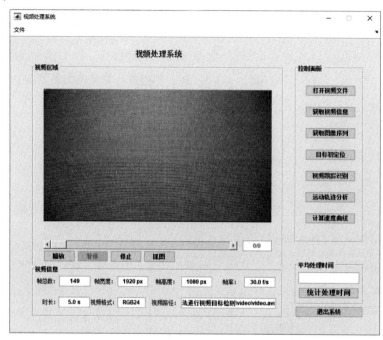

图 20-2　GUI 框架设计

软件设计以之前介绍的经典视频处理框架为基础进行开发,加入了目标检测定位、跟踪识别、轨迹分析、速度曲线等功能模块。其中,目标定位过程综合了视频图像序列本身的特点。为了增强演示效果,在程序设计之初对不同的目标位置序号进行分析,并采用帧间特征与 MeanShift 相结合的思想进行目标定位函数的开发。核心代码如下:

```
function [Xpoints1, Ypoints1, Xpoints2, Ypoints2, tms, yc] = 
ProcessVideo(videoFilePath)
    % 目标定位
    % 输入参数:
    %   videoFilePath——视频路径
    % 输出参数:
    %   Xpoints1, Ypoints1——目标1位置信息
    %   Xpoints2, Ypoints2——目标2位置信息
    %   tms, yc——运行参数
    if nargin < 1
        videoFilePath = fullfile(pwd, 'video/video.avi');
```

```
end
% 初始化
time_start = cputime;
[pathstr, name, ext] = fileparts(videoFilePath);
foldername = fullfile(pwd, sprintf('%s_images', name));
T = 1;
P = 5;
W1 = [75 95];
L1 = [360 17];
W2 = [55 55];
L2 = [35 1565];
Xpoints1 = [];
Ypoints1 = [];
Xpoints2 = [];
Ypoints2 = [];
Xpointst1 = [];
Ypointst1 = [];
Xpointst2 = [];
Ypointst2 = [];
% 显示窗口
figure('Position', get(0, 'ScreenSize'));
hg1 = subplot(1, 2, 1);
hg2 = subplot(1, 2, 2);
for frame = 1:151
    % 循环处理
    filename = fullfile(foldername, sprintf('%04d.jpg', frame));
    R = imread(filename);
    Imi = R;
    xc1 = 0;
    yc1 = 0;
    xc2 = 0;
    yc2 = 0;
    if frame > 75
        % 开始检测
        I = rgb2hsv(Imi);
        I = I(:,:,1);
        I = roicolor(I, 0.1, 0.17);
        MeanConverging1 = 1;
        while MeanConverging1
            % 循环处理目标1
            M00 = 0.0;
            for i = L1(1)-P : (L1(1)+W1(1)+P),
                for j = L1(2)-P : (L1(2)+W1(2)+P),
                    if i > size(I,1) || j > size(I,2) || i < 1 || j < 1
                        continue;
                    end
                    M00 = M00 + double(I(i,j));
```

```matlab
            end
        end
        % 提取特征
        M10 = 0.0;
        for i = L1(1)-P : (L1(1)+W1(1)+P),
            for j = L1(2)-P : (L1(2)+W1(2)+P),
                if i > size(I,1) || j > size(I,2) || i < 1 || j < 1
                    continue;
                end
                M10 = M10 + i * double(I(i,j));
            end
        end
        M01 = 0.0;
        for i = L1(1)-P : (L1(1)+W1(1)+P),
            for j = L1(2)-P : (L1(2)+W1(2)+P),
                if i > size(I,1) || j > size(I,2)|| i < 1 || j < 1
                    continue;
                end
                M01 = M01 + j * double(I(i,j));
            end
        end
        xc1 = round(M10 / M00);
        yc1 = round(M01 / M00);
        oldL = L1;
        L1 = [floor(xc1 - (W1(1)/2)) floor(yc1 - (W1(2)/2))];
        % 阈值判断
        if abs(oldL(1)-L1(1)) < T || abs(oldL(2)-L1(2)) < T
            MeanConverging1 = 0;
        end
    end
    % 更新
    s = round(1.1 * sqrt(M00));
    W1 = [ s floor(1.2*s) ];
    L1 = [floor(xc1 - (W1(1)/2)) floor(yc1 - (W1(2)/2))];
    Xpoints1 = [Xpoints1 xc1];
    Ypoints1 = [Ypoints1 yc1];
    yc1t = yc1+randi(2,1,1)*25;
    xc1t = xc1+randi(2,1,1)*25;
    Xpointst1 = [Xpointst1 xc1t];
    Ypointst1 = [Ypointst1 yc1t];
else
    Xpoints1 = [Xpoints1 NaN];
    Ypoints1 = [Ypoints1 NaN];
    Xpointst1 = [Xpointst1 NaN];
    Ypointst1 = [Ypointst1 NaN];
end
if frame > 94 && frame < 151
```

```matlab
% 开始检测
R = Imi;
I = rgb2ycbcr(R);
I = I(:,:,1);
I = mat2gray(I);
I = roicolor(I, 0.05, 0.3);
MeanConverging2 = 1;
while MeanConverging2
    % 循环处理目标 2
    M00 = 0.0;
    M00 = 0.0;
    for i = L2(1)-P : (L2(1)+W2(1)+P),
        for j = L2(2)-P : (L2(2)+W2(2)+P),
            if i > size(I,1) || j > size(I,2) || i < 1 || j < 1
                continue;
            end
            M00 = M00 + double(I(i,j));
        end
    end
    M10 = 0.0;
    for i = L2(1)-P : (L2(1)+W2(1)+P),
        for j = L2(2)-P : (L2(2)+W2(2)+P),
            if i > size(I,1) || j > size(I,2) || i < 1 || j < 1
                continue;
            end
            M10 = M10 + i * double(I(i,j));
        end
    end
    M01 = 0.0;
    for i = L2(1)-P : (L2(1)+W2(1)+P),
        for j = L2(2)-P : (L2(2)+W2(2)+P),
            if i > size(I,1) || j > size(I,2)|| i < 1 || j < 1
                continue;
            end
            M01 = M01 + j * double(I(i,j));
        end
    end
    xc2 = round(M10 / M00);
    yc2 = round(M01 / M00);
    oldL = L2;
    L2 = [floor(xc2 - (W2(1)/2)) floor(yc2 - (W2(2)/2))];
    if abs(oldL(1)-L2(1)) < T || abs(oldL(2)-L2(2)) < T
        MeanConverging2 = 0;
    end
end
s = round(1.1 * sqrt(M00));
W2 = [ s    floor(1.2*s) ];
```

```
        L2 = [floor(xc2 - (W2(1)/2)) floor(yc2 - (W2(2)/2))];
        Xpoints2 = [Xpoints2 xc2];
        Ypoints2 = [Ypoints2 yc2];
        yc2t = yc2+randi(2,1,1)*25;
        xc2t = xc2+randi(2,1,1)*25;
        Xpointst2 = [Xpointst2 xc2t];
        Ypointst2 = [Ypointst2 yc2t];
    else
        Xpoints2 = [Xpoints2 NaN];
        Ypoints2 = [Ypoints2 NaN];
        Xpointst2 = [Xpointst2 NaN];
        Ypointst2 = [Ypointst2 NaN];
    end
    % 绘制中间结果
    axes(hg1); cla;
    imshow(Imi, []); hold on;
    if xc1 > 0 && yc1 > 0
        plot(yc1, xc1, 'go', 'MarkerFaceColor', 'g');
        plot(yc1t, xc1t, 'g+', 'MarkerFaceColor', 'g');
    end
    if xc2 > 0 && yc2 > 0
        plot(yc2, xc2, 'bo', 'MarkerFaceColor', 'b');
        plot(yc2t, xc2t, 'b+', 'MarkerFaceColor', 'b');
    end
    hold off; title(sprintf('%04d 帧', frame));
    bg = true(size(Imi,1), size(Imi,2));
    axes(hg2); cla; imshow(bg);
    hold on; box on;
    plot(Ypoints1, Xpoints1, 'go-', 'MarkerFaceColor', 'g');
    plot(Ypoints2, Xpoints2, 'bo-', 'MarkerFaceColor', 'b');
    hold off; title(sprintf('%04d 帧', frame));
    pause(0.001);
end
% 信息存储
time_end = cputime;
tms = time_end - time_start;
yc.Xpointst1 = Xpointst1;
yc.Ypointst1 = Ypointst1;
yc.Xpointst2 = Xpointst2;
yc.Ypointst2 = Ypointst2;
```

这里关联该功能到"目标定位"按钮，对已拆分的离散图像序列进行循环处理，定位乒乓球目标，并绘制实时的位置节点，演示检测效果，如图 20-3 所示。

第 20 章 基于帧间差法进行视频目标检测

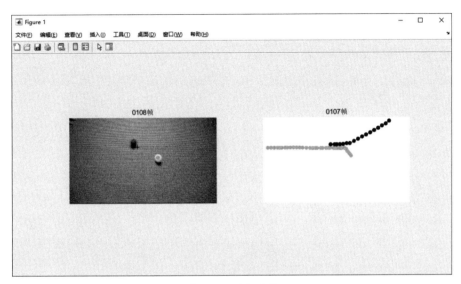

图 20-3 目标定位

在目标定位结束后，将返回具体的定位结果并将其存储到本地的 Mat 文件中。为了看到程序的演示效果，主界面的"视频跟踪识别"按钮关联了定位结果的标记显示功能。核心代码如下：

```
% --- Executes on button press in pushbuttonStopCheck.
function pushbuttonStopCheck_Callback(hObject, eventdata, handles)
% hObject    handle to pushbuttonStopCheck (see GCBO)
% eventdata  reserved - to be defined in a future version of MATLAB
% handles    structure with handles and user data (see GUIDATA)
% 视频分析
if isequal(handles.pts, 0)
    msgbox('请先获取定位信息', '提示信息');
    return;
end
pts = handles.pts;
pts1 = pts{1}; pts2 = pts{2};
[pathstr, name, ext] = fileparts(handles.videoFilePath);
set(handles.pushbuttonPause, 'Enable', 'On');
set(handles.pushbuttonPause, 'tag', 'pushbuttonPause', 'String', '暂停');
set(handles.sliderVideoPlay, 'Max', handles.videoInfo.NumberOfFrames, 'Min', 0, 'Value', 1);
set(handles.editSlider, 'String', sprintf('%d/%d', 0, handles.videoInfo.NumberOfFrames));
for i = 1 : handles.videoInfo.NumberOfFrames
    waitfor(handles.pushbuttonPause,'tag','pushbuttonPause');
    I = imread(fullfile(pwd, sprintf('%s_images\\%04d.jpg', name, i)));
    imshow(I, [], 'Parent', handles.axesVideo);
```

```
        set(handles.sliderVideoPlay, 'Value', i);
        set(handles.editSlider, 'String', sprintf('%d/%d', i, 
handles.videoInfo.NumberOfFrames));
        axes(handles.axesVideo); hold on;
        plot(pts1(i, 1), pts1(i, 2), 'go-', 'MarkerFaceColor', 'g');
        plot(pts2(i, 1), pts2(i, 2), 'bo-', 'MarkerFaceColor', 'b');
        hold off;
        drawnow;
    end
    set(handles.pushbuttonPause, 'Enable', 'Off');
```

在运行完毕目标定位流程后，返回主界面单击"视频跟踪识别"按钮，会演示具体的定位跟踪效果，如图20-4所示。

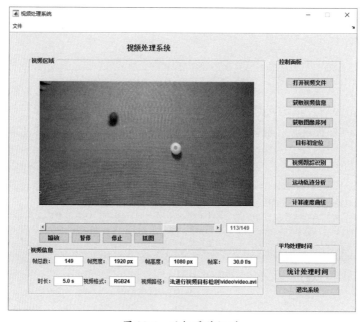

图20-4　目标跟踪识别

在视频目标定位及跟踪完毕后，为了比较视频中两个乒乓球目标的运行轨迹，设计"运动轨迹分析"按钮来调用位置信息并绘制运行轨迹曲线。核心代码如下：

```
% --- Executes on button press in pushbutton15.
function pushbutton15_Callback(hObject, eventdata, handles)
% hObject    handle to pushbutton15 (see GCBO)
% eventdata  reserved - to be defined in a future version of MATLAB
% handles    structure with handles and user data (see GUIDATA)
if isequal(handles.pts, 0)
    msgbox('请先获取定位信息', '提示信息');
    return;
```

第 20 章　基于帧间差法进行视频目标检测

```
end
pts = handles.pts;
yc = handles.yc;
pts1 = pts{1}; pts2 = pts{2};
[ptsr1, ptsr2] = GetRealLocation();
t = 1 : handles.videoInfo.NumberOfFrames;
xt1 = spline(t, pts1(:, 1), t);
yt1 = spline(t, pts1(:, 2), t);
xt2 = spline(t, pts2(:, 1), t);
yt2 = spline(t, pts2(:, 2), t);
axis(handles.axesVideo); cla; axis ij;
hold on;
h1 = plot(pts1(:, 1), pts1(:, 2), 'b.-');
h2 = plot(pts2(:, 1), pts2(:, 2), 'b.-');
h3 = plot(ptsr1(:, 1), ptsr1(:, 2), 'mo-');
h4 = plot(ptsr2(:, 1), ptsr2(:, 2), 'mo-');
h5 = plot(yc.Ypointst1, yc.Xpointst1, 'c+-');
h6 = plot(yc.Ypointst2, yc.Xpointst2, 'c+-');
legend([h1 h3 h5], {'测量值', '实际值', '预测值'}, 'Location', 'Best');
hold off;
```

在主界面单击"运动轨迹分析"按钮，将根据定位结果绘制运动轨迹曲线，具体的运行效果如图 20-5 所示。

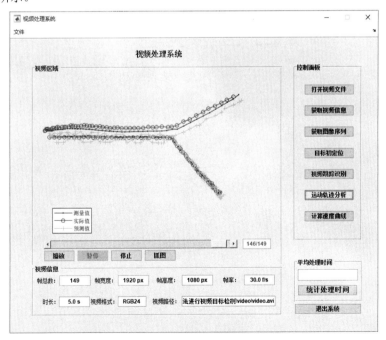

图 20-5　运动轨迹分析

此外，可以对视频的运动轨迹进行速度计算、统计运行时间等操作，获取跟踪的性能参数，为后续的视频处理提供辅助材料，进一步提高视频分析结果的可靠性。

20.4　延伸阅读

随着计算机技术、通信技术、图像处理技术的不断发展，基于视频序列的目标检测与跟踪技术在国内外的各个领域均得到了十分广泛的应用。如在军事方面，军用卫星、战区导弹防御、侦察机、导弹制导、火控系统及小型自寻导引头等均广泛应用了图像目标的检测识别与跟踪技术，大大提高了武器系统的运动攻击性能，增强了全天候作战的效能。

在视频跟踪过程中，通过采用不同的检测算法并结合多种跟踪策略，可以在一定程度上对传统的检测识别和跟踪算法进行改进。在得出目标的位置信息后，可以进行后续的速度分析、位移分析、行为分析等高层应用，拓展系统的应用领域。这对目标检测识别和跟踪的理论研究具有一定意义，也具备一定的使用价值。

本章参考的文献如下。

[1] 刘雪，王华杰，常发亮. 视频图像序列中运动目标的提取与跟踪[J]. 自动化技术与应用，2007.

[2] 韩军，熊璋，李超，龚声蓉. 分割视频运动对象的研究[J]. 计算机工程与应用，2000.

[3] 蔡荣太，吴元昊，王明佳，吴庆祥. 视频目标跟踪算法综述[J]. 电视技术，2010.

第 21 章
路面裂缝检测系统设计

21.1 案例背景

随着国家对公路建设的大力投入，我国的公路通车总里程已经位居世界前列，这进一步促进了我国经济建设的发展。随着公路的大量投运，公路日常养护和管理已经成为制约公路运营水平提高的瓶颈，路面状态采集、检测维护等工作更是对传统的公路运维模式提出了挑战。路面裂缝是公路日常养护管理中最常见的路面损坏状态，也是影响公路状态评估和进行必要的公路维修的重要因素。一般而言，如果路面裂缝能够在被恶化成坑槽之前得到及时修补，则可以大大节约公路的养护成本。传统的公路裂缝检测主要是人工检测，需要配置一定规模的人力、设备等资源进行定期巡检。但是，面对日益增长的公路建设需求，人工检测具有运营效率低、主观性影响大、危险性较高等不足，已无法满足公路破损快速检测的要求。

随着计算机硬件设备和数字图像处理技术的发展，基于视觉的目标定位及检测技术也在不断进步，由于其具有定位准确、检测快速、自动化操作、易于安装部署等特点，已经被广泛应用于工业自动化检测过程中，特别是在目标表面质量检测、目标物测量等领域的应用。因此，基于数字图像的路面裂缝检测技术可以提供安全、高效、成本低廉的道路状态监控服务，已有多种图像处理方法被应用于路面裂缝检测中并在一定程度上取得了实际应用。

21.2 理论基础

路面裂缝检测从视觉上来看是典型的线状目标检测，因此路面裂缝图像的增强与定位属于线状目标检测的研究领域。路面裂缝与一般的线状目标相比，目标宽度较小，图像对比度较低、具有自然间断、分叉和杂点等特点,并且路面裂缝只在视觉总体上呈现出线状特征。传统的裂缝自动检测算法,如基于阈值分割、边缘检测、小波变换等算法,往往都假设路面裂缝在整幅图像中具有较高的对比度和较好的连续性,但这种假设在实际的工程项目中往往不成立。受拍摄天气、路面损耗、裂缝退化等因素的影响,有一定比例的裂缝相对于路面背景具有极低的对比度,这也会引起传统裂缝检测算法的失效,因此需要在裂缝图像处理前加入一定的预处理步骤。

图像预处理一般是被应用于图像识别、图像表示等领域的一种前期处理。在图像的采集和传输过程中,往往会因为某些原因导致图像质量降低。例如,从视觉主观上观察图像中的物体,可能会发觉其轮廓位置过于鲜艳而显得突兀;从被检测目标物的大小和形状来看,图像特征比较模糊、难以定位;从图像对比度的角度来看,可能会受到某些噪声的影响;从图像整体来看,可能会发生某种失真、变形等。因此,待处理图像在视觉直观性和处理可行性等方面可能存在诸多干扰,我们不妨将其统称为图像质量问题。图像预处理正是用于图像质量的改善处理,通过一定的计算步骤进行适当的变换进而突出图像中我们感兴趣的某些信息,消除或减少干扰信息,如图像对比度增强、图像去噪或边缘提取等处理。在一般情况下,由于裂缝图像的采集需要涉及室外作业,所得图片难免会存在一定的噪声干扰、畸变等各种问题,所以直接进行裂缝目标的检测和提取往往会遇到困难。因此,本案例首先将裂缝图像进行预处理,改善图像质量,进而提高实验的优化效果。图像预处理的基本方法有图像灰度变换、频域变换、直方图变换、图像去噪、图像锐化、图像色彩变换等。本案例将选择其中的部分方法进行裂缝图像的预处理操作。

21.2.1 图像灰度化

自然界中绝大部分的可见光谱均能通过红(R)、绿(G)、蓝(B)三色光按不同比例和强度进行混合而得到,我们将其称为 RGB 色彩模式。该模式以 RGB 模型为基础,对图像的每个像素值的 RGB 分量均分配一个 Uint8 类型(0~255)的强度值。例如,纯红色的 R 值为 255,G 值为 0,B 值为 0;品红色的 R 值为 255,G 值为 0,B 值为 255。RGB 图像的红、绿、蓝分量各占 8 位,因此是 24 位图像,并且在不同亮度的基色混合后,会产生出 256×256×256=16 777 216 种颜色。RGB 模型的图形化表示如图 21-1~图 21-2 所示。

假设 $F(i,j)$ 为 RGB 模型中的某个像素,若其 3 种基色的亮度值相等,则会产生灰度颜色,将该 $R=G=B$ 的值称为灰度值(或者称为强度值、亮度值)。因此,灰度图像就是包含多个量化灰度级的图像。假设该灰度级用 Uint8 类型数值表示,则图像的灰度级就是 256(即 $2^8=256$)。本案例所选择的灰度图像灰度级均为 256,其像素灰度值为 0~255 的某个值,当亮度值都是 255 时产生纯白色,当亮度值都是 0 时产生纯黑色,并且亮度从 0 到 255 呈现逐渐增加的趋势。RGB

图像包含了由红、绿、蓝三种分量组成的大量的色彩信息,灰度图像只有亮度信息而没有色彩信息。针对路面裂缝图像的检测要求,一般需要去除不必要的色彩信息,将所采集到的 RGB 图像转换为灰度图像。RGB 图像的灰度化方法有以下几种。

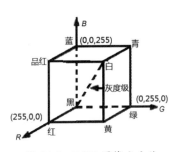

图 21-1 RGB 图像立方体

图 21-2 离散化的 RGB 模型

1. 分量值

选取像素 $F(i,j)$ 的 R、G、B 分量中的某个值作为该像素的灰度值,即

$$F_g(i,j) = \left\{ x \middle| x \in \begin{bmatrix} R(i,j) & G(i,j) & B(i,j) \end{bmatrix} \right\}$$

式中,$F_g(i,j)$ 为转换后的灰度图像在 (i,j) 处的灰度值。

2. 最大值

选取像素 $F(i,j)$ 的 R、G、B 分量中的最大值作为该像素的灰度值,即

$$F_g(i,j) = \max\left\{ R(i,j) \quad G(i,j) \quad B(i,j) \right\}$$

3. 平均值

选取像素 $F(i,j)$ 的 R、G、B 分量的亮度均值作为该像素的灰度值,即

$$F_g(i,j) = \frac{R(i,j) + G(i,j) + B(i,j)}{3}$$

4. 加权平均值

选取像素 $F(i,j)$ 的 R、G、B 分量的亮度加权均值作为该像素的灰度值,权值的选取一般是根据分量的重要性等指标,将 3 个分量以加权平均的方式进行计算得到灰度值。人眼在视觉主观上一般对绿色分量敏感度较高,对蓝色分量敏感度较低,因此对 R、G、B 这 3 个分量进行加权平均能得到较合理的灰度图像,常用的计算公式如下:

$$F_g(i,j) = 0.299 \times R(i,j) + 0.587 \times G(i,j) + 0.114 \times B(i,j)$$

采用加权平均计算灰度图像的方式对裂缝图像进行灰度化,所得效果如图 21-3 所示。

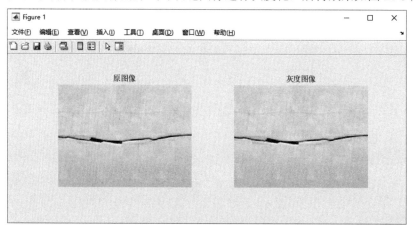

图 21-3 裂缝图像灰度化

21.2.2 图像滤波

裂缝图像在采集或传输的过程中往往会受到成像设备与传输介质等因素的干扰而产生噪声,因此待处理的裂缝图像可能会存在边缘模糊、黑白杂点等问题,这在一定程度上会对裂缝目标的检测和识别产生影响,干扰实验结果的判断,因此需要对裂缝图像进行滤波去噪。本节将从均值滤波和中值滤波两方面进行图像去噪的处理。

均值滤波也被称为邻域平均滤波,该方法假设待处理图像是由许多灰度值为常量的小区域组成的,并且相邻区域间存在较高的空间相关性,噪声则显得相对独立。因此,通过将单个像素及其指定邻域内的所有像素按某种规则计算平均灰度值,再作为新图像中的对应像素值,可达到滤波去噪的目的,这一过程被称为均值滤波。邻域平均法属于非加权邻域平均范畴,是最常用的均值滤波操作。假设 $f(x,y)$ 为一幅大小为 $M \times N$ 的图像, $g(x,y)$ 为经邻域平均法得到的图像,则:

$$g(x,y) = \frac{1}{\text{num}(S)} \sum_{(i,j) \in S} f(i,j) \quad S = \{(x,y) \text{邻域}\}$$

非加权邻域平均可以通过模板形式加以描述,通过卷积进行计算。当进行模板与图像卷积计算时,模板中系数的中间位置对应图像的像素位置。这就要求模板需要在待处理图像中逐点移动,计算模板系数与图像中邻域内像素的乘积之和作为新图像的像素值。假设模板的大小为

$m \times n$，m、n 均为奇数，如图 21-4（a）所示为 3×3 模板，如图 21-4（b）所示为图像在 (x, y) 处的 3×3 邻域矩阵。

$$\begin{bmatrix} \omega(-1,-1) & \omega(-1,0) & \omega(-1,1) \\ \omega(0,-1) & \omega(0,0) & \omega(0,1) \\ \omega(1,-1) & \omega(1,0) & \omega(1,1) \end{bmatrix} \quad \begin{bmatrix} f(x-1,y-1) & f(x,y-1) & f(x+1,y-1) \\ f(x-1,y) & f(x,y) & f(x+1,y) \\ f(x-1,y+1) & f(x,y+1) & f(x+1,y+1) \end{bmatrix}$$

图 21-4（a） 3×3 滤波模板 　　　　　　图 21-4（b） 灰度图像

采用如图 21-4 所示的 3×3 模板对图像进行滤波，假设模板窗口移动到 (x, y) 处，即 $\omega(0,0)$ 对应 $f(x, y)$，则其计算公式如下：

$$\begin{aligned} R(x, y) &= \begin{bmatrix} \omega(-1,-1) & \omega(-1,0) & \omega(-1,1) \\ \omega(0,-1) & \omega(0,0) & \omega(0,1) \\ \omega(1,-1) & \omega(1,0) & \omega(1,1) \end{bmatrix} \begin{bmatrix} f(x-1,y-1) & f(x,y-1) & f(x+1,y-1) \\ f(x-1,y) & f(x,y) & f(x+1,y) \\ f(x-1,y+1) & f(x,y+1) & f(x+1,y+1) \end{bmatrix} \\ &= \omega(-1,-1) \times f(x-1,y-1) + \omega(-1,0) \times f(x-1,y) + \omega(-1,1) \times f(x-1,y+1) + \\ &\quad \omega(0,-1) \times f(x,y-1) + \omega(0,0) \times f(x,y) + \omega(0,1) \times f(x,y+1) + \\ &\quad \omega(1,-1) \times f(x+1,y-1) + \omega(1,0) \times f(x+1,y) + \omega(1,1) \times f(x+1,y+1) \end{aligned}$$

图像边缘一般集中了图像的细节和高频信息，如果通过邻域平均法进行去噪，则往往会引起图像边缘的模糊，这也会对裂缝目标的检测带来不利影响。中值滤波是常用的非线性滤波方法，其主要思想是对像素邻域向量化取中值进行滤波，具有运算简单、高效，能有效去除脉冲噪声的特点，在去噪的同时可以有效地保护图像的边缘细节信息。因此，本案例将采用中值滤波的方法对裂缝图像进行去噪处理，处理步骤如下。

1. 定位

在图像中移动模板，将模板中心与图像中的某个像素重合。

2. 计算

选择模板对应图像的各像素灰度值进行向量化，并将其进行排序。

3. 赋值

选择序列的中间值，作为输出赋予模板中心对应的像素。

如图 21-5 所示，根据中值滤波器形状和维数的不同，其模板有线形、十字形、方形、菱形等，不同形状的窗口也会产生不同的滤波效果。在对裂缝图像进行中值滤波处理时，其关键在于选择合适的模板形状和模板大小。

在图 21-6（a）的原始裂缝图像中包含众多颗粒噪声，选用 3×3 的方形模板对其进行中值滤波后如图 21-6（b）所示，可以消除大部分颗粒噪声，提高图像背景的平滑度，同时保留了裂缝的边缘细节等信息，更加清晰地突出了裂缝特征。

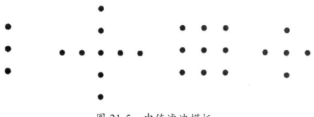

图 21-5　中值滤波模板

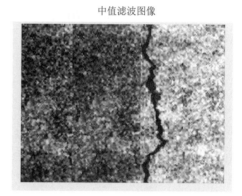

图 21-6（a）　原始图像　　　　　　图 21-6（b）　中值滤波后的图像

21.2.3　图像增强

路面裂缝图像的采集一般在室外进行，容易受到大气、光照、机械振动等因素的影响，采集到的裂缝图像可能存在整体偏暗或偏亮等问题，进而产生对比度较低的图像。此类图像的特点是灰度分布范围较小，集中在少量的灰度区间内，这也给后续的裂缝检测和识别带来了不利影响，因此需要对此类图像进行增强处理来提高对比度。

直方图作为图像灰度级分布的统计表，能在一定程度上反映图像的对比度详情。图像的灰度直方图表示该图像所属灰度类型中不同灰度级像素出现的相对频率，并且直方图的横坐标表示灰度，纵坐标表示灰度出现的次数或概率。直方图均衡化利用灰度直方图进行图像对比度的调整，以达到增强图像视觉效果的目标。直方图均衡化的基本思想是通过某种变换，将原始图像的灰度直方图从集中于某个较小的灰度区间变成在更大灰度区间内均匀分布的形式，得到灰度级差式分布，从而达到增强图像整体对比度的目标。

裂缝图像区域通常属于颜色较暗的灰度区间,背景区域则属于相对较亮的灰度区间。但在采集裂缝图像的过程中,往往会由于天气干扰、曝光不足等原因而造成图像整体偏暗,使裂缝区域与背景区域亮度特征相近而不易辨别,如图21-7(a)所示。从原始裂缝图像的灰度直方图可以看出,其灰度值分布主要集中在0~100的低层次灰度区间。因此,为了提高裂缝与背景的对比度,需要将原图像的灰度值范围进行扩大,形成较为明显的灰度级差,进而增加裂缝图像的对比度。经过灰度直方图的均衡化处理,裂缝图像的灰度范围扩大到了0~255,得到对比度增强后的裂缝图像,更加突出了裂缝与背景的差异程度。

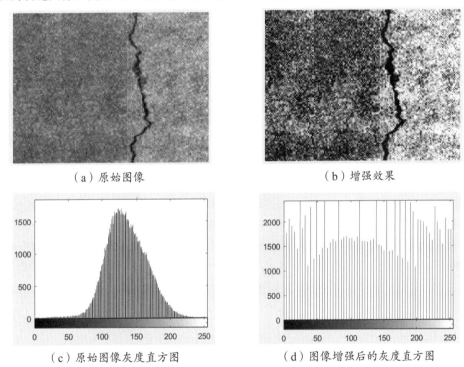

(a)原始图像　　　　　　　　　　(b)增强效果

(c)原始图像灰度直方图　　　　(d)图像增强后的灰度直方图

图21-7　直方图均衡化处理

21.2.4　图像二值化

灰度图像二值化是指通过约定一个灰度阈值来分割目标与背景,阈值之内的像素属于目标,记为1;其他则属于背景,记为0。在裂缝目标检测与识别的过程中,可以采用裂缝边缘、面积等特征进行判别,也可以采用裂缝目标与周围背景的灰度差异值作为一个判别依据,这就要求引入阈值进行图像二值化处理。假设一幅灰度裂缝图像用$f(x,y)$表示,其中(x,y)表示图像中像素的位置坐标，T 为阈值，则阈值分割后的二值图像 $b(x,y)$ 满足：

$$b(x,y) = \begin{cases} 1 & f(x,y) \geq T \\ 0 & f(x,y) < T \end{cases}$$

裂缝目标或背景区域的像素灰度通常是高度相关的，但裂缝目标与背景区域之间的灰度值通常存在较大差异，一般包含明显的边缘等特征。因此，为了从更大的程度上分割裂缝目标与背景，则需要对其进行灰度阈值分割并选取合适的阈值。阈值计算方法根据其计算过程可以分为两种：全局阈值和基本自适应阈值，如下所述。

（1）全局阈值是最常见的阈值计算方法，一般以图像的直方图或灰度空间分布为基础来确定一个阈值，进而实现灰度图像的二值化。特别是当图像的灰度直方图分布呈双峰时，全局阈值法可以明显地将目标和背景分离，得到较为理想的图像分割效果。但裂缝图像一般具有光照不均匀、噪声干扰等特点，其灰度直方图往往不会呈双峰分布，因此全局阈值分割方法的效果较差。

（2）基本自适应阈值是一种比较基础的图像自适应分割方法，一般以图像像素自身及其邻域灰度变化的特征为基础进行阈值分割，进而实现灰度图像的二值化。该方法充分考虑了每个像素邻域的特征，所以一般能更好地突出目标和背景的边界。

裂缝图像的背景在大多数情况下比较固定，如路面、桥面、墙体等。但由于图像采集一般在室外进行，会受到拍摄条件、路面杂物等因素的影响，所以图像容易出现退化或噪声干扰。本案例通过分析裂缝图像目标和背景的特点，采用自定义和迭代法优化相结合的方式来计算阈值，具体步骤如下。

（1）初值。统计裂缝图像的最小灰度值 $T_{\min}$、最大灰度值 $T_{\max}$，二者的平均值为初始阈值，即 $T = \dfrac{T_{\min} + T_{\max}}{2}$。

（2）分割。根据阈值 T 对图像进行分割，得到两个像素集合分别为 $G_1 = \{f(x,y) \geq T\}$，$G_2 = \{f(x,y) < T\}$。

（3）均值。计算像素集合 G_1 和 G_2 的灰度平均值 μ_1 和 μ_2：

$$\mu_1 = \frac{1}{\text{num}(G_1)} \sum_{(x,y) \in G_1} f(x,y)$$

$$\mu_2 = \frac{1}{\text{num}(G_2)} \sum_{(x,y) \in G_2} f(x,y)$$

（4）迭代。根据 μ_1 和 μ_2 计算新的阈值 $T = \dfrac{\mu_1 + \mu_2}{2}$，重复步骤 2～步骤 4，直至阈值 T 收

敛到某一范围为止。

利用自定义和迭代法优化对一幅裂缝的灰度图像进行阈值分割,得到的效果如图 21-8 所示。

 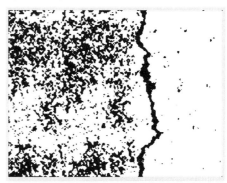

（a）灰度图像　　　　　　　　　　　（b）以迭代法分割图像

图 21-8　迭代阈值分割

21.3　程序实现

根据裂缝图像的特点,在对其进行目标检测和识别之前,需要进行图像预处理,主要包括:直方图均衡化增强、中值滤波去噪、对比度增强、二值化处理、二值图像滤波等步骤。其中,在二值化过程中对阈值的确定选择自定义阈值法与迭代自适应法相结合的方式来计算；二值图像滤波主要是连通区域的面积滤波,通过去除小面积的杂点噪声进行滤波去噪的。

裂缝图像经过预处理可以得到突出裂缝目标的二值图像,然后可以根据形态学区域特征来获取裂缝目标并进行检测识别。对于裂缝的形状识别可以通过计算图像中裂缝目标的外接矩形的长宽比来确定。

在实验过程中,为了能清晰地演示各处理步骤的实验结果,本案例按照上述处理流程设计了 GUI,提高了程序使用的简易性。软件设计界面如图 21-9 所示,右侧控制面板可以逐步调取主算法流程的分步处理结果,左侧显示区域可以显示图像处理、投影曲线等结果。

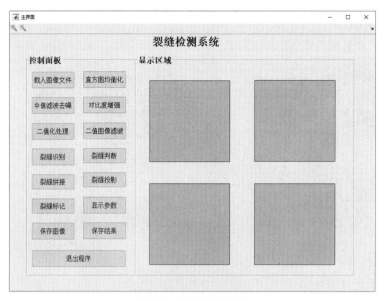

图 21-9　软件设计界面

在实际处理过程中，通过执行主函数来得到各中间步骤的相关变量并存入结构体传递到 GUI 窗体，控制面板中各控件通过调用各步骤的相关成员变量即可进行显示、存储等操作。其中，主函数代码如下：

```matlab
function Result = Process_Main(I)
% 主函数
% 输入参数：
%   I——输入图像
% 输出参数：
%   Result——结果图像

% 灰度化
if ndims(I) == 3
    I1 = rgb2gray(I);
else
    I1 = I;
end
% 直方图增强
I2 = hist_con(I1);
% 中值滤波
I3 = med_process(I2);
% 图像增强
I4 = adjgamma(I3, 2);
% 迭代法求阈值
[bw, th] = IterProcess(I4);
```

```
bw = ~bw; % 反色
% 二值图像滤波
bwn1 = bw_filter(bw, 15);
% 裂缝识别
bwn2 = Identify_Object(bwn1);
% 曲线投影
[projectr, projectc] = Project(bwn2);
[r, c] = size(bwn2);
% 裂缝判断
bwn3 = Judge_Crack(bwn2, I4);
% 裂缝拼接
bwn4 = Bridge_Crack(bwn3);
% 裂缝形状识别
[flag, rect] = Judge_Direction(bwn4);
if flag == 1
    str = '横向裂缝';
    wdmax = max(projectc);
    wdmin = min(projectc);
else
    str = '纵向裂缝';
    wdmax = max(projectr);
    wdmin = min(projectr);
end
% 输入图像
Result.Image = I1;
% 直方图增强
Result.hist = I2;
% 中值滤波
Result.Medfilt = I3;
% 图像增强
Result.Enance = I4;
% 二值图像
Result.Bw = bw;
% 二值图像滤波
Result.BwFilter = bwn1;
% 裂缝识别
Result.CrackRec = bwn2;
% 裂缝投影
Result.Projectr = projectr;
Result.Projectc = projectc;
% 裂缝判断
Result.CrackJudge = bwn3;
% 裂缝拼接
Result.CrackBridge = bwn4;
% 裂缝形状
Result.str = str;
% 裂缝标记
```

```
Result.rect = rect;
% 最后的二值图像
Result.BwEnd = bwn4;
% 面积信息
Result.BwArea = bwarea(bwn4);
% 长度信息
Result.BwLength = max(rect(3:4));
% 宽度信息
Result.BwWidthMax = wdmax;
% 宽度信息
Result.BwWidthMin = wdmin;
% 阈值信息
Result.BwTh = th;
```

在预处理过程中，直方图均衡化增强、中值滤波去噪、图像增强（Gamma 矫正）等步骤比较简单，实验效果如图 21-10 所示。

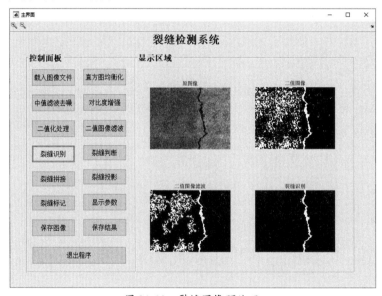

图 21-10　裂缝图像预处理

本节重点讲解自定义阈值与迭代优化阈值的过程及二值图像的滤波去噪过程，具体函数如下：

```
function [bw, th] = IterProcess(Img)
% 以迭代法进行二值化
% 输入参数：
%   Img——图像矩阵
% 输出参数：
%   bw——二值图像
%   th——阈值
```

```matlab
% 图像灰度处理
if ndims(Img) == 3
    I = rgb2gray(Img);
else
    I = Img;
end

% 初始化阈值
T0 = (double(max(I(:))) + double(min(I(:))))/2;
% 循环控制
flag = 1;

while flag
    % 阈值分割
    ind1 = I > T0;
    ind2 = ~ind1;
    % 计算新阈值
    T1 = (mean(double(I(ind1))) + mean(double(I(ind2))))/2;
    % 判断条件
    flag = abs(T1-T0) > 0.5;
    % 更新阈值
    T0 = T1;
end
% 赋值
bw = ind1;
th = T1;
function bwn = bw_filter(bw, keepnum)
% 二值图像去噪函数
% 输入参数：
%   bw——二值图像
%   keepnum——保留数量
% 输出参数：
%   bwn——去噪后的二值图像
if nargin < 2
    keepnum = 15;
end
% 标记
[L, num] = bwlabel(bw, 8);
% 记录像素的个数
Ln = zeros(1, num);
% 面积属性
stats = regionprops(L, 'Area');
Ln = cat(1, stats.Area);
% 排序
[Ln, ind] = sort(Ln);
if num>keepnum || num==keepnum
```

```matlab
        for i = 1 : num-keepnum
            % 消除
            bw(L == ind(i)) = 0;
        end
end
% 赋值
bwn = bw;
```

在裂缝图像二值化及滤波去噪后可以突出裂缝目标，根据裂缝的"线状"特点，本实验采用二值化连通区域长短轴之比的特征进行判断。核心代码如下：

```matlab
function bwn = Identify_Object(bw, MinArea, MinRate)
% 识别裂缝目标
% 输入参数：
%   bw——二值图像
%   MinArea——最小面积
%   MinRate——最小长短轴之比
% 输出参数：
%   bwn——识别结果
if nargin < 3
    % 最小长短轴之比
    MinRate = 3;
end
if nargin < 2
    % 最小面积
    MinArea = 20;
end
% 区域标记
[L, num] = bwlabel(bw);
% 计算区域属性信息
stats = regionprops(L, 'Area', 'MajorAxisLength', ...
    'MinorAxisLength');
% 统计面积信息
Ap = cat(1, stats.Area);
% 统计长轴信息
Lp1 = cat(1, stats.MajorAxisLength);
% 统计短轴信息
Lp2 = cat(1, stats.MinorAxisLength);
% 长短轴之比
Lp = Lp1./Lp2;
% 面积滤波
for i = 1 : num
    if Ap(i) < MinArea
        bw(L == i) = 0;
    end
end
% 长短轴之比滤波
```

```
MinRate = max(Lp)*0.4;
for i = 1 : num
    if Lp(i) < MinRate
        bw(L == i) = 0;
    end
end
bwn = bw;
```

裂缝识别效果如图 21-11 所示。

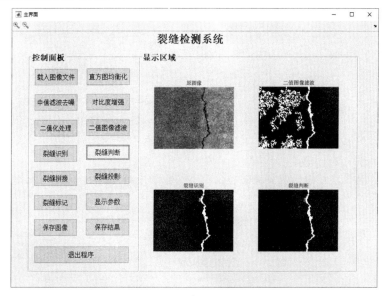

图 21-11　裂缝识别效果

在裂缝目标经过检测、定位后，为了能精确地获取裂缝的区域信息，本实验采用经典的像素积分投影的思想进行裂缝的水平、垂直方向的积分投影，并绘制投影曲线，进而定位裂缝的具体区域和参数信息。核心代码如下：

```
function [projectr, projectc] = Project(bw)
% 计算行列投影
% 输入参数：
%   bw——二值图像
% 输出参数：
%   projectr——行投影
%   projectc——列投影
% 行投影
projectr = sum(bw, 2);
% 列投影
projectc = sum(bw, 1);
```

裂缝投影如图 21-12 所示。

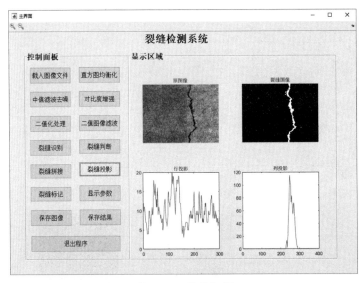

图 21-12　裂缝投影

为了判断裂缝的方向和获取裂缝的特征，本实验采用最简单的外接矩形长宽比的方式进行判断。核心代码如下：

```matlab
function [flag, rect] = Judge_Direction(bw)
% 判断横向、纵向裂缝
% 输入参数：
%   bw——二值图像
% 输出参数：
%   flag——方向标记
%   rect——裂缝矩形框
% 区域标记
[~, num] = bwlabel(bw);
% 区域属性
stats = regionprops(bw, 'Area', 'BoundingBox');
% 面积信息
Area = cat(1, stats.Area);
% 最大面积
[~, ind] = sort(Area, 'descend');
if num == 1
    rect = stats.BoundingBox;
else
    rect1 = stats(ind(1)).BoundingBox;
    rect2 = stats(ind(2)).BoundingBox;
    s1 = [rect1(1); rect2(1)];
    s2 = [rect1(2); rect2(2)];
    s = [min(s1) min(s2) rect1(3)+rect2(3) rect1(4)+rect2(4)];
    rect = s;
```

```
end
% 比率
rate = rect(3)/rect(4);
if rate > 1
    % 横向裂缝
    flag = 1;
else
    % 纵向裂缝
    flag = 2;
end
```

裂缝判别及特征提取如图 21-13 所示。

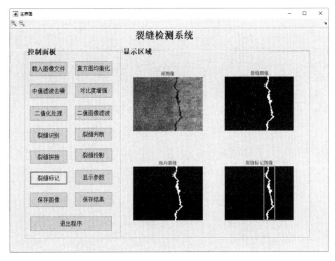

（a）裂缝标记图像

（b）裂缝参数信息

图 21-13 裂缝判别及特征提取

为了能有效地保存裂缝的特征参数，便于对某一批次的裂缝图像集合进行取样分析，本实验通过将裂缝特征参数写入 xls 表格的方式进行存储，便于用户对检测结果进行统计分析。核心代码如下：

```matlab
% --- Executes on button press in pushbuttonSaveResult.
function pushbuttonSaveResult_Callback(hObject, eventdata, handles)
% hObject    handle to pushbuttonSaveResult (see GCBO)
% eventdata  reserved - to be defined in a future version of MATLAB
% handles    structure with handles and user data (see GUIDATA)
try
    if ~isempty(handles.File)
        raw = [];
        foldername = fullfile(pwd, 'Result');
        if ~exist(foldername, 'dir')
            mkdir(foldername);
        end
        xlsfile = fullfile(pwd, 'Result/result.xls');
        if exist(xlsfile, 'file')
            [num, txt, raw] = xlsread(xlsfile);
        end
        
        F = [];
        F{1, 1} = '文件名';
        F{1, 2} = '阈值信息';
        F{1, 3} = '面积信息';
        F{1, 4} = '长度信息';
        F{1, 5} = '最大宽度信息';
        F{1, 6} = '最小宽度信息';
        F{1, 7} = '形状信息';
        
        F{2, 1} = handles.File;
        F{2, 2} = handles.Result.BwTh;
        F{2, 3} = handles.Result.BwArea;
        F{2, 4} = handles.Result.BwLength;
        F{2, 5} = handles.Result.BwWidthMax;
        F{2, 6} = handles.Result.BwWidthMin;
        F{2, 7} = handles.Result.str;
        
        F = [raw; F];
        xlswrite(xlsfile, F);
        
        msgbox('保存结果成功！', '信息提示框');
    end
catch
    msgbox('保存结果失败，请检查程序！', '信息提示框');
end
```

裂缝参数被保存到文件中的界面如图 21-14 所示。

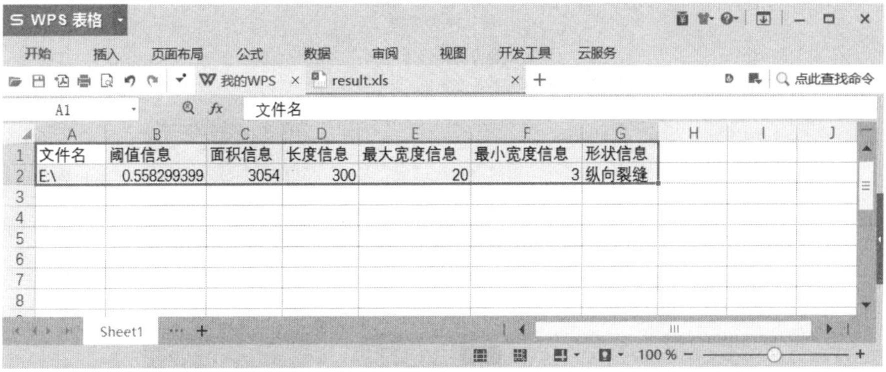

图 21-14　裂缝参数被保存到文件中

将实验应用于不同的裂缝图像进行处理，所得效果如图 21-15～图 21-17 所示。

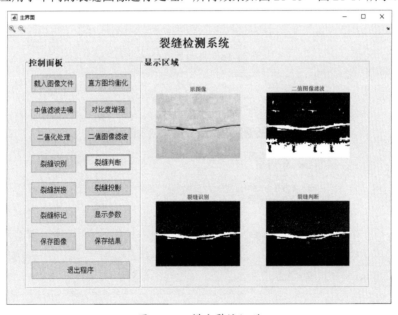

图 21-15　横向裂缝识别

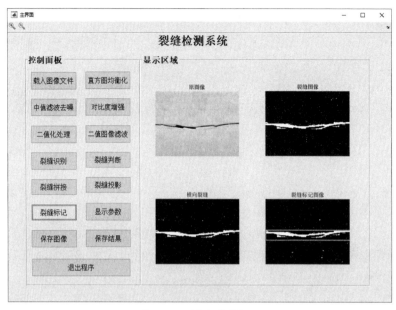

图 21-16　横向裂缝标记

图 21-17　横向裂缝参数

　　本实验采用比较通用的图像处理技术对路面裂缝图像进行处理，通过预处理、目标检测、特征提取、目标识别、特征保存等一系列步骤完成了对裂缝目标的检测和识别，通过存储结果到 xls 表格的方式来汇集多次试验所提取的裂缝参数信息，最后通过设计 GUI 来集成各个关键步骤并可以方便地调取、显示中间结果。本实验的设计流程清晰，处理方法简捷、易懂，可以方便地拓展到诸如墙面裂缝、钢板裂缝等其他目标检测识别系统的设计和开发中，具有一定的通用性。

21.4 延伸阅读

本案例通过实验演示了基于图像处理的裂缝检测技术的应用，并针对路面裂缝具有分叉细小间断、分布不规则、对比度低等特点，通过实施一系列的图像预处理步骤来突出裂缝目标区域，进一步提高了路面裂缝检查的自动化水平。并且通过设计 GUI 进行软件功能模块的集成开发与演示，通过结果保存与数据入库的方式进行信息的保存，具有一定的通用性。

在实际应用中，如果能通过采集一定规模的裂缝图像，并对不同特征的裂缝目标进行建库分类，进而采用参数寻优、模板配置等方式来提高检测的效率和准确度，也是一个可行的研究方向。

本章参考的文献如下。

[1] 王荣本，王超，初秀民. 路面破损图像识别研究进展[J]. 吉林工业大学学报（工学版），2002.

[2] 张娟，沙爱民，高怀钢，孙朝云. 基于数字图像处理的路面裂缝自动识别与评价系统[J]. 长安大学学报（自然科学版），2004.

[3] 初秀民，王荣本，储江伟，王超. 沥青路面破损图像分割方法研究[J]. 中国公路学报，2003.

[4] 阮秋琦. 数字图像处理学[M]. 北京：电子工业出版社，2001.

第 22 章
基于 K-means 聚类算法的图像分割

22.1 案例背景

　　图像分割就是把图像分成各具特性的区域并提取人们感兴趣的目标的技术和过程，是目标检测和模式识别的基础。现有的图像分割方法主要有基于阈值的分割方法、基于区域的分割方法、基于边缘的分割方法、基于特定理论的分割方法等。

　　聚类分析是一种无监督的学习方法，能够从研究对象的特征数据中发现关联规则，因而是一种强大有力的信息处理方法。以聚类法进行图像分割就是将图像空间中的像素点用对应的特征向量表示，根据它们在特征空间的特征相似性对特征空间进行分割，然后将其映射回原图像空间，得到分割结果。其中，K-means 均值和模糊 C 均值聚类（FCM）算法是最常用的聚类算法。

22.2 理论基础

22.2.1 K-means 聚类算法的原理

　　K-means 算法首先从数据样本中选取 K 个点作为初始聚类中心；其次计算各个样本到聚类的距离，把样本归到离它最近的那个聚类中心所在的类；然后计算新形成的每个聚类的数据对象的平均值来得到新的聚类中心；最后重复以上步骤，直到相邻两次的聚类中心没有任何变化，说明样本调整结束,聚类准则函数达到最优。如图 22-1 所示为 K-means 聚类算法的流程图。

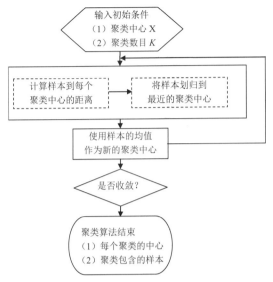

图 22-1 K-means 聚类算法的流程图

22.2.2 K-means 聚类算法的要点

1. 选定某种距离作为数据样本间的相似性度量

在计算数据样本之间的距离时,可以根据实际需要选择某种距离(欧式距离、曼哈顿距离、绝对值距离、切比雪夫距离等)作为样本的相似性度量,其中最常用的是欧式距离:

$$d(x_i, x_j) = \|(x_i - x_j)\| = (x_i - x_j)^T (x_i - x_j) = \sqrt{\sum_{k=1}^{n}(x_{ik}, x_{jk})^2} \quad (22.1)$$

距离越小,样本 x_i 和 x_j 越相似,差异度越小;距离越大,样本 x_i 和 x_j 越不相似,差异度越大。

2. 聚类中心迭代终止判断条件

K-means 算法在每次迭代中都要考察每个样本的分类是否正确,若不正确,则需要调整。在全部样本都调整完毕后,再修改聚类中心,进入下一次迭代,直到满足某个终止条件:

(1)不存在能重新分配给不同聚类的对象;

(2)聚类中心不再发生变化;

(3) 误差平方和准则函数局部最小。

3. 以误差平方和准则函数评价聚类性能

假设给定数据集 X 包含 k 个聚类子集 $X_1, X_2, \cdots, X_n$，各个聚类子集中的样本数量分别为 $n_1, n_2, \cdots, n_k$，各个聚类子集的聚类中心分别为 $\mu_1, \mu_1, \cdots, \mu_k$，则误差平方和准则函数公式为：

$$E = \sum_{i=1}^{k} \sum_{p \in X_i} \|p - \mu_i\|^2 \tag{22.2}$$

22.2.3　K-means 聚类算法的缺点

K-means 聚类算法是解决聚类问题的一种经典算法，简单、快速，该算法对于处理大数据集是相对可伸缩和高效率的，结果类是密集的，而在类与类之间区别明显时，其效果较好。但是 K-mean 聚类算法由于其算法的局限性也存在以下缺点。

（1）K-means 需要给定初始聚类中心来确定一个初始划分，另外，对于不同的初始聚类中心，可能会导致不同的结果。参考文献[1]通过对样本进行数理统计来获取优化的初始聚类中心，另外通过引入加权欧氏距离来度量样本之间的相关性，从而实现彩色图像的快速、准确分割。

（2）K-means 必须事先给定聚类数量，然而聚类的个数 K 值往往是难以估计的。参考文献[2]提出了一种自动确定聚类数量 K 和初始聚类中心的方法。也可以通过类的自动合并和分裂，来得到合理的聚类数量 K，如 ISODATA 算法在迭代过程中可将一个类一分为二，亦可将两个类合二为一，即"自组织"，这种算法具有启发式的特点。

（3）K-means 对于"噪声"和孤立点很敏感，少量的该类数据能够对平均值产生极大的影响。K-center 算法不采用簇中的平均值作为参照点，可以选用类中处于中心位置的对象，即中心点作为参照点，从而解决 K-means 算法对于孤立点敏感的问题。

（4）K-means 在类的平均值被定义的情况下才能使用，这对于处理符号属性的数据不适用，如姓名、性别、学校等。K-modes 算法实现了对离散数据的快速聚类，可处理具有分类属性等类型的数据。它采用差异度 D 来代替 K-means 算法中的距离，差异度越小，则表示距离越小。一个样本和一个聚类中心的差异度就是它们各个属性不相同的个数，属性相同为 0，属性不同为 1，并计算 1 的总和，因此 D 越大，两者之间的不相关程度越强。

22.2.4　基于 K-means 聚类算法进行图像分割

K-means 聚类算法简捷，具有很强的搜索力，适合处理数据量大的情况，在数据挖掘和图像处理领域中得到了广泛的应用。采用 K-means 进行图像分割，会将图像的每个像素点的灰度或者 RGB 作为样本（特征向量），因此整个图像就构成了一个样本集合（特征向量空间），从而把图像分割任务转换为对数据集合的聚类任务。然后，在此特征空间中运用 K-means 聚类算法进行图像区域分割，最后抽取图像区域的特征。

例如，对 512×256×3 的彩色图像进行分割，则将每个像素点的 RGB 值都作为一个样本，最后将图像数组转换成（512×256）×3=131072×3 的样本集合矩阵，矩阵中的每一行都表示一个样本（像素点的 RGB），总共包含 131 072 个样本，矩阵中的每一列都表示一个变量。从图像中选择几个典型的像素点，将其 RGB 作为初始聚类中心，根据图像上每个像素点 RGB 值之间的相似性，调用 K-means 进行聚类分割。

采用 K-means 聚类分析处理复杂图像时，如果单纯使用像素点的 RGB 值作为特征向量，然后构成特征向量空间，则算法鲁棒性往往比较脆弱。在一般情况下，需要将图像转换到合适的彩色空间（如 Lab 或 HSL 等），然后抽取像素点的颜色、纹理和位置等特征，形成特征向量。

22.3 程序实现

22.3.1 样本间的距离

距离是对样本间相似性的度量，最常用的是 Euclidean 距离。为了更准确地描述样本距离，参考文献[3]引入了加权欧式距离。sampledist()函数支持欧式距离和城市距离，如果读者需要，则也很容易为 sampledist()函数扩展其他样本距离：

```
function D=sampledist(X,C,method,varargin)
% 计算样本空间和聚类中心 C 的距离
% X：样本空间，n×p 数组
% C：聚类中心，k×p 数组
% method：距离公式
% varargin：其他参数
% D：每个点到聚类中心的欧式距离

[n,p]=size(X);
K=size(C,1);
% 初始化距离矩阵
D=zeros(n,K);
switch lower(method(1))
    % 循环计算到聚类中心的距离
    case 'e' % euclidean
        for i=1:K
            D(:,i)=(X(:,1)-C(i,1)).^2;
```

```matlab
            for j=2:p
                D(:,i)=D(:,i)+(X(:,j) - C(i,j)).^2;
            end
        end
    case 'c' % cityblock
        for i=1:K
            D(:,i)=abs(X(:,1) - C(i,1));
            for j=2:p
                D(:,i)=D(:,i) + abs(X(:,j) - C(i,j));
            end
        end
end
```

22.3.2 提取特征向量

像素点特征向量包括颜色、距离和纹理等信息,本案例只是简单采用图像的 RGB 值作为像素点的特征向量,但是 exactvector()函数预留了其他特征数据的接口。

```matlab
[function vec=exactvecotr(img)
% 从 img 图像中提取特征向量,包括颜色、距离和纹理等
% img: 图像数组,可以是灰度或彩色的
% vec: 像素点特征向量
%
[m,n,~]=size(img);
% 初始化特征向量,一个像素点对应一个特征
vec=zeros(m*n,3);

% 将图像转换到特定的颜色空间
% img=rgb2lab(img);
img=double(img);

% 循环构建像素点的特征向量
for j=1:n
    for i=1:m
        %1 颜色特征
        color=img(i,j,:);
        %2 距离特征
        % wx=1;wy=1; % 距离权值
        % dist=[wx*j/n,wy*i/m];
        dist=[];
        %3 纹理特征
        texture=[];
        % 组成特征向量
        vec((j-1)*m+i,:)=[color(:);dist(:);texture(:)];
    end
end
```

22.3.3 图像聚类分割

根据 22.2 节，图像 K-means 均值分割首先提取像素点的特征向量 exactvecotr()，然后搜索初始聚类中心 searchintial()，最后执行 K-means 核心算法：

```
function [F,C]=imkmeans(I,C)
% I: 图像矩阵，支持彩色或者灰度图
% C: 聚类中心，可以是整数或者数组，整数表示随机选择 K 个聚类中心
% F: 样本聚类编号

if nargin~=2
    error('IMKMEANS:InputParamterNotRight','只能有两个输入参数！');
end
if isempty(C)
    K=2;
    C=[];
elseif isscalar(C)
    K=C;
    C=[];
else
    K=size(C,1);
end

%1 提取像素点特征向量
X=exactvecotr(I);

%2 搜索初始聚类中心
if isempty(C)
    C=searchintial(X,'sample',K);
end

%3 循环搜索聚类中心
Cprev=rand(size(C));
while true
    % 计算样本到中心的距离
    D=sampledist(X,C,'euclidean');
    % 找出最近的聚类中心
    [~,locs]=min(D,[],2);
    % 使用样本均值更新中心
    for i=1:K
        C(i,:)=mean(X(locs==i,:),1);
    end
    % 判断聚类算法是否收敛
    if norm(C(:)-Cprev(:))<eps
        break
    end
```

```
    % 保存上一次聚类中心
    Cprev=C;
end

%
[m,n,~]=size(I);
F=reshape(locs,[m,n]);

function C=searchintial(X,method,varargin)
% 搜索样本空间的初始聚类中心
% X：样本空间
% method：搜索方法
% varargin：其他参数

switch lower(method(1))
    case 's' % sample
        K=varargin{1};
        C=X(randsample(size(X,1),K),:);
    case 'u' % uniform
        Xmins=min(X,[],1);
        Xmaxs=max(X,[],1);
        K=varargin{1};
        C=unifrnd(Xmins(ones(K,1),:), Xmaxs(ones(K,1),:));
end
```

使用 imkmeans() 函数对 football.jpg 图像进行 K-means 聚类分割的效果如图 22-2 所示。当使用 3 个聚类时，足球能够显著地从背景中分割出来；当使用 5~6 个聚类时，足球、背景布和布皱褶都能够较好地得以区分。

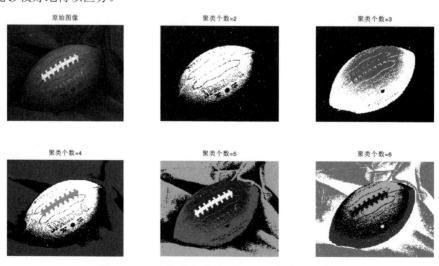

图 22-2　不同聚类数量的 K-means 分割效果对比

核心代码如下:

```
clc
close all
% 读取彩色图像
I=imread('football.jpg');
% 将 uint8 的彩色换为[0 1]
I=double(I)/255;
% 显示原始图像
subplot(2,3,1)
imshow(I)
title('原始图像')

% 不同聚类中心的对比
for i=2:6
    F=imkmeans(I,i);
    subplot(2,3,i);
    imshow(F,[]);
    title(['聚类个数=',num2str(i)])
end
```

22.4 延伸阅读

传统的 K-means 算法在图像分割中只与特征向量有关,从而忽略了像素间的空间位置关系,因而分割模型是不完整的。参考文献[4]利用 Markov 随机场描述了图像像素间的领域关系,在引入"拒绝度"概念到聚类目标函数的同时,提出了初始类别及中心点的确定方法,并提出了较为完备的基于 Markov 随机场图像分割的算法,通过实验验证了分割方法在效果及效率上的有效性。

本章参考的文献如下。

[1] 李翠,冯冬青. 基于改进 K-均值聚类的图像分割算法研究[J]. 郑州大学学报,2011.3,43(1):109~113.

[2] 李苏梅,韩国强. 基于 K-均值聚类算法的图像区域分割方法[J]. 计算机工程与应用,2008,44(16):163~167.

[3] 张忠林,曹志宇,李元韬. 基于加权欧式距离的 K-means 算法研究[J]. 郑州大学学报:工学版,2010,31(1):89~92.

[4] 黄宇,付琨,吴一戎. 基于 Markov 随机场 K-Means 图像分割算法[J]. 电子学报,2009.12,37(12):2700~2704.

第 23 章
基于光流场的车流量计数应用

23.1 案例背景

运动视觉研究的内容是如何从变化场景中的一系列不同时刻的图像中提取有关场景中物体的形状、位置和运动的信息,其研究方法可以分为两类:基于特征的方法和基于光流场的方法。基于特征的方法抽取特征点,是离散的;光流场属于运动数据研究范畴,是基于连续的图像序列,并直接对其进行运动估计,可以求得图像中每个像素所对应物体的运动信息。

当物体运动时,在图像上对应物体的亮度模式也在运动。光流(Optical Flow)是指图像中亮度模式运动的速度,光流场是一种二维瞬时速度场,是景物中可见点的三维速度矢量在成像表面的投影。光流不仅包含了被观察物体的运动信息,还携带着有关场景的三维结构信息。

本案例基于 Computer Vision System Toolbox,使用光流场算法对交通视频中汽车的运动状态进行检测和估计。

23.2 理论基础

23.2.1 基于光流法检测运动的原理

光流场是指图像灰度模式的表观运动,是一种像素级的运动。以光流法检测运动物体的基本原理是:根据各个像素点的速度矢量特征,可以对图像进行动态分析。如果在图像中没有运动的物体,则光流矢量在整个图像区域是连续变化的;当图像中有运动物体时,则由于目标和图像背景存在相对运动,所以运动物体所形成的速度矢量必然和邻域背景的速度矢量不同,从而检测出运动的物体及其位置。但是光流法的优点在于，光流不仅携带了运动物体的运动信息，还携带了有关三维结构的丰富信息，能够在不知道场景任何信息的情况下，检测出运动的图像。基于光流场的运动检测的步骤如图 23-1 所示。

在理想情况下，光流场和二维运动场互相吻合，但这一命题不总是对的。如图 23-2 所示，一个均匀的球体在某一光源的照射下，亮度呈现一定的明暗模式。当球体绕中心轴旋转时，明暗模式并不随着表面运动，所以图像也没有变化，此时光流在任意地方都等于零，运动场却不等于零。如果球体不动而光源运动，则明暗模式将随着光源运动，此时光流不等于零但运动场为零。

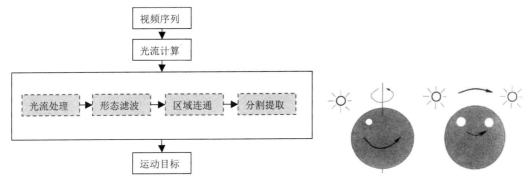

图 23-1　基于光流场的运动检测的步骤　　图 23-2　光流场和运动场的联系和区别

光流法能够较好地用于二维运动估计，也可以同时给出全局点的运动估计，但是光流场并不等价于运动场，因此其本身必然存在一些问题：遮挡问题、孔径问题、光照问题等。

23.2.2　光流场的主要计算方法

光流场的计算方法主要有基于梯度的方法、基于匹配的方法、基于能量的方法和基于相位的方法。另外，近几年神经网络动力学也颇受学者重视。

基于梯度的方法利用图像灰度的梯度来计算光流，是人们研究最多的方法，比如 Horn-Schunck 算法、Lucas-Kanade 算法和 Nagel 算法。基于梯度的方法以运动前后图像灰度保持不变作为先决条件，导出光流约束方程。由于光流约束方程并不能唯一地确定光流，因此需要导入其他约束。根据引入的约束不同，基于梯度的方法又可以分为全局约束方法和局部约束方法。全局约束的方法假定光流在整个图像范围内满足一定的约束条件；而局部约束的方法假定在给定点周围的一个小区域内，光流满足一定的约束条件。

基于匹配的方法包括基于特征匹配和基于区域匹配两种。基于区域匹配技术在视频编码中得到了广泛应用，通过对图像序列中相邻两帧图像间的子块匹配进行运动估值。在区域匹配算法中，图像被分割为子块，子块中所有像素的运动被认为是相同的，由于复杂的运动可以被近似地分解为一组平移运动之和，所以区域匹配算法采用的运动模型假设图像中的运动物体由做平移运动的刚体组成，且假设在图像场景中没有大的遮挡物。

基于能量的方法首先要对输入的图像序列进行时空滤波处理，这是一种时间和空间整合。对于均匀的流场，要获得正确的速度估计，这种时空整合是非常必要的。然而，这样做会降低光流估计的空间和时间分辨率。尤其是当时空整合区域包含几个运动成分（如运动边缘）时，估计精度将会恶化。此外，基于能量的光流技术涉及大量的滤波器，存在高计算负荷的问题。然而可以预期，随着相应硬件的发展，在不久的将来，滤波将不再是一个严重的限制因素，所有这些技术都可以在帧速下加以实现。

基于相位的方法由 Fleet 和 Jepson 提出，其算法根据带通滤波器输出的相位特性来确定光流。通过与带通速度调谐滤波器输出中的等相位轮廓相垂直的瞬时运动来定义分速度。带通滤波器按照尺度、速度和定向来分离输入信号。基于相位的光流技术的综合性能比较优秀，光流估计比较精确且具有较高的空间分辨率，图像序列的适用范围也比较广。

对于光流计算来讲，如果说前面的基于能量或相位的模型有一定的生物合理性的话，那么近几年出现的利用神经网络建立的视觉运动感知的神经动力学模型便是对生物视觉系统功能与结构的更为直接的模拟。尽管现有的神经动力学模型还不成熟，然而这些方法及其结论为其进一步研究打下了良好的基础，是将神经机制引入运动计算方面所做的极有意义的尝试。

目前，对光流的研究方兴未艾，新的计算方法还在不断涌现。这里对光流技术的发展趋势与方向提出以下看法。

（1）现有技术都各自的优点与缺陷，方法之间相互结合，优势互补，建立光流计算的多阶段或分层模型是光流技术发展的一个趋势。

（2）通过深入的研究发现，现有光流方法之间有许多共通之处。如微分法和匹配法的前提假设极为相似；某些基于能量的方法等效于区域匹配技术；相位方法则将相位梯度用于法向速度的计算。

（3）尽管光流计算的神经动力学方法还很不成熟，然而对它的研究却具有极其深远的意义。随着生物视觉研究的不断深入，神经网络方法无疑会不断完善，也许光流计算乃至计算机视觉的根本出路就在于神经机制的引入。

23.2.3 梯度光流场约束方程

假定像素点 (x,y) 在 t 时刻的灰度值为 $I(x,y,t)$，在 $t+\mathrm{d}t$ 时刻，该像素点运动到新的位置 $(x+\mathrm{d}x, y+\mathrm{d}y)$，此时对应的灰度值为 $I(x+\mathrm{d}x, y+\mathrm{d}y, t+\mathrm{d}t)$。根据图像的一致性假设，当

第 23 章　基于光流场的车流量计数应用

$\mathrm{d}t \to 0$ 时，图像沿着运动轨迹的亮度保持不变，即：

$$I(x,y,t) = I(x+\mathrm{d}x, y+\mathrm{d}y, t+\mathrm{d}t) \tag{23.1}$$

如果图像灰度随 (x,y,t) 缓慢变换，则将（23.1）式进行泰勒级数展开：

$$I(x+\mathrm{d}x, y+\mathrm{d}y, t+\mathrm{d}t) \approx I(x,y,t) + \frac{\partial I}{\partial x}\mathrm{d}x + \frac{\partial I}{\partial y}\mathrm{d}y + \frac{\partial I}{\partial t}\mathrm{d}t \tag{23.2}$$

于是

$$\frac{\partial I}{\partial x}\frac{\mathrm{d}x}{\mathrm{d}t} + \frac{\partial I}{\partial y}\frac{\mathrm{d}y}{\mathrm{d}t} + \frac{\partial I}{\partial t} = I_x u + I_y v + I_t = 0 \tag{23.3}$$

式中，$I_x = \frac{\partial I}{\partial x}$、$I_y = \frac{\partial I}{\partial y}$ 和 $I_t = \frac{\partial I}{\partial t}$ 分别代表参考点的灰度随 x、y、t 的变化率；$u = \frac{\mathrm{d}x}{\mathrm{d}t}$ 和 $v = \frac{\mathrm{d}y}{\mathrm{d}t}$ 分别表示参考点沿着 x 和 y 方向的移动速度，即光流。（23.3）式就是光流基本方程，写成向量形式为：

$$\nabla I \cdot U + I_t = 0 \tag{23.4}$$

式中，$\nabla I = [I_x, I_y]$ 表示梯度方向；$U = [u,v]^\mathrm{T}$ 表示光流。（23.4）式叫作光流约束方程，是所有基于梯度的光流计算方法的基础。

考虑到由 u 和 v 组成的二维空间，（23.4）式定义了一条直线，所有满足约束方程的 $U = [u,v]^\mathrm{T}$ 都在该直线上，如图 23-3 所示，该直线和梯度 $\nabla I = [I_x, I_y]$ 垂直。由于光流约束方程包含 u 和 v 两个未知量，显然由一个方程并不能唯一确定，所以为了求解光流场，必须引入新的约束条件。

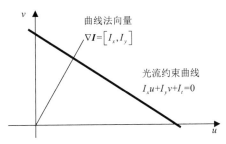

图 23-3　根据光流基本方程所确定的约束线

根据约束条件的不同，梯度光流法又分为全局约束方法和局部约束方法。全局约束方法假定光流在整个图像范围内满足一定的约束条件，而局部约束的方法假定在给定像素点周围的一个小区域内，光流满足于一定的约束条件。常用的基于梯度的光流计算方法如下。

1. 运动场平滑

Horn-Schunck 假设光流在整个图像上光滑变化，即运动场既满足光流约束方程又满足全局平滑性。将光滑性测度同加权微分约束测度组合起来，其中加权参数控制图像流约束微分和光滑性微分之间的平衡。

2. 预测校正

Lucas-kanade 假设在一个小的空间邻域上运动矢量保持恒定，然后使用加权最小二乘的思想来估计光流，是一种基于像素递归的光流算法，就是预测校正型的位移估算器。预测值可以作为前一个像素位置的运动估算值，或作为当前像素邻域内的运动估算线性组合。依据该像素上的位移帧差的梯度最小值，对预测做进一步的修正。

3. 平滑约束

与 Hom-Schunck 算法一样，Nagel 也使用了全局平滑约束来建立光流误差测度函数，但是 Nagel 提出的一种面向平滑的约束，并不是强加在亮度梯度变化最剧烈的方向（比如边缘方向）上的，这样做是为了处理遮挡。

23.2.4　Horn-Schunck 光流算法

Horn-Schunck 光流算法是一种全局约束的方法，其提出了光流的平滑性约束条件，即图像上任一点的光流并不是独立的，光流在整个图像范围内平滑变化。所谓平滑，就是在给定邻域内其速度分量平方和积分最小：

$$S = \iint \left(u_x^2 + u_y^2 + v_x^2 + v_y^2 \right) \mathrm{d}x\mathrm{d}y \tag{23.5}$$

在实际情况下，（23.5）式可以使用下面的表达式代替：

$$E = \iint (u - \bar{u})^2 + (v - \bar{v})^2 \mathrm{d}x\mathrm{d}y \tag{23.6}$$

式中，$\bar{u}$ 和 $\bar{v}$ 分别表示 u 邻域和 v 邻域中的均值。

根据光流基本方程（23.4）式考虑光流误差，Horn-Schunck 算法将光流求解归结为如下极值问题：

$$F = \iint \left[\left(I_x u + I_y v + I_t \right)^2 + \lambda \left((u - \bar{u})^2 + (v - \bar{v})^2 \right) \right] \mathrm{d}x\mathrm{d}y \tag{23.7}$$

式中，λ 控制平滑度，它的取值要考虑图中的噪声情况，噪声较强，则说明图像数据本身的置信度较低，需要更多地依赖光流约束，所以 λ 可以取较大的值；反之，可以取较小的值。

将（23.7）式分别对 u 和 v 求导，当导数为零时该式取极值：

$$2I_x\left(I_xu+I_yv+I_t\right)+2\lambda\left(u-\overline{u}\right)=0$$
$$2I_y\left(I_xu+I_yv+I_t\right)+2\lambda\left(v-\overline{v}\right)=0 \tag{23.8}$$

采用松弛迭代方法对（23.8）式进行求解，迭代方程为：

$$u^{(k+1)}=\overline{u}^{(k)}-I_x\frac{I_x\overline{u}^{(k)}+I_y\overline{v}^{(k)}+I_t}{\lambda^2+I_x^2+I_y^2}$$
$$v^{(k+1)}=\overline{v}^{(k)}-I_y\frac{I_x\overline{u}^{(k)}+I_y\overline{v}^{(k)}+I_t}{\lambda^2+I_x^2+I_y^2} \tag{23.9}$$

在求解（23.9）式的过程中需要估计灰度对的时间和空间微分。如果下标 i、j、k 分别对应 x、y、t，则 3 个偏导数可以用一阶差分来替代，相应的滤波系数为[-1,1;-1,1]，（23.10）式采用前后两帧的一阶差分结果的平均值来近似灰度对的时间和空间微分。

$$I_x=\frac{1}{4}\left(I_{i+1,j,k}+I_{i+1,j+1,k}+I_{i+1,j,k+1}+I_{i+1,j+1,k+1}\right)-\frac{1}{4}\left(I_{i,j,k}+I_{i,j+1,k}+I_{i,j,k+1}+I_{i,j+1,k+1}\right)$$
$$I_y=\frac{1}{4}\left(I_{i,j+1,k}+I_{i+1,j+1,k}+I_{i,j+1,k+1}+I_{i+1,j+1,k+1}\right)-\frac{1}{4}\left(I_{i,j,k}+I_{i+1,j,k}+I_{i,j,k+1}+I_{i+1,j,k+1}\right) \tag{23.10}$$
$$I_t=\frac{1}{4}\left(I_{i,j,k+1}+I_{i+1,j,k+1}+I_{i,j+1,k+1}+I_{i+1,j+1,k+1}\right)-\frac{1}{4}\left(I_{i,j,k}+I_{i+1,j,k}+I_{i,j+1,k}+I_{i+1,j+1,k}\right)$$

23.3 程序实现

23.3.1 计算视觉系统工具箱简介

计算视觉系统工具箱（Computer Vision System Toolbox）是图像处理工具箱（Image Processing Toolbox）的扩展，包括用于特征提取匹配、目标检测跟踪、立体视觉、相机标定和运动检测等算法。计算视觉系统工具箱还提供了文件读写、视频显示、绘图标注等视频处理工具。这些算法和功能以 MATLAB 函数、系统对象、Simulink 模块形式提供。另外，针对快速原型和嵌入式系统设计，计算视觉系统工具箱还支持定点运算和 C 代码自动产生。工具箱主要包含以下关键特色。

(1) 对象检测，包括 Viola-Jones 及其他训练好的检测算法。

(2) 特征检测，用于提取和匹配，包括 FAST、BRISK、MSER 和 HOG 等算法。

(3) 相机校准，包括自动棋盘检测等。

(4) 立体视觉，包括三维重建等。

(5) 仿真模块，指图像处理相关的 Simulink 模块，加速了图像处理算法的建模仿真。

计算视觉系统工具箱的很多功能算法都被放在+vision 这个 package 下。package 是 MATLAB 面向对象编程的一个术语，相当于 C 或 C++中的 namespace，具体可以查看本章末尾的参考文献[6]。在调用 package 下的函数或者类对象时必须添加 package 的名称，如使用 VideoFileReader 对象视频读取时首先要创建 VideoFileReader 对象：

```
hReader=vision.VideoFileReader('viptraffic.avi'); %其中vision不能少，表示
VideoFileReader 类是属于 vision 包下面的
```

然后，调用 step()函数执行视频帧读取：

```
frame=step(hReader);  % step 是 VideoFileReader 类的一个成员函数，也可以使用
hReader.step()方式进行调用
```

最后，释放类对象资源：

```
release(hReader);
```

可以通过 get/set(hobj)方式查询或者设置+vision 类对象的成员变量，methods(hobj)查询成员函数，+vision 类对象一般包含在表 23-1 中列出的成员函数。

表 23-1 +vision 类对象常用的成员函数

函　　数	说　　明
clone	将对象重新复制一份，包含一样的属性值。不能通过 hobjb=hojba 赋值创建一个新的 handled 类实例，hobj 和 hobja 指向同一个实例
getNumInputs	step()函数期望输入变量的个数
getNumOuputs	step()函数输出变量的个数
isLocked	是否锁定输入特性和不可调属性，一般在 release 以后返回 false
release	释放对象资源，此时允许修改某些属性
reset	重置部分属性，如返回文件头部、重新恢复默认值等
step	执行对象的功能操作

23.3.2　基于光流法检测汽车运动

下面演示基于光流法检测汽车的流程。如图 23-4 所示，程序首先调用 vision.OpticalFlow 计

算交通视频中的光流场；其次对光流场幅值进行阈值分割得到二值图，在光流场幅值大的位置说明有车流量；接着使用形态学滤波、腐蚀和关闭对分割的图形进行处理；然后继续调用 vision.BlobAnalysis 统计汽车对象的位置及面积等；最后通过面积比例判断是否是汽车，面积比太小则可能是噪声等其他杂物。

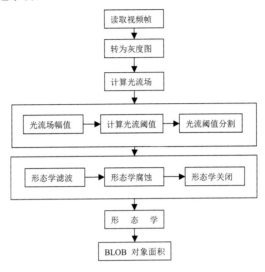

图 23-4 基于光流法检测汽车的流程

核心代码如下：

```
clc; clear all; close all;
%% 创建视频图像处理对象
videofile = 'viptraffic.avi';
% 获取视频帧信息
info = mmfileinfo(videofile);
cols =info.Video.Width;
rows = info.Video.Height;
% 创建视频系统对象，读取视频文件
hReader = vision.VideoFileReader(videofile,...
    'ImageColorSpace', 'RGB',...        % GRB 彩色空间
    'VideoOutputDataType', 'single');   % 视频输出类型
% 创建光流对象用于检测运动方向和速度
% 选择 Horn-Schunck 或 Lucas-Kanade
hFlow = opticalFlowHS;
% 创建两个均值对象，用于分析光流矢量
% 等效 mean(x(:))
hMean1 = vision.Mean;
% 累计平均值，每次输入一个数据，计算所有历史输入的均值
hMean2 = vision.Mean('RunningMean', true);
% 创建均值滤波对象，用来移除图像分割产生的噪声
```

```matlab
hFilter = fspecial('average', [3 3]);
% 创建形态学关闭对象,填充分割以后的汽车孔洞
hClose = strel('line',5,45);
% 创建 BLOB 分析对象,用于从视频中分割汽车
hBlob = vision.BlobAnalysis(...
    'CentroidOutputPort', false,...
    'AreaOutputPort', true, ...
    'BoundingBoxOutputPort', true,...
    'OutputDataType', 'double', ...
    'MinimumBlobArea', 250,...
    'MaximumBlobArea', 3600,...
    'MaximumCount', 80);
% 创建形态学腐蚀对象,移除不需要的对象
hErode = strel('square',5);
% 创建形状嵌入对象,在视频中添加形状,框出汽车边界
hShape1 = vision.ShapeInserter(...
    'BorderColor', 'Custom', ...
    'CustomBorderColor', [0 1 0]);  % 绿色边框
hShape2 = vision.ShapeInserter(...
    'Shape','Lines', ...
    'BorderColor', 'Custom', ...
    'CustomBorderColor', [255 255 0]); %
% 创建视频播放对象,用来显示原始视频、运动矢量视频、汽车分割和最终处理结果
sz = get(0,'ScreenSize');    % 获取屏幕的像素大小
pos = [(sz(3)-4*(cols+75))/2, (sz(4)-rows)/2 cols+60 rows+80];  % 视频播放器位置
hVideo1 = vision.VideoPlayer('Name','Original Video','Position',pos);
pos(1) = pos(1)+cols+75; % 将第 2 个播放器相对第 1 个播放器向右移动指定的像素
hVideo2 = vision.VideoPlayer('Name','Motion Vector','Position',pos);
pos(1) = pos(1)+cols+75; % 将第 3 个播放器相对第 2 个播放器向右移动指定的像素
hVideo3 = vision.VideoPlayer('Name','Thresholded Video','Position',pos);
pos(1) = pos(1)+cols+75;  % 将第 4 个播放器相对第 3 个播放器向右移动指定的像素
hVideo4 = vision.VideoPlayer('Name','Results Video','Position',pos);

%% 从视频中检测、追踪汽车
% 显示光流矢量的像素点
[xpos,ypos]=meshgrid(1:5:cols,1:5:rows);
xpos=xpos(:);
ypos=ypos(:);
locs=sub2ind([rows,cols],ypos,xpos);

% 循环处理视频的每一帧,直到文件结束
while ~isDone(hReader)
    % 暂停 0.3s,方便观看
    pause(0.3);
    % 从视频文件中读取视频帧
    frame = step(hReader);
    % 将图像转换为灰度图
```

```
gray = rgb2gray(frame);

%1 计算光流场矢量，返回一个复数矩阵，分别代表每个像素点 u 和 v
flow = estimateFlow(hFlow,gray);
% 每隔 5 行 5 列选择一个像素点，绘制它的光流图，20 表示将光流幅值放大 20 倍
% lines 每行都对应一条曲线，分别是第 1、2 个点的 x、y 坐标
lines = [xpos, ypos, xpos+20*real(flow.Vx(locs)),
 ypos+20*imag(flow.Vy(locs))];
% 将光流矢量添加到视频帧上
vector = step(hShape2, frame, lines);

%2 光流矢量幅值
magnitude = flow.Magnitude;
% 计算光流幅值的平均值，表征速度阈值
threshold = 0.5 * step(hMean2, step(hMean1, magnitude));
% 使用阈值分割提取运动对象，然后滤波去噪
carobj = magnitude >= threshold;
carobj = imfilter(carobj, hFilter, 'replicate');
% 通过形态学腐蚀去掉道路，然后关闭填补 BLOB（汽车）孔洞
carobj = imerode(carobj, hErode);
carobj = imclose(carobj, hClose);

%3 统计估计 BLOB（汽车）对象的面积 area 和边框 bbox=[left,bottom,width,height]
[area, bbox] = step(hBlob, carobj);
% 只是统计过了杆的汽车，杆的位置大约在帧图像的第 22 行
grow=22;
idx = bbox(:,1) > grow;
% 计算汽车面积和边框面积的百分比，bbox(k,3)*bbox(k,4)是第 k 个边框面积
ratio = zeros(length(idx), 1);
ratio(idx) = single(area(idx,1))./single(bbox(idx,3).*bbox(idx,4));
% 当面积百分比大于 40%时认为是汽车，flag 中为 1 的表示汽车
flag = ratio > 0.4;
% 统计视频帧中的汽车数量
count = int32(sum(flag));
bbox(~flag, :) = int32(-1);
% 添加汽车边框，用于显示被追踪到的汽车
result = step(hShape1, frame, bbox);
% 在处理结果视频帧上添加白色横杆
result(grow:grow+1,:,:) = 1;
% 将显示汽车数量位置的背景设为黑色
result(1:15,1:30,:) = 0;
% 在视频帧添加文本显示汽车数量
result = insertText(result,[1 1],sprintf('%d',count));

%4 显示最后的处理结果
step(hVideo1, frame);      % 原始的视频帧
step(hVideo2, vector);     % 绘制光流矢量
```

```
    step(hVideo3, carobj);      % 阈值分割结果
    step(hVideo4, result);      % 带框标示汽车
end
%% 释放视频对象
release(hReader);
```

执行以上代码,将自动显示 4 个横排的播放器,其中第 1 幅图是原始视频,第 2 幅图是添加了光流矢量的视频,第 3 幅图是经过了阈值分割和形态学处理的结果,第 4 幅图是框出的汽车位置。其中,第 2 幅图的光流矢量表征正在运动的汽车,第 4 幅图正确标识出根据光流幅值分割出来的汽车的位置及数量。如图 23-5 所示,在第 39 帧时有两辆汽车通过了栏杆,在第 71 帧时有 3 辆汽车通过了栏杆。

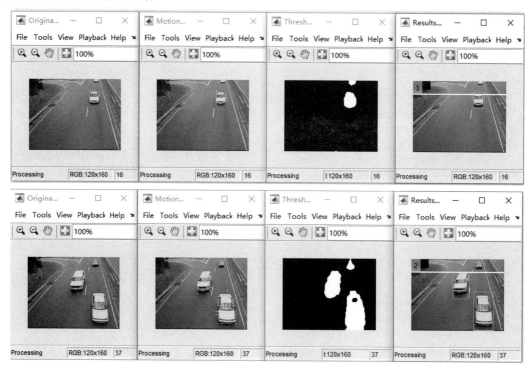

图 23-5　基于光流场检测汽车的效果

由图 23-5 可以看出,光流场可以反映汽车的运动情况,并通过图像分割及形态学处理等方法去除噪声,采用区域占比的方式来定位汽车,进而统计跨过检测线的汽车数量,达到了车流量统计的目标。在实际运行过程中,在相邻汽车位置比较接近的情况下容易出现误分割的情况,这也对目标检测分割提出了更高的要求,可以引入诸如前景建模、特征匹配等其他处理方法来提升分割效果。

23.4 延伸阅读

在 23.1.1 节讨论了光流法进行运动检测的缺陷。针对运动检测估计，计算机视觉系统工具箱还提供了基于高斯混合的背景模型，读者可以使用 vision.ForegroundDetector()对象进行算法开发，下面是一个简单的使用案例：

```
clc; clear all; close all;
%% 创建视频图像处理对象
videofile = 'viptraffic.avi';
% 获取视频信息
info = mmfileinfo(videofile);
cols =info.Video.Width;
rows = info.Video.Height;
% 创建视频系统对象，读取视频文件
hsrc = vision.VideoFileReader(videofile,'ImageColorSpace','Intensity','VideoOutputDataType','uint8');
% 创建前景检测对象
hfg = vision.ForegroundDetector(...
    'NumTrainingFrames', 5, ... % 训练帧数
    'InitialVariance', 30*30); % 初始标准方差
% 创建 BLOB 分析对象，用于从视频中分割汽车
hblob = vision.BlobAnalysis(...
    'CentroidOutputPort', false, 'AreaOutputPort', false, ...
    'BoundingBoxOutputPort', true, ...
    'MinimumBlobAreaSource', 'Property', 'MinimumBlobArea', 250);
% 插入检测框
hsi = vision.ShapeInserter('BorderColor','White');
% 显示窗口
hsnk = vision.VideoPlayer();
%% 从视频中检测、追踪汽车
% 循环处理视频的每一帧，直到文件结束
while ~isDone(hsrc)
    % 暂停 0.3s，方便观看
    pause(0.3);
    frame = step(hsrc); % 读取视频帧
    fgMask = step(hfg, frame); % 获取前景（汽车）
    bbox = step(hblob, fgMask); % 提取对象
    out = step(hsi, frame, bbox); % 添加方框
    step(hsnk, out); % 查看结果
end
%% 释放视频对象
release(hsnk);
```

```
release(hsrc);
```

执行上述代码,同样能够得到和 23.3 节相似的效果,如图 23-6 所示,基于高斯混合的背景模型正确检测出了正在行驶的汽车。

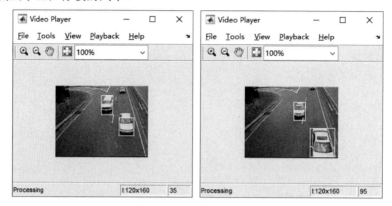

图 23-6 基于高斯混合的背景模型检测汽车的效果

本章参考的文献如下。

[1] 董颖. 基于光流场的视频运动检测[D]. 济南:山东大学,2008:15～35.

[2] 徐俊红. 基于光流场的视频运动检测[D]. 哈尔滨:哈尔滨工程大学,2005.

[3] 胡觉晖,李一民,潘晓露. 改进的光流法用于车辆识别与跟踪[J]. 科学技术与工程,2010.8,10(23):5814～5817.

[4] http://blog.csdn.net/conanlrj/article/details/ 5102481,2014.

[5] 赵小川. MATLAB 图像处理——能力提高与应用案例[M]. 北京:北京航空航天大学出版社,2014.

[6] 苗志宏,马金强.MATLAB 面向对象程序设计[M]. 北京:电子工业出版社,2014.

第 24 章
基于 Simulink 进行图像和视频处理

24.1 案例背景

Simulink 是 MATLAB 最重要的组件之一，它提供了一个动态系统建模、仿真和综合分析的集成环境。在该环境下，无须大量书写程序，只需通过简单、直观的鼠标操作，就可构造出复杂的系统。Simulink 是用于动态系统和嵌入式系统的多领域仿真和基于模型的设计工具。

众所周知，在数字图像处理的实现过程中代码量巨大，将基于模型设计引入图像处理领域，可以很大程度地提升其规范性和高效性。计算视觉系统工具箱（Computer Vision System Toolbox）为用户提供了丰富的计算视觉系统 Simulink 模块，用于进行计算机视觉系统方面的建模仿真，并支持代码生成。

24.2 模块介绍

MATLAB 计算视觉系统工具箱提供了视频和图像处理的各种 Simulink 模块，共计 11 个大类库，如图 24-1 所示，每个模型库都提供了数种模块。

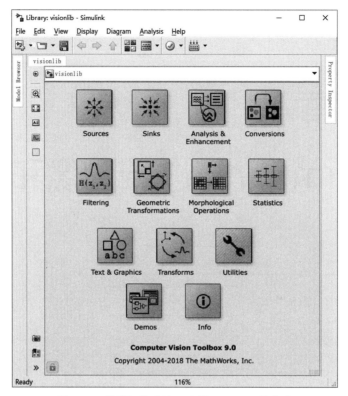

图 24-1　计算视觉系统工具箱 Simulink 模块库

用户可以通过拖拉、组合和搭建视频和图像处理模型，进行视频和图像的仿真和分析。有以下三种方式可以打开计算视觉系统工具箱的模块库。

（1）在 Command Window 中输入 visionlib 并回车。

（2）通过 MATLAB 左下角的 Start 菜单，单击 Start→Toolbox→Computer Vision System Toolbox→Block Library。

（3）先打开 Simulink Library，然后在模块库目录树中找到 Computer Vision System Toolbox 即可。

24.2.1　分析和增强模块库（Analysis 和 Enhancement）

在 Command Window 中输入 visionanalysis 并回车，或者在 Simulink Library→Computer Vision System Toolbox→Analysis & Enhancement 中打开输入模块库，总共包含 10 个模块，功能描述如表 24-1 所示。

第 24 章 基于 Simulink 进行图像和视频处理

表 24-1 分析和增强模块库介绍

模 块	功 能 描 述
Block Matching	基于块匹配进行运动估计。采用 Exhaustive 或 Three-step 搜索块的新位置,可以用于去除视频帧之间的冗余信息,进行视频压缩
Contrast Adjustment	图像对比度调整。通过线性变换像素值方法,像数值超过上下边界的将被截断
Corner Detection	检测图像中的角点。最小特征值算法精度最高,局部灰度对比算法速度最快,Harris 算法精度和速度适中
Deinterlacing	采用去隔行法消除运动假象。通过倍线法、线性插值、中值滤波等对输入视频进行去隔行处理来消除运动模糊。模块支持灰度和彩色图像
Edge Detection	图像边缘检测算子。算法可选择 Sobel、Prewitt、Roberts 和 Canny,模块输出一个二维逻辑数组,1 表示边缘
Histogram Equalazation	直方图均衡化。通过变换图像灰度值来加强对比度
Median Filter	图像中值滤波。可以设置滤波窗大小、输出图像大小及填充像素值
Optical Flow	采用光流场进行运动评估。用于计算目标运动的方向和速度,可以选择 Horn-Schunck 或 Lucas-Kanade 算法
Template Matching	从图像中找出最佳匹配的位置。匹配准则有绝对误差和、平方差和及最大绝对误差
Trace Boundaries	二值图边界跟踪。需要指定最终方向和边界起点,输出一个 M×2 数组对应的边界点

24.2.2 转化模块库(Conversions)

在 Command Window 中输入 visionconversions 并回车,或者在 Simulink Library→Computer Vision System Toolbox→Conversions 中打开输入模块库,总共包含 7 个模块,功能描述如表 24-2 所示。

表 24-2 转化模块库介绍

模 块	功 能 描 述
Autothreshold	采用自动阈值分割将灰度图转换成二值图。采用 Otsu 算法确定阈值,使直方图中的每个像素组方差最小
Chroma Resamplint	对 YCbCr 模式信息进行色度重采样,以降低带宽和存储要求。可以指定抗锯齿滤波算法
Color Space Conversion	色彩空间转换。数据支持双精度、单精度浮点数,部分支持 8 位无符号整数
Demosaic	对 Bayer 格式的图像执行去马赛克。采用梯度校正线性插值或双线性插值算法
Gamma Correction	采用 GAMMA 校正提高对比度。检测图像中的深色和浅色部分,并使二者的比例增大
Image Complement	图像求补运算。对于二值图,将 0 换成 1,将 1 换成 0;对于灰度图,用最大值减去当前值
Image Data Type Conversion	图像数据类型转换。将输入的图像信号转换或者按比例缩放成指定类型的数据

24.2.3 滤波模块库（Filtering）

在 Command Window 中输入 visionfilter 并回车，或者在 Simulink Library→Computer Vision System Toolbox→Filtering 中打开输入模块库，其中总共包含 3 个模块，功能描述如表 24-3 所示。

表 24-3 滤波模块库介绍

模 块	功 能 描 述
2-D Convolution	二维离散卷积。假如第 1 个输入数组为 $M×N$，第 2 个输入数组为 $P×Q$，则可以通过 Output Size 指定输出矩阵的维度：选择 Full，输出（$M+P-1$）×（$N+Q-1$）数组；选择 Same as input port I，输出 $M×N$ 数组；选择 Valid，输出（$M-P+1$）×（$N-Q+1$）数组
2-D Filtering	根据指定的滤波系数矩阵或矢量，对图像进行二维 FIR 数字滤波，滤波器类型可以选择 Convolution 或 Correlation
Median Filter	中值滤波，降低图像噪声

24.2.4 几何变换模块库（Geometric Transformations）

在 Command Window 中输入 visiongeotforms 并回车，或者在 Simulink Library→Computer Vision System Toolbox→Gemetric Transformations 中打开输入模块库，总共包含 6 个模块，功能描述如表 24-4 所示。

表 24-4 几何变换模块库介绍

模 块	功 能 描 述
Apply Geometric Transformation	对输入的图像进行投影或仿射变换。插值方法支持邻近插值、双线性插值、三次插值，变换区域可以是整幅图，也可以是部分感兴趣的区域
Estimate Geometric Transformation	寻找从 Pts1 到 Pts2 的最大点数之间的变换矩阵
Resize	对图像进行缩放以改变图像的大小。可以指定输出图像的大小或百分比
Rotate	对图像执行旋转。可以指定旋转角度，单位为弧度，即 rad
Shear	对图像进行切边。可以指定切边方向和大小
Translate	执行图像平移操作。通过 offset 指定平移的大小

24.2.5 形态学操作模块库（Morphological Operations）

在 Command Window 中输入 visionmorphops 并回车，或者在 Simulink Library→Computer Vision System Toolbox→Morphological Operations 中打开输入模块库，总共包含 7 个模块，功能描述如表 24-5 所示。

表 24-5 形态学操作模块库介绍

模 块	功 能 描 述
Bottom-hat	对灰度图或二值图进行形态学高帽滤波
Closing	对灰度图或二值图进行形态学闭合运算
Dilation	对灰度图或二值图进行形态学膨胀运算
Erosion	对灰度图或二值图进行形态学腐蚀运算
Label	对二值图的连通区域进行标记和统计
Opening	对灰度图或二值图进行形态学开启运算
Top-hat	对灰度图或二值图进行形态学低帽滤波

24.2.6 输入模块库（Sources）

在 Command Window 中输入 vipsources 并回车，或者在 Simulink Library→Computer Vision System Toolbox→Sources 中打开输入模块库，总共包含 5 个模块，功能描述如表 24-6 所示。

表 24-6 输入模块库介绍

模 块	功 能 描 述
From Multimedia File	从多媒体文件中读取图像、音频或视频信号。在 Windows 平台下支持多种格式的压缩或未压缩的多媒体文件，而在 Linux/Mac 平台下仅支持未压缩的 AVI 文件及部分多媒体文件。该模块支持代码生成，但是宿主计算机必须支持 I/O
Image From File	从文件中读取图像数据。支持所有 imread 能读取的图像格式
Image From Workspace	从工作空间变量中读取图像数据。如果是 $M\times N$ 数组，则输出黑白或灰度图；如果是 $M\times N\times P$ 数组，则输出彩色图
Read Binary File	从二进制文件中读取视频数据。必须在参数对话框中设置二进制文件的视频格式。该模块支持代码生成，但是宿主计算机必须支持 I/O
Video From Workspace	从工作空间变量中读取视频数据。视频信号必须是 $M\times N\times T$ 或者 $M\times N\times C\times T$ 的数组，前者输出灰度视频信号，后者输出彩色视频图像，其中 $M\times N$ 是像素点数，T 是视频帧数

24.2.7 输出模块库（Sinks）

在 Command Window 中输入 vipsinks 并回车，或者在 Simulink Library→Computer Vision System Toolbox→Sinks 中打开输入模块库，总共包含 6 个模块，功能描述如表 24-7 所示。

表 24-7 输出模块库介绍

模 块	功 能 描 述
Frame Rate Display	计算并显示输入信号帧频。使用 Calculate and display rate every 参数控制显示模块的更新频率
To Multimedia File	将多媒体信号写入文件中。如果输出文件存在，则将被覆盖
To Video Display (Windows Only)	显示视频图像。支持 RGB 和 YCbCr 格式的图像，是一个轻量级、高性能的简单播放器。该模块仅支持 Windows 代码的生成，且宿主计算机必须支持 I/O
Video To Workspace	将视频信号输出到工作空间。灰度图将 Number of inputs 设置为 1，此时输出为 $M \times N \times T$ 数组；彩色图形将 Number of inputs 设置为 3，此时输出为 $M \times N \times C \times T$ 数组
Video Viewer	查看图像和视频流信号。仿真时，该模块提供播放、暂停和步进等控制功能，并提供像素区域分析工具。该模块不支持代码生成
Write Binary File	将视频数据写入二进制文件中。需要指定输出视频格式，在输出文件中既不包含头部信息，也不包含编码信息。该模块支持代码生成，但是宿主计算机必须支持 I/O

24.2.8 统计模块库（Statistics）

在 Command Window 中输入 visionstatistics 并回车，或者在 Simulink Library→Computer Vision System Toolbox→Statistics 中打开输入模块库，其中总共包含 12 个模块，功能描述如表 24-8 所示。

表 24-8 统计模块库介绍

模 块	功 能 描 述
2-D Autocorrelation	计算二维输入数组的自相关系数
2-D Correlation	计算两个二维输入数组之间的互相关系数
2-D Histogram	对图像进行直方图统计
2-D Maximum	查找数组指定维度方向上的最大值及索引
2-D Mean	查找数组指定维度方向上的平均值
2-D Median	查找数组指定维度方向上的中间值
2-D Minimum	查找数组指定维度方向上的最小值及索引
2-D Standard Deviation	计算数组指定维度方向上的标准差
2-D Variance	计算数组指定维度方向上的方差
Blob Analysis	对二值图进行连通域分析和统计
Find Local Maxima	查找局部邻域的极大值
PSNR	计算两幅图像的信噪比峰值

24.2.9 文本和图形模块库（Text 和 Graphic）

在 Command Window 中输入 visiontextngfix 并回车，或者在 Simulink Library→Computer Vision System Toolbox→Text & Graphics 中打开输入模块库，其中总共包含 4 个模块，功能描述如表 24-9 所示。

表 24-9 文本和图形模块库介绍

模 块	功 能 描 述
Compositing	合成两幅图像的像素值，在一幅图上叠加另外一幅图，或加亮所选定的像素
Draw Markers	在图像帧上添加标记符号，可以是圆圈、叉号、加号、星形或方框
Draw Shapes	在图像帧上添加形状图形，可以是矩形、曲线、多边形或圆弧
Insert Text	在图像帧上添加文本注释

24.2.10 变换模块库（Transforms）

在 Command Window 中输入 visiontransforms 并回车，或者在 Simulink Library→Computer Vision System Toolbox→Transforms 中打开输入模块库，总共包含 7 个模块，功能描述如表 24-10 所示。

表 24-10 变换模块库介绍

模 块	功 能 描 述
2-D DCT	二维离散余弦变换
2-D FFT	二维快速傅里叶变换
2-D IDCT	二维离散余弦逆变换
2-D IFFT	二维快速傅里叶逆变换
Gaussian Pyramid	高斯金字塔消除或扩张
Hough Lines	计算由(ρ,θ)所描述直线的笛卡尔坐标值
Hough Transform	对二值图进行 Hough 变换，检测图像中的直线

24.2.11 其他工具模块库（Utilities）

在 Command Window 中输入 visionutilities 并回车，或者在 Simulink Library→Computer Vision System Toolbox→Utilities 中打开输入的模块库，其中总共包含两个模块，功能描述如表 24-11 所示。

表 24-11 其他工具模块库介绍

模 块	功 能 描 述
Block Processing	用自定义的操作对输入数组进行子块操作
Image Pad	对图像进行填充或裁剪

24.3 仿真案例

下面演示通过基本的形态学操作和 BLOB 分析，从某医学视频信号中提取信息。本案例将统计每一视频帧中大肠杆菌的个数，由于每个单元都有不同的亮度，所以对象分割具有一定的挑战性。

24.3.1 搭建组织模型

通过快捷键 Ctrl+N、File→New→Model 菜单或工具栏 New model 按钮新建一个空白 Simulink 模型，然后从 Simulink Library 中拖拽、添加以下计算视觉系统工具 Simulink 模块，以及其他一些 Simulink 基础模块。其中，各模块的作用及参数如表 24-12 所示。

表 24-12 各模块的作用及参数

模 块	作 用	参 数
From Mulimedia File	从文件中读取视频帧	文件名：ecolicells.avi 采样时间：1/30 播放次数：inf
Blob Analysis	计算二值图对象质心	统计的内容：Centroid
Autothreshold	将灰度图转换成二值图	阈值比例因子：0.8
Dialation	执行形态学膨胀操作	结构单元：strel('square',7)
Insert Text	在视频上添加文本信息	文本：'Frame %d, Count %d' 位置：[10 10]
Draw Markers	在视频上添加符号标记	标记形状：Star 标记大小：3
To Video Display	显示最终处理好的图像	

根据如图 24-2 所示组织和连接每个模块（按住 Ctrl 键，然后单击模块，能够快速在两个模块之间连线）。

第 24 章 基于 Simulink 进行图像和视频处理

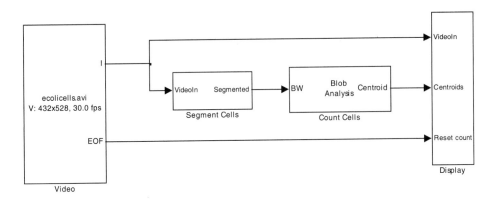

图 24-2 大肠杆菌数量统计 Simulink 框图

在模型的顶层包含两个子系统，其中的 Isolate Cells 子系统（如图 24-3 和图 24-4 所示）采用形态学膨胀操作 Dilation 及其他图像数学运算来消除视频帧中的光照不均匀因素的影响，使单元对象的边界更加明显，然后通过 Autothreshold 模块根据自动阈值 Otsu 算法将灰度图形转换为二值图。

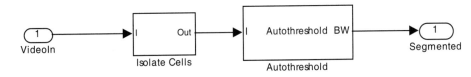

图 24-3 Segment Cells 子系统内部框图

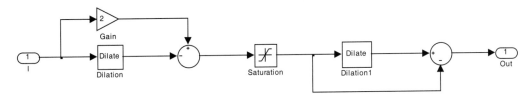

图 24-4 Isolate Cells 子系统内部框图

Display 子系统主要用于显示经过处理的视频，如图 24-5 所示，设置文本框来显示大肠杆菌的个数，并标记每个大肠杆菌的质心。其中，Centroids 是 Blob Anlysis 模块输出的对象质心坐标；VideoIn 是原始视频图像；Probe 用来获取质心数组的长度（大肠杆菌的个数）；Counter 是一个帧计数器，当 ResetCount 为真时重置计数器；Insert Text 在 VideoIn 视频上添加文本信息；Draw Makers 则用于添加符号标记的质心位置。

• 297 •

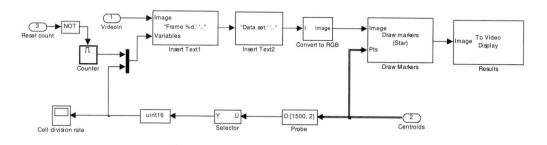

图 24-5 Display 子系统内部框图

24.3.2 仿真执行模型

单击菜单 Simulation→Model Configuration Parameters...打开配置参数对话框，如图 24-6 所示。在左侧目录树中选择 Solver 节点，因为在模型中没有连续的模块，也没有连续的状态，因此将求解器类型选择为 Fixed-step 定步长求解器，将求解器算法选择为 discrete（no continuous states）。另外代码生成只能使用定步长求解器。

图 24-6 Simulink 配置参数的 Solver 选项

单击工具栏 ▶ 按钮即可执行大肠杆菌数量统计算法。因为仿真时间被设置为 Inf，同时多媒体播放的次数也是 Inf，所以模型将一直循环下去。To Video Display 模块会自动打开并显示经过处理的图像，如图 24-7 和图 24-8 所示。

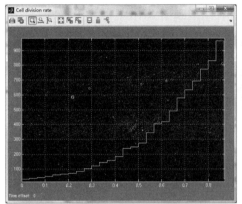

图 24-7　视频中每帧的大肠杆菌数量　　图 24-8　大肠杆菌检测结果

24.3.3　自动生成报告

基于模型设计（Model Based Design，MBD）从总体上讲是一种设计思想或者设计方法，包括基于模型设计的流程、工具与平台。顾名思义，基于模型设计的核心是模型，也就是大家通常所说的 Simulink 模型。基于模型设计的思想包括以下 4 个关键要素：可执行的需求描述、仿真环境下的设计、由模型自动生成的代码和持续验证，如图 24-9 所示。

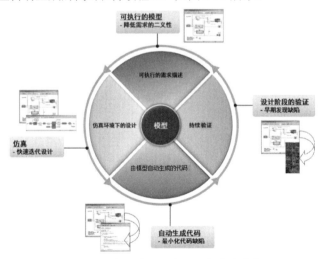

图 24-9　基于模型设计的 4 个关键要素

本章不打算详细介绍基于模型设计的内容，只是演示其中的报告生成环节。在生成报告之前请先对模型进行充分验证（需求一致性、是否符合行业标准、覆盖度和功能测试等）。

（1）在 File 菜单中单击 Reports 子菜单，选择 System Design Description，如图 24-10 所示。

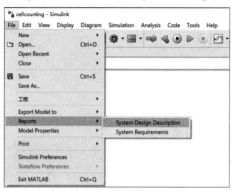

图 24-10　选择报告生成

（2）在弹出的报告参数设置窗口中配置相关信息，如图 24-11 所示。

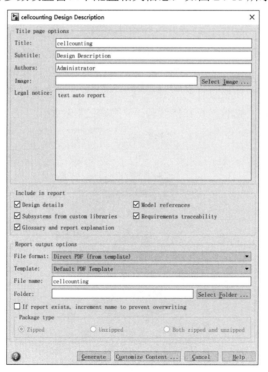

图 24-11　报告生成参数配置

第 24 章　基于 Simulink 进行图像和视频处理

（3）单击 Generate 按钮，将弹出生成记录对话框，如图 24-12 所示。

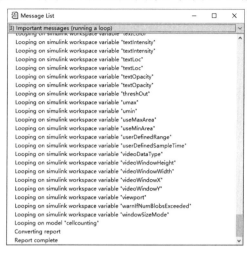

图 24-12　报告生成之日志记录

（4）在报告生成后，会自动打开报告显示对话框，如图 24-13 所示。

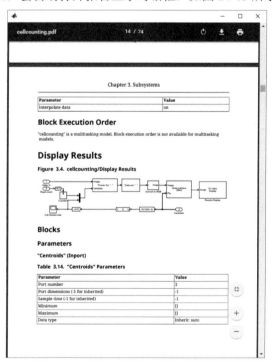

图 24-13　报告显示对话框

24.4 延伸阅读

在基于模型设计方面，很多读者可能会一直纠结于以下两个问题。

◎ 自动生成的代码的可读性相对差。基于模型设计的初衷就是脱离人工操作，直接读写操作代码，另外 Simulink Embedded Coder 很容易实现代码的可读性配置。

◎ 生成的代码是否安全、可靠。基于模型设计依靠持续验证来保证代码的正确性，也可以使用常规方法对生成的代码进行测试。

其实，我们不能将基于模型设计狭隘地理解为"代码生成"，它是一套完整的设计流程，是开发复杂的控制系统和嵌入式系统的有效途径。在代码生成之前就需要进行一系列需求追踪、模型测试、覆盖率报告等，在代码生成完毕后还需要进行代码追踪、软硬件测试、性能剖析等很多工作。

MathWorks 公司为 MBD 提供了完整的 MATLAB/Simulink 工具链，在汽车工业、航空航天等领域已经得到了广泛的应用。在 MATLAB/Simulink 平台下，结合用户定义的详细流程，可以方便地将各类设计、仿真、开发和验证工具集成在一起，也可以定制开发相关的自动化脚本、规范检查项及标准报告模版等，构建统一的 MBD 工作平台，如图 24-14 所示（注：SLVNV 代表工具 Simulink Verification and Validation）。

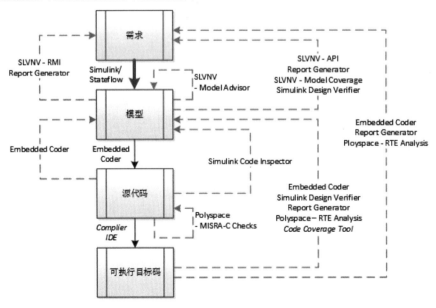

图 24-14 构建统一的 MBD 工作平台示例

如果想对基于模型设计有更深入的了解，则可以参考 MATLAB/Simulink 的以下帮助文档。

（1）Simulink/Stateflow：进行算法建模、仿真和执行。

（2）Simulink Verification and Validation：需求追踪、覆盖率分析、模型检查。

（3）Simulink Design Verifier：生成测试案例、属性证明。

（4）Simulink Coder：代码生成。

（5）Simulink Report Generation：报告生成。

（6）Simulink Coder Inspector：模型兼容性检查、代码分析验证。

（7）Polyspace：代码错误检测和代码证明。

本章参考的文献如下。

[1] 杨丹，赵海滨，龙哲. MATLAB 图像处理实例详解[M]. 北京：清华大学出版社，2013.

[2] 刘杰. 基于模型的设计及其嵌入式实现[M]. 北京：北京航空航天大学出版社，2010.

[3] http://www.matlabsky.com/thread-42658-1-1.html，2014.

[4] http://blog.sina.com.cn/s/blog_675e99030101fvem.html，2014.

第 25 章
基于小波变换的数字水印技术

25.1 案例背景

数字水印（Digital Watermarking）技术指将一些标识信息（即水印）直接嵌入数字载体中（包括多媒体、文档、软件等）或者间接表示（修改特定区域的结构），且不影响原载体的使用价值，也不容易被探知和再次修改，但可以被生产方识别和辨认。通过这些隐藏在载体中的信息，可以达到确认内容创建者、购买者、传送隐秘信息或者判断载体是否被篡改等目的。数字水印是实现版权保护的有效办法，是信息隐藏技术研究领域的重要分支。

离散小波变换不仅可以较好地匹配人类视觉系统的特性，还兼容 JPEG2000 和 MPEG4 压缩标准。利用小波变换产生的水印具有良好的视觉效果和抵抗多种攻击的能力，因此基于 DWT 的数字水印技术是目前的主要研究方向。本案例围绕基于小波的数字水印技术，对数字水印的原理、算法、流程进行讲解，并对数字水印攻击进行分析。

25.2 理论基础

数字水印通常可以分为鲁棒数字水印和易损数字水印两类，从狭义上讲，数字水印一般指鲁棒数字水印，本章主要针对鲁棒数字水印进行案例讲解与分析。

鲁棒数字水印主要用于在数字作品中标示著作权信息，利用这种水印技术可在多媒体内容的数据中嵌入标示信息。在发生版权纠纷时，标示信息用于保护数据的版权所有者。用于版权保护的数字水印要求有很强的鲁棒性和安全性。

易损数字水印与鲁棒水印的要求相反，主要用于完整性保护，这种水印同样是在内容数据中嵌入不可见的信息。当内容发生改变时，这些水印信息会发生相应的改变，从而鉴定原始数据是否被篡改。易损水印必须对信号的改动很敏感，人们根据易损水印的状态就可以判断数据是否被篡改过。

不同的领域对数字水印有不同的要求，但一般而言，鲁棒数字水印应具备如下特点。

（1）不可感知性。就是嵌入水印后的图像和未嵌入水印的图像必须满足人们感知上的需求，在视觉上没有任何差别，不影响产品的质量和价值。

（2）鲁棒性。嵌入水印后的图像在受到攻击时，水印依然存于载体数据中，并可以被恢复和检测处理。

（3）安全性。嵌入的水印难以被篡改或伪造，只有授权机构才能检测出来，非法用户不能检测、提取或者去除水印信息。

（4）计算复杂度。在不同的应用中，对于水印的嵌入算法和提取算法的计算复杂度要求是不同的，复杂度直接与水印系统的实时性相关。

（5）水印容量。水印容量指在载体数据中可嵌入多少水印信息，其大小可以从几兆字节到几个比特不等。

25.2.1 数字水印技术的原理

数字水印技术实际上就是通过对水印载体的分析、对水印信息的处理、对水印嵌入点的选择、对嵌入方式的设计、对嵌入调制的控制和提取检测的方法等相关技术环节进行合理优化，来寻求满足不可感知性、鲁棒性和安全性等约束条件的准最优化设计方法。在实际应用中，一个完整的水印系统的设计通常包括生成、嵌入、检测和提取水印四个部分。

1. 生成水印

通常基于伪随机数发生器或混沌系统来产生水印信号，从水印的鲁棒性和安全性方面来考虑，常常需要对原水印进行预处理来适应水印嵌入算法。

2. 嵌入水印

在尽量保证水印不可感知的前提下，嵌入最大强度的水印，可提高水印的稳健性。水印的嵌入过程如图 25-1 所示，其中，虚线框表示嵌入算法不一定需要该数据。常用的水印嵌入准则有加法准则、乘法准则和融合准则。

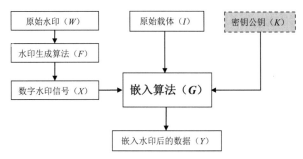

图 25.1 数字水印嵌入过程框图

加法准则是一种普遍的水印嵌入方式，在嵌入水印时没有考虑到原始图像各像素之间的差异，因此，用此方法嵌入水印后图像质量在视觉上变化较大，影响了水印的稳健性。

$$Y = I + \alpha W \tag{25.1}$$

式中，I 是原始载体；W 是水印信号；α 为水印嵌入强度，对它的选择必须考虑到图像的实际情况和人类的视觉特性。

乘法准则考虑到了原始图像各像素之间的差异，因此，乘法准则的性能在很多方面都要优于加法准则。

$$Y = I(1 + \alpha W) \tag{25.2}$$

融合准则综合考虑了原始图像和水印图像，在不影响人的视觉效果的前提下，对原始图像做了一定程度的修改。

$$Y = (1 - \alpha)I + \alpha W \tag{25.3}$$

3. 检测水印

指判断水印载体中是否存在水印的过程。水印的检测过程如图 25-2 所示，虚框表示判断水印检测不一定需要这些数据。

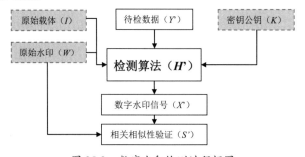

图 25-2 数字水印检测过程框图

4. 提取水印

指水印被比较精确提取的过程。水印的提取和检测既可以需要原始图像的参与（明检测），也可以不需要原始图像的参与（盲检测）。水印的提取过程如图 25-3 所示，虚框表示提取水印不一定需要这些数据。

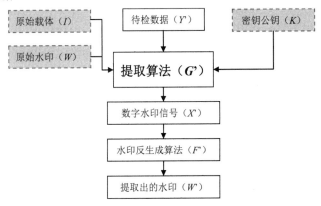

图 25-3 数字水印提取过程框图

25.2.2 典型的数字水印算法

当今的数字水印技术已经涉及多媒体信息的各个方面，数字水印技术研究也取得了很大的进步，尤其是针对图像数据的水印算法繁多，下面对一些经典的算法进行分析和介绍。

1. 空间域算法

空间域算法是数字水印最早的一类算法，它阐明了关于数字水印的一些重要概念。空间域算法一般通过改变图像的灰度值来加入数字水印，大多采用替换法，用水印信号替换载体中的数据，主要有 LSB（Least Significant Bit）、Patchwork、纹理块映射编码等算法。

（1）LSB 算法的主要原理是利用人眼的视觉特性对数字图像亮色等级分辨率的有限性，将水印信号替换原图像中像素灰度值的最不重要位或者次不重要位。这种方法简单易行，且能嵌入较多信息，但是抵抗攻击的能力较差，攻击者简单地利用信号处理技术就能完全破坏消息。但正因如此，LSB 算法能够有效地确定一幅图在何处被修改了。

（2）Patchwork 算法是一种基于统计学的方法，它将图像分成两个子集，当其中一个子集的亮度增加时，另一个子集的亮度会减少同样的量，这个量以不可见为标准，整幅图像的平均灰度值保持不变，在这个调整过程中会完成水印的嵌入。在 Patchwork 算法中，一个密钥用来初始化一个伪随机数，而这个伪随机数将产生载体中放置水印的位置。Patchwork 方法的隐蔽性好，对有损压缩和 FIR 滤波有一定的抵抗力，但其缺陷是嵌入信息量有限，对多拷贝平均攻击的抵抗力较弱。

（3）纹理块映射编码算法是将一个基于纹理的水印嵌入图像中具有相似纹理的一部分，该算法基于图像的纹理结构，因而在视觉上很难被察觉，同时对于滤波、压缩和旋转等操作都有抵抗能力。

2. 变换域算法

目前，变换域算法主要包括傅里叶变换域（DFT）、离散余弦域（DCT）和离散小波变换（DWT）。基于频域的数字水印技术相对于空间域的数字水印技术通常具有更多优势，抗攻击能力更强，比如一般的几何变换对空域算法的影响较大，对频域算法的影响却较小。但是变换域算法嵌入和提取水印的操作比较复杂，隐藏的信息量不能太多。

（1）离散傅里叶变换（Discrete Fourier Transform，DFT）是一种经典而有效的数学工具，DFT 水印技术正是利用图像的 DFT 相位和幅值嵌入水印信息，一般利用相位信息嵌入水印比利用幅值信息鲁棒性更好，利用幅值嵌入水印则对旋转、缩放、平移等操作具有不变性。DFT 水印技术的优点是具有仿射不变性，还可以利用相位嵌入水印，但 DFT 技术与国际压缩标准不兼容导致抗压缩能力弱，且算法比较复杂、效率较低，因此限制了它的应用。

（2）DCT 水印技术的主要思想是在图像的 DCT 变换域上选择中低频系数叠加水印信息，选择中低频系数是因为人眼的感觉主要集中在这一频段，攻击者在破坏水印的过程中，不可避免地会引起图像质量的严重下降，而一般的图像处理过程也不会改变这部分数据。该算法不仅在视觉上具有很强的隐蔽性、鲁棒性和安全性，而且可经受一定程度的有损压缩、滤波、剪切、缩放、平移、旋转、扫描等操作。

（3）DWT 是一种"时间—尺度"信号的多分辨率分析方法，具有良好的空频分解和模拟人类视觉系统的特性，而且嵌入式零树小波编码（EZW）将在新一代的压缩标准（JPEG2000，MPEG4/7 等）中被采用，符合国际压缩标准，小波域的水印算法具有良好的发展前景。DWT 水印算法的优点是水印检测按子带分级扩充水印序列进行，即如果先检测出的水印序列已经满足水印存在的相似函数要求，则检测可以终止，否则继续搜寻下一子带的扩充水印序列直至相似函数出现一个峰值或使所有子带搜索结束。因此含有水印的载体在质量破坏不大的情况下，水印检测可以在搜索少数几个子带后终止，提高了水印检测的效率。

3. 其他水印算法

在本章参考文献[3]中还讨论了基于压缩域、基于 NEC 算法和生理模型的数字水印算法。其实数字水印算法正在不断地发展和日益完善，但是仍然存在许多不足，具有更加深入的发展空间，这就需要我们在不断地学习和探索中寻找具有更好性能的新算法。

25.2.3 数字水印攻击和评价

数字水印攻击指带有损害性、毁坏性的，或者试图移去水印信号的处理过程。鲁棒性指水印信号在经历无意或有意的信号处理后，仍能被准确检测或提取的特征。鲁棒性好的水印应该能够抵抗各种水印攻击行为。水印攻击分析就是对现有的数字水印系统进行攻击，以检验其鲁棒性，分析其弱点所在及易受攻击的原因，以便在以后的数字水印系统的设计中加以改进。

对数字水印的攻击一般是针对水印的鲁棒性提出的要求。按照攻击原理，水印攻击一般可以划分为简单攻击、同步攻击和混淆攻击，而常见的攻击操作有滤波、压缩、噪声、量化、裁剪、缩放、抽样等。

（1）简单攻击指试图对整个嵌入水印后的载体数据减弱嵌入水印的幅度，并不识别或者分离水印，导致数字水印提取发生错误，甚至提取不出水印信号。

（2）同步攻击指试图破坏载体数据和水印的同步性，使水印的相关检测失效或恢复嵌入的水印成为不可能。在被攻击的作品中水印仍然存在，而且幅值没有变化，但是水印信号已经错位，不能维持在正常提取过程中所需的同步性。

（3）混淆攻击指试图生成一个伪水印化的数据来混淆含有真正水印的数字作品。虽然载体数据是真实的，水印信号也存在，但是由于嵌入了一个或多个伪造水印，所以混淆了第1个水印，失去了唯一性。

评价数字水印的被影响程度，除了可以采用人们感知系统的定性评价，还可以采用定量的评价标准。通常对含有水印的数字作品进行定量评价的标准有：峰值信噪比（Peak Signal Noise Rate，PSNR）和归一化相关系数（Normalized Correction，NC）。

（1）峰值信噪比。设 $I_{i,j}$ 和 $\hat{I}_{i,j}$ 分别表示原始和嵌入水印后的图像，m 和 n 分别是图像的行数和列数，则峰值信噪比定义为：

$$\text{PSNR} = 10 \times \lg \frac{mn \times \max\left(I^2_{i,j}\right)}{\sum (I_{i,j} - \hat{I}_{i,j})^2} \tag{25.4}$$

峰值信噪比的典型值一般为 25~45dB，不同的方法得出的值不同，但是一般而言，PSNR 值越大，图像的质量保持得就越好。

（2）归一化相关系数。为定量地评价提取的水印与原始水印信号的相似性，可采用归一化相关系数作为评价标准，其定义为：

$$\mathrm{NC} = \frac{\sum W_i \hat{W}}{\sqrt{\sum W_i^2}\sqrt{\sum \hat{W}_i^2}} \tag{25.5}$$

对于鲁棒水印，要求相关系数越大越好（接近 1.0）；而对于易损水印，则希望相关系数越小越好。

25.2.4　基于小波的水印技术

小波变换将一个信号分解成由基本小波经过移位和缩放后的一系列小波，是一种"时间—尺度"信号的多分辨率分析方法，在时域和频域都有表征信号局部特征的能力。小波图像处理把图像进行多分辨率分解，得到不同空间、频率的子图像，然后对图像的小波系数进行处理。一般而言，小波变换在信号的高频部分可以获得比较好的时间分辨率，而在信号的低频部分可以获得比较好的频率分辨率，这样就能够有针对性地从信号中提取所需的目标信息。

小波数字水印技术首先对图像进行小波变换，并对水印信息进行预处理，然后将处理后的水印通过一定的算法嵌入选定的小波系数中，最后对含有水印的小波系数进行小波逆变换得到含有水印的数字图像。检验和提取的过程正好是以上过程的逆变换。

1. 载体图像的小波变换

数字图像经过小波分解后被分割成 4 个频带：水平方向（LH）、垂直方向（HL）、对角线方向（HH）和低频部分（LL），其中低频部分可以继续分解，如图 25-4 所示。图像能量主要集中在低频部分，是原始图像的逼近子图，具有较强的抵抗外来影响的能力，稳定性较好；其他三个子带表征了原图像在水平、垂直和对角线部分的边缘细节信息，容易受外来噪声、图像操作等的影响，稳定性较差。

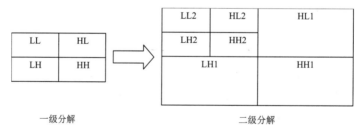

图 25-4　小波多级分解示意图

选择不同的小波基对嵌入水印的性能有很大影响，刘九芬等人研究了水印算法中小波基的选择和正交小波基的性质与鲁棒性的关系，其研究结果表明正交基的正则性、消失矩阶数、支撑长度及小波能量在低频带的集中程度对水印鲁棒性的影响极小；其研究结果还表明 Haar 小波比较适合图像水印。因此，小波基的选择对于采用 DWT 技术来嵌入水印具有重要的意义。

2. 水印图像的预处理

为了保证水印的安全性，在嵌入水印前需要对水印进行加密处理。置乱预处理是一种简单常用的加密方法，水印图像置乱可以消除像素间的相关性，从而提高水印的鲁棒性。图像的置乱算法有很多，如幻方置乱、Hilbert 置乱、随机数置乱，本文采用 Arnold 置乱算法，将有意义的水印内容掩盖。

Arnold 变换在对图像置乱时就是把 (x,y) 点的像素信息置换到 (x',y') 点。对于一幅图 $N \times N$ 的水印图像，进行 n 次 Arnold 置换算法的结果为：

$$\begin{bmatrix} x' \\ y' \end{bmatrix} = \begin{bmatrix} 1 & 1 \\ 1 & 2 \end{bmatrix}^n \begin{bmatrix} x \\ y \end{bmatrix} \mod N \quad x,y \in \{0,1,\cdots,N-1\} \tag{25.6}$$

参考文献[5]给出并证明了一种改进的 Arnold 反变换，无须计算图像周期，在置乱状态下迭代相同的步数即可恢复原图，即

$$\begin{bmatrix} x \\ y \end{bmatrix} = \begin{bmatrix} 2 & -1 \\ -1 & 0 \end{bmatrix}^n \begin{bmatrix} x' \\ y' \end{bmatrix} \mod N \quad x,y \in \{0,1,\cdots,N-1\} \tag{25.7}$$

置换次数 n 是数字水印的密钥 1，还将用于后续的水印检验提取。

3. 小波数字水印的嵌入

根据人类视觉系统的照明和纹理掩蔽特性，将水印嵌入图像的纹理和边缘（HH、HL 和 LH 细节子图中的一些有较大值的小波系数上）不易被觉察，但对图像的滤波和有损压缩操作容易丢失信息。小波变换低频部分（LL）集中了图像的大部分能量，是视觉上最重要的部分，在这部分嵌入水印容易引起图像失真。但从鲁棒性出发，水印应当被嵌入视觉最重要的区域，本文选择在 LL2 子带嵌入数字水印信息。

对载体图像进行 2 级小波变换后，从低频系数 $ca2$ 中随机选择 $N \times N$ 个系数 $ca2r$（随机数种子为密钥 2）嵌入二进制水印信息，具体算法为：

$$\begin{gathered} Z = \mod(ca2r, N) \\ ca2r' = \begin{cases} ca2r + S/4 - Z & W = 0 \text{ 且 } Z < 3S/4 \\ ca2r + 5S/4 - Z & W = 0 \text{ 且 } Z \geqslant 3S/4 \\ ca2r + S/4 - Z & W = 1 \text{ 且 } Z < S/4 \\ ca2r + 3S/4 - Z & W = 1 \text{ 且 } Z \geqslant S/4 \end{cases} \end{gathered} \tag{25.8}$$

式中，$ca2r$ 是随机选择的 2 级低频小波系数；W 是置乱以后的二值水印信息；N 是水印像素高度或宽度；$ca2r'$ 是嵌入水印后的系数。

将嵌入水印后的小波系数做逆离散小波变换即可获得嵌入水印后的图像。

4. 小波水印的检查和提取

将含所有水印的载体图像做 2 级小波变换，再根据密钥 2，从低频系数 $ca2'$ 中提取添加了水印信息的系数 $ca2r'$，然后从系数获取水印信息：

$$Z = \mathrm{mod}(ca2r', N)$$
$$\hat{W} = \begin{cases} 0 & Z < S/2 \\ 1 & Z \geqslant S/2 \end{cases} \qquad (25.9)$$

式中，$\hat{W}$ 即提取的水印信息，该算法实现了数字水印的盲提取，在恢复水印时无须用到原始的载体图像。

最后根据密钥 1，对 $\hat{W}$ 进行反随机置乱，通过逆 Arnold 置乱得到我们所需要提取的水印。

25.3 程序实现

25.3.1 准备载体和水印图像

从磁盘中读取载体图像 office_5.jpg，并将其转换为灰度图；然后读取水印图像 logo.tif 并将其转换为二值图，同时将水印长宽像素调整到一致。载体和水印图像如图 25-5 所示。

图 25-5 数字水印载体和水印图像

核心代码如下：

```
clear all
```

```
close all
% 读取载体图像
I = imread('office_5.jpg');
% 转换为灰度图
I = rgb2gray(I);
% 读取水印图像
W = imread('logo.tif');
% 转换为二值图
% level = graythresh(W);
% W = im2bw(W,level);
% 裁剪为长宽相等
W=W(12:91,17:96);
figure('Name','载体图像')
imshow(I);
title('载体图像')
figure('Name','水印图像')
imshow(W);
title('水印图像')
```

25.3.2 小波数字水印的嵌入

根据25.2.4节中的理论基础，水印嵌入主要包括载体图像小波变换、将水印图像预处理、水印信息嵌入小波系数、由小波系数重建图像等主要步骤，可以使用峰值信噪比定量判断水印嵌入的质量。下面为上述算法流程的MATLAB代码，用于执行小波数字水印的嵌入工作：

```
function [Iw,psnr]=setdwtwatermark(I,W,ntimes,rngseed,flag)
% 基于小波变换数字水印嵌入
% I: 载体图像，灰度图
% W: 水印图像，二值图，且长宽相等
% ntimes: 密钥1，Arnold置乱次数
% rngseed: 密钥2，随机数种子
% flag: 是否显示图像，0为不显示，1为显示
% Iw: 添加了水印信息后的图像
% pnsr: 峰值信噪比，越大则说明水印质量越好
% 数据类型
type=class(I);
% 强制转换为double和logical
I=double(I);
W=logical(W);
[mI,nI]=size(I);
[mW,nW]=size(W);

% Arnold置乱只能对方阵进行处理，此处进行判断
if mW~=nW
    error('SETDWTWATERMARK:ARNOLD','ARNOLD置乱要求水印图像长宽必须相等！')
```

```matlab
end

%% （1）对载体图像进行小波分解
% 一级 haar 小波分解
% 低频，水平，垂直，对角线
[ca1,ch1,cv1,cd1]=dwt2(I,'haar');
% 二级 haar 小波分解
[ca2,ch2,cv2,cd2]=dwt2(ca1,'haar');

if flag
    figure('Name','载体小波分解')
    subplot(121)
    imagesc([wcodemat(ca1),wcodemat(ch1);wcodemat(cv1),wcodemat(cd1)])
    title('一级小波分解')
    subplot(122)
    imagesc([wcodemat(ca2),wcodemat(ch2);wcodemat(cv2),wcodemat(cd2)])
    title('二级小波分解')
end

%% （2）对水印图像进行预处理
% 初始化置乱数组
Wa=W;
% 对水印进行 Arnold 变换
H=[1,1;1,2]^ntimes; % ntimes 是密钥 1，Arnold 变换次数
% 反 Arnold 置乱变换
% H=[2 -1;-1,1]^ntimes;
for i=1:nW
    for j=1:nW
        idx=mod(H*[i-1;j-1],nW)+1;
        Wa(idx(1),idx(2))=W(i,j);
    end
end

if flag
    figure('Name','水印置乱效果')
    subplot(121)
    imshow(W)
    title('原始水印')
    subplot(122)
    imshow(Wa)
    title(['置乱水印，变换次数=',num2str(ntimes)]);
end

%% （3）小波数字水印的嵌入
% 初始化嵌入水印的 ca2 系数
ca2w=ca2;
% 从 ca2 中随机选择 mW*nW 个系数
```

```
rng(rngseed); % rngseed 是密钥 2，随机数种子
idx=randperm(numel(ca2),numel(Wa));
% 将水印信息嵌入 ca2 中
for i=1:numel(Wa)
    % 二级小波系数
    c=ca2(idx(i));
    z=mod(c,nW);
    % 添加水印信息
    if Wa(i) % 水印对应二进制位 1
        if z<nW/4
            f=c-nW/4-z;
        else
            f=c+nW*3/4-z;
        end
    else  % 水印对应二进制位 0
        if z<nW*3/4
            f=c+nW/4-z;
        else
            f=c+nW*5/4-z;
        end
    end
    % 嵌入水印后的小波系数
    ca2w(idx(i))=f;
end

%% （4）根据小波系数重构图像
% haar 小波逆变换重构图像
ca1w=idwt2(ca2w,ch2,cv2,cd2,'haar');
Iw=idwt2(ca1w,ch1,cv1,cd1,'haar');
% 在必要的时候调整 Iw 的维度
Iw=Iw(1:mI,1:nI);

%% （5）计算水印图像的峰值信噪比
mn=numel(I);
Imax=max(I(:));
psnr=10*log10(mn*Imax^2/sum((I(:)-Iw(:)).^2));

%% （6）输出嵌入水印图像的最后结果
% 转换原始数据类型
I=cast(I,type);
Iw=cast(Iw,type);

if flag
    figure('Name','嵌入水印的图像')
    subplot(121)
    imshow(I);
    title('原始图像')
```

```
        subplot(122);
        imshow(Iw);
        title(['添加水印,PSNR=',num2str(psnr)]);
end
```

下面使用在 25.3.1 节中准备好的载体和水印图像进行小波数字水印嵌入演示。先设置密钥 ntimes 和 rngseed，然后调用 setdwtwatermark() 进行水印嵌入，在运行过程中显示中间图像。

```
% 密钥 1, Arnold 置乱次数
ntimes=23;
% 密钥 2, 随机数种子
rngseed=59433;
% 是否显示中间图像
flag=1;
% 水印嵌入
[Iw,PSNR]=setdwtwatermark(I,W,ntimes,rngseed,flag);
```

载体图像经过二级小波分解后的系数矩阵如图 25-6 所示。其中，左上角是低频系数矩阵，它集中了载体图像的主要能量，是原始图像的逼近子图。

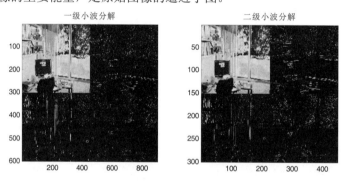

图 25-6　载体图像的二级小波分解效果

为了保证数字水印的安全性，如图 25-7 所示，对原始水印图像进行 23 次 Arnold 置乱变换，原始有意义的水印内容被掩盖，得到毫无意义和规律的"乱码"。

图 25-7　数字水印图像的 Arnold 置乱效果

将置乱以后的数字水印嵌入二级小波系数中，然后进行小波逆变换得到图 25-8。比较原始图像和嵌入水印的图像，PSNR 的值为 40.1983，一般 PSNR 越大，图像质量保持得越好。

原始图像    添加水印，PSNR=40.1983

图 25-8　原始图像和添加水印之后的图像对比

25.3.3　小波数字水印的提取

根据 25.2.4 节中的理论基础，水印检查提取主要包括含有水印图像的小波变换、从小波系数中提取水印信息、对水印信息进行反置换等三个步骤，可以使用归一化相关系数来评价提取的水印的质量。下面的 MATLAB 代码将执行上述三个过程。

```
function [Wg,nc]=getdwtwatermark(Iw,W,ntimes,rngseed,flag)
%% 小波水印提取,本程序不需要使用原始载体和水印图像
% Iw: 带水印的图像
% W: 原始水印,只是为了计算相关性
% ntimes: 密钥1,Arnold 变换次数
% rngseed: 密钥2,随机数生成种子
% flag: 是否显示中间图像
% Wg: 提取出的水印
% nc: 相关性系数

[mW,nW]=size(W);
% 由于 Arnold 置乱只能对方阵进行处理
if mW~=nW
    error('GETDWTWATERMARK:ARNOLD','ARNOLD 置乱要求水印图像长宽必须相等！')
end
Iw=double(Iw);
W=logical(W);
%% 1 计算二级小波系数
% [c,s]=wavedec2(Iw,2,'haar');
% ca2w=appcoef2(c,s,'haar',2);
% 一级 haar 小波分解
% 低频,水平,垂直,对角线
ca1w=dwt2(Iw,'haar');
% 二级 haar 小波分解
```

```
ca2w=dwt2(ca1w,'haar');
%% 2 从系数提取水印信息
% 初始化水印矩阵
Wa=W;
% rngseed 是密钥2，根据种子生成随机数
rng(rngseed);
idx=randperm(numel(ca2w),numel(Wa));
% 逐个系数提取信息
for i=1:numel(Wa)
    c=ca2w(idx(i));
    z=mod(c,nW);
    if z<nW/2
        Wa(i)=0;
    else
        Wa(i)=1;
    end
end
%% 3 对信息进行反 Arnold 变换
Wg=Wa;
% ntimes 是密钥1，Arnold 变换次数
H=[2 -1;-1,1]^ntimes;
for i=1:nW
    for j=1:nW
        idx=mod(H*[i-1;j-1],nW)+1;
        Wg(idx(1),idx(2))=Wa(i,j);
    end
end

%% 4 提取和原始水印相关系数计算
nc=sum(Wg(:).*W(:))/sqrt(sum(Wg(:).^2))/sqrt(sum(W(:).^2));

% 绘图显示结果
if flag
    figure('Name','数字水印提取结果')
    subplot(121)
    imshow(W)
    title('原始水印')
    subplot(122)
    imshow(Wg)
    title(['提取水印, NC=',num2str(nc)]);
end
```

在 25.3.2 节将水印嵌入到了载体图像中，下面演示使用 getdwtwatermark() 函数将水印重新提取出来，并计算归一化的相关系数：

```
% 密钥1，Arnold 置乱次数
ntimes=23;
% 密钥2，随机数种子
```

```
rngseed=59433;
% 是否显示中间图像
flag=1;
% 嵌入水印
[Iw,psnr]=setdwtwatermark(I,W,ntimes,rngseed,flag);
% 提取水印
[Wg,nc]=getdwtwatermark(Iw,W,ntimes,rngseed,flag);
```

如图 25-9 所示,将原始水印和提取水印进行对比,相关系数为 0.993 56。相关系数越接近 1,提取的水印和原始水印就越相似。

图 25-9　原始水印和提取的水印的对比

25.3.4　小波水印的攻击试验

通过水印攻击分析,可以检验水印算法的鲁棒性,分析其弱点所在及易受攻击的原因,以便在以后的数字水印系统的设计中加以改进。下面的代码将分析滤波、缩放、噪声、裁剪和旋转等攻击对数字水印的影响。

```
function dwtwatermarkattack(action,Iw,W,ntimes,rngseed)
% 水印攻击试验
% action: 攻击类型
% Iw: 嵌入水印的图像
% W: 原始水印,用来计算相关性
% ntimes, rngseed: 水印算法密钥

% 模拟水印攻击
switch lower(action)
    case 'filter'
        Ia=imfilter(Iw,ones(3)/9);
    case 'resize'
        Ia=imresize(Iw,0.5);
        Ia=imresize(Ia,2);
    case 'noise'
        Ia=imnoise(Iw,'salt & pepper',0.01);
```

```
        case 'crop'
            Ia=Iw;
            Ia(50:400,50:400)=randn();
            % Ia=imcrop(Iw,[50,50,400,400]);
        case 'rotate'
            Ia=imrotate(Iw,45,'nearest','crop');
            Ia=imrotate(Ia,-45,'nearest','crop');
end
% 从遭受攻击的图像中提取水印
[Wg,nc]=getdwtwatermark(Ia,W,ntimes,rngseed,0);
% 显示攻击前后的比较结果
figure('Name',['数字水印 ',upper(action),' 攻击试验'])
subplot(221)
imshow(Iw)
title('嵌入水印图像')
subplot(222)
imshow(Ia)
title(['遭受 ',upper(action),' 攻击'])
subplot(223)
imshow(W)
title('原始水印图像')
subplot(224)
imshow(Wg)
title(['提取水印,NC=',num2str(nc)]);
```

循环比较 5 种攻击对数字水印的影响,效果如图 25-10～图 25-14 所示。

图 25-10　滤波攻击对小波水印的影响

嵌入水印图像

遭受 RESIZE 攻击

原始水印图像

提取的水印，NC=0.98453

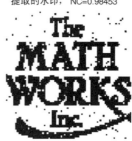

图 25-11　缩放攻击对小波水印的影响

嵌入水印图像

遭受 CROP 攻击

原始水印图像

提取的水印，NC=0.87824

图 25-12　裁剪攻击对小波水印的影响

嵌入水印图像　　　　　　　　　　　　遭受 NOISE 攻击

原始水印图像　　　　　　　　　　　　提取的水印，NC=0.91498

图 25-13　噪声攻击对小波水印的影响

嵌入水印图像　　　　　　　　　　　　遭受 ROTATE 攻击

原始水印图像　　　　　　　　　　　　提取的水印，NC=0.86485

图 25-14　旋转攻击对小波水印的影响

核心代码如下:

```
%噪声试验
action={'filter','resize','crop','noise','rotate'};
for i=1:numel(action)
    dwtwatermarkattack(action{i},Iw,W,ntimes,rngseed);
end
```

25.4 延伸阅读

现有的大多数数字水印算法主要考虑如何在灰度图像中嵌入二值图水印,而在实际应用中彩色图像居主导地位,因此,研究彩色图像的数字水印技术更具有现实意义,也逐渐引起了人们的普遍关注。

1. 在彩色图像中嵌入水印

将彩色图像作为载体可以在不同的色彩分量中嵌入水印,隐藏的信息量将更大,隐蔽性更强。Kutter 等人指出,由于人眼对彩色图像中 R、G、B 分量的 B 分量有较低敏感性,所以将水印信息嵌入蓝色分量中可以较好地隐藏水印信息。刘挺等人提出一种基于离散小波变换和 HVS (Human Visual System)的彩色图像数字水印技术,王慧琴等人提出一种基于小波变换的技术,可在 YIQ 色彩空间的 Y 分量中嵌入水印。

2. 在图像中嵌入彩色水印

若将彩色图像作为水印,则需要把不同的色彩分量都嵌入载体中,对水印算法的容量要求将更高,因此彩色水印图像的预处理一般包括分解、加密、压缩这三步。

本章参考的文献如下。

[1] 吴婧瑾. 基于小波的数字水印的研究实现[D]. 成都:电子科技大学,2008.

[2] 周国瑞. 小波与数字水印理论及应用研究[D]. 成都:电子科技大学,2010.

[3] 秦襄培,郑贤中. MATLAB 图像处理宝典[M]. 北京:电子工业出版社,2011:426~432.

[4] 张颖,杨玥. Arnold 双置换乱图像加密算法[J]. 辽宁工程技术大学学报(自然科学版),2013.10,32(10):1429~1432.

[5] 吴玲玲,张建伟,葛琪. Arnold 变换及其逆变换[J]. 微计算机信息:嵌入式与SOCT,2010,26(52):206~208.

[6] 刘利田. 彩色图像数字水印算法研究[D]. 南京：南京航空航天大学，2007.

[7] HARTUNG F，KUTTER M. Multimedia watermarking techniques[J]. Proceedings of IEEE，1999，87(7)：1079~1107.

[8] 刘挺，尤韦彦. 一种基于离散小波变换和 HVS 的彩色图像数字水印技术. 计算机工程，2003，29(04)：115~117.

[9] 王慧琴，李人厚. 一种基于 DWT 的彩色图像数字水印算法[J]. 小型微型计算机系统，2003，2：299~302.

第 26 章
基于最小误差法的胸片分割技术

26.1 案例背景

近年来，肺癌的发病率和病死率均迅速上升，已成为恶性肿瘤之首。在肺癌诊断过程中，胸部 X 片检查是临床诊断的基本检查方式之一，可以看到双肺、心脏、胸廓肋骨、胸椎、胸腔积液等，对医生进行肺癌诊断具有重要意义。计算机辅助检测技术具有可操作性强、可参考案例多的特点，能减少医生的重复性工作，提供客观数据支撑，在肺癌诊断过程中得到了越来越广泛的应用。

医学图像分割的发展已超过 40 年，至今仍处于不断改进与创新的过程中。医学图像分割可快速定位有效的目标区域，被广泛应用于计算机辅助检测系统的开发，可减少临床人工操作的时间，最终达到辅助临床诊断的应用要求。

最小误差法分割法是一种快速、有效的分割算法，通过假设目标和背景的灰度分布符合混合高斯正态分布，能够更好地适应医学图像的灰度分布特点，取得有效的目标区域分割效果。

本案例基于最小误差法进行胸片分割实验，总结了一种简捷、高效的医学图像分割方法。

26.2 理论基础

在医学图像分割过程中，一般需要结合不同的处理方式来改善分割效果，例如图像增强、形态学变换等，本节将对所涉及的相关理论基础进行讲解。

26.2.1 图像增强

在医学图像中,直方图是影像强度的一种统计表达形式。对于一幅医学图像来说,其直方图分布可以反映该图像中不同影像强度出现的统计情况。对于胸部 X 片,目标肺部区域和其直方图有对应关系,通过调整或变换其直方图的形状会对图像的显示效果带来很大的影响。如图 26-1 所示为对肺部图像进行对比度增强前后的直方图对比情况。

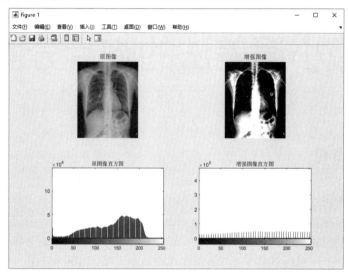

图 26-1 对肺部图像进行对比度增强前后的直方图对比

26.2.2 区域选择

在胸片分割过程中经常会面临对比度增强后带来的胃部的空气区域与肺部的过分割(Over Segmentation)问题。为此,我们在原图像中先将胃部的空气区域进行多边形框选,并将此区域的亮度值统一设置为 255,在后续的二值化操作后,胃部的空气区域将自动对应白色区域,不会影响到肺部的分割结果,具体如图 26-2 所示。

第 26 章 基于最小误差法的胸片分割技术

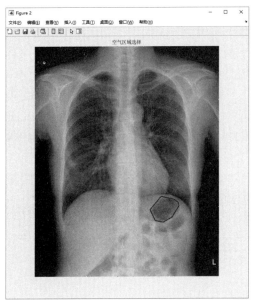

图 26-2 选择胃部的空气区域

26.2.3 形态学滤波

在医学图像分割过程中，获得的二值图像往往包含局部孔洞、噪声点等，对肺部目标区域的分割带来一定的干扰。为此，可利用形态学的膨胀和闭合等运算对获得的二值图像进行后处理，消除孔洞和噪声点，进一步定位目标区域，具体如图 26-3 所示。

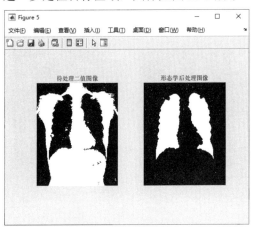

图 26-3 形态学后处理

26.2.4　基于最小误差法进行胸片分割

在胸片分割过程中，直接应用 OSTU 等分割算法往往会导致过分割、噪声点等问题，即分割出过多或过少的肺部区域，难以实现提取肺部区域的功能。最小误差阈值法是由 Kittler 和 Illingworth 提出的一种阈值分割算法，该算法首先假设灰度图像由目标和背景组成，且目标和背景满足混合高斯分布；然后计算目标和背景的均值、方差，并根据最小分类误差思想得到最小误差目标函数；最后计算目标函数最小时的取值并将其作为最佳阈值，按此阈值将图像分割为二值图像。

本案例使用区域选择和对比度增强的方式进行预处理，并应用最小误差法进行胸片分割，获得良好的分割效果，该算法的主要步骤如下。

（1）读取原图像。

（2）进行归一化处理，并选择胃部的空气区域。

（3）对比度增强。

（4）用最小误差法进行图像分割。

（5）形态学后处理。

（6）提取肺部边缘，定位目标区域。

这里应用该算法处理肺部图像，对二值图像进行形态学滤波处理，提取肺部边缘并进行标记，定位目标区域，具体效果如图 26-4 所示。

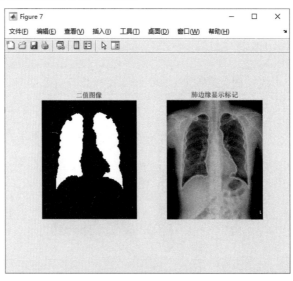

图 26-4　肺部分割效果

26.3 程序实现

为进行胸片分割实验,本案例采用区域选择定位胃部的空气区域,并采用最小误差法阈值分割进行图像二值化来实验,选择形态学后处理去噪的方式保证对目标区域的有效分割。在本案例中采用 GUI 设计软件并通过按钮关联不同的操作步骤,通过显示处理前后的图像来达到肺部区域的分割效果。

26.3.1 设计 GUI 界面

为增加软件交互的易用性,这里调用 MATLAB 的 GUI 来生成软件框架,提供有关图像选择、图像增强、图像分割、形态学去噪等过程,GUI 界面设计截图如图 26-5 所示。

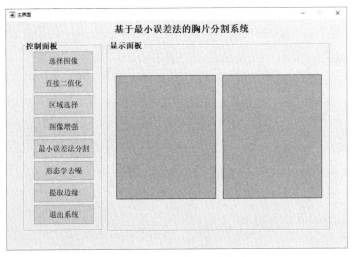

图 26-5　GUI 界面设计截图

软件通过按钮关联的方式进行功能设计,实现模块化编程。其中,选择图像按钮主要用于载入待处理图像等基本操作;直接二值化按钮用于直接对图像进行阈值分割并显示;区域选择按钮用于定位胃部的空气区域;图像增强按钮用于提高对比度进而突出目标区域;最小误差法分割按钮则应用最小误差算法计算阈值并执行阈值分割;形态学去噪按钮用于填充目标的内部孔洞和去除噪声点的干扰;提取边缘按钮用于提取目标区域的边缘并标记显示。GUI 主窗口加入坐标轴控件用于图像显示,通过原图像与结果图像的显示可以简捷地演示算法的分割效果。

26.3.2 图像预处理

图像预处理主要包括图像直接二值化、胃部的空气区域选择和图像增强操作，通过预处理过程，最终可以得到高对比度的待分割图像。核心代码如下：

```
% --- Executes on button press in pushbutton2.
function pushbutton2_Callback(hObject, eventdata, handles)
% hObject    handle to pushbutton2 (see GCBO)
% eventdata  reserved - to be defined in a future version of MATLAB
% handles    structure with handles and user data (see GUIDATA)
if isequal(handles.I, 0)
    return;
end
% 直接二值化
bw_direct = im2bw(handles.I, graythresh(handles.I));
axes(handles.axes2);
imshow(bw_direct, []);
title('直接二值化分割');
handles.bw_direct = bw_direct;
guidata(hObject, handles);

% --- Executes on button press in pushbutton3.
function pushbutton3_Callback(hObject, eventdata, handles)
% hObject    handle to pushbutton3 (see GCBO)
% eventdata  reserved - to be defined in a future version of MATLAB
% handles    structure with handles and user data (see GUIDATA)
if isequal(handles.bw_direct, 0)
    return;
end
% 圈选空气区域
c = [1524 1390 1454 1548 1652 1738 1725 1673 1524];
r = [1756 1909 2037 2055 1997 1863 1824 1787 1756];
bw_poly = roipoly(handles.bw_direct, c, r);
axes(handles.axes2);
imshow(handles.I, []);
hold on;
plot(c, r, 'r-', 'LineWidth', 2);
hold off;
title('空气区域选择');
handles.bw_poly = bw_poly;
guidata(hObject, handles);

% --- Executes on button press in pushbutton4.
function pushbutton4_Callback(hObject, eventdata, handles)
% hObject    handle to pushbutton4 (see GCBO)
% eventdata  reserved - to be defined in a future version of MATLAB
```

```
% handles    structure with handles and user data (see GUIDATA)
if isequal(handles.bw_poly, 0)
    return;
end
% 图像归一化
IE = mat2gray(handles.I);
% 对比度增强
IE = imadjust(IE, [0.532 0.72], [0 1]);
IE = im2uint8(mat2gray(IE));
I = im2uint8(mat2gray(handles.I));
% 显示
axes(handles.axes2);
imshow(IE, []);
title('图像增强');
figure;
subplot(2, 2, 1); imshow(I); title('原图像');
subplot(2, 2, 2); imshow(IE); title('增强图像');
subplot(2, 2, 3); imhist(I); title('原图像直方图');
subplot(2, 2, 4); imhist(IE); title('增强图像直方图');
JE = IE;
JE(handles.bw_poly) = 255;
handles.JE = JE;
guidata(hObject, handles);

% --- Executes on button press in pushbutton4.
function pushbutton4_Callback(hObject, eventdata, handles)
% hObject    handle to pushbutton4 (see GCBO)
% eventdata  reserved - to be defined in a future version of MATLAB
% handles    structure with handles and user data (see GUIDATA)
if isequal(handles.bw_poly, 0)
    return;
end
% 图像归一化
IE = mat2gray(handles.I);
% 对比度增强
IE = imadjust(IE, [0.532 0.72], [0 1]);
IE = im2uint8(mat2gray(IE));
I = im2uint8(mat2gray(handles.I));
% 显示
axes(handles.axes2);
imshow(IE, []);
title('图像增强');
```

在依次执行选择图像、区域选择、图像增强等操作后，得到了待分割的高对比图像，具体效果如图 26-6～图 26-8 所示。

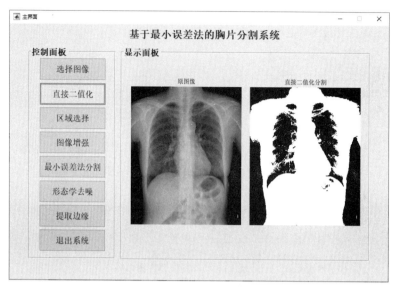

图 26-6　直接二值化分割效果

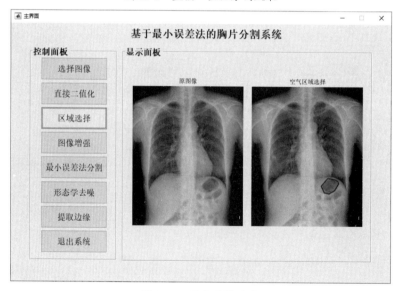

图 26-7　区域选择效果

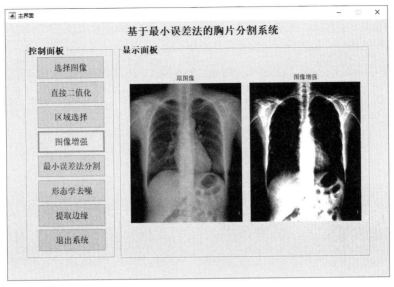

图 26-8　图像增强效果

运行结果表明，直接进行二值化分割存在一定的过分割现象，也包含了部分右下方的胃部空气区域干扰，区域选择处理通过多边形的方式来定位此区域，具有重要的意义。通过图像预处理可以实现胸片图像的增强效果，处理前后的肺部区域和背景区域在亮度上具有明显变化，为后续的图像分割提供了有效的数据输入。

26.3.3　基于最小误差法进行图像分割

基于最小误差法进行图像分割指通过对图像进行直方图统计来计算目标和背景的均值、方差参数，进而计算最小误差目标函数，选择目标最小时的取值作为最佳阈值，并按此阈值将图像分割为二值图像。核心代码如下：

```
% --- Executes on button press in pushbutton5.
function pushbutton5_Callback(hObject, eventdata, handles)
% hObject    handle to pushbutton5 (see GCBO)
% eventdata  reserved - to be defined in a future version of MATLAB
% handles    structure with handles and user data (see GUIDATA)
if isequal(handles.JE, 0)
    return;
end
J = handles.JE;
% 直方图统计
[counts, gray_style] = imhist(J);
% 亮度级别
```

```
gray_level = length(gray_style);
% 计算各灰度概率
gray_probability = counts ./ sum(counts);
% 统计像素均值
gray_mean = gray_style' * gray_probability;
% 初始化
gray_vector = zeros(gray_level, 1);
w = gray_probability(1);
mean_k = 0;
gray_vector(1) = realmax;
ks = gray_level-1;
for k = 1 : ks
    % 迭代计算
    w = w + gray_probability(k+1);
    mean_k = mean_k + k * gray_probability(k+1);
    % 判断是否收敛
    if (w < eps) || (w > 1-eps)
        gray_vector(k+1) = realmax;
    else
        % 计算均值
        mean_k1 = mean_k / w;
        mean_k2 = (gray_mean-mean_k) / (1-w);
        % 计算方差
        var_k1 = (((0 : k)'-mean_k1).^2)' * gray_probability(1 : k+1);
        var_k1 = var_k1 / w;
        var_k2 = (((k+1 : ks)'-mean_k2).^2)' * gray_probability(k+2 : ks+1);
        var_k2 = var_k2 / (1-w);
        % 计算目标函数
        if var_k1 > eps && var_k2 > eps
            gray_vector(k+1) = 1+w * log(var_k1)+(1-w) * log(var_k2)-2*w*log(w)-2*(1-w)*log(1-w);
        else
            gray_vector(k+1) = realmax;
        end
    end
end
% 极值统计
min_gray_index = find(gray_vector == min(gray_vector));
min_gray_index = mean(min_gray_index);
% 计算阈值
threshold_kittler = (min_gray_index-1)/ks;
% 阈值分割
bw_kittler = im2bw(J, threshold_kittler);
axes(handles.axes2);
imshow(bw_kittler, []);
title('最小误差法分割');
handles.bw_kittler = bw_kittler;
```

```
guidata(hObject, handles);
```
关联到最小误差法分割按钮,执行图像的最小误差阈值分割并进行显示,效果如图 26-9 所示。

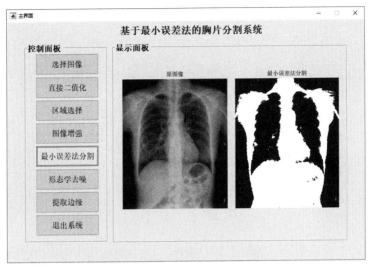

图 26-9　最小误差法分割的效果

最小误差法分割的效果表明,该算法能有效定位目标肺部区域,未出现明显的过分割现象,同时去除了胃部空气区域。但是,在该算法的处理结果中包含一些孔洞,依然存在某些噪声干扰。

26.3.4　形态学后处理

经过最小误差法分割得到的二值图像包含一定的孔洞、噪声干扰,可通过形态学后处理进行孔洞填充、去噪操作。核心代码如下:

```
% --- Executes on button press in pushbutton6.
function pushbutton6_Callback(hObject, eventdata, handles)
% hObject    handle to pushbutton6 (see GCBO)
% eventdata  reserved - to be defined in a future version of MATLAB
% handles    structure with handles and user data (see GUIDATA)
if isequal(handles.bw__kittler, 0)
    return;
end
% 形态学后处理
bw_temp = handles.bw__kittler;
% 反色
bw_temp = ~bw_temp;
% 填充孔洞
```

```matlab
bw_temp = imfill(bw_temp, 'holes');
% 去噪
bw_temp = imclose(bw_temp, strel('disk', 5));
bw_temp = imclearborder(bw_temp);
% 区域标记
[L, ~] = bwlabel(bw_temp);
% 区域属性
stats = regionprops(L);
Ar = cat(1, stats.Area);
% 提取目标并清理
[~, ind] = sort(Ar, 'descend');
bw_temp(L ~= ind(1) & L ~= ind(2)) = 0;
% 去噪
bw_temp = imclose(bw_temp, strel('disk',20));
bw_temp = imfill(bw_temp, 'holes');
axes(handles.axes2);
imshow(bw_temp, []);
title('形态学去噪');
handles.bw_temp = bw_temp;
guidata(hObject, handles);
```

关联到形态学去噪按钮，执行相关后处理操作，填充目标孔洞并去噪，得到的效果如图 26-10 所示。

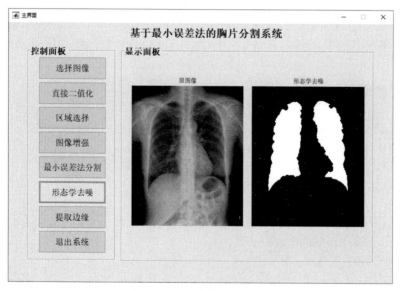

图 26-10　形态学去噪效果

形态学后处理过程得到了较好的分割效果，能对应到目标肺部区域。为了进一步定位肺部边缘，可继续执行边缘曲线提取操作，在原图中定位肺部的边缘曲线。核心代码如下：

```
% --- Executes on button press in pushbutton7.
function pushbutton7_Callback(hObject, eventdata, handles)
% hObject    handle to pushbutton7 (see GCBO)
% eventdata  reserved - to be defined in a future version of MATLAB
% handles    structure with handles and user data (see GUIDATA)
if isequal(handles.bw_temp, 0)
    return;
end
% 提取肺部边缘
ed = bwboundaries(handles.bw_temp);
axes(handles.axes2);
imshow(handles.I, []); hold on;
for k = 1 : length(ed)
    % 边缘
    boundary = ed{k};
    plot(boundary(:,2), boundary(:,1), 'g', 'LineWidth', 2);
end
hold off;
title('肺部边缘显示标记');
```

关联到提取边缘按钮，对经过形态学后处理后的二值图像进行边缘提取，并绘制到原图，具体效果如图 26-11 所示。

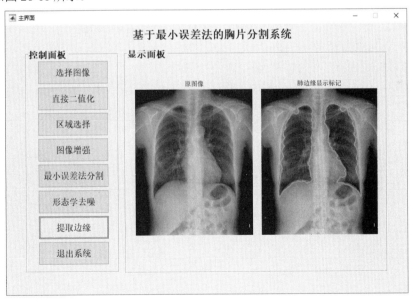

图 26-11 肺部边缘提取并标记

边缘提取的处理结果表明，该算法能有效提取目标肺部区域的边缘曲线，避免了明显的过分割现象，同时达到了较好的肺部分割效果。

26.4 延伸阅读

基于最小误差法的医学图像分割，通过假设目标和背景的灰度分布符合混合正态分布，定义目标函数并通过最优化取值的方式来获取分割阈值，尽可能保证了医学图像目标区域的完整性，避免出现过分割现象。根据医学图像本身的特点，通过对非目标区域的预选择处理，并采用多边形标记的方式进行去噪，对图像目标区域的定位和分割有较大的帮助。此外，算法加入了基于形态学滤波的后处理过程，填充了目标区域的孔洞，去除了噪声点的干扰，提高了医学图像分割的有效性。

医学图像分割在一定程度上能使用户及时获取自己感兴趣的目标区域并对其进行分析，可作为辅助研判的一个重要依据，对于临床诊疗具有非常重要的意义。本案例选择基于最小误差法的肺部图像分割，集成了区域选择、图像增强、形态学后处理等过程，提高了分割效果，这对于其他医学图像的处理也有一定的参考价值。

本章参考的文献如下。

[1] Kittler J, Illingworth J. Minimum error thresholding. Pattern Recognition, 1986; 19(1):41-47.

[2] 阮秋琦. 数字影像处理学[M]. 北京：电子工业出版社，2001.

第 27 章

基于区域生长的肝脏影像分割系统

27.1 案例背景

近年来，我国肝癌的发病率呈上升趋势，病死率也随之上升，进入癌症死亡率排名的前列。随着肝癌病人数量的增加，进行肝叶切除的手术数量也相对增加，也给医生进行肝脏影像分析工作带来更多的压力。肝脏区域分割对于影像分析工作具有重要意义，传统的做法是医生通过对肝脏影像中的每一个轴切面进行手工圈选来实现，这在增加人工成本的同时给分割的准确度带来了一定的人为主观性干扰。为此，肝脏影像的自动分割技术具有实际的应用价值，对于整体的影像分析工作效率的提升有着极大的帮助。

医学影像具有很强的时效性和科学性，是临床诊断的重要参考依据。随着影像分割技术的不断发展，涌现出大量的分割算法，很多已结合医学诊断的实际需求得以应用和发展。在实际应用过程中，影像分割作为诊断分析中最常使用的模块之一，发挥着越来越大的作用。区域生长分割是一种经典的影像分割算法，基于串行区域的思想，提取具有相同特征的连通区域，得到完整的目标边缘，从而实现分割效果。本案例通过区域生长法进行医学影像分割并结合不同的处理方法进行效果改进，得到了一种行之有效的肝脏影像分割方法。

27.2　理论基础

27.2.1　阈值分割

　　阈值分割算法是最常见的影像分割方法之一。常用的阈值分割算法包括大津法、最小误差法、最大类别差异法和最大熵法等。但是，医学影像一般包含多个不同类型的区域，如何从中选取合适的阈值进行分割，仍然是医学影像阈值分割的一大难题。如图27-1所示，直接应用阈值分割得到的肝脏影像分割结果包含了较多的噪声和过分割现象。

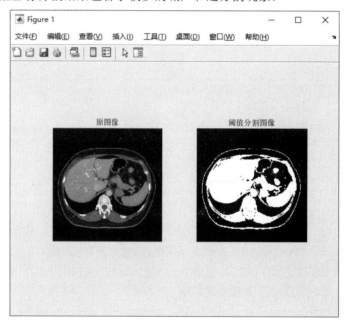

图 27-1　直接阈值分割效果

27.2.2　区域生长

　　区域生长（Region Growing）法本质上是对种子像素或子区域通过预定义的相似度计算规则进行合并以获得更大区域的过程。首先，选择种子像素或子区域作为目标位置；然后，将符合相似度条件的相邻像素或区域合并到目标位置，循环实现区域的逐步增长；最后，如果没有可以继续合并的点或小区域，则停止并输出。其中，相似度计算规则可以包括灰度值、纹理、颜色等信息。

区域生长法在缺乏先验知识的情况下，通过规则合并策略来寻求最佳分割的可能，具有简洁、高效的特点。但是，区域生长法一般要求以人工的方式选择种子点或子区域，容易缺少客观性；而且，区域生长法对噪声较为敏感，可能带来分割结果上的孔洞、噪声等问题。

如图 27-2 所示，直接应用区域生长法要求人工选择种子点，而且在输出的肝脏分割结果中存在较多的孔洞和噪声边缘，这给后续的诊断分析也带来一定的干扰，为此可考虑结合阈值分割自动选择种子点并应用形态学后处理来去除孔洞和噪声。

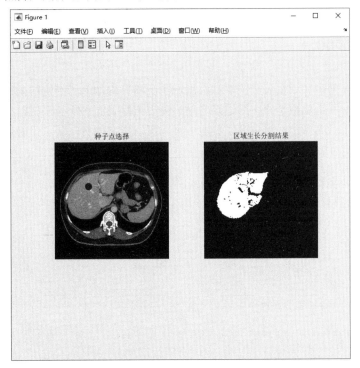

图 27-2　直接进行区域生长法分割的效果

27.2.3　基于阈值预分割的区域生长

肝脏影像直接应用阈值分割算法，容易产生过分割问题，即分割出大量与肝脏连接的其他区域。如果直接应用区域生长算法，则需要人工选择种子点，且在分割结果中容易包含孔洞、噪声等问题。所以，可通过阈值分割预先定位肝脏的大致区域，并依据肝脏的默认位置来选择种子点，对经过区域生长分割后得到的二值影像再进行形态学后处理，最终得到完整的肝脏目标并实现分割效果。该算法的关键步骤如下。

（1）读取影像并进行对比度增强。
（2）阈值分割，定位出目标的大致区域。
（3）提取目标左上区域的某位置作为种子点。
（4）以区域生长法进行影像分割。
（5）形态学后处理，去除孔洞、噪声等。
（6）提取边缘并标记输出。

27.3　程序实现

基于阈值预分割的区域生长分割算法在区域生长前后均加入了一定的处理，即通过阈值预分割提取大致区域并定位种子点，通过形态学后处理去除孔洞和噪声干扰，这在一定程度上减少了人工选择种子点的操作，也提高了分割的准确度。本案例将采用基于阈值预分割的区域生长法对肝脏影像进行分割实验，关键代码如下：

```
clc; clear all; close all;
I = imread(fullfile(pwd, 'images/test.jpg'));
X = imadjust(I, [0.2 0.8], [0 1]);
% 阈值分割
bw = im2bw(X, graythresh(X));
[r, c] = find(bw);
rect = [min(c) min(r) max(c)-min(c) max(r)-min(r)];
Xt = imcrop(X, rect);
% 自动获取种子点
seed_point = round([size(Xt, 2)*0.15+rect(2) size(Xt, 1)*0.4+rect(1)]);
% 区域生长分割
X = im2double(im2uint8(mat2gray(X)));
X(1:rect(2), :) = 0;
X(:, 1:rect(1)) = 0;
X(rect(2)+rect(4):end, :) = 0;
X(:, rect(1)+rect(3):end) = 0;
[J, seed_point, ts] = Regiongrowing(X, seed_point);
figure(1);
subplot(1, 2, 1); imshow(I, []);
hold on;
plot(seed_point(1), seed_point(2), 'ro', 'MarkerSize', 10, 'MarkerFaceColor', 'r');
title('自动选择种子点');
hold off;
subplot(1, 2, 2); imshow(J, []); title('区域生长影像');
% 形态学后处理
```

```
bw = imfill(J, 'holes');
bw = imopen(bw, strel('disk', 5));
% 提取边缘
ed = bwboundaries(bw);
figure;
subplot(1, 2, 1); imshow(bw, []); title('形态学后处理影像');
subplot(1, 2, 2); imshow(I);
hold on;
for k = 1 : length(ed)
    % 边缘
    boundary = ed{k};
    plot(boundary(:,2), boundary(:,1), 'g', 'LineWidth', 2);
end
hold off;
title('边缘标记影像');
function [J, seed_point, ts] = Regiongrowing(I, seed_point)
% 统计耗时
t1 = cputime;
% 参数检测
if nargin < 2
    % 显示并选择种子点
    figure; imshow(I,[]);  hold on;
    seed_point = ginput(1);
    plot(seed_point(1), seed_point(2), 'ro', 'MarkerSize', 10, 'MarkerFaceColor', 'r');
    title('种子点选择');
    hold off;
end
% 变量初始化
seed_point = round(seed_point);
x = seed_point(2);
y = seed_point(1);
I = double(I);
rc = size(I);
J = zeros(rc(1), rc(2));
% 参数初始化
seed_pixel = I(x,y);
seed_count = 1;
pixel_free = rc(1)*rc(2);
pixel_index = 0;
pixel_list = zeros(pixel_free, 3);
pixel_similarity_min = 0;
pixel_similarity_limit = 0.1;
% 邻域
neighbor_index = [-1 0;
        1 0;
        0 -1;
```

```matlab
              0 1];
    % 循环处理
    while pixel_similarity_min < pixel_similarity_limit && seed_count < rc(1)*rc(2)
        % 增加邻域点
        for k = 1 : size(neighbor_index, 1)
            % 计算相邻位置
            xk = x + neighbor_index(k, 1);
            yk = y + neighbor_index(k, 2);
            % 区域生长
            if xk>=1 && yk>=1 && xk<=rc(1) && yk<=rc(2) && J(xk,yk) == 0
                % 满足条件
                pixel_index = pixel_index+1;
                pixel_list(pixel_index,:) = [xk yk I(xk,yk)];
                % 更新状态
                J(xk, yk) = 1;
            end
        end
        % 更新空间
        if pixel_index+10 > pixel_free
            pixel_free = pixel_free+pixel_free;
            pixel_list(pixel_index+1:pixel_free,:) = 0;
        end
        % 统计迭代
        pixel_similarity = abs(pixel_list(1:pixel_index,3) - seed_pixel);
        [pixel_similarity_min, index] = min(pixel_similarity);
        % 更新状态
        J(x,y) = 1;
        seed_count = seed_count+1;
        seed_pixel = (seed_pixel*seed_count + pixel_list(index,3))/(seed_count+1);
        % 存储位置
        x = pixel_list(index,1);
        y = pixel_list(index,2);
        pixel_list(index,:) = pixel_list(pixel_index,:);
        pixel_index = pixel_index-1;
    end
    % 返回结果
    J = mat2gray(J);
    J = im2bw(J, graythresh(J));
    % 统计耗时
    t2 = cputime;
    ts = t2 - t1;
```

执行以上代码，通过阈值预分割定位大致区域并计算种子点，通过区域生长执行肝脏区域分割，通过形态学后处理去除孔洞和噪声，最后提取边缘并在原影像上进行标记，具体效果如图 27-3～图 27-4 所示。

第 27 章　基于区域生长的肝脏影像分割系统

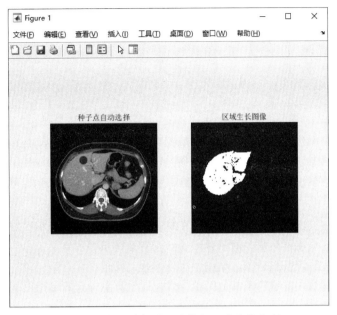

图 27-3　自动选择种子点执行区域生长分割

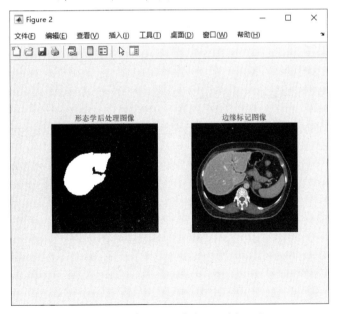

图 27-4　形态学后处理并进行边缘提取标记

通过对肝脏影像应用基于阈值预分割的区域生长算法，可得到自动选择的种子点及分割结果，再经过形态学后处理来分割得到肝脏目标和边缘标记，具有明显的分割改进效果。实验表明，基于阈值预分割的区域生长算法对肝脏影像进行分割具有良好的效果，能在一定程度上获取肝脏区域，起到辅助医学的目的，具有一定的使用价值。

27.4 延伸阅读

本案例针对肝脏影像分割应用，通过阈值预分割进行种子点的自动选择，通过区域生长进行影像分割，通过形态学后处理提升分割效果，可以减少迭代步骤和降低时间复杂度。因此，采用阈值法和区域生长法相结合的思路，综合二者的优点，在算法上具有可行性，也具有一定的应用价值。

医学影像分割在一定程度上能使得用户及时获取自己感兴趣的目标区域并对其进行分析，可作为辅助研判的一个重要依据，对于临床诊疗具有非常重要的意义。本案例选择基于阈值预分割的区域生长算法进行肝脏分割，集成了影像增强、阈值分割、种子点选择和形态学后处理等过程，提高了分割效果，这对于其他医学影像处理也具有一定的参考价值。

本章参考的文献如下。

[1] 左婷婷. 中国肝癌发病状况与趋势分析[J]. 吉林大学，2015.

[2] 阮秋琦. 数字影像处理学[M]. 北京：电子工业出版社，2001.

第 28 章

基于计算机视觉的自动驾驶应用

28.1 案例背景

随着计算机视觉和深度学习技术的迅猛发展,自动驾驶技术也逐渐进入新的发展阶段。著名的交通网络公司 Uber 已在美国旧金山开通了自动驾驶汽车服务,Alphabet(Google 母公司)也对外宣布将自动驾驶项目从 Google X 实验室拆分出来独立运营,美国联邦政府已着手对自动驾驶汽车制定官方的行业规范。通过这一系列消息,我们可以发现自动驾驶距离走入广大普通消费者的生活越来越近。此外,世界各国的交通主管部门大多倡导"防御驾驶"的概念。防御驾驶是一种预测危机并协助远离危机的机制,要求驾驶人除了遵守交通规则,也要防范其他因自身疏忽或违规而发生的交通意外。因此,各大汽车厂商与驾驶人大多主动在车辆上安装各种先进的驾驶辅助系统(Advanced Driver Assistance System,ADAS),以降低肇事概率。

自动驾驶汽车是典型的高新技术综合应用,包含场景感知、优化计算、多等级辅助驾驶等功能,运用了计算机视觉、传感器、信息融合、信息通信、高性能计算、人工智能及自动控制等技术。在这些技术中,计算机视觉作为数据处理的直接入口,是自动驾驶不可或缺的一部分,因此本章对以计算机视觉为基础的环境感知进行讨论和实验。

MATLAB 提供了功能强大的计算机视觉和控制工具箱,本章对 MATLAB 提供的自动驾驶工具箱进行实验解析,示例程序调用了 Automated Driving System Toolbox 的相关函数,因此必须在 MATLAB R2017a 及以上版本中才能运行。

28.2 理论基础

自动驾驶是基于多项高新技术的综合应用，其关键模块可归纳为环境感知、行为决策、路径规划和运动控制，如图 28-1 所示。

图 28-1 自动驾驶关键技术示意图

28.2.1 环境感知

自动驾驶面临的首要问题就是如何对周边的环境数据及车辆的内部数据进行有效采集和快速处理，这也是自动驾驶的基础数据支撑，具有重要的意义。自动驾驶一般通过传感器进行，常见的有摄像头、激光雷达、车载测距仪、智能加速度传感器等，涉及视频图像获取、车道线检测、车辆检测、行人检测、高性能计算等技术。

实际上，由于不同的传感器在设计和功能上的差别，单类型的传感器在数据采集和处理上也具有一定的局限性，难以实现对环境的感知和处理。因此，自动驾驶的环境感知技术不仅能通过增加摄像头、雷达等传感器设备来实现，还涉及对多类型传感器的融合处理技术。目前，国内外的不同厂商在自动驾驶环境感知技术模块方面的主要差距集中在多传感器融合方面。

28.2.2 行为决策

自动驾驶在获取到环境感知数据后，需要进一步对驾驶行为进行分析和计算，这就涉及行为决策模块。所谓行为决策，是指自动驾驶汽车根据已知的路网数据、交通规则数据、采集到的周边环境数据及车辆的内部数据，通过一系列计算来获得合理驾驶决策的过程。这在本质上是通过一定的感知计算选择合理的工作模型，获得合理的控制逻辑，并下发指令给车辆进行相应的动作。

在自动驾驶过程中往往会涉及前后车距保持、车道线偏离预警、路障告警、斑马线穿越等实际问题，这就需要行为决策模块对本车与其他车辆、车道、路障、行人等在未来一段时间内的状态进行计算并预测，获得合理的行为控制。常见的决策理论有模糊推理、强化学习、神经网络和贝叶斯预测等。

28.2.3 路径规划

自动驾驶通过环境感知和行为决策，获取了车辆的周边环境数据、车辆状态数据、车辆位置及路线数据，可基于最优化搜索算法进行路径规划，进而实现自动驾驶的智能导航功能。

自动驾驶的路径规划模块基于数据获取的实际情况可以分为全局和局部两种类别，即基于已获取的完整环境信息的全局路径规划方法和基于动态传感器实时获取环境信息的局部路径规划方法。全局路径规划主要基于已获取的完整数据，从全局来计算出推荐的路径，例如通过计算从北京到南京的路径规划得到推荐的路线；局部路径规划主要基于实时获取的环境数据，从局部来计算对于路上遇到的车辆、路障等情况如何避开或调整车道等。

28.2.4 运动控制

自动驾驶经过环境感知、行为决策、路径规划后，通过对行驶轨迹和速度的计算并结合当前位置和状态，来得到对汽车方向盘、油门、刹车和档位的控制指令，这就是运动控制模块的主要内容。根据控制目标的不同，运动控制可以分为横向控制和纵向控制两个类别。横向控制是指设定一个速度并通过方向盘控制来使车辆基于预定的轨迹行驶；纵向控制是指在配合横向控制达到正常行驶的同时，满足人们对于安全、稳定和舒适的要求。

自动驾驶涉及特别复杂的控制逻辑，存在横向、纵向及横纵向的耦合关系，这也让人们提出了车辆的协同控制要求，也是控制技术的难点所在。其中，横向控制作为基本的控制需求，是研究热点之一，常用的方法包括模糊控制、神经网络控制、最优控制、自适应控制等。

28.3 程序实现

28.3.1 传感器数据载入

本案例使用到的数据源自公开的无人驾驶汽车数据集，用到的传感器包括视觉传感器、雷达传感器、测速传感器、视频摄像机，主要功能如下。

（1）视觉传感器：采集车道周边的所有对象并进行分类，每秒 10 次。
（2）雷达传感器：采集中远距离未经分类的对象，每秒 20 次。
（3）测速传感器：记录车速、转弯速率等，每秒 20 次。
（4）视频摄像机：记录车前视频片段，不用于目标追踪，仅用于结果显示。

MATLAB 已经将相关数据整理且保存在 01_city_c2s_fcw_10s_sensor.mat 文件中，在该文件中包含以下 4 个变量，其物理意义如表 28-1 所示。

表 28-1 sensor.mat 文件中 4 个变量的物理意义说明

变量	物理意义
Vision	视觉对象，包括 timeStamp、numObjects 和 object，其中 object 是结构体数组，指定 ID、类别、位置、速度和维度等属性
Lane	车道对象，包括 left 和 right，分别指定左右车道线的相关属性
radar	雷达对象，包括 timeStamp、numObjects 和 object，其中 object 是一个结构体数组，指定 ID、状态、位置、速度、幅值和模式等属性
inertialMeasurementUnit	测速对象，包括 timeStamp、velocity 和 yawRate

通过数据载入能够获取相关操作对象和参数。核心代码如下：

```
% 读取已经处理好的传感器数据
tmp = load('01_city_c2s_fcw_10s_sensor.mat');
visionObjects = tmp.vision;
radarObjects = tmp.radar;
laneReports = tmp.lane;
inertialMeasurementUnit = tmp.inertialMeasurementUnit;
% 数据采样时间为 20ms
timeStep = 0.05;
% 计算总帧数
numSteps = numel(visionObjects);
```

其中，程序可绘制视频帧和 Bird-Eye 图，效果如图 28-2 所示。

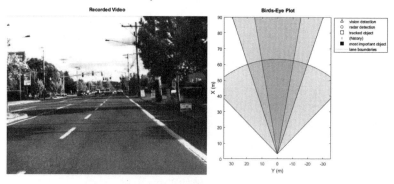

图 28-2 视频帧和 Bird-Eye 图

28.3.2 追踪器创建

在自动驾驶系统的工具箱中引入了一个新的对象 multiObjectTracker，用于创建对象追踪器，该对象最重要的 4 个参数的意义如表 28-2 所示。

表 28-2　追踪器参数说明

参　　数	说　　明	默　　认
FilterInitializationFcn	卡尔曼滤波器初始化函数，用于描述运动目标的运动方程	Initcvekf
AssignmentThreshold	最大检测距离，大于该阈值时不进行检测	30
ConfirmationParameters	检测确认周期[M,N]且 M<N，假设采样周期是 1s，雷达需要 3s 才能检测到运动物体，而我们期望在 5s 内就给出预报，那么 M=3，N=5	[2,3]
NumCoastingUpdates	期望检测对象消失 N 个采样周期后删除对象，则设置为 N	5

在实际操作过程中，setupTracker()函数通过调用 multiObjectTracker 创建一个多目标追踪器。如何设计一个合理的卡尔曼滤波初化始函数 FilterInitializationFcn 起到至关重要的作用，进而用于描述被检测对象的运动模型。常用的模型包括匀速运动模型和匀加速运动模型，具体如下所述。

（1）匀速运动模型

$$\begin{cases} x_{k+1} = x_k + v_{x,k} \mathrm{d}t \\ y_{k+1} = y_k + v_{y,k} \mathrm{d}t \end{cases}$$

（2）匀加速运动模型

$$\begin{cases} x_{k+1} = x_k + v_{x,k} \mathrm{d}t + v_{x,k}^2 \mathrm{d}t/2 \\ y_{k+1} = y_k + v_{y,k} \mathrm{d}t + v_{y,k}^2 \mathrm{d}t/2 \end{cases}$$

追踪器可用于对目标进行跟踪、处理，其创建对于系统的稳定运行具有重要意义，此部分的核心代码如下：

```
function [tracker, positionSelector, velocitySelector] = setupTracker()
tracker = multiObjectTracker(...
    'FilterInitializationFcn', @initFilter, ...
    'AssignmentThreshold', 35, 'ConfirmationParameters', [2 3], ...
    'NumCoastingUpdates', 5);
% 匀速运动模型的状态变量 [x;vx;y;vy]
% 匀加速运动模型的状态变量 [x;vx;ax;y;vy;ay]
% 位置输出矩阵
positionSelector = [1 0 0 0 0 0; 0 0 0 1 0 0];
% 速度输出矩阵
velocitySelector = [0 1 0 0 0 0; 0 0 0 0 1 0];
```

```matlab
function filter= initFilter(detection)
% 创建卡尔曼滤波器
% Step 1: 定义运动模型，MATLAB 定义好了部分简单模型
% 匀速运动模型 constvel 和 constveljac
% 匀加速运动模型, constacc 和 constaccjac
% 匀速转弯模型, constturn 和 constturnjac
% 本文采用匀加速运动模型
tranfcn = @constacc;        % 用于 EKF 和 UKF
jtranfcn = @constaccjac; % 雅克比矩阵，仅用于 EKF

% Step 2: 定义过程噪声
dt = 0.05; % 采样时间
sigma = 1; % 未知加速度变化率
% 过程噪声
Q1d = [dt^4/4, dt^3/2, dt^2/2; dt^3/2, dt^2, dt; dt^2/2, dt, 1] * sigma^2;
Q = blkdiag(Q1d, Q1d);
% Step 3: 定义测量模型，就是期望输出的变量
measfcn = @fcwmeas;         % 用于 EKF 和 UKF
jmeasfcn = @fcwmeasjac;    % 雅克比矩阵，仅用于 EKF
% Step 4: 初始化状态
% 传感器测量是[x;vx;y;vy]，但状态变量是[x;vx;ax;y;vy;ay]，因此将加速度直接初始化为0即可
state = [detection.Measurement(1); detection.Measurement(2); 0; detection.Measurement(3); detection.Measurement(4); 0];
% Step 5: 初始化状态方差
% 由于在测量值中没有加速度，因此将加速度的方差自行给定为100
stateCov = blkdiag(detection.MeasurementNoise(1:2,1:2), 100, detection.MeasurementNoise(3:4,3:4), 100);
% Step 6: 创建卡尔曼滤波器
% 可以使用 KF、EKF 或 UKF，由于恒定加速度模型是线性的，所以采用 KF 类型
FilterType = 'KF';
noise= detection.MeasurementNoise(1:4,1:4);
switch FilterType
    case 'EKF'
        filter = trackingEKF(tranfcn, measfcn, state,...
            'StateCovariance', stateCov, ...
            'MeasurementNoise', noise, ...
            'StateTransitionJacobianFcn', jtranfcn, ...
            'MeasurementJacobianFcn', jmeasfcn, ...
            'ProcessNoise', Q ...
            );
    case 'UKF'
        filter = trackingUKF(tranfcn, measfcn, state, ...
            'StateCovariance', stateCov, ...
            'MeasurementNoise', noise, ...
            'Alpha', 1e-1, ...
            'ProcessNoise', Q ...
```

```
            );
    case 'KF'
        % 测量 y=H*x 主要输出 x、y 的坐标和速度
        H = [1 0 0 0 0 0; 0 1 0 0 0 0; 0 0 0 1 0 0; 0 0 0 0 1 0];
        filter = trackingKF(...
            'MotionModel', '2D Constant Acceleration', ...
            'MeasurementModel', H, 'State', state, ...
            'MeasurementNoise', noise, ...
            'StateCovariance', stateCov);
end
```

28.3.3 碰撞预警

通过数据载入和追踪器创建，程序将对视频的每一帧数据都进行循环处理，主要包括创建追踪对象、更新追踪情况、计算关键对象和更新检测结果，具体内容如下。

（1）创建追踪对象 processDetections()，29.3.2 节已经指定了被检测对象的运动模型，但是还需要通过 objectDetection 向卡尔曼滤波器传递被追踪对象的运动测量值、速度和位置等参数，保证卡尔曼滤波器的正常工作。

（2）更新追踪情况 updateTracks()，通过卡尔曼滤波器的估计模块可获知被追踪对象是否为同一个运动物体。

（3）计算关键对象 findMostImportantObject()，针对多运动目标检测的情形，需要通过关键对象计算和获得影响车辆行驶安全的目标，并给出警告。

（4）更新检测结果 updateFCWDisplay，并在视频和 Bird-Eye 图上显示运行结果，可进一步直观地检验算法的效果。

程序通过对视频的每一帧数据进行循环处理来得到多目标跟踪效果，此部分的核心代码如下：

```
time = 0;
currStep = 0;
snapTime = 9.3;
% 初始化车道，3.6m 车道，车在中间
egoLane = struct('left', [0 0 1.8], 'right', [0 0 -1.8]);
while currStep < numSteps && ishghandle(videoDisplayHandle)
    % 更新时间和计数器
    currStep = currStep + 1;
    time = time + timeStep;
    % 创建追踪对象
    [detections, laneBoundaries, egoLane] = processDetections(...
        visionObjects(currStep), radarObjects(currStep), ...
        inertialMeasurementUnit(currStep), laneReports(currStep), ...
```

```
            egoLane, time);
        % 更新追踪对象
        confirmedTracks = updateTracks(tracker, detections, time);
        % 找出关键对象
        mostImportantObject = findMostImportantObject(confirmedTracks, egoLane, ...
            positionSelector, velocitySelector);
        % 更新视频和 bird-eye 图
        frame = updateFCWDisplay(videoReader , videoDisplayHandle, bepPlotters, ...
            laneBoundaries, sensor, confirmedTracks, mostImportantObject, 
positionSelector, ...
            velocitySelector, visionObjects(currStep), radarObjects(currStep));
    end
```

1. 创建追踪对象

在实际运行环境中，雷达和视觉系统一般会识别出多个运动物体，大部分并不会对车辆行驶安全产生影响，例如人行道的行人、与汽车距离较远的物体、汽车后方的物体等。因此，程序需要将这些不影响正常驾驶的物体从追踪对象中清除，减少额外的计算量。在 29.3.2 节中通过 multiObjectTracker 函数建立了运动对象的数学模型，并通过调用 objectDetection(time, measurement)来创建被追踪对象，指定其速度和位置测量值，这样能为卡尔曼滤波器的正常运行提供被监测对象的测量值。此部分的核心代码如下：

```
function [detections,laneBoundaries, egoLane] = processDetections...
    (visionFrame, radarFrame, IMUFrame, laneFrame, egoLane, time)
%   visionFrame  - 当前视觉数据
%   radarFrame   - 当前雷达数据
%   IMUFrame     - 当前惯导数据
%   laneFrame    - 当前车道线的数据
%   egoLane      - 上一拍的车道线的参数
%   time         - 当前时间
%% 去掉不在雷达正前方的对象
% 提取车道线的相关信息，比如曲率、转弯角
[laneBoundaries, egoLane] = processLanes(laneFrame, egoLane);
% 根据当前车道方向，去掉雷达中不在正前方的物体
realRadarObjects = findNonClutterRadarObjects(radarFrame.object,...
    radarFrame.numObjects, IMUFrame.velocity, laneBoundaries);
% 雷达没有检测到目标，直接返回
detections = {};
if (visionFrame.numObjects + numel(realRadarObjects)) == 0
    return;
end

%% 创建雷达追踪对象
numRadarObjects = numel(realRadarObjects);
if numRadarObjects
    classToUse = class(realRadarObjects(1).position);
```

```
        radarMeasCov = cast(diag([2,2,2,100]), classToUse); % 测量噪声
        for i=1:numRadarObjects
            object = realRadarObjects(i);
            % 追踪对象的测量值、速度[vx,vy]和位置[x,y]
            meas=[object.position(1); object.velocity(1); object.position(2);
object.velocity(2)];
            detections{i} = objectDetection(time, meas, ...
                'SensorIndex', 2, 'MeasurementNoise', radarMeasCov, ...
                % 测量函数参数，传递给 trackingEFK 的测量函数
                'MeasurementParameters', {2}, ...
                % 对象属性，直接添加到输出变量中，不会影响算法
                'ObjectAttributes', {object.id, object.status, object.amplitude,
object.rangeMode});
        end
    end
%% 创建视频追踪对象
numRadarObjects = numel(detections);
numVisionObjects = visionFrame.numObjects;
if numVisionObjects
    classToUse = class(visionFrame.object(1).position);
    visionMeasCov = cast(diag([2,2,2,100]), classToUse);
    for i=1:numVisionObjects
        object = visionFrame.object(i);
        detections{numRadarObjects+i} = objectDetection(time,...
            [object.position(1); object.velocity(1); object.position(2); 0], ...
            'SensorIndex', 1, 'MeasurementNoise', visionMeasCov, ...
            'MeasurementParameters', {1}, ...
            'ObjectClassID', object.classification, ...
            'ObjectAttributes', {object.id, object.size});
    end
end
```

2. 更新追踪目标

程序通过 multiObjectTracker() 指定被追踪对象的运动模型，通过 objectDetection() 指定被追踪对象的速度和位置测量值，因此可以调用 updateTracks() 更新卡尔曼滤波器，判断被追踪对象是否为符合要求的运动物体，此部分的核心代码如下：

```
confirmedTracks = updateTracks(tracker, detections, time);
```

3. 提取关键对象

程序在通过 updateTracks 进行卡尔曼滤波器更新后，输出了符合运动要求的运动物体，但在这些运动物体中有很多运动物体并不会影响行车的安全性。例如，1km 以外的运动对象、行车道以外的运动对象、正在远离汽车的运动对象等。

此外,需要根据运动物体的距离和速度给出告警范围。例如,物体正在靠近但是距离较远,那么可对应黄色提醒;物体很近,急紧刹车也来不及,那么可对应红色告警。此部分的核心代码如下:

```
function mostImportantObject = findMostImportantObject(confirmedTracks,
egoLane,positionSelector,velocitySelector)
% Find the Most Important Object and Issue a Forward Collision Warning
%
% 将关键对象定义为离车道不远并在车正前方,比如 x 坐标较小的目标
% 当检测到 MIO 时,计算汽车到 MIO 之间的相对距离和速度,决定报警等级
%(1)安全(绿色),在车前方有物体,或者物体在安全距离以外
%(2)提醒(黄色),物体正在靠近,但目前还安全
%(3)报警(红色),物体已经离车很近

% 初始化输出参数
MIO = [];                      % 默认为空
trackID = [];                  % 默认也为空
FCW = 3;                       % 默认安全
threatColor = 'green';    % 默认绿色
maxX = 1000;  % 只是观察 1000m 以内的物体
maxDeceleration = 0.4 * 9.81; % 最大刹车加速度
delayTime = 1.2; % 刹车延迟时间
% 提取追踪对象的位置和速度(相对值,因为雷达和视觉镜头都被安装在汽车上,所以测量值是相对于汽车的)
positions = getTrackPositions(confirmedTracks, positionSelector);
velocities = getTrackVelocities(confirmedTracks, velocitySelector);
for i = 1:numel(confirmedTracks)
    x = positions(i,1);
    y = positions(i,2);
    % 相对速度
    relSpeed = velocities(i,1);
    % 只考虑车前方[0 1000]米范围内的目标
    if x < maxX && x > 0
        % 在 x 点车道线的 y 坐标,用来判断物体是否在车道以内
        yleftLane  = polyval(egoLane.left, x);
        yrightLane = polyval(egoLane.right, x);
        if (yrightLane <= y) && (y <= yleftLane)
            maxX = x;
            trackID = i;
            MIO = confirmedTracks(i).TrackID;
            % 只考虑相对速度小于 0 的物体,靠近的
            if relSpeed < 0
                % 计算刹车距离,其实很简单 v*dt+v^/2a
                d = abs(relSpeed) * delayTime + relSpeed^2 / 2 / maxDeceleration;
                if x <= d % 距离不够,报警
                    FCW = 1;
                    threatColor = 'red';
```

```
            else % 距离还够，提醒
                FCW = 2;
                threatColor = 'yellow';
            end
        end
    end
end
mostImportantObject = struct('ObjectID', MIO, 'TrackIndex', trackID, 'Warning',
FCW, 'ThreatColor', threatColor);
```

4. 更新检测结果

在程序运行过程中将对追踪器进行迭代、更新，对外界环境和车内状况进行感知和计算，并给出相关处理和决策，具体如图 28-3～图 28-4 所示。

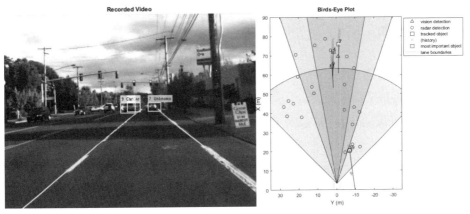

图 28-3　第 50 帧的检测效果（红色报警、黄色提醒、绿色安全）

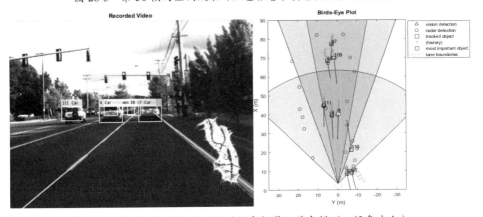

图 28-4　第 100 帧的检测效果（红色报警、黄色提醒、绿色安全）

图 28-3～图 28-4 呈现了视频处理过程的效果图，通过算法来对车辆周边的区域进行标记，区分出报警、提醒、安全区域，进一步为自动驾驶决策模块提供数据支持。

28.4 延伸阅读

自动驾驶作为未来汽车发展的重要方向之一，受到了社会各个方面越来越多的关注。随着人工智能进入国家战略层面的议程，国内多家厂商将自动驾驶技术作为战略布局和产品化研究的重要部分，百度无人驾驶技术的开源更是进一步推动了这一技术的发展。

自动驾驶可达到辅助车辆行驶的目标，进一步方便了人们的生活，也在一定程度上减少了交通压力。但是，自动驾驶涉及多条件复杂场景下的识别和计算，涉及人们的生命财产安全，因此对硬件、软件在准确度、稳定性上都提出了非常高的要求，这也成为此项技术进一步发展的动力所在。我们相信，随着技术的不断发展，自动驾驶技术会更多地走进人们的生活，给人们带来更多的便利。

本章参考的文献如下。

[1] pajyyy. https://www.zhihu.com/question/24506695/answer/141383154.

[2] http://www.leiphone.com/news/201612/XCdteRNmeybQlaqB.html.

[3] http://egovehicles.com/.

[4] 杨帆. 无人驾驶汽车的发展现状和展望[J]. 上海汽车, 2014(3):35-40.

[5] Srinivasa N. Vision-based vehicle detection and tracking method for forward collision warning in automobiles[C]// Intelligent Vehicle Symposium. IEEE, 2002:626-631 vol.2.

[6] Nakaoka M, Raksincharoensak P, Nagai M. Study on forward collision warning system adapted to driver characteristics and road environment[C]// International Conference on Control, Automation and Systems. IEEE, 2008:2890-2895.

第 29 章

基于深度学习的汽车目标检测

29.1 案例背景

　　随着深度学习的迅猛发展，其应用也越来越广泛，特别是在视觉识别、语音识别和自然语言处理等很多领域都表现出色。卷积神经网络（Convolutional Neural Network，CNN）作为深度学习中应用最广泛的网络模型之一，也得到人们了越来越多的关注和研究。事实上，CNN 作为一项经典的机器学习算法，早在 20 世纪 80 年代就已被人们提出并展开一定的研究。但是，在当时硬件运算能力有限、缺乏有效训练数据等因素的影响下，人们难以训练不产生过拟合情形下的高性能深度卷积神经网络模型。所以，当时 CNN 的一个经典应用场景就是识别银行支票上的手写数字，并且已得到实际应用。伴随着计算机硬件和大数据技术的不断进步，人们也尝试开发不同的方法来解决在深度 CNN 训练中所遇到的困难，特别是 Krizhevsky 等专家提出了一种经典的 CNN 架构，论证了深度结构在特征提取问题上的潜力，并在图像识别任务上取得了重大突破，掀起了深度结构研究的浪潮。而 CNN 作为一种已经存在的、有一定应用案例的深度结构，也重新回到人们的视野，得以进一步研究和应用。

　　随着标记数据的积累和 GPU 高性能计算技术的发展，卷积神经网络的研究和应用也不断涌现出新的成果。本案例使用已标记的小汽车样本数据训练 RCNN（Regions with Convolutional Neural Networks）得到检测器模型，并采用测试样本对训练好的检测器模型进行准确率评测，实现汽车目标检测的效果。

29.2 理论基础

29.2.1 基本架构

如图 29-1 所示,卷积神经网络的基本架构包括特征抽取器和分类器。特征抽取器通常由若干个卷积层和池化层叠加而成,在卷积和池化过程中不断将特征图缩小,同时会导致特征图数量的增多。在特征抽取器后面一般连接分类器,通常由一个多层感知机构成。特别地,在最后一个特征抽取器后面,将所有的特征图展开并排列成一个向量得到特征向量,并作为后层分类器的输入。

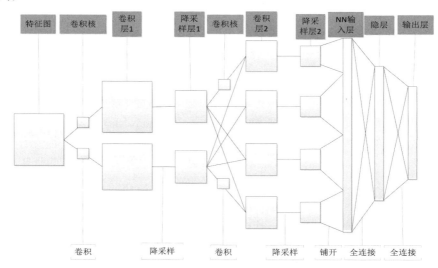

图 29-1 卷积神经网络的结构示意图

29.2.2 卷积层

卷积运算的基本操作是将卷积核与图像的对应区域进行卷积得到一个值,通过在图像上不断移动卷积核来计算卷积值,进而完成对整幅图像的卷积运算。在卷积神经网络中,卷积层不仅涉及一般的图像卷积,还涉及深度和步长的概念。深度对应同一个区域的神经元个数,即有几个卷积核对同一块区域进行卷积运算;步长对应卷积核移动多少个像素,即前后距离的远近程度。

例如,对一幅 1000×1000 的图像,可以表示为一个长度为 $1×10^6$ 的向量。如果设置隐含层与输入层的数量同时为 10^6，则输入层到隐含层的参数个数为 $10^6\times10^6=10^{12}$，这就带来了大量的参数，基本无法训练。所以，应用卷积神经网络来训练图像数据，必须注意减少参数来保证计算的速度。一般而言，卷积神经网络减少参数数量的方法一般有局部感知、参数共享和多核卷积。

29.2.2.1 局部感知

人对外界的认知一般可以归纳为从局部到全局的过程，而图像的像素空间联系也是局部间的相关性强，远距离的相关性弱。因此，卷积神经网络的每个神经元实际上只需关注图像局部的感知，对图像全局的感知可通过更高层综合局部信息来获得，这也说明了卷积神经网络部分连通的思想。类似于生物学中的视觉系统结构，视觉皮层的神经元用于局部接收信息，即这些神经元只响应某些特定区域的刺激，呈现出部分连通的特点。

如图 29-2 所示，左侧假设每个神经元与全部像素相连，右侧假设每个神经元只与 10×10 个像素值相连。以 10^6 个神经元计算，则右侧的权值数据为 100×10^6 个参数，相对于左侧的 $10^6\times10^6$ 有了明显减少。

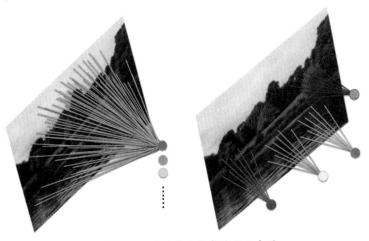

图 29-2　全连接和局部连接示意图

29.2.2.2 参数共享

如图 29-2 所示，在局部感知过程中假设每个神经元都对应 100 个参数，共 10^6 个神经元，则参数共有 100×10^6 个，依然是一个很大的数字。如果这 10^6 个神经元的 100 个参数相等，那么参数个数就减少为 100，即每个神经元用同样的卷积核执行卷积操作，这将大大减少运算量。因此，在这个例子中不论隐层的神经元个数有多少，两层间的连接只有 100 个参数，这也说明了参数共享的意义。

29.2.2.3 多核卷积

如图 29-2 所示，如果 10×10 维数的卷积核都相同，那么只能提取图像的一种特征，局限性很明显。可以考虑通过增加卷积核来增加特征类别，例如选择 16 个不同的卷积核用于学习 16 种特征。其中，将卷积核应用到图像上来执行卷积操作，可得到图像的不同特征，统称为特征图（Feature Map），所以有 16 个不同的卷积核就有 16 个特征图，可以将其视作图像的不同通道。此时，卷积层包含 10×10×16=1600 个参数。

29.2.3 池化层

从理论上来看，经卷积层得到的特征集合，可直接用于训练分类器（例如经典的 Softmax 分类器），但这往往会带来巨大的计算量。例如，对于一个 1000×1000 的图像，卷积层的神经元有 1000×1000 个，采用 16 个卷积核，则卷积特征向量长度为 16×1000×1000=16×10^6，这是一个千万级别的特征分类问题，计算困难并且容易出现过拟合现象。在对此类问题的实际处理过程中，可通过对不同位置的特征进行聚合统计等处理来降低数据规模，提高运行速度。例如，通过计算图像局部区域上的某特定特征的平均值或最大值等来计算概要统计特征。这些概要统计特征在本质上是一个采样的过程，相对于经卷积层计算得到的特征图，不仅达到了降维目的，也提高了训练效率。这种特征聚合的操作叫作池化（Pooling），根据统计方式的不同也可叫作平均池化或最大池化。

29.3 程序实现

29.3.1 加载数据

本案例用于演示 CNN 如何进行对象识别，所以在原始数据中包含图像的规模较小，共有 295 幅图像，在每幅图像中都标记了 1~2 辆小汽车。在实际应用场景中，将需要更多的训练数据来提高 CNN 的鲁棒性。数据加载的核心代码如下：

```
%% 加载数据
% vehicleDataset 是一个 dataset 数据类型，第 1 列是图像的相对路径，第 2 列是图像中小汽车的位置
data = load('fasterRCNNVehicleTrainingData.mat');
% 提取训练集
vehicleDataset = data.vehicleTrainingData;
% 提取图像路径
dataDir = fullfile(toolboxdir('vision'),'visiondata');
```

```
vehicleDataset.imageFilename = fullfile(dataDir,
vehicleDataset.imageFilename);
% 随机显示9幅图像
k = randi([1, length(vehicleDataset.imageFilename)], 1, 9);
I = [];
for i = 1:9
    % 读取图片
    tmp = imread(vehicleDataset.imageFilename{k(i)});
    % 添加标识框
    tmp = insertShape(tmp, 'Rectangle', vehicleDataset.vehicle{k(i)}, 'Color',
'r');
    I{i} = mat2gray(tmp);
end
% 显示
figure; montage(I)
```

运行以上代码,将加载训练数据,随机显示9幅图像并添加目标矩形框标记,具体如图29-3所示。

图29-3 随机显示的9幅样本图像

29.3.2　构建 CNN

CNN 是进行 CNN 目标识别的基础，MATLAB 神经网络工具箱提供了构建 CNN 的基本函数，主要由网络的输入层、中间层和输出层组成。

首先，定义网络输入层。通过 **imageInputLayer** 函数设定 CNN 的类型和维度。根据应用场景的不同，输入维度也有差别。其中，目标检测应用的输入维度一般等于检测对象的最小大小；图像分类的输入维度一般等于训练图像的大小。本案例主要进行目标检测，并且训练数据中最小汽车区域的像素约 32×32，所以将网络的输入层设置为 32×32。核心代码如下：

```
%% 构建 CNN
% 输入层，最小检测对象约 32×32
inputLayer = imageInputLayer([32 32 3]);
```

其次，定义网络中间层。它是卷积神经网络的核心，通常由卷积函数、激活函数和池化函数构成。中间层可以多次重复使用卷积函数，但是为了避免对图像过度下采样导致图像细节丢失，建议尽量使用最少的数量池化层。该部分的核心代码如下：

```
% 中间层
% 定义卷基层参数
filterSize = [3 3];
numFilters = 32;
middleLayers = [
    % 第 1 轮，只包含 CNN 和 ReLU
    convolution2dLayer(filterSize, numFilters, 'Padding', 1)
    reluLayer()
    % 第 2 轮，包含 CNN、ReLU 和 Pooling
    convolution2dLayer(filterSize, numFilters, 'Padding', 1)
    reluLayer()
    maxPooling2dLayer(3, 'Stride',2)
    ];
```

再次，定义网络输出层。输出层一般由经典的全连接层和分类层构成，用于结果的输出。该部分的核心代码如下：

```
% 输出层
finalLayers = [
    % 新增一个包含 64 个输出的全连接层
    fullyConnectedLayer(64)
    % 新增一个非线性 ReLU 层
    reluLayer()
    % 新增一个有两个输出的全连接层，用于判断图像是否包含检测对象
    fullyConnectedLayer(2)
    % 添加 softmax 和 classification 层
    softmaxLayer()
    classificationLayer()
    ];
```

最后，定义网络。将输入层、中间层和输出层连接在一起，即可形成最终的卷积神经网络。该部分的核心代码如下：

```
% 组合所有层
layers = [
    inputLayer
    middleLayers
    finalLayers
    ];
```

29.3.3 训练 CNN

为了综合利用数据，在训练之前先将数据划分为训练和测试两部分。为此，按数据标号，前60%用于训练，后40%用于测试。该部分的核心代码如下：

```
%% 训练 CNN
% 将数据划分为两部分
% 前60%的数据用于训练，将后面的40%用于测试
ind = round(size(vehicleDataset,1) * 0.6);
trainData = vehicleDataset(1 : ind, :);
testData = vehicleDataset(ind+1 : end, :);
```

神经网络工具箱提供了 trainFasterRCNNObjectDetector 进行 CNN 训练，整个训练过程包含4步，每一步都可以分别指定不同的训练参数，也可以使用相同的训练参数。在本案例中，设置前两步的学习速率为1e-5，后两步的学习速率为1e-6。该部分的核心代码如下：

```
% 训练过程包括4步，每步都可以使用单独的参数，也可以使用同一个参数
options = [
    % 第1步, Training a Region Proposal Network (RPN)
    trainingOptions('sgdm', 'MaxEpochs', 10,'InitialLearnRate', 1e-5,
'CheckpointPath', tempdir)
    % 第2步, Training a Fast R-CNN Network using the RPN from step 1
    trainingOptions('sgdm', 'MaxEpochs', 10,'InitialLearnRate',
1e-5,'CheckpointPath', tempdir)
    % 第3步, Re-training RPN using weight sharing with Fast R-CNN
    trainingOptions('sgdm', 'MaxEpochs', 10,'InitialLearnRate',
1e-6,'CheckpointPath', tempdir)
    % 第4步, Re-training Fast R-CNN using updated RPN
    trainingOptions('sgdm', 'MaxEpochs', 10,'InitialLearnRate',
1e-6,'CheckpointPath', tempdir)
    ];
% 设置模型的本地存储
doTrainingAndEval = 1;
if doTrainingAndEval
    % 训练 R-CNN, 神经网络工具箱提供了3个函数
    % （1）trainRCNNObjectDetector, 训练快且检测慢, 允许指定 proposalFcn
```

```
% （2）trainFastRCNNObjectDetector，速度较快，允许指定 proposalFcn
% （3）trainFasterRCNNObjectDetector，优化运行性能，不需要指定 proposalFcn
detector = trainFasterRCNNObjectDetector(trainData, layers, options, ...
    'NegativeOverlapRange', [0 0.3], ...
    'PositiveOverlapRange', [0.6 1], ...
    'BoxPyramidScale', 1.2);
else
    % 加载已经训练好的神经网络
    detector = data.detector;
end
```

在经过一定时间的训练后，得到了 CNN 模型。为了快速测试，这里选择 highway.png 进行输入，结果表明此 CNN 模型能成功检测到小汽车，并给出其位置标记，具体如图 29-4 所示。该部分的核心代码如下：

```
clc; clear all; close all;
%% 加载数据
data = load('fasterRCNNVehicleTrainingData.mat');
detector = data.detector;
%% 测试结果
I = imread('highway.png');
% 运行检测器，输出目标位置和得分
[bboxes, scores] = detect(detector, I);
% 在图像上标记汽车区域
I = insertObjectAnnotation(I, 'rectangle', bboxes, scores);
figure
imshow(I)
```

图 29-4　快速测试训练结果

29.3.4 评估训练效果

在 29.3.3 节中使用了单幅图像进行快速测试，得到了期望的效果。但是，为了验证 CNN 的训练效果，有必要进行较大规模的测试。MATLAB 计算视觉工具箱提供了平均精确度函数 evaluateDetectionPrecision 和对数平均失误率函数 evaluateDetectionMissRate 来评估检测器的训练效果，本文采用 evaluateDetectionPrecision 函数进行评估，并计算召回率和精确率指标来作为评估标准。一般而言，针对一个目标检测问题，存在如表 29-1 所示的 4 种情况。

表 29-1 目标检测评估参数

	包 含	不 包 含
检测到	TP（True Positives）纳真	FP（False Positives）纳伪（误报）
未检测到	FN（False Negatives）去真（漏报）	TN（True Negatives）去伪

定义精确率 P=TP/(TP+FP)，也就是检测到目标的图像中真正包含目标的比例。定义召回率 R=TP/(TP+FN)，也就是包含目标的图像中被成功检测出来的比例。显然，在检测结果中期望精确率 P 和召回率 R 越高越好，但有时二者是矛盾的，需要做一个折中考虑。事实上，在深度学习中还有其他性能指标，具体请见相关参考资料。该部分的核心代码如下：

```
%% 评估训练效果
if doTrainingAndEval
    results = struct;
    for i = 1:size(testData,1)
        % 读取测试图片
        I = imread(testData.imageFilename{i});
        % 运行 CNN 检测器
        [bboxes, scores, labels] = detect(detector, I);
        % 将结果保存到结构体中
        results(i).Boxes = bboxes;
        results(i).Scores = scores;
        results(i).Labels = labels;
    end
    % 将结构体转换为 table 数据类型
    results = struct2table(results);
else
    % 加载之前评估好的数据
    results = data.results;
end
% 从测试数据中提取期望的小车位置
expectedResults = testData(:, 2:end);
```

```
%采用平均精确度评估检测效果
[ap, recall, precision] = evaluateDetectionPrecision(results, expectedResults);
% 绘制召回率-精确率曲线
figure;
plot(recall, precision);
xlabel('Recall');
ylabel('Precision')
grid on;
title(sprintf('Average Precision = %.2f', ap));
```

理想情况是在所有召回率水平下精确率都是 1，本案例的平均精确率是 0.54，具体评估曲线如图 29-5 所示。可以考虑增加 CNN 层数来尝试改善精确率，但这同时会增加训练和检测的成本。

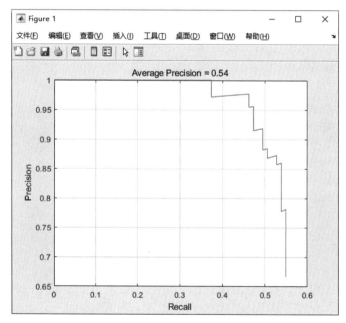

图 29-5　召回率-精确率训练评估曲线

29.4　延伸阅读

卷积神经网络在图像、视频、语音和文本处理中取得了较多突破。本文仅从计算机视觉的角度对近期 CNN 取得的进展进行初步的讨论和实验。虽然实验评测结果在一定程度上验证了

CNN 的可行性，但仍然有很多工作值得进一步研究。

首先，由于 CNN 层数变得越来越深，人们对大规模的有效数据和高性能的计算能力也提出了越来越多的要求。同时，传统的人工搜集标签数据要求投入大量的人力和物力，这也导致了成本的增加。所以，无监督式的 CNN 学习方式越来越重要。

其次，为了加快 CNN 训练速度，我们一般采用某些异步的 SGD 算法，通过 CPU 和 GPU 集群可以得到一定的效果，但这同时对硬件配置提出了一定的要求。因此，开发高效可扩展的训练算法依然有重要的实际价值。此外，深度模型在训练过程中往往需要在较长时间内占据较多的内存空间，对运行环境也带来了较大的压力。因此，在保证准确度的情况下，如何降低复杂性并快速训练得到模型，也是重要的研究方向。

再次，将 CNN 应用于不同的任务要面临的关键问题是如何选择合适的训练参数，例如学习率、卷积核大小、卷积和池化层数等，这要求较多的技术积累和经验总结。这些训练参数存在内部相关性，也为参数调整带来较高的成本。因此，在对 CNN 架构的选择上，依然值得我们去深入研究。

最后，CNN 依然缺乏统一的理论支撑，CNN 模型依然以黑箱形式来运作，我们难以理解其工作原理和工作内容，这也给 CNN 的实际应用带来了一定的压力。因此，对 CNN 的基本规则的研究，也具有重要的意义。

本章参考的文献如下。

[1] Krizhevsky A, Sutskever I, Hinton G E. Imagenet classification with deep convolutional neural networks[C]//Advances in neural information processing systems. 2012: 1097-1105.

[2] http://blog.csdn.net/zouxy09/article/details/14222605.

[3] http://en.wikipedia.org/wiki/Precision_and_recall.

[4] Ngiam, Jiquan,Koh Pang Wei,Chen Zheng hao,Bhaskar Sonia,Ng Andrew Y. Sparse filtering,[C]. Advances in Neural Information Processing Systems 24: 25th Annual Conference on Neural Information Processing Systems,2011:1125-1133.

[5] Zhen Dong,Ming tao Pei,Yang He,Ting Liu,Yan mei Dong,Yun de Jia. Vehicle Type Classification Using Unsupervised Convolutional Neural Network,[C]. Pattern Recognition (ICPR), 2014 22nd International Conference on,2014:172-177.

[6] http://deeplearning.stanford.edu/wiki/index.php/UFLDL%E6%95%99%E7%A8%8B.

[7] http://deeplearning.net/tutorial/.

[8] Sun Y, Wang X, Tang X. Deep learning face representation from predicting 10,000 classes[C]//Computer Vision and Pattern Recognition (CVPR), 2014 IEEE Conference on. IEEE, 2014: 1891-1898.

第 30 章

基于深度学习的视觉场景识别

30.1 案例背景

近年来,深度学习在多个领域都得以广泛应用并取得了显著的成绩。2012 年 10 月,Hinton 教授及他的学生采用深度卷积神经网络模型在著名的 ImageNet 问题上取得了当时世界上最好的成就,引发了社会各界人士的广泛关注。Facebook 的人脸识别项目 DeepFace 基于深度学习进行搭建,可应用于分辨两幅现实场景的照片,识别出这两幅照片是否包含同一张人脸,据称该判断的准确度已接近人类的平均水平。虽然人类也可以完成这项任务,但是难以大量数据的并发处理,具有局限性。因此,基于深度学习的人脸识别可综合运用计算机的高性能并发计算能力,具备应用于互联网图像大数据处理的潜力。

在早期研究中,机器学习对数据的特征表达具有较高的要求,模型的效果在很大程度上依赖于对特征的选择。但对特征的选择和调优一般由人工完成,具有一定的主观性。深度学习(Deep Leaning,DL)的核心思想在于建立模拟人类大脑神经连接的模型,在面对处理图像、语音、文本等数据时,通过多层变换对数据的特征进行描述。这在一定程度上降低了数据处理的复杂度,并尽可能地保留了目标的结构信息。特别是,对于处理具有潜在的复杂规则的自然图像分类问题,通过深度学习可以高效地获取对其本质特征的描述,进而实现较好的分类效果。

本案例选择经典的 Corel 图像库,基于著名的 matconvnet 工具箱进行深度学习实验,包括工具箱配置、训练集制作、模型设计、训练和识别验证等过程,可应用于视觉场景分类识别。

30.2 理论基础

传统的机器学习算法框架（例如 SVMs 及 Logistic Regression）等一般属于浅层学习范畴，对应较少的层数。深度学习则通过构建多级中间层的方式来增加算法结构的深度，达到多层次网络模型的架构。如图 30-1 所示，通过学习深层非线性的网络结构，深度学习可以实现对复杂函数的逼近，进而更好地对数据的本质特征进行描述，达到更高的准确度。

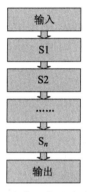

图 30-1　深度学习多层次结构示意图

深度学习常用的方法包括自动编码器（AutoEncoder，AE）、稀疏编码（Sparse Coding，SC）、限制玻尔兹曼机（Restricted Boltzmann Machine，RBM）、深度置信网络（Deep Belief Networks，DBN）和卷积神经网络。图 28-1 呈现了 CNN 的基本结构。

30.3 程序实现

自从深度神经网络取得突破性进展以来，应用深度学习到计算机视觉也进入了一个新的发展阶段。matconvnet 是深度学习领域著名的 MATLAB 工具箱，可快速集成于 MATLAB 应用环境中，兼容对 GPU 的调用，便于相关研发人员快速实现网络模型的设计和调试，它得到了广泛应用。此外，matconvnet 可以学习 AlexNet、VGGNet 等大型深度神经网络模型，可以从 matconvnet 官网下载其预训练版本，提高训练和应用的效率。本节将从 matconvnet 的安装与环境配置、数据集、网络训练与测试等方面进行讲解。

30.3.1 环境配置

可从 matconvnet 官网下载最新的工具箱，并将其解压到指定的目录进行快速配置安装。本案例为了进行实验性能比较，要求计算机已配置官方的 CUDA 工具箱，并引入 cudnn 工具包进行 GPU 加速。在 MATLAB 中可通过 gpuDevice 来查看本机配置的 GPU 环境。核心代码如下：

```
>> gpuDevice

ans = 

  CUDADevice - 属性:

                      Name: 'GeForce GTX 1050 Ti'
                     Index: 1
         ComputeCapability: '6.1'
            SupportsDouble: 1
             DriverVersion: 10.1000
            ToolkitVersion: 10
        MaxThreadsPerBlock: 1024
          MaxShmemPerBlock: 49152
        MaxThreadBlockSize: [1024 1024 64]
               MaxGridSize: [2.1475e+09 65535 65535]
                 SIMDWidth: 32
               TotalMemory: 4.2950e+09
           AvailableMemory: 3.2818e+09
       MultiprocessorCount: 6
              ClockRateKHz: 1620000
               ComputeMode: 'Default'
       GPUOverlapsTransfers: 1
     KernelExecutionTimeout: 1
           CanMapHostMemory: 1
           DeviceSupported: 1
            DeviceSelected: 1

>>
```

通过 gpuDevice 函数可获取当前主机的显卡的基本信息及计算性能评估，通过 ComputeCapability 属性可以发现本机的计算性能的版本为 6.1，可应用于深度神经网络模型的计算。进入 matconvnet 文件夹，假设 cudnn 文件夹已经被放置在其相对路径/local 下，并且已经安装了 VS2015 编译环境，则可通过如下命令进行配置：

```
clc; clear all; close all;
cd matlab
% gpu 环境下的编译
vl_compilenn('enableGpu',true, ...
    'cudaRoot','C:/Program Files/NVIDIA GPU Computing Toolkit/CUDA/v10.0',...
```

```
'cudaMethod' ,'nvcc')
cd ..
```

在运行后将自动进行环境配置及工具箱编译，效果如图 30-2 所示。

程序将自动加载对应的 GPU 加速库到 MATLAB 环境中，进而通过配置 GPU 参数来设置加速，并被应用到之后的图像场景分类识别中。

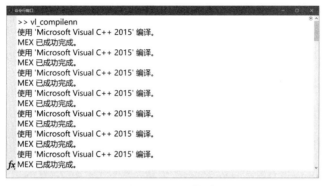

图 30-2　工具箱编译

30.3.2　数据集制作

Corel 图像库是经典的多场景分类应用数据集，包含多个语义场景，例如古建筑、公共汽车、沙滩等，被广泛用于图像分类、检索等算法评测中。本案例采用深度卷积神经网络对 Corel 图像库进行场景分类应用，假设已下载并解压 Corel 图像库。进入 matconvnet 文件夹，新建 data/image 文件夹用于存放自制的数据集及索引配置，其文件结构如图 30-3 所示。

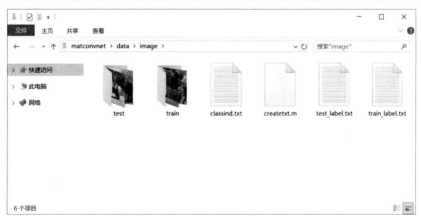

图 30-3　数据集文件结构示意图

程序按比率选择 Corel 图像库进行训练和测试，本案例选择其中的 80%作为训练集，将剩余的 20%作为测试集合。其中，在训练集中再选择 80%用于训练数据（即 tran set），20%用于验证数据（即 validation set）。标签数据文件 train_label.txt、test_label.txt 分别被用于存放训练和测试图像的名称及类别标签，类别数据文件 classind.txt 用于存放标签对应的类别名称，本案例选择的 Corel 图像库共涉及 10 个分类，其类别数据文件如图 30-4 所示。

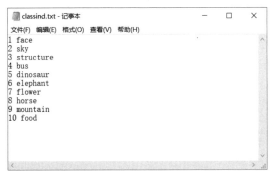

图 30-4　类别数据文件示意图

其中，createtxt.m 根据图片数据文件夹创建两个数据标签文件 train_label.txt、test_label.txt，分别用于对库文件夹内的图片文件名、类别标签构建索引。核心代码如下：

```matlab
function createtxt
clc; clear all; close all;
% 训练集
fodername = fullfile(pwd, 'train');
filename_txt = fullfile(pwd,'train_label.txt');
mk_txt(fodername, filename_txt);
% 测试集
fodername = fullfile(pwd, 'test');
filename_txt = fullfile(pwd,'test_label.txt');
mk_txt(fodername, filename_txt);
function mk_txt(fodername, filename_txt)
fid = fopen(filename_txt, 'wt');
% 列出目录下的所有 jpg 文件
image_file_list = dir(fullfile(fodername, '*.jpg'));
for i = 1 : length(image_file_list)
    % 获取某张图像的文件名
    filenamei = image_file_list(i).name;
    % 输出文件名
    fprintf(fid,'%s ',filenamei);
    % 解析文件数字
    [~, name, ~] = fileparts(filenamei);
    name_number = str2double(name);
    % 提取类别
    class_id = (name_number-rem(name_number,100))/100+1;
```

```
    % 输出到文件
    fprintf(fid, '%d \n', class_id);
end
fclose(fid);
```

运行以上程序,将生成两个数据标签文件,具体结构如图30-5所示。

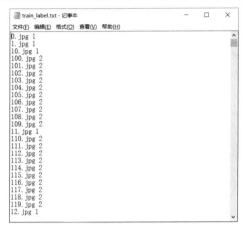

图 30-5　数据标签文件示意图

30.3.3　网络训练

1. 准备预训练模型

为了提高网络训练的效率,我们在 matconvnet 官网下载经典的预训练网络模型 vgg,得到 imagenet-vgg-f.mat 文件,并将其保存到 models 文件夹下,具体如图 30-6 所示。

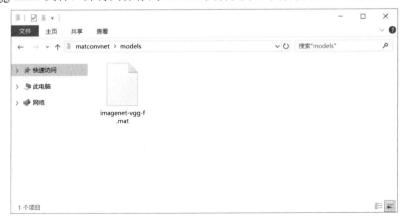

图 30-6　vgg 模型的保存位置

在 MATLAB 中可通过输入 load('models/imagenet-vgg-f.mat')命令来加载该模型，并在工作区查看载入的 layers、meta 对象，通过 celldisp(layers)可以观察到该网络模型，如图 30-7 所示。

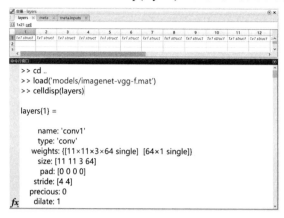

图 30-7　vgg 网络模型示意图

2. 修改预训练模型

在加载预训练模型后，可以发现 net.layers 长度为 21 的结构体数组，这里查看第 20 个结构体，其内容如下：

```
>> net.layers{20}
ans =
      name: 'fc8'
      type: 'conv'
   weights: {[4-D single]  [1000x1 single]}
      size: [1 1 4096 1000]
       pad: [0 0 0 0]
    stride: [1 1]
  precious: 0
    dilate: 1
      opts: {}
```

可以发现，名称为 fc8 且 weights 对应为 1000x1，这与本次实验设置的 10×1 的分类不同，所以需要进行对应的修改，关键代码如下：

```
function net = cnn_prepare_net(net)
% 替换 fc8
fc8_index = cellfun(@(t) isequal(t.name, 'fc8'), net.layers)==1;
% 设置类别为 10 类
class_number = 10;
weights_size = size(net.layers{fc8_index}.weights{1});
% 权重初始化
if ~isequal(weights_size(4), class_number)
```

```
            net.layers{fc8_index}.weights =
{zeros(weights_size(1),weights_size(2),weights_size(3),class_number,'single'), ...
            zeros(1, class_number, 'single')};
    end
    % 用于训练
    net.layers{end} = struct('name','loss', 'type','softmaxloss') ;
    % 网络设置
    net = dagnn.DagNN.fromSimpleNN(net, 'canonicalNames', true) ;
    net.addLayer('top1err', dagnn.Loss('loss', 'classerror'), ...
        {'prediction','label'}, 'top1err') ;
    net.addLayer('top5err', dagnn.Loss('loss', 'topkerror', ...
        'opts', {'topK',5}), ...
        {'prediction','label'}, 'top5err') ;
```

3. 准备实验数据

本次实验对应的实验数据被存放于当前工程目录的/data/image 文件夹下，可通过读取 classind.txt 获取类别信息，读取 train_label.txt 获取训练标签数据集，读取 test_label.txt 获取测试标签数据集，此部分的代码如下：

```
function imdb = cnn_image_setup_data(imdb_file, data_foldername)
% 设置参数
if exist(imdb_file, 'file')
    imdb = load(imdb_file);
    return;
end
% 读取类别说明
class_path = fullfile(data_foldername, 'classInd.txt');
% 数据载入
class_txt = importdata(class_path);
class_number = numel(class_txt);
% 提取名称
class_name = cell(1,class_number);
for k = 1:numel(class_txt)
    txt = strsplit(class_txt{k});
    class_name{k} = txt{2};
end
% 数据集配置
imdb.classes.name = class_name;
imdb.imageDir.train = fullfile(data_foldername, 'train');
imdb.imageDir.test = fullfile(data_foldername, 'test');
% 初始化
name = {};
labels = {};
test_label = {};
imdb.images.sets = [];
```

```matlab
fprintf('\n 导入训练集\n');
% 导入训练标签
train_label_path = fullfile(data_foldername, 'train_label.txt');
train_label_temp = importdata(train_label_path);
train_label_data = train_label_temp.data;
for k = 1:numel(train_label_data)
    train_label{k} = train_label_data(k);
end
if ~isequal(length(train_label), length(dir(fullfile(imdb.imageDir.train, '*.jpg'))))
    error('训练集标签和图片集合不匹配');
end
% 导入训练集图片
filename_list = dir(fullfile(imdb.imageDir.train, '*.jpg'));
for k = 1 : length(filename_list)
    % 提取名称和标签
    dt = filename_list(k);
    name{end+1} = dt.name;
    labels{end+1} = train_label{k};
    imdb.images.sets(end+1) = 1;
end
fprintf('\n 导入测试集\n');
% 导入测试类别标签
test_label_path = fullfile(data_foldername, 'test_label.txt');
test_label_temp = importdata(test_label_path);
test_label_data = test_label_temp.data;
for k = 1:numel(test_label_data)
    test_label{k} = test_label_data(k);
end
if ~isequal(length(test_label), length(dir(fullfile(imdb.imageDir.test, '*.jpg'))))
    error('测试集标签和图片集合不匹配');
end
filename_list = dir(fullfile(imdb.imageDir.test, '*.jpg'));
for k = 1 : length(filename_list)
    % 提取名称和标签
    dt = filename_list(k);
    name{end+1} = dt.name;
    labels{end+1} = test_label{k};
    imdb.images.sets(end+1) = 3;
end
% 整合数据
labels = horzcat(labels{:});
imdb.images.id = 1:numel(name);
imdb.images.name = name;
imdb.images.label = labels;
[expDir, ~, ~] = fileparts(imdb_file);
```

```
if ~exist(expDir, 'dir')
    mkdir(expDir);
end
save(imdb_file, '-struct', 'imdb');
```

为了节省调试时间,程序本身加入了数据的自动保存、载入功能,如果更换了数据集合,则需要手动删除对应的 imdb.mat 文件。

4. 网络训练

为了进行网络训练,需要设置网络的初始化参数,包括更新均值、设置图像训练集和测试集等,此部分的关键代码如下:

```
clc;
run(fullfile(fileparts(mfilename('fullpath')), ...
    'matlab', 'vl_setupnn.m'));
% 修改读入文件夹的路径
opts.dataDir = fullfile(fileparts(mfilename('fullpath')), ...
    'data','image');
opts.expDir  = fullfile('exp', 'image');
if ~exist(opts.expDir, 'dir')
    mkdir(opts.expDir);
end
% 导入预训练的 model
opts.modelPath = fullfile(fileparts(mfilename('fullpath')), ...
    'models','imagenet-vgg-f.mat');
[opts, varargin] = vl_argparse(opts, varargin);
% 设置参数
opts.numEpochs = 50 ;
opts.numFetchThreads = 12;
opts.lite = false;
opts.imdbPath = fullfile(opts.expDir, 'imdb.mat');
opts.train = struct();
opts.train.gpus = 1;
opts.train.batchSize = 8;
opts.train.numSubBatches = 4;
opts.train.learningRate = 1e-4 * [ones(1,10), 0.1*ones(1,5)];
opts = vl_argparse(opts, varargin);
% 导入预训练的 model
net = load(opts.modelPath);
% model 预处理
net = cnn_prepare_net(net);
% 数据准备
imdb = cnn_image_setup_data(opts.imdbPath, opts.dataDir);
% 设置参数
imdb.images.set = imdb.images.sets;
net.meta.classes.name = imdb.classes.name;
```

```
net.meta.classes.description = imdb.classes.name;
% 求训练集的均值
averageImage = cnn_image_average_data(opts, net.meta, imdb);
% 均值更新
net.meta.normalization.averageImage = averageImage;
% 设置训练集和测试集
opts.train.train = find(imdb.images.set==1);
opts.train.val = find(imdb.images.set==3);
% 训练
[net, info] = cnn_train_dag(net, imdb, getBatchFn(opts, net.meta), ...
    'expDir', opts.expDir, ...
    opts.train);
% 保存网络到文件中，便于后续处理
net = cnn_imagenet_deploy(net);
modelPath = fullfile(opts.expDir, 'net-deployed.mat');
net_ = net.saveobj();
save(modelPath, '-struct', 'net_');
clear net_;
```

上述程序对训练参数进行了配置，设置 numEpochs 为 50 表示最大迭代次数，设置 batchsize 为 8 表示每批次迭代所需读入的数据量，设置 opts.train.gpus=1 并选用编号为 1 的 GPU 进行训练。注意，如果设置 opts.train.gpus=[]，则表示训练将基于 CPU 进行，耗时相对于 GPU 要多出许多倍，具体如图 30-8、图 30-9 所示。

```
train: epoch 11:    1/100: 0.3 Hz
train: epoch 11:    2/100: 0.5 Hz
train: epoch 11:    3/100: 0.7 Hz
train: epoch 11:    4/100: 0.5 Hz
train: epoch 11:    5/100: 0.5 Hz
train: epoch 11:    6/100: 0.6 Hz
train: epoch 11:    7/100: 0.6 Hz
train: epoch 11:    8/100: 0.7 Hz
train: epoch 11:    9/100: 0.7 Hz
train: epoch 11:   10/100: 0.7 Hz
```

```
train: epoch 11:    1/100: 1.4 Hz
train: epoch 11:    2/100: 2.5 Hz
train: epoch 11:    3/100: 3.2 Hz
train: epoch 11:    4/100: 3.7 Hz
train: epoch 11:    5/100: 4.2 Hz
train: epoch 11:    6/100: 4.2 Hz
train: epoch 11:    7/100: 4.4 Hz
train: epoch 11:    8/100: 4.5 Hz
train: epoch 11:    9/100: 4.5 Hz
train: epoch 11:   10/100: 4.8 Hz
```

图 30-8　设置为 CPU 模式　　图 30-9　设置为 GPU 模式

在训练、处理过程中，所有训练集在进行过一次迭代后被称为一代，本次实验的训练样本为 800，设置的 batchSize 为 8，所以训练一代需要迭代的次数为 800/8=100。图 30-7 为 CPU 模式下的训练过程，图 30-8 为 GPU 模式下的训练过程，Hz 为每秒处理的图像数量，可以发现 GPU 的处理速度是 CPU 的好几倍，具有明显的加速效果。在训练过程中，迭代过程呈现出的训练结果曲线如图 30-10 所示。

图 30-10 以曲线的形式表示训练过程的变化情况，其中 objective 表示总的误差损失曲线变化，top1err 表示最高概率结果的误差曲线变化，top5err 表示概率排名前 5 的结果与真实情况相

比的误差曲线变化。可见，在训练后期 top5err 基本趋于 0，表示训练到约第 15 代以后各误差逐渐收敛，网络模型趋于稳定。

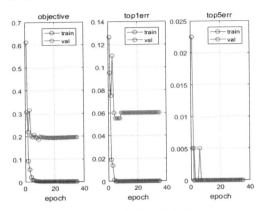

图 30-10　训练结果曲线

30.3.4　网络测试

在网络训练过程中会实时保存每一步的训练结果，并将最新的训练模型保存到 net-deployed.mat，便于测试和后续的加强训练。为了检测本次实验的分类准确率，这里对 test 数据集进行遍历以比较场景分类识别的效果并统计准确率，关键代码如下：

```
clc; clear all; close all
% 导入最新的网络模型
net = dagnn.DagNN.loadobj(load('.\exp\image\net-deployed.mat'));
net.mode = 'test';
% 导入数据
imdb = load('.\exp\image\imdb.mat');
% 设置参数
opts.dataDir = fullfile('data','image');
opts.expDir  = fullfile('exp', 'image');
% 找到训练与测试集
opts.train.train = find(imdb.images.sets==1);
opts.train.test  = find(imdb.images.sets==3);
class_name = imdb.classes.name;
hfig = figure(1);
set(hfig, 'Color', 'w');
for i = 1:length(opts.train.test)
    index = opts.train.test(i);
    label = imdb.images.label(index);
    % 读取测试的样本
    filename_in = fullfile(imdb.imageDir.test, imdb.images.name{index});
```

```
        Ii = imread(filename_in);
        figure(hfig); imshow(Ii, []);
        % 数据预处理
        Ii = imresize(single(Ii), net.meta.normalization.imageSize(1:2));
        Ii = bsxfun(@minus, Ii, net.meta.normalization.averageImage);
        % 分类测试
        net.eval({'input',Ii});
        scores = net.vars(net.getVarIndex('prob')).value;
        scores = squeeze(gather(scores));
        [bestScore, best] = max(scores);
        % 统计记录
        real_value(i) = label;
        predict_value(i) = best;
        xlabel(sprintf('识别场景分类:%s,评分:%.2f%%,实际场景分类:%s',class_name{best},bestScore*100,class_name{label}));
        % 截屏保存
        filename_out = fullfile(imdb.imageDir.test,'result',imdb.images.name{index});
        [path_name, ~, ~] = fileparts(filename_out);
        if ~exist(path_name, 'dir')
            mkdir(path_name);
        end
        saveas(gcf, filename_out);
    end
    % 计算准确率
    accurcy = length(find(predict_value==real_value))/length(real_value);
    fprintf('\n 准确率为%.2f%%\n', accurcy*100);
```

在程序运行过程中将显示每一幅测试图像的识别结果,包括识别出的场景分类、相似度评分及实际的场景分类,具体效果如图 30-11 所示。

识别场景分类: structure, 评分: 99.18%, 实际场景分类: structure

图 30-11 识别效果示例

图 30-11 表示对测试集的识别结果,程序在处理过程中采用截屏保存的方式记录了 200 幅测试图像的识别过程,并将其保存到 test 集相对目录下的 result 文件夹中,具体如图 30-12 所示。

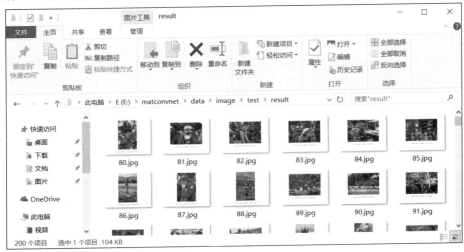

图 30-12　识别结果列表

本次实验的正确率达到 90%,在实际情况下可通过设置训练集、测试集的比例及不同的网络结构来提升效果。本次实验主要是基于 CNN 模型进行图像场景分类,也可以考虑用于提取图像特征向量,并将其融入搜索引擎中,实现一个基于图像大数据的场景分类检索系统,具有一定的实用价值。

30.4　延伸阅读

随着深度学习技术和 GPU 高性能计算的不断发展,深度神经网络在图像、视频、语音和文本处理中取得了较多的突破。在实际应用中,我们也可以结合不同的应用场景来选择对应的深度学习框架,例如 TensorFlow、Caffe 等。通过了解数据集合制作、网络模型设计、训练及参数调整等方式来积累对深度学习框架的应用经验。

本案例选择经典的 Corel 图像库和 matconvnet 工具箱,基于 MATLAB 环境实现了一个图像场景分类的网络模型,涉及数据集制作、模型设计、训练和测试,具有一定的参考意义。此外,通过对比 CPU、GPU 的训练过程,可让我们了解到 GPU 加速计算对于深度神经网络训练的重要性。

本章参考的文献如下。

[1] 尹宝才,王文通,王立春. 深度学习研究综述[J]. 北京工业大学学报,2015(1):48-59.

[2] 孙志军, 薛磊, 许阳明, 等. 深度学习研究综述[J]. 计算机应用研究, 2012, 29(8):2806-2810.

[3] http://www.vlfeat.org/matconvnet/.

[4] 李飞腾. 卷积神经网络及其应用[D]. 大连理工大学, 2014.

[5] Krizhevsky A, Sutskever I, Hinton G E. Imagenet classification with deep convolutional neural networks[C]//Advances in neural information processing systems. 2012: 1097-1105.

[6] http://blog.csdn.net/zouxy09/article/details/14222605.

[7] http://en.wikipedia.org/wiki/Precision_and_recall.

[8] https://developer.nvidia.com/cudnn.

[9] Ngiam, Jiquan,Koh Pang Wei,Chen Zheng hao,Bhaskar Sonia,Ng Andrew Y. Sparse filtering,[C]. Advances in Neural Information Processing Systems 24: 25th Annual Conference on Neural Information Processing Systems,2011:1125-1133.

[10] Zhen Dong,Ming tao Pei,Yang He,Ting Liu,Yan mei Dong,Yun de Jia. Vehicle Type Classification Using Unsupervised Convolutional Neural Network,[C]. Pattern Recognition (ICPR), 2014 22nd International Conference on,2014:172-177.

[11] http://deeplearning.stanford.edu/wiki/index.php/UFLDL%E6%95%99%E7%A8%8B.

[12] http://deeplearning.net/tutorial/.

[13] Sun Y, Wang X, Tang X. Deep learning face representation from predicting 10,000 classes[C]//Computer Vision and Pattern Recognition (CVPR), 2014 IEEE Conference on. IEEE, 2014: 1891-1898.

[14] http://blog.csdn.net/on2way/article/details/52959344.

第 31 章

深度学习综合应用

31.1 应用背景

传统的机器学习一般依赖特征工程来构建模式识别框架，这要求工程师具有较强的理论和工程经验，并对特征提取器进行细粒度的算法分析，通过将源数据抽象到特征图或特征向量等进行特征量化，最后将向量化的特征输入经典的识别器（SVM、NeutralNet 等）中检测、分类并输出结果。这种方式对特征设计、提取、训练等都提出了较高的精细化要求，在处理原始的自然数据方面有很大的局限性，也难以在现实生活中得到广泛应用。深度学习通过对大量数据进行特征抽象化学习来构建共享权值的深度神经网络，形成一个能够记忆复杂、多层次特征的机器学习算法应用，在其训练过程中，海量的神经元会进行自适应调整，在不同的维度上抽象特征，具有智能应用的普适性。

CNN 最早被应用于图像分类中，是经典的机器学习模型之一。著名学者 Yann LeCun 在 20 世纪 80 年代就已经应用 CNN 对手写字符进行分类应用，并取得了良好的分类识别效果。之后，人们在 CNN 手写数字识别方面不断进行商业化探索，但是受限于软硬件算力及样本数据的规模，训练 CNN 模型往往需要较高的成本投入并且经常面临过拟合风险。近年来，随着计算机硬件特别是 GPU、TPU 等设备的不断发展，以及物联网和大数据技术的广泛应用，硬件的算力提升了，在数据规模上也增加了很多，CNN 得以用更深的网络去训练更多的数据，进而实现应用的落地化。学者们也开始利用深度学习来解决大数据应用中的分类、回归等基础问题。其中，著名学者 Alex Krizhevsky 提出了深度卷积神经网络架构（AlexNet），利用图像大数据（ImageNet）成功进行了训练并大幅度提升了识别率。这表明深度结构在特征提取方面具有更强的抽象能力与普适性，并在图像特征学习抽象、网络深度增加、目标分类识别等方面取得了重要突破，也进一步推动了深度学习研究的发展。CNN 作为一种经典的深度网络结构，在结构设计、训练调参、模型应用等方面具有天然的大数据及深度训练特点，也被人们进一步研究和应用。

计算机视觉应用一般包括图像分类、目标检测、图像分割三个方向，CNN 作为基础的深度特征提取分类器，已经成为各项应用的基础支撑，通过将图像抽象为不同层级的特征表示，并引入多种处理策略来实现不同的应用研究。

（1）图像分类是经典的计算机视觉应用，常见的方式指给定一幅图像，经过一系列的预处理、特征提取等过程，结合模式识别判别器来输出其所属类别。图像分类的结果一般对应其所属类别标签，可通过识别率、召回率等进行性能评测。在图像分类应用研究中，需要较多的带有类别标签的配置标记进行训练，常用的数据集包括 MNIST 数据集、CIFAR 数据集、ImageNet 数据集等。

（2）目标检测是计算机视觉分析的基础，常见的目标检测形式是在图像中通过区域包围盒（Bounding Box）对图像进行标记。相对于图像分类应用，目标检测涉及图像子区域搜索和多目标区域分析等的问题，具有更高的复杂度和更多的计算量。目标检测的输出一般是候选区域的包围盒，可通过与目标实际区域的 IoU（交并比）、mAP（平均精度均值）进行性能评测。由于候选区域的计算在本质上是一个回归预测问题，所以采用 IoU 来表示预测包围盒与真实包围盒的交集面积除以它们的并集面积，取值在[0, 1]内，值越大，表示候选区域越能框住目标，与实际的目标位置具有较高的重叠度，使该候选区域能更准确地检测出目标。在目标检测应用研究中需要较多的带有目标区域的配置标记进行训练，常用的数据集包括 PASCAL VOC 数据集、KITTI 数据集等。

（3）图像分割是计算机视觉分析的细粒度应用，常见的图像分割形式是在图像中通过蒙版（Mask）进行区域标记，从分割的目标属性上可以分为语义分割和实例分割。相对于目标检测应用，图像分割不仅需要判断区域内图像的目标类别，还需要判断细粒度的实例归属。例如，如果在图像中有多辆汽车，则语义分割可将相邻的汽车预测为 Car 这个类别，实例分割则需要明确像素的具体归属，将第 1 辆 Car 的像素集合、第 2 辆 Car 的像素集合等依次进行精细化描述，进而达到更细粒度的视觉分析。在图像分割应用研究中需要较多的带有区域蒙版的配置标记进行训练，常用的数据集包括 COCO 数据集、CamVid 数据集等。

为了保持理论及应用的连续性，本案例将利用深度学习在开源数据集上的不同应用进行计算机视觉研究领域中各项基本问题的实验，并对不同的网络进行性能评测。

31.2 理论基础

31.2.1 分类识别

神经网络一般由输入层、隐藏层、输出层等模块构成，其输入一般是经过处理的数据向量，通过误差传递的方式来训练中间层的神经元。CNN 的输入层可以是图像矩阵，图像矩阵从直观上保持了图像本身的结构化约束，能够反映图像的可视化特征。根据颜色通道的不同，CNN 将灰度图像输入设置为二维神经元，将彩色图像输入设置为三维神经元，每个颜色通道都对应一个输入矩阵。CNN 的隐藏层包括卷积层、池化层，可通过多组不同形式的卷积核来扫描和提取图像的结构化特征，并逐渐进行下采样，形成不同层次的抽象化特征图，以更直观地反映图像的视觉特征。

31.2.1.1 CNN 的卷积核

CNN 的卷积层引入了局部感受野（Local Receptive Fields）这个重要的概念，从区域的整体出发来提取不同的卷积核（Kernel）并从不同的尺度对图像进行扫描所得到的特征。假设输入一个二维灰度图像矩阵，我们定义一个 5×5 的卷积核对其进行扫描，将隐藏层的神经元与输入层的每个神经元都进行卷积计算，此 5×5 的子区域经过卷积核扫描计算后得到的输出就叫作局部感受野，如图 31-1 所示。

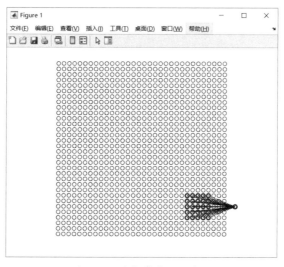

图 31-1 局部感受野示意图

因此，CNN 隐藏层中的神经元可通过一个固定维度的卷积核扫描上一层的局部特征，形成局部感受野；如果是全连接网络，则可以理解为采用与输入层具有相同维度的卷积核去扫描图像，进而形成全局感受野。当然，随着卷积核维度的增加，计算量也在增加，而且会带来过拟合问题，这也是在设计卷积核时需要考虑的因素。

CNN 隐藏层中的神经元感受野受卷积核维度的限制，只能反映上一层的局部区域特征，并通过设定的扫描步长来计算其他局部区域的特征。假设扫描步长为 1，从上往下、从左向右进行扫描，则可以按输入层的维度及卷积核的大小来得到隐藏层的输出，如图 31-2 所示。

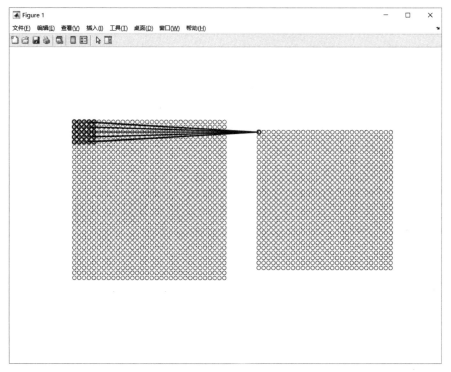

图 31-2　卷积核扫描示意图

因此，卷积层的神经元由上一层的局部神经元和卷积核共同计算得到，如果将其与上一层相关的神经元连线，则每条连线都对应一个权重进而构成权重矩阵，也就是我们常说的卷积核。因此，如果将在这个扫描过程中产生的连线对应到卷积核，将扫描间隔对应到步长（Stride），则通过设置卷积核维数和步长大小就可以对图像进行不同特征、不同尺度的特征扫描，将其在 CNN 结构参数中形成"记忆"，进而得到鲁棒性更强的识别器。此外，如果在扫描过程中超出了图像边界，则需要对边界进行不同形式的填充（Pad），一般可以将边界外的像素设置为 0 或者直接将边界进行映射、延伸，进而得到与之匹配的输出。

31.2.1.2 CNN 的特征图

在设计 CNN 的网络结构时，用户根据前后层的输入、输出，可以自定义卷积核的大小及偏移量，进而决定当前层的局部感受野的范围，其初值可以由随机数生成。在训练过程中得到的卷积核权重矩阵就是 CNN 的网络参数，该网络参数决定了下一层的神经元特征计算结果，即特征图（Feature Map），如图 31-3 所示。

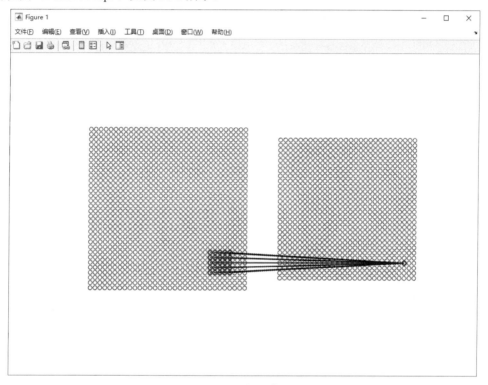

图 31-3　生成的特征图

可以看出，如果选择同一个卷积核进行扫描，则将输出相应的特征图，这在卷积计算上具有一致性，也叫作权值共享，包括卷积核及偏移量，可以减少计算量，提高特征提取效率。因此，一个卷积核能生成一个特征图，多个卷积核能生成多个特征图，不同的卷积核能抽象出不同的特征。通过同一个卷积核的权值共享，可以降低计算复杂度并提高训练效率。如图 31-4 所示，对同一个图像矩阵使用 3 个卷积核进行扫描，将输出 3 个特征图。

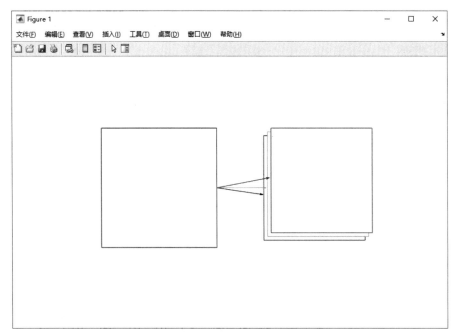

图 31-4　三个卷积核生成的特征图

在 CNN 的输入层可以直接输入图像矩阵，我们在前面对输入的灰度图进行了讨论，但是现实生活中大多数是 RGB 彩图。因此，如果输入的是 RGB 彩图，则可以视为输入增加了深度信息后的三维矩阵，卷积核也需要对应增加深度信息，局部感受野同样需要结合深度信息进行计算，如图 31-5 所示。

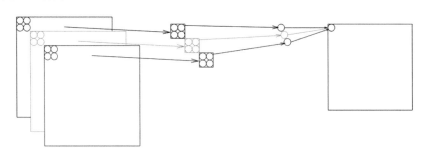

图 31-5　三维矩阵卷积计算

31.2.1.3　CNN 池化

在 CNN 中，卷积层之后一般是激活层和池化层，通过激活层可以对卷积层的输出进行一个非线性映射，以提升模型的泛化能力；通过池化层可以进行不同形式的下采样，通过降维的方式宏观扫描特征图，得到抽象化后的特征组合。常用的激活函数有 Relu、Sigmoid 等，常用的池化方法有最大池化、平均池化等，在设计网络结构时可以根据实际情况进行选择。

CNN 的最后一般是全连接层、输出层，经过一系列的卷积、降维等得到的是维度较小且高度抽象化的特征图，此时可进行向量化并拟合以减少信息的流失，通过分类、回归等进行结果的输出。

此外，随着 CNN 网络深度的不断增加，容易出现梯度消失、不收敛或过拟合的问题，对此一般通过增加 Batch Normalization、Dropout 等进行处理，以增强特征提取能力且避免梯度弥散等。

31.2.2 目标检测

分类识别用于判断输入图像的类别，一般通过对类别建立概率向量并计算最大概率索引号对应的类别标签作为输出，在形式上具有单输入、单输出的特点。

目标检测用于定位输入图像中人们感兴趣的目标，一般通过输出候选区域坐标的方式来确定目标的位置和大小，特别是在面临多目标定位时会输出区域列表，具有较高的复杂度，也是计算机视觉的重要应用之一。但是，在自然条件下拍摄的物体往往受光照、遮挡等因素的影响，且在不同的视角下，同类别的目标在外观、形状上也有可能存在较大的区别，这也是难点所在。

传统的目标检测方法一般是通过多种形式的图像分割、特征提取、分类判别等来实现的，对图像的精细化分割和特征提取的技巧提出了很高的要求，计算复杂度较高，生成的检测模型一般要求在相近的场景下才能应用，难以实现通用。随着大数据及深度神经网络的不断发展，人们通过图像大数据和深层网络联合训练的方法使得目标检测算法不断优化，实现了多个场景下的落地与应用。目前主流的目标检测算法主要包括以 RCNN 为代表的 Two-Stage 算法及以 YOLO 为代表的 One-Stage 算法，通过对目标区域的回归计算进行目标定位。此外，也出现了很多其他算法框架，部分算法框架通过与传统分割算法融合、提速等来提高检测性能，共同推动了目标检测算法的落地与应用。

31.2.2.1 RCNN

RCNN 系列算法基于区域滑动+分类识别的流程，采用两步法进行目标定位。首先，对图像建立子区域搜索策略，采用深度神经网络提取子区域的特征向量；然后，利用分类器判断目标类别，将所处区域的信息存储到该类别所对应的候选框列表中；最后，对得到的候选框列表进行非极大抑制分析，通过回归计算进行位置修正，输出目标位置。

（1）区域搜索：对输入图像采用子区域搜索策略生成数千个候选框，将这些候选框作为目标的潜在位置，得到一系列子图。

（2）特征提取：遍历得到的子图列表，利用深度神经网络分别计算其特征向量，得到统一维度的特征向量集合。

（3）分类判别：对应到目标类别建立多个 SVM 分类器，将特征向量集合分别调用 SVM 分类器进行分类判断，确定对应的子区域是否存在目标，进而得到候选框列表。

（4）位置修正：对候选框列表进行非极大抑制分析，并通过回归分析进行位置修正，输出目标位置。

由此可见，通过对图像进行子区域的 CNN 特征提取和 SVM 分类判别，能够得到基于深度特征的目标判断方法，进而充分融合深度神经网络强大的特征抽象能力，从整体的结构表征来提高目标检测的准确度，如图 31-6 所示。但是，这种方法采用滑动窗口策略生成了数千个候选区域，带来了大量的矩阵计算消耗，中间过程采用的特征提取及分类判别也需要耗费较大的存储空间，因此在提高了目标检测效果的同时带来了更多的时间复杂度和空间复杂度。

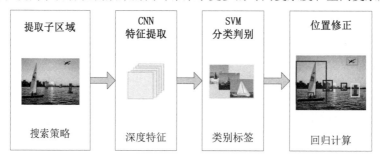

图 31-6　RCNN 的基本流程

RCNN 通过子区域进行搜索判断、大小变换等流程，为了解决其资源消耗严重和精度损失较多的缺陷，Fast-RCNN 应运而生。Fast-RCNN 对资源进行了池化操作，通过对子区域进行多尺度的池化，得到固定的输出维度，解决了特征图在不同维度下的空间尺度变化问题。

但是，Fast-RCNN 在本质上依然需要设置多个候选区域，并对其分别进行特征提取和分类判别，具有一定的局限性。Faster-RCNN 的提出解决了这个问题，它将区域提取方法带入深度神经网络中，采用 RPN 网络来产生候选区域，通过与目标检测网络共享参数来减少计算量。通过深度神经网络进行候选区域的计算并抽象图像的结构化特征，实现了端到端的目标检测过程，提高了目标定位的准确率。

可以看出，RCNN 系列融合了深度神经网络优秀的特征提取能力和分类器的判别能力，实现了端到端的目标检测框架，但整体上依然采用了"区域+检测"的二阶段过程，属于 Two-Stage 算法，难以达到对目标进行实时检测的要求。另外，以 YOLO 为代表的 One-Stage 算法不需要设置候选区域，可直接一步输出定位结果，下面对其进行简单介绍。

31.2.2.2 YOLO

YOLO（You Only Look Once）基于单一的目标检测网络，通过多网格划分、多目标包围框预测等方法进行快速目标检测。YOLO 是真正意义上的端到端网络，检测速度近乎实时，且具有良好的鲁棒性，因此应用非常广泛。根据推出的版本，YOLO 可以分为 YOLO V1、V2、V3，每次推出都对之前的版本进行改进并推动了目标检测算法的落地应用，是当前主流的目标检测框架之一。

YOLO V1 将输入的图像划分为 T×T 的网格，每个网格都代表一个图像块，主要用于目标分类和以当前网格为中心的包围框预测。通过对网格的类别和位置判断，可以预测出对应的包围框列表，如图 31-7 和图 31-8 所示。

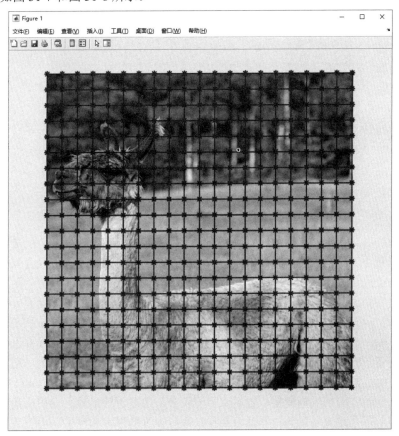

图 31-7　T×T 网格

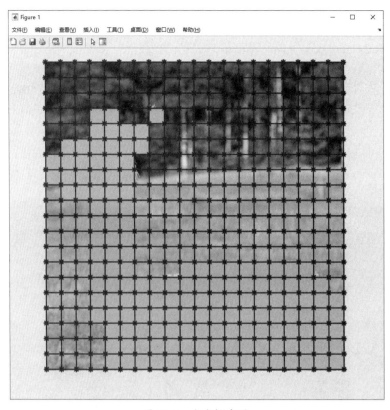

图 31-8 分类概率图

可见，通过对美洲驼的网格划分和区域预测，可以定位出其所处区域。但是，如果有小狗站在美洲驼的身旁，且小狗的中心点也恰好在这个网格中，则 YOLO V1 只会预测出其中的一个目标，丢失了另一个目标。此外，YOLO V1 如果对小的密集物体进行检测，则由于其网格化拆分的特点，容易出现不同的小目标落在一个格子里面的情况，导致了目标丢失等问题，这也是 YOLO V1 算法在目标检测中的不足之处。随后，YOLO 作者 Joseph Redmon 提出的 YOLO V2、V3 通过引入 anchor box 对网络模型进行修改并借鉴 Faste RCNN 的候选区域框思想，以提高模型的易学习程度。YOLO V2、V3 引入了聚类算法，将目标包围框进行汇聚，通过对不同深度层次下的抽象特征图进行融合来提升检测器的计算速度和鲁棒性。同时，YOLO 提供了结构清晰的类别标签配置、网络结构配置、数据路径配置等，通过对分类数、卷积核数等字段的简单修改就可以得到适合特定场景的检测器，并便于进行训练的缓存和测试。由于其良好的检测性能及方便的训练配置，YOLO 已经成为目前主流的目标检测框架之一。

本章主要对深度学习相关的基础知识进行梳理，结合不同的应用进行案例撰写和编程实现。由于深度神经网络训练对软硬件提出了较高的要求，所以为了进行有效的实验，这里建议搭建

MATLAB R2019 及 CUDA 环境，并采用 GPU 进行训练。在配置完毕后，可在 command 窗口通过输入 gpuDevice 来显示相关配置参数，实验环境如下：

```
>> gpuDevice

ans =

  CUDADevice - 属性:

                      Name: 'GeForce GTX 1050 Ti'
                     Index: 1
         ComputeCapability: '6.1'
            SupportsDouble: 1
             DriverVersion: 10.1000
            ToolkitVersion: 10
        MaxThreadsPerBlock: 1024
          MaxShmemPerBlock: 49152
        MaxThreadBlockSize: [1024 1024 64]
               MaxGridSize: [2.1475e+09 65535 65535]
                 SIMDWidth: 32
               TotalMemory: 4.2950e+09
           AvailableMemory: 3.2817e+09
       MultiprocessorCount: 6
              ClockRateKHz: 1620000
               ComputeMode: 'Default'
       GPUOverlapsTransfers: 1
      KernelExecutionTimeout: 1
           CanMapHostMemory: 1
           DeviceSupported: 1
            DeviceSelected: 1

>>
```

由于本次实验环境采用了 1050Ti、4GB 显存的配置，配置相对较低，所以在进行网络训练前需要结合数据规模、网络深度进行一定的优化配置，尽量减少数据维度及批次训练数量，确保网络可持续训练。另外，数据集的配置一般应包含训练集和验证集、测试集，本次实验为了便于配置，默认将验证集作为测试集进行后续的评测。

31.3 案例实现 1：基于 CNN 的数字识别

手写数字识别是经典的 CNN 分类应用之一，常用的数据集就是 MNIST 手写数字数据集，包含 0~9 这 10 个数字的手写图片，每个数字都由 6 万幅训练图像和 1 万幅测试图像构成。为了便于直观分析，这里选择 MATLAB 工具箱提供的 DigitDataset 进行训练识别，读者也可以直接利用 MNIST 数据集或者自己设计的数据集进行实验。其中，数据集文件夹 db 如图 31-9 所示。

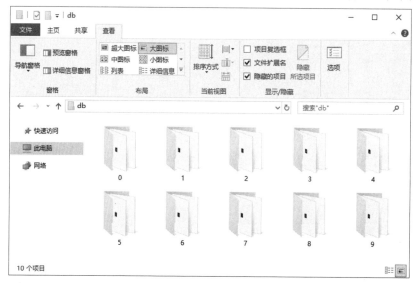

图 31-9　数据集文件夹 db

在数据集文件夹 db 里面对每个数字都建立了子文件夹，各自包含 1000 幅 28×28 大小的二维灰度图像。以数字 0 为例，其文件列表如图 31-10 所示。

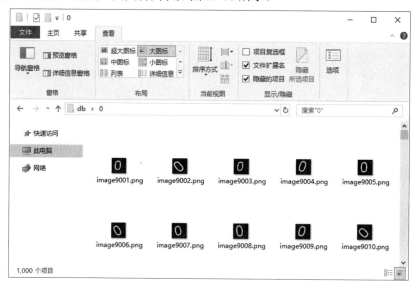

图 31-10　文件列表

本次实验采用CNN进行分类识别,为了便于对不同的网络进行实验分析,选择自定义CNN、修改AlexNet两种网络设计方式进行网络搭建。

31.3.1 自定义CNN

MATLAB提供了丰富的卷积网络设计函数,并支持通过交互界面deepNetworkDesigner进行拖拽式设计,使得我们可以像搭建积木一样进行网络搭建。为了快速进行简单的网络设计,这里直接利用网络层函数进行组合搭建,通过定义get_self_net函数来直接调用:

```
function layers = get_self_net(image_size, class_number)
% 自定义CNN网络结构
layers = [
    % 输入
    imageInputLayer(image_size, 'Name', 'data')
    % 卷积
    convolution2dLayer(3,8,'Padding','same', 'Name', 'cnn1')
    batchNormalizationLayer('Name', 'bn1')
    reluLayer('Name', 'relu1')
    % 池化
    maxPooling2dLayer(2,'Stride',2, 'Name', 'pool1')
    % 卷积
    convolution2dLayer(3,16,'Padding','same', 'Name', 'cnn2')
    batchNormalizationLayer('Name', 'bn2')
    reluLayer('Name', 'relu2')
    % 池化
    maxPooling2dLayer(2,'Stride',2, 'Name', 'pool2')
    % 卷积
    convolution2dLayer(3,32,'Padding','same', 'Name', 'cnn3')
    batchNormalizationLayer('Name', 'bn3')
    reluLayer('Name', 'relu3')
    % 全连接
    fullyConnectedLayer(class_number, 'Name', 'fc')
    softmaxLayer('Name', 'prob')
    classificationLayer('Name', 'output')];
```

在command窗口输入 layers = get_self_net([28 28 1], 10)来调用网络生成函数,并对应到输入层的维数和分类数量参数,可打印出网络结构,并通过figure窗口绘制网络进行可视化。核心代码如下:

```
>> layers = get_self_net([28 28 1], 10)

layers = 

  15x1 Layer array with layers:
```

```
    1   'data'      Image Input            28x28x1 images with 'zerocenter' normalization
    2   'cnn1'      Convolution            8 3x3 convolutions with stride [1  1] and padding 'same'
    3   'bn1'       Batch Normalization    Batch normalization
    4   'relu1'     ReLU                   ReLU
    5   'pool1'     Max Pooling            2x2 max pooling with stride [2  2] and padding [0  0  0  0]
    6   'cnn2'      Convolution            16 3x3 convolutions with stride [1  1] and padding 'same'
    7   'bn2'       Batch Normalization    Batch normalization
    8   'relu2'     ReLU                   ReLU
    9   'pool2'     Max Pooling            2x2 max pooling with stride [2  2] and padding [0  0  0  0]
   10   'cnn3'      Convolution            32 3x3 convolutions with stride [1  1] and padding 'same'
   11   'bn3'       Batch Normalization    Batch normalization
   12   'relu3'     ReLU                   ReLU
   13   'fc'        Fully Connected        10 fully connected layer
   14   'prob'      Softmax                softmax
   15   'output'    Classification Output  crossentropyex
>> figure; plot(layerGraph(layers));
```

效果如图 31-11 所示。

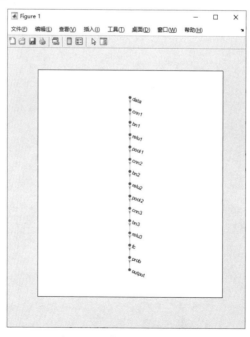

图 31-11　自定义 CNN 结构

31.3.2 AlexNet

AlexNet 是经典的深度 CNN 结构,由著名学者 Hinton 和他的学生 Alex Krizhevsky 设计,在 2012 年的 ImageNet 竞赛中以远超亚军的成绩取得冠军,并一度掀起了深度学习的热潮。这里选择 AlexNet 进行修改,将其应用于本次的手写数字识别中。

31.3.2.1 AlexNet 网络编辑

(1) 在 command 窗口输入 net = alexnet,将会输出已有的网络结构体;如果还没有安装此网络,则可根据提示单击"Add-On Explorer"按钮进行添加。

```
>> net = alexnet

net =

  SeriesNetwork - 属性:

    Layers: [25*1 nnet.cnn.layer.Layer]

>>
```

(2) 在 command 窗口输入 deepNetworkDesigner,将会弹出深度网络设计界面,这里选择加载已有的网络,如图 31-12 和图 31-13 所示。

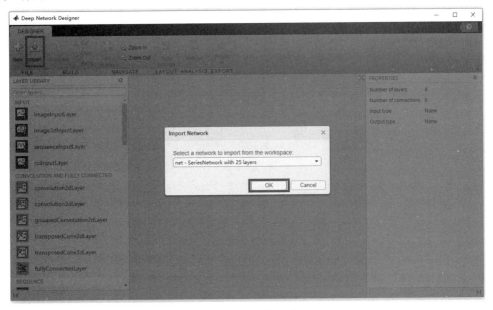

图 31-12 网络加载

计算机视觉与深度学习实战——以 MATLAB、Python 为工具

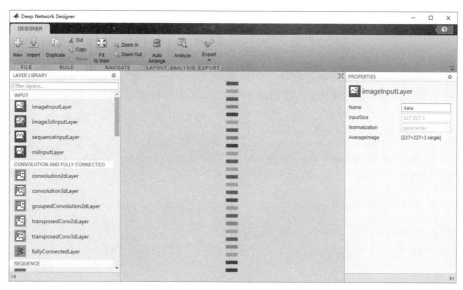

图 31-13 网络结构

可以发现，在界面左侧呈现了不同的网络模块按钮，中间呈现了已有的网络结构，右侧则呈现了选中的网络模块的具体属性参数，这里能修改名称参数但无法修改已设置好的大小等参数。

（3）AlexNet 默认的输入维度是[227 227 3]、分类数是 1000，与我们此次的数据维数和分类数不同。为此，我们在尽可能保持网络结构的前提下进行网络设计，如图 31-14～图 31-17 所示。

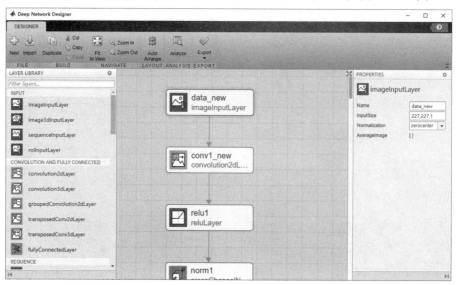

图 31-14 输入层删除并

• 400 •

第 31 章 深度学习综合应用

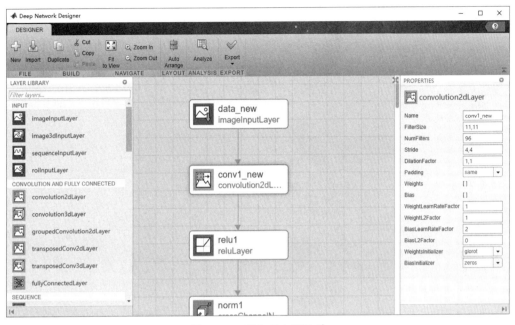

图 31-15 卷积层 1 删除并

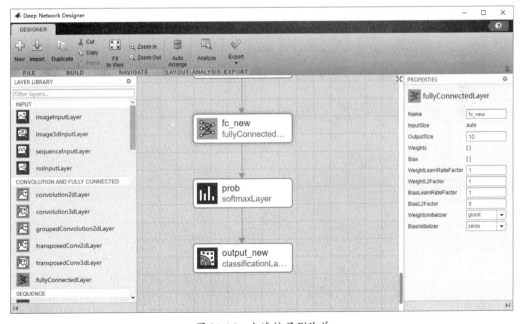

图 31-16 全连接层删除并

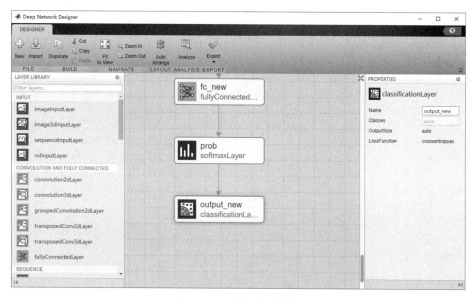

图 31-17 输出层删除并

31.3.2.2 AlexNet 网络导出

在网络结构完毕后，可单击 Analyze 按钮进行自动检查分析，并查看网络结构，如图 31-18 所示。

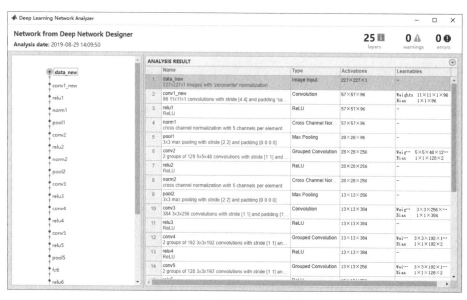

图 31-18 网络结构自动分析

可以发现，网络共有 25 层，没有出现警告或错误提示，返回设计窗口并单击 Export 进行导出，选择导出网络结构代码，并将其选中、复制生成新的函数文件，保存为 get_alex_net 函数来直接调用，如图 31-19 和图 31-20 所示。

图 31-19　导出网络结构

To learn more, see Generate MATLAB Code From Deep Network Designer.

Auto-generated by MATLAB on 2019-08-29 14:14:55

Create the Array of Layers

```
layers = [
    imageInputLayer([227 227 1],"Name","data_new")
    convolution2dLayer([11 11],96,"Name","conv1_new","BiasLearnRateFactor",2,"Padding","same","Stride",[4 4])
    reluLayer("Name","relu1")
    crossChannelNormalizationLayer(5,"Name","norm1","K",1)
    maxPooling2dLayer([3 3],"Name","pool1","Stride",[2 2])
    groupedConvolution2dLayer([5 5],128,2,"Name","conv2","BiasLearnRateFactor",2,"Padding",[2 2 2 2])
    reluLayer("Name","relu2")
    crossChannelNormalizationLayer(5,"Name","norm2","K",1)
    maxPooling2dLayer([3 3],"Name","pool2","Stride",[2 2])
    convolution2dLayer([3 3],384,"Name","conv3","BiasLearnRateFactor",2,"Padding",[1 1 1 1])
    reluLayer("Name","relu3")
    groupedConvolution2dLayer([3 3],192,2,"Name","conv4","BiasLearnRateFactor",2,"Padding",[1 1 1 1])
    reluLayer("Name","relu4")
    groupedConvolution2dLayer([3 3],128,2,"Name","conv5","BiasLearnRateFactor",2,"Padding",[1 1 1 1])
    reluLayer("Name","relu5")
    maxPooling2dLayer([3 3],"Name","pool5","Stride",[2 2])
    fullyConnectedLayer(4096,"Name","fc6","BiasLearnRateFactor",2)
    reluLayer("Name","relu6")
    dropoutLayer(0.5,"Name","drop6")
    fullyConnectedLayer(4096,"Name","fc7","BiasLearnRateFactor",2)
    reluLayer("Name","relu7")
    dropoutLayer(0.5,"Name","drop7")
    fullyConnectedLayer(10,"Name","fc_new")
    softmaxLayer("Name","prob")
    classificationLayer("Name","output_new")];
```

Plot the Layers

```
plot(layerGraph(layers));
```

图 31-20　保存网络结构代码

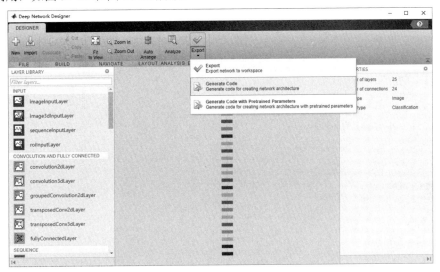

在 command 窗口输入 layers = get_alex_net()，可打印网络结构，并通过 figure 窗口绘制网络结构进行可视化。核心代码如下：

```
>> layers = get_alex_net()

layers = 

  25x1 Layer array with layers:

     1   'data_new'      Image Input              227x227x1 images with 'zerocenter' normalization
     2   'conv1_new'     Convolution              96 11x11 convolutions with stride [4  4] and padding 'same'
     3   'relu1'         ReLU                     ReLU
     4   'norm1'         Cross Channel Normalization   cross channel normalization with 5 channels per element
     5   'pool1'         Max Pooling              3x3 max pooling with stride [2  2] and padding [0  0  0  0]
     6   'conv2'         Grouped Convolution      2 groups of 128 5x5 convolutions with stride [1  1] and padding [2  2  2  2]
     7   'relu2'         ReLU                     ReLU
     8   'norm2'         Cross Channel Normalization   cross channel normalization with 5 channels per element
     9   'pool2'         Max Pooling              3x3 max pooling with stride [2  2] and padding [0  0  0  0]
    10   'conv3'         Convolution              384 3x3 convolutions with stride [1  1] and padding [1  1  1  1]
    11   'relu3'         ReLU                     ReLU
    12   'conv4'         Grouped Convolution      2 groups of 192 3x3 convolutions with stride [1  1] and padding [1  1  1  1]
    13   'relu4'         ReLU                     ReLU
    14   'conv5'         Grouped Convolution      2 groups of 128 3x3 convolutions with stride [1  1] and padding [1  1  1  1]
    15   'relu5'         ReLU                     ReLU
    16   'pool5'         Max Pooling              3x3 max pooling with stride [2  2] and padding [0  0  0  0]
    17   'fc6'           Fully Connected          4096 fully connected layer
    18   'relu6'         ReLU                     ReLU
    19   'drop6'         Dropout                  50% dropout
    20   'fc7'           Fully Connected          4096 fully connected layer
    21   'relu7'         ReLU                     ReLU
    22   'drop7'         Dropout                  50% dropout
    23   'fc_new'        Fully Connected          10 fully connected layer
    24   'prob'          Softmax                  softmax
    25   'output_new'    Classification Output    crossentropyex
>> figure; plot(layerGraph(layers));
```

效果如图 31-21 所示。

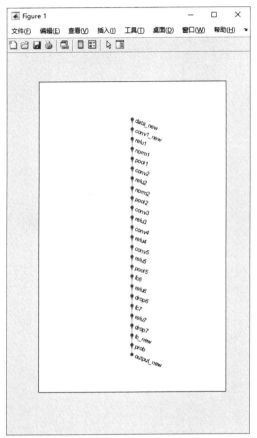

图 31-21　AlexNet 网络结构示意图

31.3.3　基于 MATLAB 进行实验设计

31.3.3.1　软件界面设计

为了方便对不同的算法进行对比和分析，本次实验搭建 GUI 界面，设置网络选择、训练参数配置、网络训练、网络测试等功能模块。其中，软件界面如图 31-22 所示。

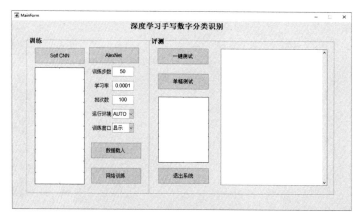

图 31-22 软件界面设计

（1）单击 "Self CNN" 按钮可加载自定义 CNN 的结构并进行呈现，关联代码如下：

```
% 输入输出设置
image_size = [28 28 1];
class_number = 10;
% 自定义 CNN 的结构
layers = get_self_net(image_size, class_number);
% 显示 CNN 的结构
lgraph = layerGraph(layers);
axes(handles.axes1);
plot(lgraph);
handles.layers = layers;
% Update handles structure
guidata(hObject, handles);
```

效果如图 31-23 所示。

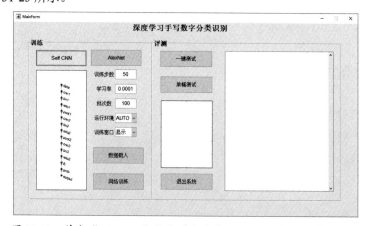

图 31-23 单击 "Self CNN" 按钮进行自定义 CNN 结构的加载及呈现

（2）单击"AlexNet"按钮可加载 AlexNet 的结构并进行呈现，关联代码如下：

```
% 修改 alex net 网络结构
layers = get_alex_net();
% 显示网络结构
lgraph = layerGraph(layers);
axes(handles.axes1);
plot(lgraph);
handles.layers = layers;
% Update handles structure
guidata(hObject, handles);
```

效果如图 31-24 所示。

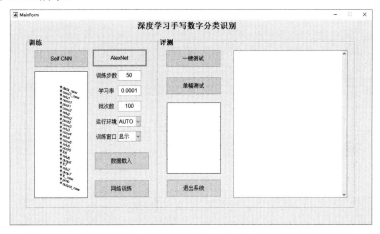

图 31-24　单击"AlexNet"按钮进行 AlexNet 结构的加载及呈现

（3）单击"数据载入"按钮可加载数据，并对应到训练集、验证集，关联代码如下：

```
if isequal(handles.layers, 0)
    return;
end
% 数据文件夹
digitDatasetPath = fullfile(pwd, 'db');
imds = imageDatastore(digitDatasetPath, ...
    'IncludeSubfolders',true,'LabelSource','foldernames');
% 每类 1000，训练测试比为 3:1
numTrainFiles = round(3/4*1000);
[imdsTrain,imdsValidation] = splitEachLabel(imds,numTrainFiles,'randomize');
handles.imdsTrain = imdsTrain;
handles.imdsValidation = imdsValidation;
handles.augimdsValidation = imdsValidation;
handles.imdsValidationLables = imdsValidation.Labels;
guidata(hObject, handles);
msgbox('数据载入成功！', '提示信息', 'modal');
```

31.3.3.2 网络训练

单击"网络训练"按钮可读取已配置的网络训练参数，并基于已加载的数据进行训练，得到训练后的网络模型，关联代码如下：

```matlab
if isequal(handles.imdsTrain, 0) || isequal(handles.layers, 0)
    return;
end
% 数据维数对应
inputSize = handles.layers(1).InputSize;
imdsTrain = augmentedImageDatastore(inputSize(1:2),handles.imdsTrain);
augimdsValidation = augmentedImageDatastore(inputSize(1:2),handles.imdsValidation);
handles.augimdsValidation = augimdsValidation;
guidata(hObject, handles);
% 设置训练参数
MaxEpochs = round(str2num(get(handles.edit1, 'String')));
InitialLearnRate = str2num(get(handles.edit2, 'String'));
MiniBatchSize = round(str2num(get(handles.edit3, 'String')));
% 设置训练环境
v1 = get(handles.popupmenu1, 'Value');
if v1 == 1
    ExecutionEnvironment = 'auto';
end
if v1 == 2
    ExecutionEnvironment = 'gpu';
end
if v1 == 3
    ExecutionEnvironment = 'cpu';
end
% 是否显示训练窗口
v2 = get(handles.popupmenu2, 'Value');
if v2 == 1
    options_train = trainingOptions('sgdm',...
        'MaxEpochs',MaxEpochs,...
        'InitialLearnRate',InitialLearnRate,...
        'Verbose',true,'MiniBatchSize', MiniBatchSize,...
        'Plots','training-progress',...
        'ValidationData',handles.augimdsValidation , ...
        'ValidationFrequency',10, ...
        'ExecutionEnvironment', ExecutionEnvironment);
else
    options_train = trainingOptions('sgdm',...
        'MaxEpochs',MaxEpochs,...
        'InitialLearnRate',InitialLearnRate,...
        'Verbose',true,'MiniBatchSize', MiniBatchSize,...
        'ValidationData',handles.augimdsValidation , ...
```

```
    'ValidationFrequency',10, ...
    'ExecutionEnvironment', ExecutionEnvironment);
end
% 训练保存
net = trainNetwork(imdsTrain, handles.layers, options_train);
handles.net = net;
guidata(hObject, handles);
msgbox('训练完毕！', '提示信息', 'modal');
```

由于网络训练耗时较久，所以建议读者搭建 GPU 环境进行训练，以加快训练速度。其中，自定义 CNN 和 AlexNet 的训练过程如图 31-25 和图 31-26 所示。

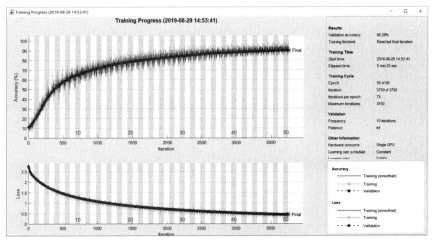

图 31-25　自定义 CNN 的训练过程

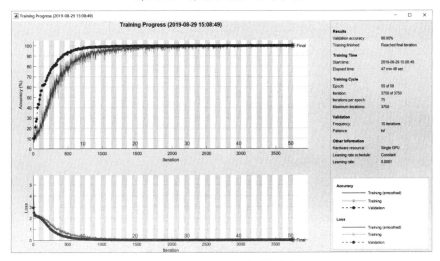

图 31-26　AlexNet 的训练过程

可以发现,随着训练迭代步数的增加,准确率曲线呈现明显的上升趋势,Loss 曲线呈现明显的下降趋势,这也说明了网络模型的有效性。在相同的硬件条件下,自定义 CNN 的最后识别率在 90%左右,训练耗时 5 分 23 秒;AlexNet 的最后识别率在 99%左右,训练耗时 47 分 48 秒,并且在前 500 次迭代中就已达到超过 90%的识别率。通过本次实验可以发现,网络层数的加深可以在一定程度上提高识别率,但也带来了更多的计算资源消耗。

31.3.3.3 批量评测

单击"一键测试"按钮可对训练好的网络模型基于已加载的数据进行测试,得到测试结果并将其显示到日志面板,关联代码如下:

```
if isequal(handles.net, 0) || isequal(handles.layers, 0)
    return;
end
t1 = cputime;
% 评测
YPred = classify(handles.net,handles.augimdsValidation);
YValidation = handles.imdsValidationLables;
accuracy = sum(YPred == YValidation)/numel(YValidation);
t2 = cputime;
str1 = sprintf('\n 测试%d 条数据\n 耗时=%.2f s\n 准确率=%.2f%%', numel(YPred), t2-t1, accuracy*100);
ss = get(handles.edit_info, 'String');
ss{end+1} = str1;
set(handles.edit_info, 'String', ss);
```

效果如图 31-27 所示。

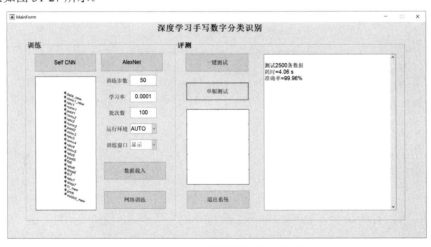

图 31-27 单击"一键测试"按钮进行测试

如图 31-27 所示在 AlexNet 网络下对验证集进行一键测试,采用批量对比的方法得到当前网络的总体准确率并将其显示到日志面板。

31.3.3.4 单例评测

单击"单幅测试"按钮可对训练好的网络模型基于用户选择的数据进行测试，得到测试结果并将其显示到日志面板，关联代码如下：

```
if isequal(handles.net, 0) || isequal(handles.layers, 0)
    return;
end
% 加载图像
filePath = OpenFile();
if isequal(filePath, 0)
    return;
end
x = imread(filePath);
% 维度对应
inputSize = handles.layers(1).InputSize;
if ~isequal(size(x), inputSize(1:2))
    x = imresize(x, inputSize(1:2), 'bilinear');
end
axes(handles.axes2); imshow(x, []);
xw = zeros(inputSize(1),inputSize(2), 1, 1);
xw(:,:,1,1) = x(:,:,1);
t1 = cputime;
% 评测
yw = classify(handles.net,xw);
t2 = cputime;
str1 = sprintf('\n测试1条数据\n耗时=%.2f s\n识别结果为%s', t2-t1, char(yw));
ss = get(handles.edit_info, 'String');
ss{end+1} = str1;
set(handles.edit_info, 'String', ss);
```

效果如图 31-28 所示。

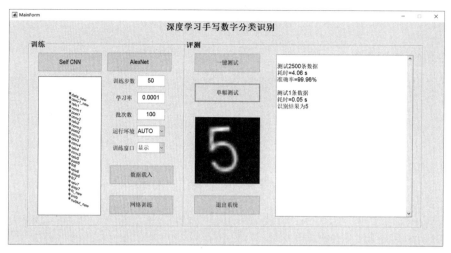

图 31-28　单击"单幅测试"按钮进行测试

如图 31-28 所示，通过对单幅图片载入后进行大小对应，并输入当前网络进行判别，可得到识别结果并将其显示到日志面板。

31.3.3.5　手绘草图识别

为了进一步验证网络的适用性，我们自定义一幅图像并用画图板来手绘一个数字"8"，将其载入后验证识别效果。如图 31-29 所示，通过对自定义的手写数字进行识别，依然可以得到正确的识别结果并将其显示到日志面板。

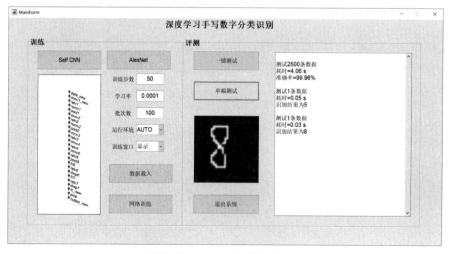

图 31-29　自定义手写数字测试

31.3.4 基于 TensorFlow 进行实验设计

Python 作为当前进行机器学习开发的主流语言，也提供了种类繁多的深度学习框架。TensorFlow 是谷歌人工智能团队推出和维护的一款机器学习产品，也是当前的主流深度学习开源框架之一。为了方便在不同的框架下进行网络设计及训练评测，本次实验在 TensorFlow 框架下采用基础的方法来演示如何对数据集进行拆分、CNN 设计、训练、测试等流程，方便读者在不同的开发平台间进行切换。

31.3.4.1 通过 Python 拆分数据集

为了便于读者直观地进行图片配置，这里采用初始的文件拆分方法来将原始的数据文件夹 db 按 8:2 的比例拆分，得到训练集和测试集。核心代码如下：

```
# 按比例生成训练集、测试集
def gen_db_folder(input_db):
    sub_db_list = os.listdir(input_db)
    # 训练集比例
    rate = 0.8
    # 路径检查
    train_db = './train'
    test_db = './test'
    init_folder(train_db)
    init_folder(test_db)
    # 子文件夹
    for sub_db in sub_db_list:
        input_dbi = input_db + '/' + sub_db + '/'
        # 目标
        train_dbi = train_db + '/' + sub_db + '/'
        test_dbi = test_db + '/' + sub_db + '/'
        mk_folder(train_dbi)
        mk_folder(test_dbi)
        # 遍历
        fs = os.listdir(input_dbi)
        random.shuffle(fs)
        le = int(len(fs) * rate)
        # 复制
        for f in fs[:le]:
            shutil.copy(input_dbi + f, train_dbi)
        for f in fs[le:]:
            shutil.copy(input_dbi + f, test_dbi)
```

在运行后将生成 train、test 文件夹，如图 31-30 所示。

图 31-30　数据集拆分

31.3.4.2　TensorFlow 网络训练

为了对比 MATLAB 和 TensorFlow 的 CNN 网络定义方法，这里采用基础的 TensorFlow 网络设计函数进行网络定义，主要包括：

（1）tf.layers.conv2d，定义卷积层；

（2）tf.layers.max_pooling2d，定义池化层；

（3）tf.layers.relu，定义激活层；

（4）tf.layers.dense，定义全连接层。

这里编写 Python 函数 make_cnn() 进行网络定义，其核心代码如下：

```python
# 定义 CNN
def make_cnn():
    input_x = tf.reshape(X, shape=[-1, IMAGE_HEIGHT, IMAGE_WIDTH, 1])

    # 第 1 层结构
    # 使用 conv2d
    conv1 = tf.layers.conv2d(
        inputs=input_x,
        filters=32,
        kernel_size=[5, 5],
        strides=1,
        padding='same',
        activation=tf.nn.relu
    )

    # 使用 max_pooling2d
    pool1 = tf.layers.max_pooling2d(
        inputs=conv1,
        pool_size=[2, 2],
        strides=2
    )

    # 第 2 层结构
```

```
# 使用 conv2d
conv2 = tf.layers.conv2d(
    inputs=pool1,
    filters=32,
    kernel_size=[5, 5],
    strides=1,
    padding='same',
    activation=tf.nn.relu
)

# 使用 max_pooling2d
pool2 = tf.layers.max_pooling2d(
    inputs=conv2,
    pool_size=[2, 2],
    strides=2
)

# 全连接层
flat = tf.reshape(pool2, [-1, 7 * 7 * 32])
dense = tf.layers.dense(
    inputs=flat,
    units=1024,
    activation=tf.nn.relu
)

# 使用 dropout
dropout = tf.layers.dropout(
    inputs=dense,
    rate=0.5
)

# 输出层
output_y = tf.layers.dense(
    inputs=dropout,
    units=MAX_VEC_LENGHT
)

return output_y
```

这里设置两个卷积、1 个全连接来基于 TensorFlow 定义一个简单的 CNN，设置训练并进行模型保存。关键代码如下：

```
with tf.Session(config=config) as sess:
    sess.run(tf.global_variables_initializer())
    step = 0
    while step < max_step:
        batch_x, batch_y = get_next_batch(64)
        _, loss_ = sess.run([optimizer, loss], feed_dict={X: batch_x, Y: batch_y})
        # print('第' + str(step) + '步，损失值为', loss_)
```

```python
        # 每 100 step 计算一次准确率
        if step % 100 == 0:
            batch_x_test, batch_y_test = get_next_batch(100, all_test_files)
            acc = sess.run(accuracy, feed_dict={X: batch_x_test, Y: batch_y_test})
            print('第' + str(step) + '步,准确率为', acc)
        step += 1
# 保存
split_data.mk_folder('./models')
saver.save(sess, './models/cnn_tf.model', global_step=step)
```

Python 程序的运行速度较快,大概半分钟即可运行完毕。在运行后,将在 models 文件夹下自动保存当前的网络参数,方便加载和测试,如图 31-31 所示。

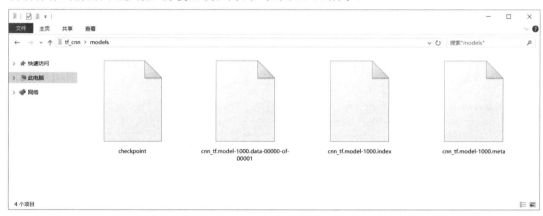

图 31-31 保存的 TensorFlow 的网络参数

31.3.4.3 TensorFlow 网络测试

在训练完毕后,通过文件选择、模型加载、字符识别的方式进行网络测试,这里依然从基础的 TensorFlow 函数出发进行评测,关键代码如下:

```python
# 加载模型并识别
def sess_ocr(im):
    output = make_cnn()
    saver = tf.train.Saver()
    with tf.Session() as sess:
        # 复原模型
        saver.restore(sess, tf.train.latest_checkpoint('./models'))
        predict = tf.argmax(tf.reshape(output, [-1, 1, MAX_VEC_LENGHT]), 2)
        text_list = sess.run(predict, feed_dict={X: [im]})
        text = text_list[0]
    return text

# 入口函数
def ocr_handle(filename):
```

```
image = get_image(filename)
image = image.flatten() / 255
predict_text = sess_ocr(image)
return predict_text
```

这里提供了对网络模型进行加载及对输入的文件名进行识别的入口函数,下面进行 Python 的 GUI 搭建,方便进行验证和识别。

31.3.4.4　Python 的 GUI 界面封装

为了方便验证,这里基于 Python 的 tkinter 可视化工具包设计简单的 GUI 界面进行交互式操作,关键代码如下:

```
# 加载文件
def choosepic():
    path_ = askopenfilename()
    if len(path_) < 1:
        return
    path.set(path_)
    global now_img
    now_img = file_entry.get()
    # 读取并显示
    img_open = Image.open(file_entry.get())
    img_open = img_open.resize((360, 270))
    img = ImageTk.PhotoImage(img_open)
    image_label.config(image=img)
    image_label.image = img

# 按钮回调函数
def btn():
    global now_img
    res = test_tf.ocr_handle(now_img)
    tkinter.messagebox.showinfo('提示', '识别结果是：%s'%res)
```

在运行后将弹出 GUI 界面,其中提供了"选择图片""CNN 识别"按钮,如图 31-32 所示。

图 31-32　Python 的 GUI 界面

我们选择某张测试图像进行 CNN 识别。如图 31-33 所示，可选择手写数字并进行识别，程序会自动加载已保存的 TensorFlow 模型参数进行字符识别并以弹窗显示结果。

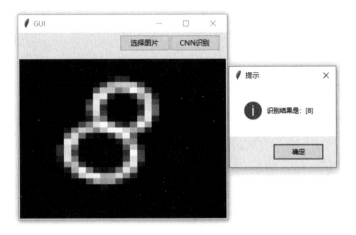

图 31-33　选择数字并识别

31.3.5　实验小结

本次实验是一个基础的分类识别应用，通过采用 MATLAB 自定义 CNN、AlexNet 的方式进行网络结构设计，并与 TensorFlow 基础的网络定义方式进行比较。虽然 MATLAB 训练耗时相比 TensorFlow 较长，但通过 MATLAB 的交互设计器进行网络结构编辑相对方便，比较适合初学者练习，而且能快速显示中间结果，也便于调试和开发，这对于前期的算法调试来说也是非常关键的辅助功能。

因此，本次实验选择 MATLAB 进行手写数字数据集的训练和评测，可支持批量测试及单幅测试，适用于分类识别的入门。读者可以通过自行设计或选择其他网络、加载其他数据等方式进行实验的延伸。

31.4　案例实现 2：基于 CNN 的物体识别

31.4.1　CIFAR-10 数据集

CIFAR-10 数据集是由著名学者 Hinton 的学生 Alex Krizhevsky、Ilya Sutskever 收集整理并公开的一个数据集，相比其他数据集 CIFAR-10 规模较小且更接近普适物体，被广泛应用于自然场景下的目标检测和分类应用。CIFAR-10 数据集包含 10 个类别的 RGB 彩色图片，每个图片的大小都为 32×32，每个类别有 5000 张用于训练、1000 张用于测试。其中，这 10 个类别的列表如表 31-1 所示。

表 31-1 CIFAR-10 数据集的类别列表

中文类名	英文类名	代 表 图
飞机	airplane	
汽车	automobile	
鸟	bird	
猫	cat	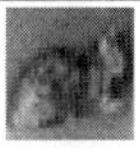
鹿	deer	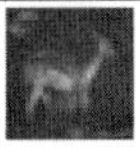
狗	dog	
蛙	frog	
马	horse	
船	ship	
卡车	truck	

MATLAB 提供了 downloadCIFARData、loadCIFARData 等函数来下载加载 CIFAR-10 数据集，这里我们假设数据集已被下载并存储到了 cifar_db 文件夹下，如图 31-34 和图 31-35 所示。

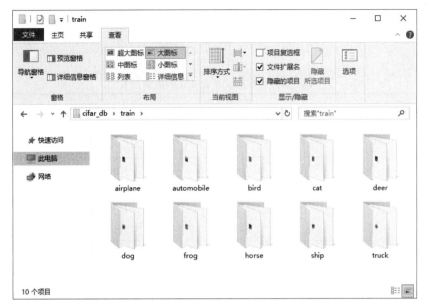

图 31-34　CIFAR-10 数据集的类别示意图

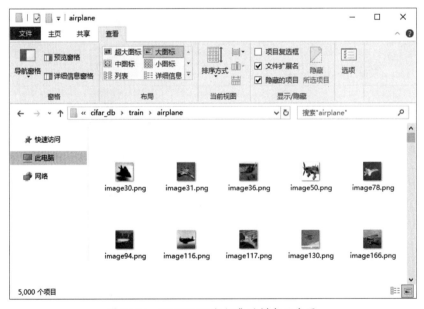

图 31-35　CIFAR-10 数据集的样本示意图

本次实验针对 CIFAR-10 数据集，选择 VggNet、ResNet 网络进行修改及迁移学习，得到了分类器并验证了其识别效果。

31.4.2 VggNet

VggNet 是经典的深度 CNN 结构,是由牛津大学的视觉几何组、Google DeepMind 公司的研究员联合发布的一款深度卷积神经网络,并在 2014 年的 ImageNet 竞赛中排名前列。它的主要特点是在网络深度与识别率上进行了深入分析,并引发了其他深度网络的提出和改进。VggNet 作为深度神经网络的经典结构之一,常被用于特征提取、多模型融合投票等,具有灵活的拓展性。这里选择 Vgg16 进行修改,将其应用于本次的物体识别中。

31.4.2.1 VggNet 网络编辑

(1)在 command 窗口输入"net = vgg16",将会输出已有的网络结构体;如果还没有安装此网络,则可根据提示进行添加。

(2)在 command 窗口输入"deepNetworkDesigner",将会弹出深度网络设计界面,这里选择加载已有的网络,如图 31-36 所示。

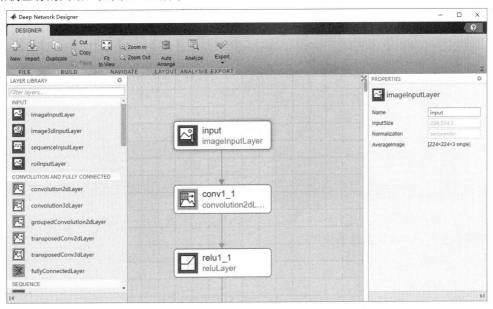

图 31-36 Vgg16 网络

(3)Vgg16 默认的输入维度是[224 224 3]、分类数是 1000,与此次的数据维数和分类数不同,为此,我们在尽可能保持网络结构的前提下进行模块的修改,重点对最后的输出层进行编辑,得到匹配的类别输出。

31.4.2.2 VggNet 网络导出

在网络结构设计完毕后，可单击"Analyze"按钮进行自动检查分析并查看网络结构，如图 31-37 所示。

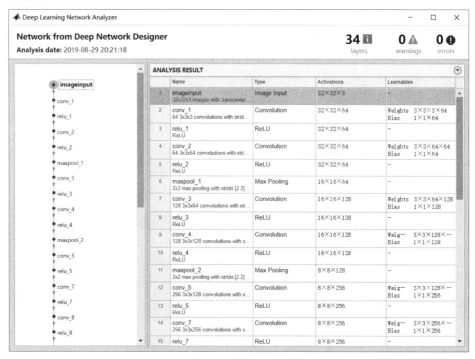

图 31-37 网络分析

通过网络分析可以发现，这次设计的网络共有 34 层，没有出现警告或错误提示，返回设计窗口单击 Export 按钮进行导出，选择导出网络结构代码，并将其选中、复制、生成新的函数文件，保存为 get_vggnet 函数来直接调用。

31.4.3 ResNet

ResNet 是经典的深度 CNN 结构，是由微软研究院的何凯明等 4 名华人发布的一款深度卷积神经网络，并在 2015 年的 ImageNet 竞赛中取得冠军。它的主要特点是在网络中增加了直连策略，可以保留前面网络层的部分输出，进而保持原始信息到深度网络层，减少了需要计算的参数量，加快了训练速度，具有较高的识别率。这里选择 ResNet18 进行修改，将其应用于本次的物体识别中。

31.4.3.1 ResNet 网络编辑

（1）在 command 窗口中"输入 net = resnet18"，将会输出已有的网络结构体；如果还没有安装此网络，则可根据提示进行添加。

（2）在 command 窗口中输入"deepNetworkDesigner"，将会弹出深度网络设计界面，这里选择加载已有的网络，如图 31-38 所示。

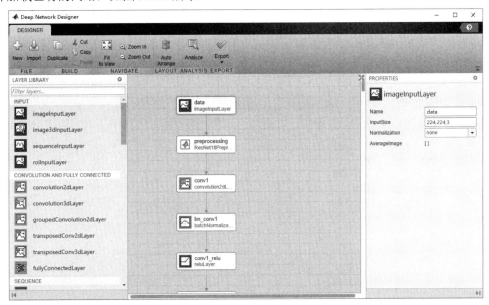

图 31-38 ResNet18 网络

（3）ResNet18 默认的输入维度是[224 224 3]、分类数是 1000，与此次的数据维数和分类数不同，为此，我们在尽可能保持网络结构的前提下进行模块编辑，得到匹配的类别输出。

31.4.3.2 ResNet 网络导出

在网络结构设计完毕后，可单击"Analyze"按钮进行自动检查分析并查看网络结构，如图 31-39 所示。

可以发现，设计的网络共有 54 层，没有出现警告或错误提示，返回设计窗口单击 Export 按钮进行导出，选择导出网络结构代码，并将其选中、复制、生成新的函数文件，保存为 get_resnet 函数来直接调用。

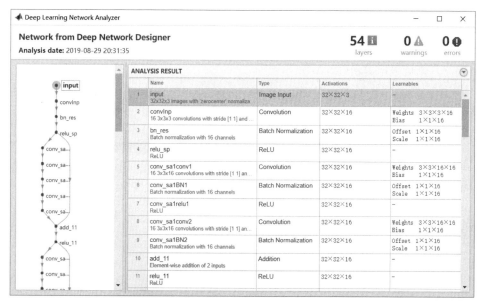

图 31-39　网络分析

31.4.4　实验设计

31.4.4.1　GUI 界面设计

为了方便对不同的算法进行对比和分析，本次实验搭建 GUI 界面，设置网络选择、训练参数配置、网络训练、网络测试等功能模块，如图 31-40 所示。

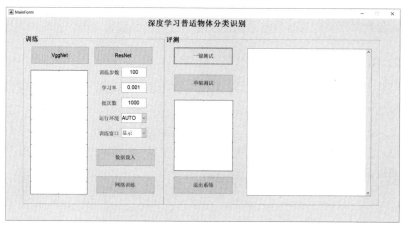

图 31-40　CIFAR-10 的 GUI 界面设计

（1）单击"VggNet"按钮可加载 Vgg 网络结构并进行呈现，关联代码如下：

```
[layers, lgraph] = get_vggnet();
% 显示网络结构
axes(handles.axes1);
plot(lgraph);
handles.layers = layers;
handles.lgraph = lgraph;
% Update handles structure
guidata(hObject, handles);
```

效果如图 31-41 所示。

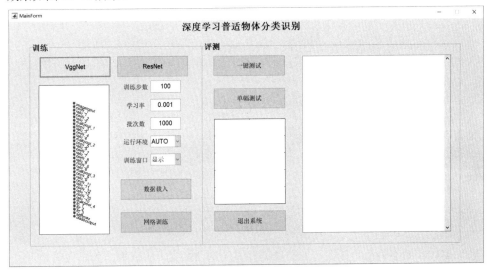

图 31-41　VggNet 网络显示效果

（2）单击"ResNet"可加载 ResNet 网络结构并进行呈现，关联代码如下：

```
[layers, lgraph] = get_resnet();
% 显示网络结构
figure;
% axes(handles.axes1);
plot(lgraph);
handles.layers = layers;
handles.lgraph = lgraph;
% Update handles structure
guidata(hObject, handles);
```

效果如图 31-42 所示。

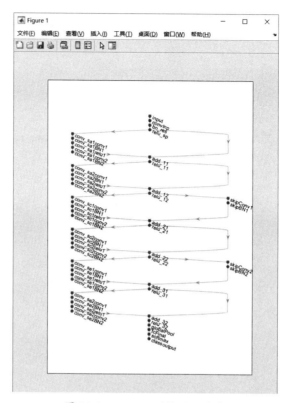

图 31-42 ResNet 网络显示效果

（3）单击"数据载入"按钮可加载数据并对应到训练集、验证集，关联代码如下：

```
if isequal(handles.layers, 0)
    return;
end
% 数据文件夹
digitDatasetPath = fullfile(pwd, 'cifar_db', 'train');
imdsTrain = imageDatastore(digitDatasetPath, ...
    'IncludeSubfolders',true,'LabelSource','foldernames');
digitDatasetPath = fullfile(pwd, 'cifar_db', 'test');
imdsValidation = imageDatastore(digitDatasetPath, ...
    'IncludeSubfolders',true,'LabelSource','foldernames');
handles.imdsTrain = imdsTrain;
handles.imdsValidation = imdsValidation;
handles.augimdsValidation = imdsValidation;
handles.imdsValidationLables = imdsValidation.Labels;
guidata(hObject, handles);
msgbox('数据载入成功！', '提示信息', 'modal');
```

31.4.4.2 网络训练

单击"网络训练"按钮可读取已配置的网络训练参数，并基于已加载的数据进行训练，得到训练后的网络模型，关联代码如下：

```
if isequal(handles.imdsTrain, 0) || isequal(handles.layers, 0)
    return;
end
% 数据维数对应
inputSize = handles.layers(1).InputSize;
imdsTrain = augmentedImageDatastore(inputSize(1:2),handles.imdsTrain);
augimdsValidation =
augmentedImageDatastore(inputSize(1:2),handles.imdsValidation);
handles.augimdsValidation = augimdsValidation;
guidata(hObject, handles);
% 设置训练参数
MaxEpochs = round(str2num(get(handles.edit1, 'String')));
InitialLearnRate = str2num(get(handles.edit2, 'String'));
MiniBatchSize = round(str2num(get(handles.edit3, 'String')));
% 设置训练环境
v1 = get(handles.popupmenu1, 'Value');
if v1 == 1
    ExecutionEnvironment = 'auto';
end
if v1 == 2
    ExecutionEnvironment = 'gpu';
end
if v1 == 3
    ExecutionEnvironment = 'cpu';
end
% 是否显示训练窗口
v2 = get(handles.popupmenu2, 'Value');
if v2 == 1
    options_train = trainingOptions('sgdm',...
        'MaxEpochs',MaxEpochs,...
        'InitialLearnRate',InitialLearnRate,...
        'Verbose',true,'MiniBatchSize', MiniBatchSize,...
        'Plots','training-progress',...
        'ValidationData',handles.augimdsValidation , ...
        'ValidationFrequency',10, ...
        'ExecutionEnvironment', ExecutionEnvironment);
else
    options_train = trainingOptions('sgdm',...
        'MaxEpochs',MaxEpochs,...
        'InitialLearnRate',InitialLearnRate,...
        'Verbose',true,'MiniBatchSize', MiniBatchSize,...
        'ValidationData',handles.augimdsValidation , ...
```

```
            'ValidationFrequency',10, ...
            'ExecutionEnvironment', ExecutionEnvironment);
end
% 训练保存
net = trainNetwork(imdsTrain, handles.lgraph, options_train);
handles.net = net;
guidata(hObject, handles);
msgbox('训练完毕！', '提示信息', 'modal');
```

由于网络训练耗时较久，所以建议读者搭建 GPU 环境进行训练，以加快训练速度。这里重点对 ResNet 网络进行分析，其训练过程如图 31-43 所示。

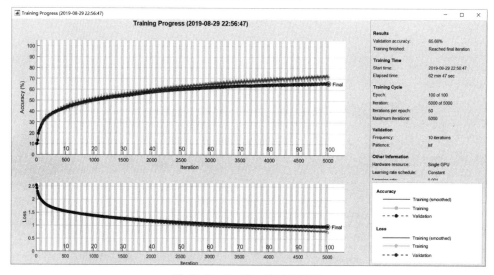

图 31-43　ResNet 的训练过程

由图 31-43 中可以发现，随着训练迭代步数的增加，准确率曲线在震荡中呈现上升趋势，Loss 曲线在震荡中呈现下降趋势，这也说明了网络在训练过程中产生的迭代优化步骤。在当前的硬件条件下，ResNet 的最后识别率在 65%左右，训练耗时 62 分 47 秒，并且在后面的迭代中出现了训练集与验证集识别率差别变大的现象。通过本次实验可以发现，训练时间与数据规模、网络深度呈现正比关系，并且训练步数的增加可以在一定程度上提高识别率，但也带来了更多的计算资源消耗。

31.4.4.3　批量评测

单击"一键测试"按钮可对训练好的网络模型基于已加载的数据进行测试，得到测试结果并将其显示到日志面板，关联代码如下：

```
if isequal(handles.net, 0) || isequal(handles.layers, 0)
    return;
```

```
end
t1 = cputime;
% 评测
YPred = classify(handles.net,handles.augimdsValidation);
YValidation = handles.imdsValidationLables;
accuracy = sum(YPred == YValidation)/numel(YValidation);
t2 = cputime;
str1 = sprintf('\n测试%d条数据\n耗时=%.2f s\n准确率=%.2f%%', numel(YPred), t2-t1, accuracy*100);
ss = get(handles.edit_info, 'String');
ss{end+1} = str1;
set(handles.edit_info, 'String', ss);
```

效果如图 31-44 所示。

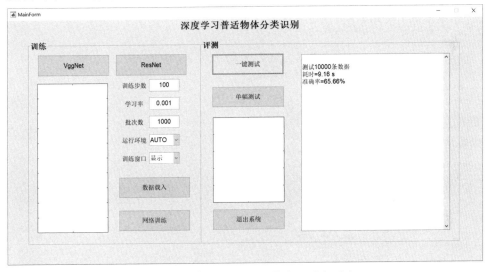

图 31-44　单击"一键测试"按钮进行测试

如图 31-44 所示，这里在 ResNet 网络下对验证集进行一键测试，采用批量对比的方法得到当前网络的总体准确率并将其显示到日志面板。

31.4.4.4　单例评测

单击"单幅测试"按钮可对训练好的网络模型基于用户选择的数据进行测试，得到测试结果并将其显示到日志面板，关联代码如下：

```
if isequal(handles.net, 0) || isequal(handles.layers, 0)
    return;
end
% 加载图像
filePath = OpenFile();
```

```
if isequal(filePath, 0)
    return;
end
x = imread(filePath);
xo = x;
% 维度对应
inputSize = handles.layers(1).InputSize;
if ~isequal(size(x), inputSize(1:2))
    x = imresize(x, inputSize(1:2), 'bilinear');
end
axes(handles.axes2); imshow(xo, []);
xw = zeros(inputSize(1),inputSize(2), 3, 1);
xw(:,:,:,1) = x(:,:,:);
t1 = cputime;
% 评测
yw = classify(handles.net,xw);
t2 = cputime;
str1 = sprintf('\n 测试 1 条数据\n 耗时=%.2f s\n 识别结果为%s', t2-t1, char(yw));
ss = get(handles.edit_info, 'String');
ss{end+1} = str1;
set(handles.edit_info, 'String', ss);
```

如图 31-45 所示，通过对单幅图片载入后进行大小对应，输入当前网络进行判别，可得到识别结果并将其显示到日志面板。

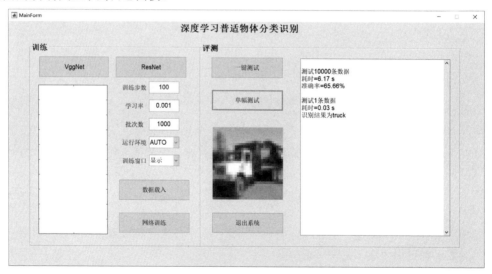

图 31-45　单幅图片测试

31.4.4.5 互联网图片识别

为了进一步验证网络的适用性,我们从互联网上采集任意图像并载入后验证识别效果。如图 31-46 和图 31-47 所示,通过对自定义的互联网图片进行识别,依然可以得到正确的识别结果并将其显示到日志面板。

图 31-46　互联网图片识别测试 1

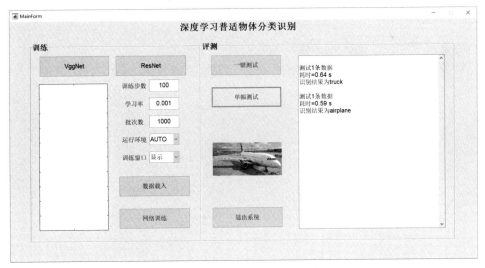

图 31-47　互联网图片识别测试 2

31.4.5 实验小结

本次实验选择规模稍大的 CIFAR-10 数据集进行分类识别，对应图像的大小设计 VggNet、ResNet 进行网络训练。在实际操作过程中，受限于数据规模和硬件配置，对于大小放缩、批次参数、训练步数等进行了多次调试，这也对以后的图像分类任务具有较高的参考意义，并通过对 CIFAR-10 数据集进行训练和评测，采用网络修改的方式来得到新的 CNN 结构，适用于对网络进行配置、融合等相关研究。读者可以通过自行设计或选择其他网络、加载其他数据等方式进行实验的延伸。

31.5 案例实现 3：基于 CNN 的图像矫正

CNN 是一款强大的图像特征抽象和提取工具，常用于图像分类识别，并取得了较为理想的效果。我们通过 MATLAB 可以方便地设计不同结构、不同深度的 CNN 进行图像分类，最后一层一般设置为分类层（ClassificationLayer）进行类别标签的输出。如果我们将最后一层设计为回归层（RegressionLayer），则可以将其应用于对连续数据的预测，这对于曲线拟合、预测分析都有重要的意义。

31.5.1 倾斜数据集

本次实验选择 DigitDataset 的图像及倾斜角度作为分析对象，通过对不同的 CNN 增加回归层来计算倾斜角度，进而进行数字图像的矫正。在数据倾斜角度采用索引文件的方式进行配置，如图 31-48 所示。

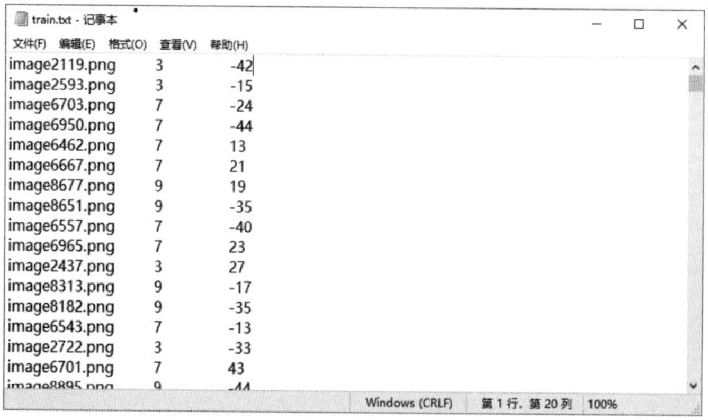

image2119.png	3	-42
image2593.png	3	-15
image6703.png	7	-24
image6950.png	7	-44
image6462.png	7	13
image6667.png	7	21
image8677.png	9	19
image8651.png	9	-35
image6557.png	7	-40
image6965.png	7	23
image2437.png	3	27
image8313.png	9	-17
image8182.png	9	-35
image6543.png	7	-13
image2722.png	3	-33
image6701.png	7	43
image8895.png	9	-44

图 31-48 数据索引配置

其中，第 1 列为文件名、第 2 列为对应的数字文件夹、第 3 列为倾斜角度。为了便于直观分析，我们设计数据加载函数生成训练集、验证集并进行随机呈现。核心代码如下：

```
function [XTrain, YTrain, XValidation, YValidation] = load_data()
if exist(fullfile(pwd, 'db/db.mat'))
    load(fullfile(pwd, 'db/db.mat'));
    return;
end
% 加载
fid = fopen(fullfile(pwd, 'db/train.txt'));
train = textscan(fid,'%s %d %d');
fclose(fid);
fid = fopen(fullfile(pwd, 'db/test.txt'));
test = textscan(fid,'%s %d %d');
fclose(fid);
% 读取
XTrain = [];
YTrain = [];
for i = 1 : length(train{1})
    % 第 i 条数据
    filei = fullfile(pwd, 'db', sprintf('%d/%s', train{2}(i), train{1}{i}));
    x = imread(filei);
    y = train{3}(i);
    XTrain(:,:,:,i) = x;
    YTrain(i, 1) = y;
end
XValidation = [];
YValidation = [];
for i = 1 : length(test{1})
    % 第 i 条数据
    filei = fullfile(pwd, 'db', sprintf('%d/%s', test{2}(i), test{1}{i}));
    x = imread(filei);
    y = test{3}(i);
    XValidation(:,:,:,i) = x;
    YValidation(i, 1) = y;
end
% 存储到 mat 文件
save(fullfile(pwd, 'db/db.mat'), 'XTrain', 'YTrain', 'XValidation', 'YValidation');
```

在读取数据后，可随机选择 9 幅图像进行呈现并了解倾斜情况，代码如下：

```
clc; clear all; close all;
[XTrain, YTrain, XValidation, YValidation] = load_data();
num_trainImages = numel(YTrain);
figure
choose_ids = randperm(num_trainImages, 9);
for i = 1:numel(choose_ids)
```

```
    subplot(3,3,i)
    imshow(XTrain(:,:,:,choose_ids(i)), [])
end
```

效果如图 31-49 所示。

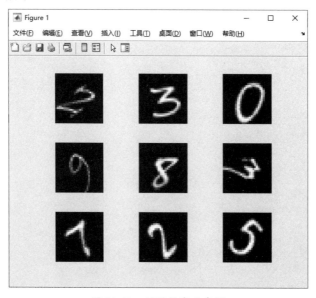

图 31-49　倾斜数字示意图

由图 31-49 可以发现，数字图像大多具有明显的倾斜，存在倾斜矫正的必要性。为此，我们设计不同的 CNN 用于回归训练，预测倾斜角度并进行矫正。

31.5.2　自定义 CNN 回归网络

为了快速进行简单的网络设计，这里对自定义的 CNN 分类网络直接修改，将最后一层修改为 regressionLayer 进行组合搭建，通过定义 get_self_net 函数来直接调用：

```
function layers = get_self_net(image_size)
% 自定义 CNN 回归网络结构
layers = [
    % 输入
    imageInputLayer(image_size, 'Name', 'data')
    % 卷积
    convolution2dLayer(3,8,'Padding','same', 'Name', 'cnn1')
    batchNormalizationLayer('Name', 'bn1')
    reluLayer('Name', 'relu1')
    % 池化
    maxPooling2dLayer(2,'Stride',2, 'Name', 'pool1')
```

```
% 卷积
convolution2dLayer(3,16,'Padding','same', 'Name', 'cnn2')
batchNormalizationLayer('Name', 'bn2')
reluLayer('Name', 'relu2')
% 池化
maxPooling2dLayer(2,'Stride',2, 'Name', 'pool2')
% 卷积
convolution2dLayer(3,32,'Padding','same', 'Name', 'cnn3')
batchNormalizationLayer('Name', 'bn3')
reluLayer('Name', 'relu3')
dropoutLayer(0.2, 'Name', 'dropout')
% 全连接
fullyConnectedLayer(1, 'Name', 'fc')
regressionLayer('Name', 'output')];
```

在 command 窗口调用此网络生成函数，并使用网络设计器进行可视化分析。核心代码如下：

```
>> layers = get_self_net([28 28 1]);
>> deepNetworkDesigner
```

效果如图 31-50 所示。

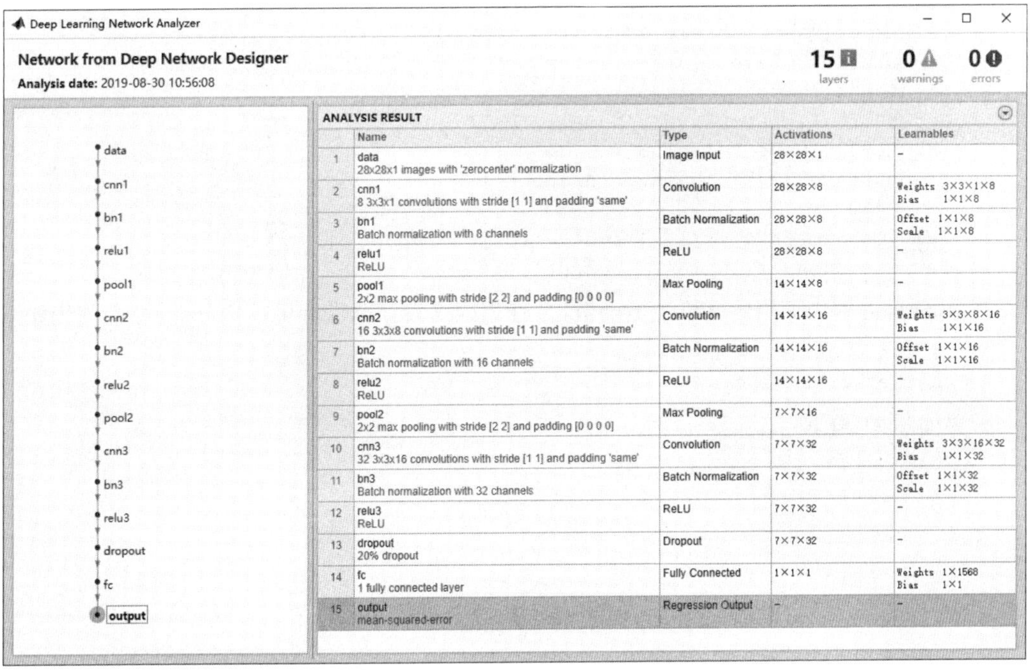

图 31-50　自定义 CNN 回归网络

可以发现，设计的网络共有 15 层，没有出现警告或错误提示，且最后一层是回归层。

31.5.3 AlexNet 回归网络

为了应用更深的网络，我们引入 AlexNet 并进行自定义修改，将最后几层进行重新设计，并引入 regressionLayer 进行组合搭建，通过定义 get_self_net 函数来直接调用：

```
function layers = get_alex_net()
% 修改 AlexNet 网络结构
layers = [
    imageInputLayer([32 32 1],"Name","imageinput")
    convolution2dLayer([5 5],64,"Name","conv_1","Padding","same")
    reluLayer("Name","relu_1")
    maxPooling2dLayer([3 3],"Name","maxpool_1","Padding","same","Stride",[2 2])
    convolution2dLayer([5 5],64,"Name","conv_2","Padding","same")
    reluLayer("Name","relu_2")
    maxPooling2dLayer([3 3],"Name","maxpool_2","Padding","same","Stride",[2 2])
    convolution2dLayer([3 3],128,"Name","conv_3","Padding","same")
    reluLayer("Name","relu_3")
    convolution2dLayer([3 3],128,"Name","conv_4","Padding","same")
    reluLayer("Name","relu_4")
    convolution2dLayer([3 3],128,"Name","conv_5","Padding","same")
    reluLayer("Name","relu_5")
    batchNormalizationLayer('Name', 'bn3')
    reluLayer('Name', 'relu3')
    dropoutLayer(0.2, 'Name', 'dropout')
    % 全连接
    fullyConnectedLayer(1, 'Name', 'fc')
    regressionLayer('Name', 'output')];
```

在 command 窗口调用此网络生成函数，并使用网络设计器进行可视化分析。核心代码如下：

```
>> layers = get_alex_net();
>> deepNetworkDesigner
```

效果如图 31-51 所示。

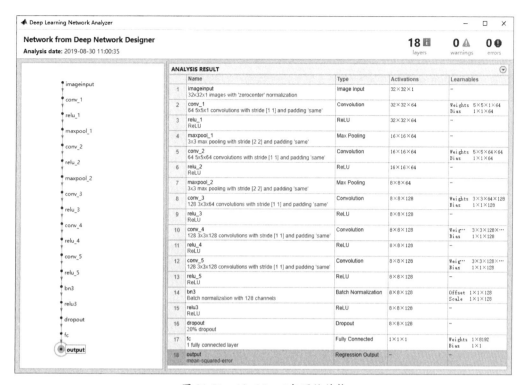

图 31-51 AlexNet 回归网络结构

可以发现，设计的网络共有 18 层，没有出现警告或错误提示，且最后一层是回归层。

31.5.4 实验设计

31.5.4.1 GUI 界面设计

为了方便对不同的算法进行对比和分析，本次实验搭建 GUI 界面，设置网络选择、训练参数配置、网络训练、网络测试等功能模块，如图 31-52 所示。

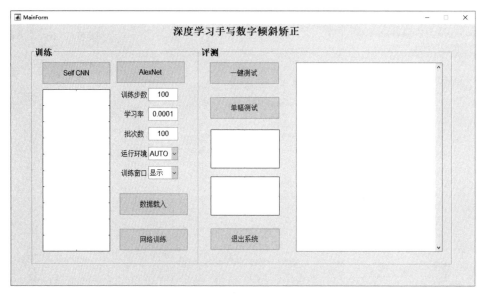

图 31-52　GUI 界面设计

（1）单击"Self CNN"按钮可加载自定义的网络结构并进行呈现，如图 31-53 所示。

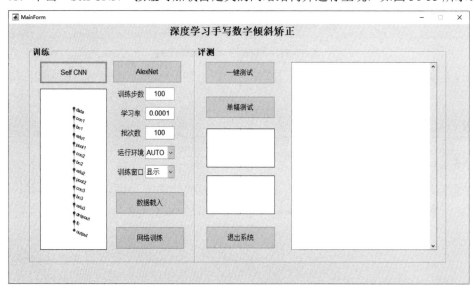

图 31-53　单击"Self CNN"按钮加载自定义的网络结构并呈现

（2）单击"AlexNet"按钮可加载 AlexNet 网络结构并进行呈现，如图 31-54 所示。

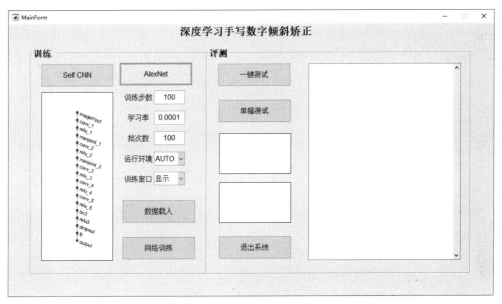

图 31-54 "AlexNet"按钮加载 AlexNet 网络结构并呈现

（3）单击"数据载入"按钮可加载数据并对应到训练集、验证集，关联代码如下：

```
if isequal(handles.layers, 0)
    return;
end
[XTrain, YTrain, XValidation, YValidation] = load_data();
handles.XTrain = XTrain;
handles.YTrain = YTrain;
handles.XValidation = XValidation;
handles.YValidation = YValidation;
guidata(hObject, handles);
msgbox('数据载入成功！', '提示信息', 'modal');
```

31.5.4.2 网络训练

单击"网络训练"按钮可读取已配置的网络训练参数，并基于已加载的数据进行训练，得到训练后的网络模型，关联代码如下：

```
    if isequal(handles.XTrain, 0) || isequal(handles.layers, 0)
        return;
    end
    % 数据维数对应
    inputSize = handles.layers(1).InputSize;
    imdsTrain =
augmentedImageDatastore(inputSize(1:2),handles.XTrain,handles.YTrain);
    augimdsValidation =
```

```matlab
augmentedImageDatastore(inputSize(1:2),handles.XValidation,handles.YValidation);
    handles.augimdsValidation = augimdsValidation;
    guidata(hObject, handles);
    % 设置训练参数
    MaxEpochs = round(str2num(get(handles.edit1, 'String')));
    InitialLearnRate = str2num(get(handles.edit2, 'String'));
    MiniBatchSize = round(str2num(get(handles.edit3, 'String')));
    % 设置训练环境
    v1 = get(handles.popupmenu1, 'Value');
    if v1 == 1
        ExecutionEnvironment = 'auto';
    end
    if v1 == 2
        ExecutionEnvironment = 'gpu';
    end
    if v1 == 3
        ExecutionEnvironment = 'cpu';
    end
    % 是否显示训练窗口
    v2 = get(handles.popupmenu2, 'Value');
    if v2 == 1
        options_train = trainingOptions('sgdm', ...
        'MiniBatchSize',MiniBatchSize, ...
        'MaxEpochs',MaxEpochs, ...
        'InitialLearnRate',InitialLearnRate, ...
        'LearnRateSchedule','piecewise', ...
        'LearnRateDropFactor',0.1, ...
        'LearnRateDropPeriod',20, ...
        'Shuffle','every-epoch', ...
        'ValidationData',handles.augimdsValidation, ...
        'ValidationFrequency',10, ...
        'Plots','training-progress', ...
        'ExecutionEnvironment', ExecutionEnvironment, ...
        'Verbose',true);
    else
        options_train = trainingOptions('sgdm', ...
        'MiniBatchSize',MiniBatchSize, ...
        'MaxEpochs',MaxEpochs, ...
        'InitialLearnRate',InitialLearnRate, ...
        'LearnRateSchedule','piecewise', ...
        'LearnRateDropFactor',0.1, ...
        'LearnRateDropPeriod',20, ...
        'Shuffle','every-epoch', ...
        'ValidationData',handles.augimdsValidation, ...
        'ValidationFrequency',10, ...
        'ExecutionEnvironment', ExecutionEnvironment, ...
        'Verbose',true);
```

```
end
% 训练保存
net = trainNetwork(imdsTrain, handles.layers, options_train);
handles.net = net;
guidata(hObject, handles);
msgbox('训练完毕！', '提示信息', 'modal');
```

由于网络训练耗时较久，所以建议读者搭建 GPU 环境进行训练，以加快训练速度。其中，自定义 CNN 和 AlexNet 的训练过程如图 31-55 和图 31-56 所示。

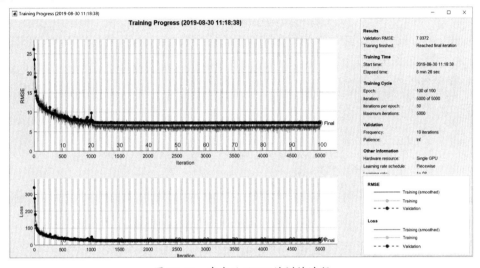

图 31-55　自定义 CNN 的训练过程

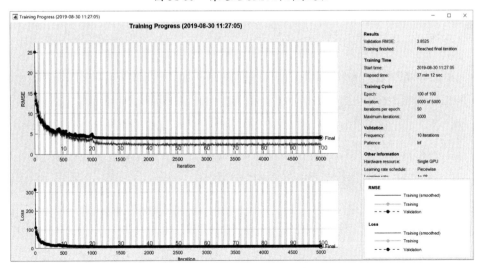

图 31-56　AlexNet 的训练过程

可以发现，随着训练迭代步数的增加，RMSE 曲线、Loss 曲线呈现明显的下降趋势，这也说明了网络模型进行回归预测的有效性。在相同的硬件条件下，自定义 CNN 的最后 RMSE 在 7.0 左右，训练耗时 6 分 28 秒；AlexNet 的最后 RMSE 在 3.8 左右，训练耗时 37 分 12 秒，但是 AlexNet 最后的验证集 RMSE 曲线与训练集 RMSE 曲线出现了一定的偏差并且呈现稳定的趋势，说明再增加步数已经难以提升准确率。通过本次实验可以发现，AlexNet 的预测效果相对较好，但也带来了更多的计算资源消耗。

31.5.4.3 批量评测

单击"一键测试"按钮可对训练好的网络模型基于已加载的数据进行测试，得到测试结果并将其显示到日志面板，关联代码如下：

```
if isequal(handles.net, 0) || isequal(handles.layers, 0)
    return;
end
t1 = cputime;
% 评测
YPredicted = predict(handles.net,handles.augimdsValidation);
YValidation = handles.YValidation;
prediction_error = YValidation - YPredicted;
thr = 10;
num_correct = sum(abs(prediction_error) < thr);
num_validation = numel(YValidation);
accuracy = num_correct/num_validation;
t2 = cputime;
str1 = sprintf('\n 测试%d 条数据\n 耗时=%.2f s\n 准确率=%.2f%%', numel(YPredicted), t2-t1, accuracy*100);
ss = get(handles.edit_info, 'String');
ss{end+1} = str1;
set(handles.edit_info, 'String', ss);
```

效果如图 31-57 和图 31-58 所示。

这里在对网络训练完毕的情况下，对验证集进行一键测试，对回归预测结果采用设置阈值范围进行批量化对比的方法，得到当前网络的总体准确率并将其显示到日志面板。

第 31 章 深度学习综合应用

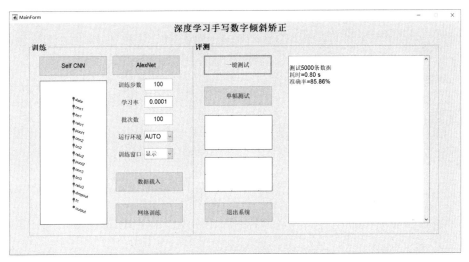

图 31-57 自定义 CNN 的预测准确率

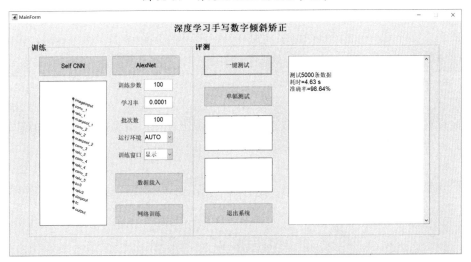

图 31-58 AlexNet 的预测准确率

31.5.4.4 单例评测

单击"单幅测试"按钮可对训练好的网络模型基于用户选择的数据进行测试，得到回归预测结果并进行图像矫正，最后显示到日志面板。关联代码如下：

```
if isequal(handles.net, 0) || isequal(handles.layers, 0)
    return;
end
% 加载图像
```

```
filePath = OpenFile();
if isequal(filePath, 0)
    return;
end
x = imread(filePath);
xo = x;
% 维度对应
inputSize = handles.layers(1).InputSize;
if ~isequal(size(x), inputSize(1:2))
    x = imresize(x, inputSize(1:2), 'bilinear');
end
axes(handles.axes2); imshow(xo, []);
xw = zeros(inputSize(1),inputSize(2), 1, 1);
xw(:,:,1,1) = x(:,:,1);
t1 = cputime;
% 矫正
yw = predict(handles.net, xw);
xw2 = imrotate(xo,yw,'bicubic','crop');
axes(handles.axes3); imshow(xw2, []);
t2 = cputime;
str1 = sprintf('\n 测试 1 条数据\n 耗时=%.2f s\n 倾斜角度为%.1f° ', t2-t1, yw);
ss = get(handles.edit_info, 'String');
ss{end+1} = str1;
set(handles.edit_info, 'String', ss);
```

如图 31-59 所示，通过对单幅图片载入后进行大小对应，输入当前网络进行回归预测，可得到角度预测结果并进行倾斜矫正，在原图下方呈现矫正结果。实验结果表明，通过回归预测网络得到的角度能匹配图像真实的倾斜情况，具有矫正的可行性。

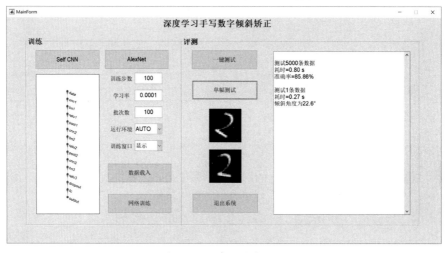

图 31-59　单幅图片测试

31.5.4.5 手绘草图矫正

为了进一步验证网络的适用性，这里自定义一幅图像并通过画图来手写一个倾斜数字"3"，在载入后验证其识别效果。如图 31-60 所示，通过对自定义手写数字进行回归预测，可以得到角度预测结果是 27°并将其显示到日志面板。通过对原图进行矫正和呈现，可以发现，采用 CNN 回归网络对自定义的手绘草图进行倾斜矫正能达到很好的效果。

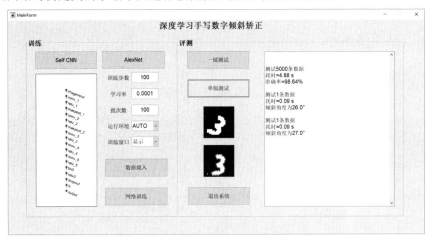

图 31-60　自定义手写数字测试

31.5.5　实验小结

本次实验进行了一个回归预测应用，通过自定义 CNN、AlexNet 的回归层输出进行网络结构设计，并对倾斜的手写数字数据集进行训练和评测，可对输入的倾斜图像进行预测、分析，得到近似的倾斜角度并进行倾斜矫正。读者可以通过自行设计或选择其他网络、加载其他数据等方式进行实验的延伸。

31.6　案例实现 4：基于 LSTM 的时间序列分析

时间序列是按时间顺序组织的数字序列，是数据分析中重要的处理对象之一。时间序列的主要特点是数据获取方式一般具有客观性，能反映某种现象的变化趋势或统计指标，进而预测未来走向，这在本质上也是一个回归预测的问题。长短时记忆网络（Long Short-Term Memory，LSTM）是一种循环神经网络，适合处理有更长时间跨度的内部记忆，被广泛应用于时间序列分析，能够保持数据的内在持续性，反映数据的细粒度走势，具有良好的预测效果。

31.6.1 厄尔尼诺南方涛动指数数据

本次实验采用厄尔尼诺南方涛动指数（ENSO）数据，对按月份统计的平均气压数据进行时间序列分析，并采用不同的处理方法进行实验评估。在 command 窗口输入 load enso 加载数据并进行绘图。核心代码如下：

```
>> load enso
>> figure; plot(month,pressure, 'k:', month,pressure, 'r*');
```

效果如图 31-61 所示。

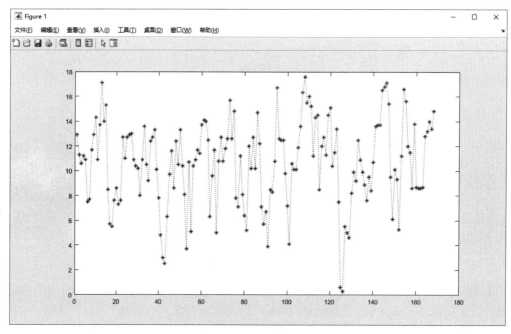

图 31-61　时间序列数据

31.6.2 样条拟合分析

通过 MATLAB 提供的 fit 函数可以方便地进行曲线拟合及预测分析，主要代码如下：

```
clc; clear all; close all;
warning off all;
rand('seed', 10);
% 加载数据
load enso
data_x = month;
data_y = pressure;
```

```
% 样条拟合
[res1, res2, res3] = fit(data_x, data_y, 'smoothingspline');
% 绘图
figure
subplot(2,1,1)
plot(data_x, data_y, 'r*');
hold on;
plot(res1, data_x, data_y);
title(sprintf('样条分析-RMSE=%.2f', res2.rmse));
subplot(2,1,2)
stem(data_x, res3.residuals)
xlabel("Time")
ylabel("Error")
title('样条分析-误差图');
```

采用样条算法进行拟合并绘制误差曲线，具体效果如图 31-62 所示。

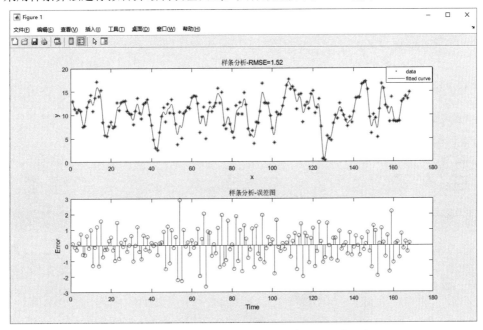

图 31-62　采用样条算法进行拟合并绘制误差曲线

由图 31-62 可以发现，直接采用样条算法可以得到平滑的拟合曲线，能在一定程度上反映数据的分布状况，但也存在较多的误差，其 RMSE 值为 1.52，相对较大。

31.6.3　基于 MATLAB 进行 LSTM 分析

31.6.3.1　基于 MATLAB 进行 LSTM 网络编辑

为了快速进行简单的网络设计，这里自定义简单的 LSTM 回归网络，通过定义 get_lstm_net 函数来直接调用：

```
function layers = get_lstm_net(wd)
% 网络架构
numFeatures = wd;
numResponses = 1;
numHiddenUnits = 250;
layers = [ ...
    sequenceInputLayer(numFeatures)
    lstmLayer(numHiddenUnits)
    dropoutLayer(0.1)
    lstmLayer(2*numHiddenUnits)
    dropoutLayer(0.1)
    fullyConnectedLayer(numResponses)
    regressionLayer];
```

在 command 窗口调用此网络生成函数，并使用网络设计器进行可视化分析。核心代码如下：

```
>> layers = get_lstm_net(5);
>> deepNetworkDesigner
```

效果如图 31-63 所示。

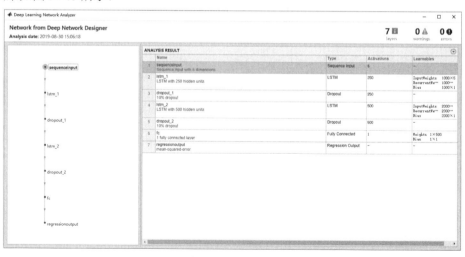

图 31-63　自定义 LSTM 回归网络结构

可以发现，设计的网络共有 7 层，没有出现警告或错误提示，且最后一层是回归层。为了便于调用，我们将其导出并封装为 get_lstm_net 函数。

31.6.3.2　基于 MATLAB 进行 LSTM 网络训练

在网络构建完毕后，可以以 5 步步长来生成时间序列并进行训练。核心代码如下：

```
clc; clear all; close all;
warning off all;
rand('seed', 10);
% 加载数据
load enso;
data_x = month';
data_y = pressure';
% 预处理
mu = mean(data_y);
sig = std(data_y);
data_y = (data_y - mu) / sig;
% 数据准备
wd = 5;
len = numel(data_y);
wdata = [];
for i = 1 : 1 : len - wd
    di = data_y(i:i+wd);
    wdata = [wdata; di];
end
wdata_origin = wdata;
index_list = randperm(size(wdata, 1));
ind = round(0.8*length(index_list));
train_index = index_list(1:ind);
test_index = index_list(ind+1:end);
train_index = sort(train_index);
test_index = sort(test_index);
% 数据分配
dataTrain = wdata(train_index, :);
dataTest = wdata(test_index, :);
XTrain = dataTrain(:, 1:end-1)';
YTrain = dataTrain(:, end)';
XTest = dataTest(:, 1:end-1)';
YTest = dataTest(:, end)';
% 网络构建
layers = get_lstm_net(wd);
options = trainingOptions('adam', ...
    'MaxEpochs',1000, ...
    'GradientThreshold',1, ...
    'InitialLearnRate',0.005, ...
    'LearnRateSchedule','piecewise', ...
    'LearnRateDropPeriod',125, ...
    'LearnRateDropFactor',0.2, ...
    'Verbose',0, ...
```

```
    'Plots','training-progress');
% 训练
net = trainNetwork(XTrain,YTrain,layers,options);
% 测试
Xall = wdata_origin(:, 1:end-1)';
Yall = wdata_origin(:, end)';
YPred = predict(net,Xall,'MiniBatchSize',1);
rmse = mean((YPred(:)-Yall(:)).^2);
% 显示
figure
subplot(2,1,1)
plot(data_x(1:length(Yall)), Yall)
hold on
plot(data_x(1:length(Yall)),YPred,'.-')
hold off
legend(["Real" "Predict"])
ylabel("Data")
title(sprintf('LSTM 分析-RMSE=%.2f', rmse));
subplot(2,1,2)
stem(data_x(1:length(Yall)), YPred - Yall)
xlabel("Time")
ylabel("Error")
title('LSTM 分析-误差图');
```

运行以上代码对时间序列数据进行归一化预处理，随机拆分训练集和测试集，并进行 LSTM 训练和预测分析，训练过程如图 31-64 所示。

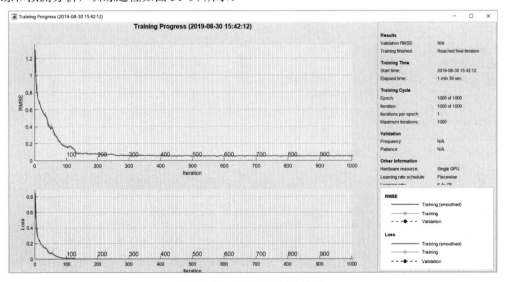

图 31-64　LSTM 的训练过程

采用 LSTM 模型进行拟合并绘制误差曲线，具体结果如图 31-65 所示。

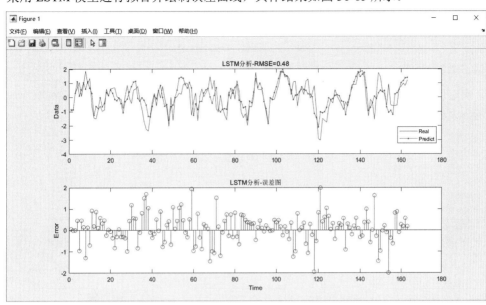

图 31-65　采用 LSTM 模型进行拟合并绘制误差曲线

由图 31-65 可以发现，采用 LSTM 模型可以得到较好的预测曲线，能在一定程度上反映数据的分布状况，但是误差相对较小，其 RMSE 值为 0.48。

31.6.4　基于 Keras 进行 LSTM 分析

31.6.4.1　基于 Keras 进行 LSTM 网络编辑

Keras 是由 Python 语言开发的一个深度学习工具包，后台支持主流的 TensorFlow、Microsoft-CNTK 和 Theano 框架，便于进行深度学习应用开发。为此，我们通过 Anaconda 搭建基础软件环境，安装 TensorFlow-gpu 框架，作为 backend 为 Keras 提供支撑。这里编写时间序列分析应用进行厄尔尼诺南方涛动指数数据的分析工作。主要代码如下：

```
# LSTM 网络
def build_model():
    layers = [1,50,100,1]
    model = Sequential()

model.add(LSTM(input_dim=layers[0],output_dim=layers[1],return_sequences=True))
    model.add(Dropout(0.1))
    model.add(LSTM(layers[2],return_sequences=False))
    model.add(Dropout(0.1))
```

```python
    model.add(Dense(output_dim=layers[3]))
    model.add(Activation("linear"))
    model.compile(loss="mse", optimizer="rmsprop")
    return model
```

31.6.4.2　基于 Keras 进行 LSTM 网络训练

在网络设计完毕后，采用 Python 的 pandas 进行 xlsx 数据的读取，进而得到时间序列数据，通过拆分、训练、评测得到 LSTM 时间序列分析网络：

```python
import pandas as pd
import warnings
import numpy as np
import time
import matplotlib.pyplot as plt
from keras.layers.core import Dense, Activation, Dropout
from keras.layers.recurrent import LSTM
from keras.models import Sequential
warnings.filterwarnings("ignore")

# 加载数据
def load_data(filename, seq_len):
    # 读取 xlsx
    df = pd.DataFrame(pd.read_excel(filename, header=None))
    origin_data = list(df.loc[0, :])
    mu = np.average(origin_data)
    sigma = np.std(origin_data)
    # 数据归一化
    data = [(float(p) - mu) / sigma for p in origin_data]
    sequence_length = seq_len + 1
    result = []
    for index in range(len(data) - sequence_length):
        result.append(data[index: index + sequence_length])
    result = np.array(result)
    # 拆分训练集、测试集
    np.random.shuffle(result)
    row = round(0.8 * result.shape[0])
    train = result[:row, :]
    x_train = train[:, :-1]
    y_train = train[:, -1]
    x_test = result[row:, :-1]
    y_test = result[row:, -1]
    x_all = result[:, :-1]
    y_all = result[:, -1]
    # 数据重组
    x_train = np.reshape(x_train, (x_train.shape[0], x_train.shape[1], 1))
    x_test = np.reshape(x_test, (x_test.shape[0], x_test.shape[1], 1))
```

```python
        x_all = np.reshape(x_all, (x_all.shape[0], x_all.shape[1], 1))

        return [x_train, y_train, x_test, y_test, x_all, y_all]

    # 预测数据
    def predict_data(model, data):
        predicted = model.predict(data)
        predicted = np.reshape(predicted, (predicted.size,))
        return predicted

    # 绘制结果图
    def plot_results(predicted_data, true_data):
        data_file_x = './xlsx/t.xlsx'
        df = pd.DataFrame(pd.read_excel(data_file_x, header=None))
        x_data = list(df.loc[0, :])
        fig = plt.figure(facecolor='white')
        ax = fig.add_subplot(111)
        ax.plot(x_data[:len(true_data)], true_data, label='True Data')
        plt.plot(x_data[:len(predicted_data)], predicted_data, label='Prediction')
        plt.legend()
        plt.show()

    # 绘制误差图
    def plot_error(predicted_data, true_data):
        data_file_x = './xlsx/t.xlsx'
        df = pd.DataFrame(pd.read_excel(data_file_x, header=None))
        x_data = list(df.loc[0, :])
        fig2 = plt.figure(facecolor='white')
        ax2 = fig2.add_subplot(111)
        err = np.power((predicted_data - true_data), 2)
        ax2.plot(x_data[:len(true_data)], err, label='Error Data')
        plt.legend()
        plt.show()

    if __name__=='__main__':
        # 统计时间
        global_start_time = time.time()
        epochs = 1000
        seq_len = 5
        data_file_y = './xlsx/v.xlsx'
        # 加载数据
        X_train, y_train, X_test, y_test, X_all, y_all = load_data(data_file_y, seq_len)
        # 创建模型
        model = build_model()
        # 训练
        model.fit(X_train,y_train,batch_size=300,nb_epoch=epochs)
```

```
# 评估
predict_data_all = predict_data(model, X_all)
print('训练耗时 (s) : ', time.time() - global_start_time)
# 绘图
plot_results(predict_data_all, y_all)
plot_error(predict_data_all, y_all)
rmse = np.sqrt(np.sum(np.power((y_all - predict_data_all), 2) / len(y_all)))
print('rmse is ', rmse)
```

在程序运行后将弹出预测曲线和误差分析结果,并打印训练日志,如图 31-66~图 31-68 所示。

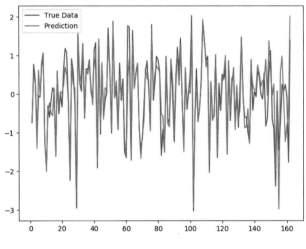

图 31-66 预测曲线

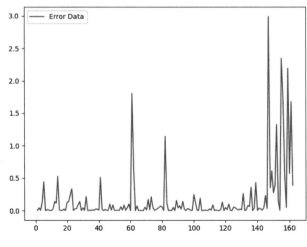

图 31-67 误差分析结果

图 31-68　打印训练日志

可以发现，采用 LSTM 模型可以得到较好的预测曲线，能在一定程度上反映数据的分布，并且基于 Python 进行深度学习训练的耗时相对更少，也可以得到较小的预测误差，其 RMSE 值为 0.50。

31.6.5　实验小结

本次实验是一个时间序列分析应用，通过自定义 LSTM 模块进行网络结构设计，通过对厄尔尼诺南方涛动指数数据集进行训练和评测，可以得到较好的时间序列分析效果。本次实验同时采用 MATLAB、Python 进行网络设计及训练评测，感兴趣的读者也可以自定义设计或选择其他网络、加载其他数据等进行实验的延伸。

31.7　案例实现 5：基于深度学习的以图搜图技术

深度神经网络可以通过对大规模的图像数据进行自适应学习，"记忆"并"抽象"图像特征，形成权重参数，进而实现分类识别、目标检测等。以图搜图一般指对输入的图像进行特征提取，并与已构建的图像数据库进行对比，按相似度从高到低进行排序并返回，进而实现所见即所想式的直观检索。目前已有多个以图搜图应用，例如百度识图、以图搜衣、以图搜车等。

本次实验将对深度神经网络进行拆分式研究，将其在中间过程中学习到的特征图进行可视化呈现，分析深度神经网络的工作原理，并根据其特征提取的有效性进行以图搜图实战。

31.7.1　人脸的深度特征

人脸识别是深度学习的重要应用场景之一，目前已被广泛应用于现实生活中，例如人脸门禁、刷脸支付等。为了探讨深度神经网络特征计算的有效性，这里选择人脸图像及 AlexNet 进行分析，激活并呈现 conv、relu 等层的特征图。

31.7.1.1 数据加载

（1）加载 AlexNet：

```
>> net = alexnet
net = 
  SeriesNetwork - 属性:
    Layers: [25*1 nnet.cnn.layer.Layer]
```

通过 deepNetworkDesigner 查看网络的结构，并选择 conv1、conv5、relu5 进行激活和分析，如图 31-69 所示。

图 31-69　AlexNet 特征图选择

（2）加载图像

加载经典的 Lena 图像的脸部区域，将其对应到 AlexNet 的输入层维数并进行呈现。核心代码如下：

```
% 加载数据
im = imread('./lena_face.jpg');
% 大小对应
input_size = net.Layers(1).InputSize;
im = imresize(im, input_size(1:2), 'bilinear');
figure; imshow(im); title('原图像');
```

效果如图 31-70 所示。

图 31-70 Lean 脸部图像

31.7.1.2 激活 conv1 层

将 conv1 层激活,按照卷积核的个数进行维数转换,并将其一起呈现。核心代码如下:

```
% 激活卷积层 1
im_conv1 = activations(net,im,'conv1');
sz = size(im_conv1);
im_conv1 = reshape(im_conv1,[sz(1) sz(2) 1 sz(3)]);
figure; montage(mat2gray(im_conv1), 'size', [8 12]);
title('卷积层 1 特征图');
```

效果如图 31-71 所示。

图 31-71 conv1 层的特征图

31.7.1.3 conv5 层激活

为了分析更抽象的特征,我们将 conv5 层激活,按照卷积核的个数进行维数转换,并将其一起呈现。核心代码如下:

```
% 激活卷积层 5
im_conv5 = activations(net,im,'conv5');
sz = size(im_conv5);
im_conv5 = reshape(im_conv5,[sz(1) sz(2) 1 sz(3)]);
figure; montage(mat2gray(im_conv5), 'size', [16 16]);
title('卷积层 5 特征图');
```

效果如图 31-72 所示。

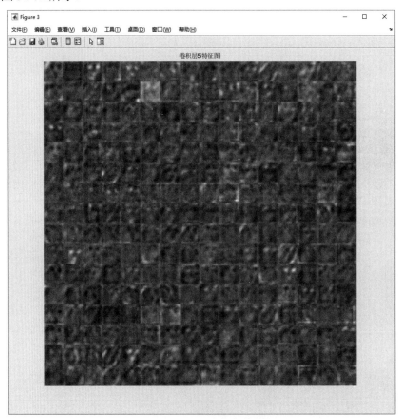

图 31-72 conv5 层的特征图

由此可以发现,conv1 和 conv5 层从不同的尺度对图像进行了特征提取和抽象结构化,以尽可能保持图像的全局特征,并通过拆分、激活、呈现方式来提高网络的可解释性。

31.7.1.4 relu5 层激活

将 relu5 层激活,按照特征图个数进行维数转换并将其一起呈现。核心代码如下:

```
% 激活 relu5
im_conv5_relu = activations(net,im,'relu5');
sz = size(im_conv5_relu);
im_conv5_relu = reshape(im_conv5_relu,[sz(1) sz(2) 1 sz(3)]);
figure; montage(mat2gray(im_conv5_relu), 'size', [16 16]);
title('激活层特征图');
```

效果如图 31-73 所示。

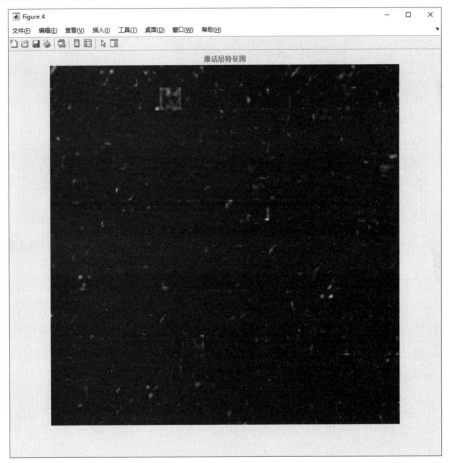

图 31-73 relu5 层的特征图

可以发现,第 3、22 幅图在人脸特征图上有明显的响应,我们可以对其进行单独提取并分析。

31.7.1.5 深度特征可视化

这里通过对 relu5 层的矩阵列表按序号 3、22 进行选择，并通过合并、对比、呈现来了解深度特征的具体意义。核心代码如下：

```
figure; montage(mat2gray(im_conv5_relu(:,:,:,[3 22])));
title('激活层特征子图');
```

效果如图 31-74 所示。

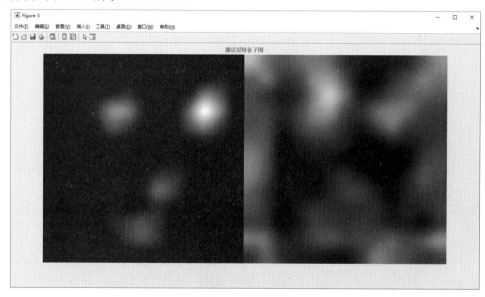

图 31-74　特征子图

通过对人脸图像和 AlexNet 进行中间层拆分和呈现，我们可以对每一层的处理都进行可视化分析，以提高网络的可解释性。从图 31-74 可以看出，网络通过一系列的特征提取和高度抽象化，可以将人脸图像的热点区域保留，这也正是深度神经网络分类识别的高效性所在。

31.7.2　AlexNet 的特征

我们对图像利用 AlexNet 进行特征提取，为了减少计算量，这里选择 fc7 层进行激活并提取特征向量。为此，封装函数 get_alexnet_vec。核心代码如下：

```
function vec = get_alexnet_vec(im)
% 计算图像的 AlexNet 特征
net = alexnet;
inputSize = net.Layers(1).InputSize;
augimds = augmentedImageDatastore(inputSize(1:2),im);
% 对 fc7 层提取特征
```

```
layer = 'fc7';
vec = activations(net,augimds,layer,'OutputAs','rows');
```

通过输入图像矩阵，将其按 AlexNet 的网络输入层大小进行数据增广，再对 fc7 层的特征进行激活和输出，得到了 1×4096 维度的特征向量。

31.7.3 GoogleNet 的特征

为了比较不同网络的特征提取结果，这里选择经典的 GoogleNet 进行分析。首先，通过 net = googlenet 加载网络并进行可视化分析。核心代码如下：

```
>> net = googlenet;
>> deepNetworkDesigner
```

效果如图 31-75 所示。

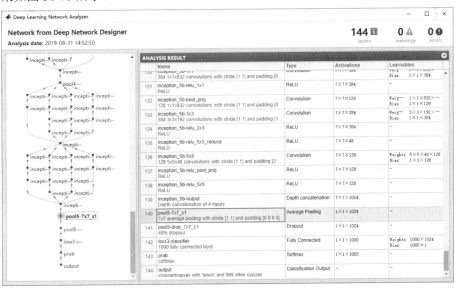

图 31-75 GoogleNet 示意图

为了减少计算量，这里选择 pool5-drop_7x7_s1 层进行激活并提取特征向量。为此，封装函数 get_googlenet_vec。核心代码如下：

```
function vec = get_googlenet_vec(im)
% 计算图像的 GoogleNet 特征
net = googlenet;
inputSize = net.Layers(1).InputSize;
augimds = augmentedImageDatastore(inputSize(1:2),im);
layer = 'pool5-drop_7x7_s1';
vec = activations(net,augimds,layer,'OutputAs','rows');
```

通过输入图像矩阵，将其按 GoogleNet 的网络输入层大小进行数据增广，再对 pool5-drop_7x7_s1 层的特征进行激活和输出，得到了 1×1024 维度的特征向量。

31.7.4 深度特征融合计算

为了计算图像的相似度，这里对多种类型的特征分别计算其余弦距离并进行加权融合，得到相似度排序结果。为此，封装函数 SearchResult。核心代码如下：

```
function ind_dis_sort = SearchResult(vec_alex, vec_googlenet, H, H2, rate)
if nargin < 5
    rate = 0.5;
end
% 图像检索
vec_alex_list = cat(1, H.vec);
vec_googlenet_list = cat(1, H2.vec);
% 分别计算距离差异
dis_alex = 0;
if isequal(vec_alex, 0)
else
    % 余弦距离
    dis_alex = pdist2(vec_alex, vec_alex_list, 'cosine');
end
dis_googlenet = 0;
if isequal(vec_googlenet, 0)
else
    % 余弦距离
    dis_googlenet = pdist2(vec_googlenet, vec_googlenet_list, 'cosine');
end
% 按比例加权融合
dis = rate*mat2gray(dis_alex) + (1-rate)*mat2gray(dis_googlenet);
% 排序，将相似度差异小的排在前面
[~, ind_dis_sort] = sort(dis);
```

这里采用了不同类型的特征分别与数据库存储的特征计算各自的余弦距离，以及距离的加权融合，按照融合距离升序排列，作为相似度判断的依据。

31.7.5 实验设计

31.7.5.1 数据准备

本次实验选择 TensorFlow 提供的 flower_photos.tgz 作为数据库进行分析，准备了 5 种花草图片，如图 31-76 所示。

第 31 章 深度学习综合应用

图 31-76 实验数据集

为了验证深度神经网络的有效性，我们预先对数据集里面的图片分别调用 get_alexnet_vec、get_googlenet_vec 来提取深度特征，并将其保存到 mat 文件中，如图 31-77 所示。

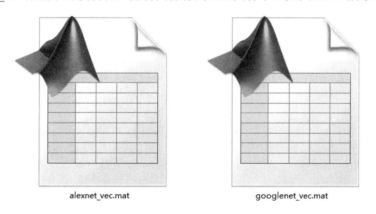

图 31-77 深度特征数据文件

31.7.5.2 软件界面设计

这里设计软件界面，包括图像加载、深度特征提取、权值配置、图像检索及呈现，以便于进行检索和分析，如图 31-78 所示。

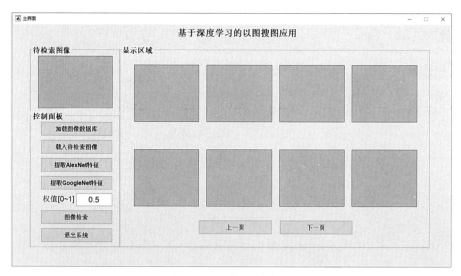

图 31-78　软件主界面

31.7.5.3　以图搜花

为了验证深度特征的普适性,这里从网络上任意选择几幅测试图像并保存,如图 31-79～图 31-81 所示是相关实验结果。

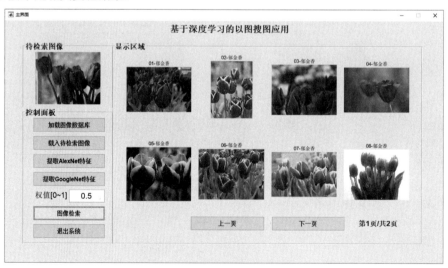

图 31-79　郁金香的检索结果 1

第 31 章　深度学习综合应用

图 31-80　郁金香的检索结果 2

图 31-81　郁金香的检索结果 3

可以看出，深度特征具有良好的普适性，可以对未知图片进行深度抽象以得到匹配的特征表达，并得到了较为准确的检索结果。但是，通过设置不同的特征权重进行对比可以发现，AlexNet 提取的特征更侧重于从总体颜色来刻画图片，GoogleNet 提取的特征更侧重于用总体结构来刻画图片，这正是不同的网络结构的有趣之处。

如图 31-82～图 31-83 所示，通过对向日葵、蒲公英图片的检索效果可以发现，采用深度特征、不同的融合权值可以得到较为理想的检索效果，基于深度学习的以图搜图技术具备在自然场景下应用的可行性。

图 31-82 向日葵的检索结果

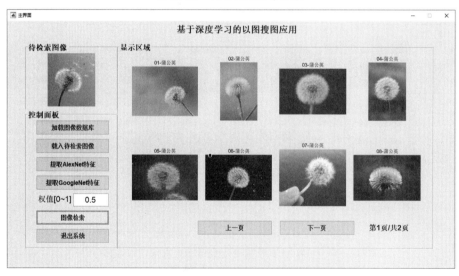

图 31-83 蒲公英的检索结果

31.7.5.4 手绘草图搜花

为了验证效果,我们手绘了一幅示意图进行检索,以了解近似特征的匹配效果。

如图 31-84 所示,对手绘草图进行检索,能得到与之相似的形状、颜色数据,这也正是深度特征的热点区域,进一步验证了深度神经网络局部感受野及多层抽象组合的特点,这对于我们拓展网络有一定的参考价值。

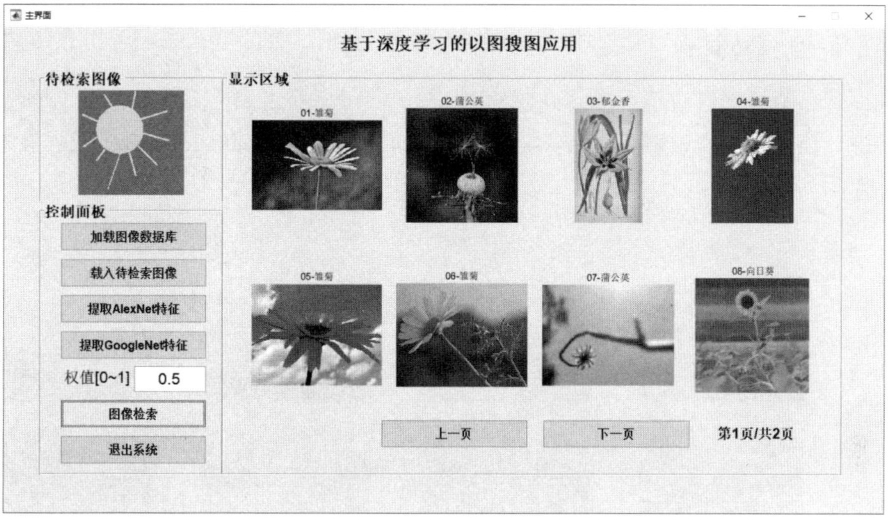

图 31-84　手绘图的检索效果

31.7.6　实验小结

本次实验首先对深度神经网络的特征图进行了拆分、激活和呈现，可以发现深度神经网络对特征提取的高效性。本次实验还通过对样本图像经 AlexNet、GoogleNet 进行深度特征的提取，结合预先距离进行相似度判断，实现了以图搜图应用。对自定义草图的检索应用，演示了深度学习特征的鲁棒性。如果再引入多目标检测、局部特征组合等形式，就可以进行效果更好的局部子图检索应用，这也是当前在安防领域得到广泛应用的以图搜车、以图搜人等产品的基础理论之一。读者也可以通过引入其他网络和加载其他数据等方式进行实验的延伸。

31.8　案例实现 6：基于 YOLO 的交通目标检测应用

Yolo 是当前流行的目标检测框架之一，通过简单地进行图像标记和网络配置就可以训练出 Yolo 模型，用于自然场景下的目标检测。本次实验选择经典的交通目标检测应用，通过训练车辆目标、交通标志目标来得到 Yolo 模型并进行评测，以验证通用场景下交通目标检测模型的基本训练流程，方便读者结合自定义的数据集进行拓展。

31.8.1 车辆目标的 YOLO 检测

31.8.1.1 车辆数据集

车辆检测是智能交通应用中的基础模块之一，一般需要对车辆做区域标记、网络参数设计等进行训练、模型存储和调用。本次实验选择 MATLAB 提供的 vehicleDataset 数据集进行训练和测试，如图 31-85 所示。

图 31-85　汽车目标数据集

1. 目标标注信息

为了进行汽车目标检测的训练，我们还需要做数据标注，这里直接通过读取 vehicleDatasetGroundTruth.mat 来获得数据集的标注信息。核心代码如下：

```
% 加载标注
data = load(fullfile(pwd, 'vehicleDatasetGroundTruth.mat'));
vehicleDataset = data.vehicleDataset;
% 显示样例
vehicleDataset(1:4,:)
```

效果如图 31-86 所示。

第 31 章 深度学习综合应用

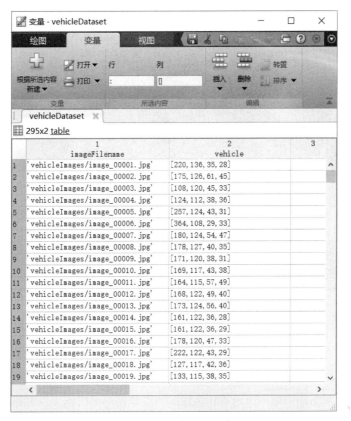

图 31-86 汽车标注信息

可以发现，数据集以 Table 数据格式来存储图片的文件路径、目标矩形框信息，我们选择前 4 副图像进行呈现。核心代码如下：

```
% 图片路径
vehicleDataset.imageFilename = fullfile(pwd, vehicleDataset.imageFilename);

im_list = [];
for i = 1 : 4
    % 读取
    I = imread(vehicleDataset.imageFilename{i});
    % 标注
    I = insertShape(I,'Rectangle',vehicleDataset.vehicle{i});
    im_list(:,:,:,i) = mat2gray(I);
end
figure; montage(im_list);
```

效果如图 31-87 所示。

图 31-87 汽车目标标注呈现

2. 数据分配

本次实验选择 80%的数据用于训练，选择 20%的数据用于测试。为了进行随机拆分，使用 rand 函数对已有的数据集进行随机排序，得到随机序号并按比例分配。核心代码如下：

```
% 拆分训练集和测试集
shuffled_index = randperm(size(vehicleDataset,1));
idx = floor(0.8 * length(shuffled_index));
train_data = vehicleDataset(shuffled_index(1:idx),:);
test_data = vehicleDataset(shuffled_index(idx+1:end),:);
```

31.8.1.2 Yolo v2ResNet50-Car 网络设计

本次实验选择基于 ResNet50 的 Yolo V2 网络，通过 yolov2Layers 对 ResNet50 网络进行修改，得到匹配汽车目标检测的网络结构。核心代码如下：

```
% 参数设置
image_size = [224 224 3];
num_classes = size(vehicleDataset,2)-1;
anchor_boxes = [
    43 59
    18 22
    23 29
```

```
84 109
];

% 加载 ResNet50
base_network = resnet50;

% 修改网络
featureLayer = 'activation_40_relu';
lgraph = 
yolov2Layers(image_size,num_classes,anchor_boxes,base_network,featureLayer);
```

效果如图 31-88 所示。

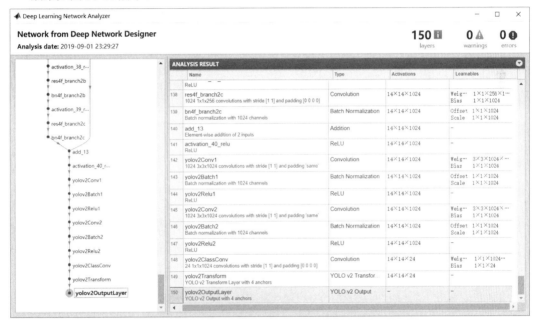

图 31-88　Yolo v2ResNet50-Car 的网络结构

31.8.1.3　Yolo v2ResNet50-Car 网络训练

本次实验设置训练 100 步，由于网络相对较深，所以建议采用 GPU 环境进行训练，具体的训练配置如下：

```
% 训练参数
options = trainingOptions('sgdm', ...
    'MiniBatchSize', 16, ....
    'InitialLearnRate',1e-3, ...
    'MaxEpochs',100,...
    'CheckpointPath', checkpoint_folder, ...
```

```
    'Shuffle','every-epoch', ...
    'ExecutionEnvironment', 'gpu');
% 执行训练
[detector,info] = trainYOLOv2ObjectDetector(train_data,lgraph,options);
```

可以发现，运行耗时相对较长，这与实际的硬件配置有关。在本机环境下大概训练 30 分钟，其训练过程如图 31-89 所示。

Epoch	Iteration	Time Elapsed (hh:mm:ss)	Mini-batch RMSE	Mini-batch Loss	Base Learning Rate
1	1	00:00:09	5.79	33.6	0.0010
4	50	00:01:15	0.63	0.4	0.0010
8	100	00:02:22	0.53	0.3	0.0010
11	150	00:03:26	0.33	0.1	0.0010
15	200	00:04:33	0.30	9.1e-02	0.0010
18	250	00:05:37	0.30	9.1e-02	0.0010
22	300	00:06:44	0.26	6.6e-02	0.0010
25	350	00:07:47	0.27	7.4e-02	0.0010
29	400	00:08:54	0.19	3.7e-02	0.0010
33	450	00:10:01	0.17	3.0e-02	0.0010
36	500	00:11:05	0.17	2.8e-02	0.0010
40	550	00:12:11	0.15	2.3e-02	0.0010
43	600	00:13:15	0.16	2.5e-02	0.0010
47	650	00:14:21	0.18	3.4e-02	0.0010
50	700	00:15:24	0.14	1.8e-02	0.0010
54	750	00:16:30	0.13	1.6e-02	0.0010
58	800	00:17:37	0.14	2.0e-02	0.0010
61	850	00:18:40	0.15	2.3e-02	0.0010
65	900	00:19:46	0.13	1.8e-02	0.0010
68	950	00:20:49	0.12	1.6e-02	0.0010
72	1000	00:21:56	0.13	1.7e-02	0.0010
75	1050	00:23:00	0.12	1.5e-02	0.0010
79	1100	00:24:06	0.13	1.7e-02	0.0010
83	1150	00:25:12	0.11	1.2e-02	0.0010
86	1200	00:26:16	0.17	2.9e-02	0.0010
90	1250	00:27:22	0.10	1.5e-02	0.0010
93	1300	00:28:25	0.12	1.5e-02	0.0010
97	1350	00:29:31	0.12	1.5e-02	0.0010
100	1400	00:30:34	0.10	1.0e-02	0.0010

图 31-89　Yolo v2ResNet50-Car 的训练过程

31.8.1.4　Yolo v2ResNet50-Car 网络评测

这里利用训练得到的汽车目标检测器对测试集进行遍历读取和目标检测，并与实际的目标位置进行比较，计算召回率和准确率。核心代码如下：

```
% 测试数据
I = imread(test_data.imageFilename{1});
[bboxes,scores] = detect(detector,I);
I = insertObjectAnnotation(I,'rectangle',bboxes,scores);
figure; imshow(I); title('测试样例');

% 测试集合
num_test_images = size(test_data,1);
results = table('Size',[num_test_images 3],...
```

```
    'VariableTypes',{'cell','cell','cell'},...
    'VariableNames',{'Boxes','Scores','Labels'});

for i = 1:num_test_images
    % 遍历测试
    I = imread(test_data.imageFilename{i});
    [bboxes,scores,labels] = detect(detector,I);
    results.Boxes{i} = bboxes;
    results.Scores{i} = scores;
    results.Labels{i} = labels;
end

% 评测
expected_results = test_data(:, 2:end);
[ap, recall, precision] = evaluateDetectionPrecision(results, expected_results);

% 显示曲线
plot(recall,precision)
xlabel('召回率')
ylabel('准确率')
grid on
title(sprintf('平均准确率 = %.2f', ap))
```

效果如图 31-90 和图 31-91 所示。

图 31-90　测试 Car 检测

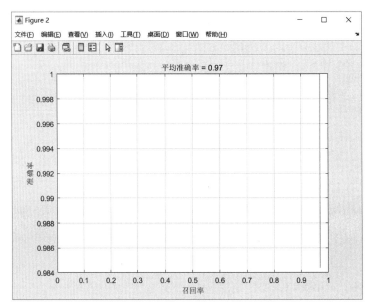

图 31-91 Yolo v2ResNet50-Car 评测

31.8.1.5 高速路抓拍视频检测

为了验证模型的有效性，我们对在某高速路上抓拍的视频进行车辆检测并标记呈现。核心代码如下：

```
clc; clear all; close all;
% 加载检测器
load yolov2ResNet50Car.mat
% 加载视频
v = VideoReader(fullfile(pwd, 'test_data', 'highway.mp4'));
k = 1;
while hasFrame(v)
    % 遍历读取
    Ii = readFrame(v);
    Iio = Ii;
    % 检测标记
    [bboxes,scores] = detect(detector,Ii,'Threshold',0.15);
    if ~isempty(bboxes)
        Ii = insertObjectAnnotation(Ii,'rectangle',bboxes,scores);
    end
    % 显示
    figure(1);
    subplot(1, 2, 1); imshow(Iio, []); title(sprintf('第%d帧-原图', k));
    subplot(1, 2, 2); imshow(Ii, []); title(sprintf('第%d帧-检测图', k));
    k = k + 1;
```

```
    pause(0.1);
end
```

效果如图 31-92 所示。

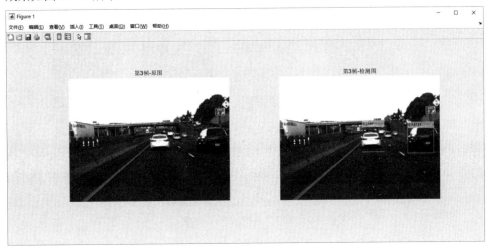

图 31-92　高速路视频车辆检测

从实验结果可以发现，使用不同场景下的少量数据集进行训练，得到的 Yolo V2 模型具有一定的通用性，可以用于对未知数据的检测、分析。如果能使用大量的实际高速路下的车辆检测标记数据集进行训练，则能得到更高效、更准确的汽车检测模型。

31.8.2　交通标志的 YOLO 检测

31.8.2.1　交通标志数据集

交通标志检测也是智能交通应用中的基础模块之一，一般需要通过对道路上的交通标志做区域标记、网络参数设计等进行训练、模型存储和调用。本次实验选择 MATLAB 提供的 stopSignsAndCars 数据集进行训练、测试，如图 31-93 所示。

图 31-93　交通标志目标数据集

1. 目标标注信息

为了进行交通标志目标检测的训练，也需要做数据标注，这里直接通过读取 stopSignsAndCars.mat 来获得数据集的标注信息。核心代码如下：

```
% 加载标注
data = load(fullfile(pwd, 'stopSignsAndCars.mat'));
stopSignDataset = data.stopSignsAndCars;
stopSignDataset = stopSignDataset(:, {'imageFilename','stopSign'});
% 显示样例
stopSignDataset(1:4,:)
```

效果如图 31-94 所示。

可以发现，数据集以 Table 的形式包括图片文件路径、目标矩形框信息，我们选择前 4 张图像进行呈现。核心代码如下：

```
% 图片路径
stopSignDataset.imageFilename = fullfile(pwd,stopSignDataset.imageFilename);
im_list = [];
for i = 1 : 4
    % 读取
    I = imread(stopSignDataset.imageFilename{i});
    % 标注
    I = insertShape(I,'Rectangle',stopSignDataset.stopSign{i},'LineWidth',7);
    im_list(:,:,:,i) = mat2gray(I);
end
figure; montage(im_list);
```

效果如图 31-95 所示。

第 31 章 深度学习综合应用

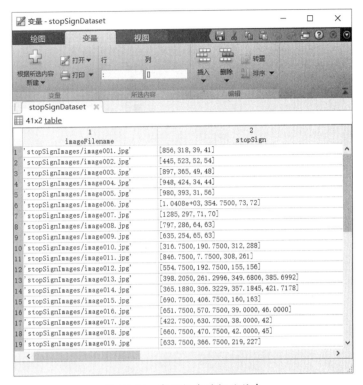

图 31-94 交通标志的标注信息

图 31-95 汽车目标标注呈现

2. 数据分配

本次实验选择 80%的数据用于训练，选择 20%的数据用于测试。为了进行随机拆分，这里使用 rand 函数对已有的数据集进行随机排序，得到随机序号并按比例分配。核心代码如下：

```
% 拆分训练集、测试集
shuffled_index = randperm(size(stopSignDataset,1));
idx = floor(0.8 * length(shuffled_index) );
train_data = stopSignDataset(shuffled_index(1:idx),:);
test_data = stopSignDataset(shuffled_index(idx+1:end),:);
```

31.8.2.2 Yolo v2ResNet50-StopSign 网络设计

本次实验选择基于 ResNet50 的 Yolo V2 网络，通过 yolov2Layers 对 ResNet50 网络进行修改，得到匹配交通标志目标检测的网络结构。核心代码如下：

```
% 参数设置
image_size = [224 224 3];
num_classes = size(stopSignDataset,2)-1;
anchor_boxes = [
    43 59
    18 22
    23 29
    84 109
    ];

% 加载 ResNet50
base_network = resnet50;

% 修改网络
featureLayer = 'activation_40_relu';
lgraph =
yolov2Layers(image_size,num_classes,anchor_boxes,base_network,featureLayer);
```

效果如图 31-96 所示。

第 31 章 深度学习综合应用

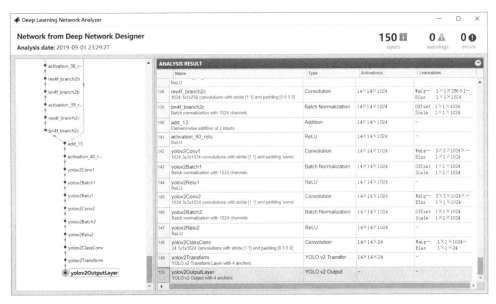

图 31-96　Yolo v2ResNet50-StopSign 的网络结构

31.8.2.3　Yolo v2ResNet50-StopSign 网络训练

本次实验设置训练 100 步，由于网络相对较深，所以建议采用 GPU 环境进行训练，具体的训练配置如下：

```
% 训练参数
options = trainingOptions('sgdm', ...
    'MiniBatchSize', 16, ...
    'InitialLearnRate',1e-3, ...
    'MaxEpochs',100,...
    'CheckpointPath', checkpoint_folder, ...
    'Shuffle','every-epoch', ...
    'ExecutionEnvironment', 'gpu');
% 执行训练
[detector,info] = trainYOLOv2ObjectDetector(train_data,lgraph,options);
```

可以发现，运行耗时相对较长，这与实际的硬件配置有关。在本机环境下大概训练 20 分钟，其训练过程截图如图 31-97 所示。

Epoch	Iteration	Time Elapsed (hh:mm:ss)	Mini-batch RMSE	Mini-batch Loss	Base Learning Rate
1	1	00:00:05	6.48	42.0	0.0010
25	50	00:05:33	3.03	9.2	0.0010
50	100	00:11:07	2.04	4.2	0.0010
75	150	00:16:31	1.05	1.1	0.0010
100	200	00:21:54	0.41	0.2	0.0010

图 31-97　Yolo v2ResNet50-StopSign 的训练过程截图

31.8.2.4　Yolo v2ResNet50-StopSign 网络评测

这里利用训练得到的交通标志目标检测器对测试集进行读取和目标检测，并与实际的目标位置进行比较。核心代码如下：

```
% 测试数据
I = imread(test_data.imageFilename{1});
[bboxes,scores] = detect(detector,I);
I = insertObjectAnnotation(I,'rectangle',bboxes,scores);
figure; imshow(I); title('测试样例');
```

效果如图 31-98 所示。

图 31-98　测试 StopSign 检测

31.8.2.5　互联网图片检测

为了进一步验证模型的可行性，我们从网络上采集了包含类似交通标志的参考图来测试，并根据网络输入层对其进行大小调整。核心代码如下：

```
clc; clear all; close all;
load yolov2ResNet50StopSign.mat

% 测试数据
I = imread(fullfile(pwd, 'test_data', 'test2.jpg'));
if size(I, 1)/224 < 1
    I = imresize(I, size(I, 1)/224+0.5, 'bilinear');
end
[bboxes,scores] = detect(detector,I,'Threshold',0.5);
```

```
I = insertObjectAnnotation(I,'rectangle',bboxes,scores,'LineWidth',7);
figure; imshow(I); title('测试样例');
```

效果如图 31-99 所示。

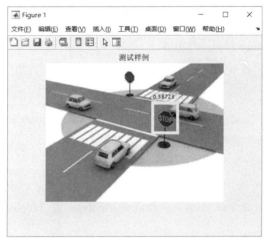

图 31-99 网络参考图测试

从实验结果可以发现，使用不同场景下的少量交通标志数据集进行训练，得到的 Yolo V2 模型具有一定的通用性，可以用于对未知数据的检测和分析。如果能使用大量的街拍道路的交通标志数据集进行训练，并设置更多的训练步数，则能得到更高效、更准确的交通标志检测模型。

31.9 延伸阅读

大数据和人工智能技术在不断发展，已经逐渐影响到我们生活的方方面面。伴随着刷脸支付、以图搜车、视频特效、美颜相机等的应用，计算机视觉和深度学习的融合应用也得以进一步落地和发展，并在底层的图像分类、目标检测、图像分割等领域不断改进，呈现逐渐普及的趋势，吸引着人们不断进行研究和应用。

本章采用 MATLAB、TensorFlow、Keras 等平台进行了深度学习的经典实验，覆盖了 CNN、RCNN、LSTM、YOLO 等知识点，介绍了经典的 AlexNet、VggNet、ResNet、GoogleNet 等内容，并将其应用到了分类、回归、检测等领域。人们正在不断研究深度学习的不同网络模型，通过网络编辑、拆分、中间层激活、多算法集成等方式进行了拓展，实现了图像分类识别、以图搜图、交通目标检测等识别类应用，也进行了时间序列分析、图像倾斜矫正等回归类应用，这对于我们进一步将深度学习与行业结合，并进行落地与应用提供了一定的参考。

本章参考的文献如下。

[1] Krizhevsky, Alex , I. Sutskever , and G. Hinton . "ImageNet Classification with Deep Convolutional Neural Networks." NIPS Curran Associates Inc. 2012.

[2] Simonyan, Karen , and A. Zisserman . "Very Deep Convolutional Networks for Large-Scale Image Recognition." Computer Science (2014).

[3] Szegedy, Christian , et al. "Going Deeper with Convolutions." (2014).

[4] He, Kaiming , et al. "Deep Residual Learning for Image Recognition." (2015).

[5] Girshick, R. , et al. "Rich feature hierarchies for object detection and semantic segmentation." 2014 IEEE Conference on Computer Vision and Pattern Recognition IEEE, 2014.

[6] Girshick, Ross . "Fast R-CNN." Computer Science (2015).

[7] Ren, Shaoqing , et al. "Faster R-CNN: Towards Real-Time Object Detection with Region Proposal Networks." IEEE Transactions on Pattern Analysis & Machine Intelligence39.6(2015): 1137-1149.

[8] Redmon, Joseph, et al. "You Only Look Once: Unified, Real-Time Object Detection." (2015).

[9] Redmon, Joseph , and A. Farhadi . " [IEEE 2017 IEEE Conference on Computer Vision and Pattern Recognition (CVPR) - Honolulu, HI (2017.7.21-2017.7.26)] 2017 IEEE Conference on Computer Vision and Pattern Recognition (CVPR) - YOLO9000: Better, Faster, Stronger." IEEE Conference on Computer Vision & Pattern Recognition IEEE, 2017:6517-6525.

[10] Redmon, Joseph , and A. Farhadi . "YOLOv3: An Incremental Improvement." (2018).

[11] https://ww2.mathworks.cn/help/